草种质资源保护利用系列丛书

中国草种质资源库保存名录——豆科牧草（中册）

ZHONGGUO CAOZHONGZHI ZIYUANKU
BAOCUN MINGLU—DOUKE MUCAO(ZHONGCE)

全国畜牧总站 编

中国农业出版社
北 京

图书在版编目（CIP）数据

中国草种质资源库保存名录．中册，豆科牧草 / 全国畜牧总站编．—北京：中国农业出版社，2020.8
（草种质资源保护利用系列丛书）
ISBN 978-7-109-26523-3

Ⅰ.①中… Ⅱ.①全… Ⅲ.①豆科牧草—种质资源—中国—名录 Ⅳ.①S564.024-62②S541.024-62

中国版本图书馆 CIP 数据核字（2020）第 014484 号

中国农业出版社出版
地址：北京市朝阳区麦子店街 18 号楼
邮编：100125
责任编辑：赵　刚
版式设计：王　晨　　责任校对：吴丽婷
印刷：北京印刷一厂
版次：2020 年 8 月第 1 版
印次：2020 年 8 月北京第 1 次印刷
发行：新华书店北京发行所
开本：880mm×1230mm　1/16
印张：19.5
字数：350 千字
定价：88.00 元

《中国草种质资源库保存名录——豆科牧草（中册）》编写委员会

主任委员：贠旭江

副主任委员：李新一　洪　军　董永平　李志勇　白昌军

委　　员：陈志宏　高　秋　师文贵　张　瑜　刘　芳　高洪文　袁庆华　师尚礼
周青平　何光武　刘　洋　程云辉　赵景峰　尼玛群宗　刘公社　李　萌
宛　涛　艾尔肯·达吾提

主　　编：李新一　陈志宏　董永平

副 主 编：高　秋　师文贵　张　瑜　刘　芳

编　　者（以姓名笔画为序）：

王　瑜　王　赟　王加亭　王学敏　王梅娟　尹晓飞　田　宏　白昌军
丛培义　冯葆昌　宁　布　达　丽　师文贵　刘　欢　刘　芳　刘　彬
刘　磊　刘文辉　齐　晓　贠旭江　苏爱莲　杜桂林　李玉荣　李存福
李志勇　李佶恺　李新一　杨晓东　吴欣明　张　义　张　瑜　张文洁
张鹤山　陈志宏　陈艳宇　邵麟惠　依甫拉音·玉素甫　鱼小军　赵桂琴
赵恩泽　赵鸿鑫　洪　军　夏茂林　高　秋　崔荣梅　董永平　解永凤
蔡　萍

编写说明

1.“名录”保存地点栏中，“1”指中国农业科学院草原研究所温带牧草备份库，“2”指中国热带农业科学院热带作物品种资源研究所热带牧草备份库，“3”指全国畜牧总站中心库。

2.“名录”材料来源栏中，“ICRISAT”指印度国际半干旱作物研究所，“CIAT”指哥伦比亚国际热带农业中心，“ACIAR”指澳大利亚国际热带农业中心。

前　言

草种质资源是筛选、培育新草品种的素材和重要基因源，是现代畜牧业可持续发展的重要物质基础，世界各国都重视并将其纳入战略性资源的保护范畴。我国也把生物多样性保护与利用作为种质资源可持续发展与农业供给侧结构性改革中的重要举措。新形势下夯实草种质资源的保护及创新利用对于缓解饲料资源短缺、确保粮食及畜产品稳定供给、促进草地畜牧业稳步发展、加速农业结构调整、满足生态环境治理等有着十分重要的作用。

我国幅员辽阔，地域生态地理条件复杂多样，植被水平分布及垂直分布差异明显，多样的草地类型及复杂的生态地理条件造就了草种质资源的多样性。据20世纪80年代全国草地及饲用植物调查和研究表明，我国拥有饲用植物246科1 545属6 704种（包括亚种、变种和变型）。饲用植物绝大多数种类都属于被子植物门，种类最多，饲用和经济价值最大，有177科1 391属6 262种（包括亚种、变种和变型），其中，豆科有123属1 231种。

《中国草种质资源库保存名录——豆科牧草（中册）》收录了中心库、温带备份库、热带备份库保存的豆科种质材料68属194种7 232份，其中野生资源3 813份，引进资源2 669份，栽培资源750份。

由于时间和业务水平所限，难免有不足之处，诚望读者批评指教。

《中国草种质资源库保存名录——豆科牧草》编写组

2019年7月

目　　录

序号	送种单位编号	属名	种名	学名	品种名（原文名）	材料来源	材料原产地	收种时间（年份）	保存地点	类型
1	060306030	相思子属	毛相思子	*Abrus mollis* Hance			海南鹦哥岭	2006	2	野生资源
2	061208012	相思子属	相思子	*Abrus precatorius* L.			海南蜈支洲岛	2006	2	野生资源
3	041130314	相思子属	相思子	*Abrus precatorius* L.			海南琼山演海	2004	2	野生资源
4	061128009	相思子属	相思子	*Abrus precatorius* L.			海南东方	2006	2	野生资源
5	071109002	相思子属	相思子	*Abrus precatorius* L.			海南三亚	2007	2	野生资源
6	020301020	相思子属	相思子	*Abrus precatorius* L.			海南乐东	2002	2	野生资源
7	061118021	相思子属	相思子	*Abrus precatorius* L.			海南儋州	2006	2	野生资源
8	071109003	相思子属	相思子	*Abrus precatorius* L.			海南乐东	2007	2	野生资源
9	060318019	相思子属	相思子	*Abrus precatorius* L.			海南临高	2006	2	野生资源
10	151015024	相思子属	相思子	*Abrus precatorius* L.			广东徐闻	2015	2	野生资源
11	050226302	金合欢属	金合欢	*Acacia farnesiana*（L.）Willd.			云南勐海	2005	2	野生资源
12	CIAT20126	金合欢属	金合欢	*Acacia farnesiana*（L.）Willd.		CIAT		2003	2	引进资源
13	CIAT21351	金合欢属	金合欢	*Acacia farnesiana*（L.）Willd.		CIAT		2003	2	引进资源
14	CIAT9439	金合欢属	金合欢	*Acacia farnesiana*（L.）Willd.		CIAT		2003	2	引进资源
15	Lee Jointretch	合萌属	美州合萌	*Aeschynomene americana* L.	lee Jointvetch	ACIAR		2004	2	引进资源
16	061128006	合萌属	美州合萌	*Aeschynomene americana* L.			海南东方	2006	2	野生资源
17	HB2009-249	合萌属	合萌	*Aeschynomene indica* L.		河南信阳	河南信阳	2010	3	野生资源
18	HN2011-1930	合萌属	合萌	*Aeschynomene indica* L.			海南昌江	2004	3	野生资源
19	hn3006	合萌属	合萌	*Aeschynomene indica* L.			广西防城港	2014	3	野生资源
20	041117021	合萌属	合萌	*Aeschynomene indica* L.			海南陵水	2004	2	野生资源
21	041130322	合萌属	合萌	*Aeschynomene indica* L.			海南海口	2004	2	野生资源
22	060219004	合萌属	合萌	*Aeschynomene indica* L.			海南昌江	2006	2	野生资源
23	061126025	合萌属	合萌	*Aeschynomene indica* L.			海南白沙	2006	2	野生资源

（续）

序号	送种单位编号	属　名	种　名	学　名	品种名（原文名）	材料来源	材料原产地	收种时间（年份）	保存地点	类型
24	040822002-1	合萌属	合萌	*Aeschynomene indica* L.			海南昌江	2004	2	野生资源
25	041130094	合萌属	合萌	*Aeschynomene indica* L.			海南东方	2004	2	野生资源
26	051210054	合萌属	合萌	*Aeschynomene indica* L.			海南五指山	2005	2	野生资源
27	南 01433	合萌属	合萌	*Aeschynomene indica* L.		海南南繁基地		2001	2	栽培资源
28	南 02135	合萌属	合萌	*Aeschynomene indica* L.		海南南繁基地		2001	2	栽培资源
29	南 02136	合萌属	合萌	*Aeschynomene indica* L.		海南南繁基地		2001	2	栽培资源
30	070117022	合萌属	合萌	*Aeschynomene indica* L.			广东梅州	2007	2	野生资源
31	041130123	合萌属	合萌	*Aeschynomene indica* L.			海南三亚崖城	2004	2	野生资源
32	041130034	合萌属	合萌	*Aeschynomene indica* L.			海南昌江	2004	2	野生资源
33	060119017	合萌属	合萌	*Aeschynomene indica* L.			海南澄迈	2006	2	野生资源
34	061127031	合萌属	合萌	*Aeschynomene indica* L.			海南东方	2006	2	野生资源
35	061220022	合萌属	合萌	*Aeschynomene indica* L.			海南乐东	2006	2	野生资源
36	020301044	合萌属	合萌	*Aeschynomene indica* L.			海南东方	2002	2	野生资源
37	061020007	合萌属	合萌	*Aeschynomene indica* L.			海南儋州	2006	2	野生资源
38	060116026	合萌属	合萌	*Aeschynomene indica* L.			海南儋州	2006	2	野生资源
39	061002001	合萌属	合萌	*Aeschynomene indica* L.			海南五指山	2006	2	野生资源
40	060308004	合萌属	合萌	*Aeschynomene indica* L.			海南五指山	2006	2	野生资源
41	060307010	合萌属	合萌	*Aeschynomene indica* L.			海南五指山	2006	2	野生资源
42	060124002	合萌属	合萌	*Aeschynomene indica* L.			海南儋州	2006	2	野生资源
43	070106012	合萌属	合萌	*Aeschynomene indica* L.			广东华南植物园	2007	2	野生资源
44	051210047	合萌属	合萌	*Aeschynomene indica* L.			海南五指山	2005	2	野生资源
45	040822052	合萌属	合萌	*Aeschynomene indica* L.			海南陵水	2004	2	野生资源
46	041104018	合萌属	合萌	*Aeschynomene indica* L.			海南乐东	2004	2	野生资源
47	071209002	合萌属	合萌	*Aeschynomene indica* L.			海南昌江	2007	2	野生资源
48	071226034	合萌属	合萌	*Aeschynomene indica* L.			江西大余	2007	2	野生资源

（续）

序号	送种单位编号	属　名	种　名	学　名	品种名（原文名）	材料来源	材料原产地	收种时间（年份）	保存地点	类型
49	071227058	合萌属	合萌	*Aeschynomene indica* L.			广东清远	2007	2	野生资源
50	071225040	合萌属	合萌	*Aeschynomene indica* L.			江西赣州	2007	2	野生资源
51	081216031	合萌属	合萌	*Aeschynomene indica* L.			江西乐化	2008	2	野生资源
52	081225024	合萌属	合萌	*Aeschynomene indica* L.			湖南衡阳	2008	2	野生资源
53	080426025	合萌属	合萌	*Aeschynomene indica* L.			广西防城港	2008	2	野生资源
54	GX141224001	合萌属	合萌	*Aeschynomene indica* L.			广西防城港	2014	2	野生资源
55	140922010	合萌属	合萌	*Aeschynomene indica* L.			广东阳山	2014	2	野生资源
56	140926003	合萌属	合萌	*Aeschynomene indica* L.			广东江门	2014	2	野生资源
57	131107003	合萌属	合萌	*Aeschynomene indica* L.			江西彭泽	2013	2	野生资源
58	131114003	合萌属	合萌	*Aeschynomene indica* L.			江西潘阳	2013	2	野生资源
59	151019003	合萌属	合萌	*Aeschynomene indica* L.			广东湛江	2015	2	野生资源
60	151021004	合萌属	合萌	*Aeschynomene indica* L.			广东吴川	2015	2	野生资源
61	150918004	合萌属	合萌	*Aeschynomene indica* L.			广东东莞	2015	2	野生资源
62	150918003	合萌属	合萌	*Aeschynomene indica* L.			海南昌江	2015	2	野生资源
63	110113015	合欢属	刺藤	*Albizia corniculata* (Lour.) Druce			福建厦门	2011	2	野生资源
64	E1255	合欢属	合欢	*Albizia julibrissin* Durazz.			湖北神农架	2008	3	野生资源
65	050308520	合欢属	黄豆树	*Albizia procera* (Roxb.) Benth.			广西田林	2005	2	野生资源
66	101114012	链荚豆属	柴胡叶链荚豆	*Alysicarpus bupleurifolius* (L.) DC.			广西龙州	2010	2	野生资源
67	hn2436	链荚豆属	链荚豆	*Alysicarpus vaginalis* (L.) DC.			漳州漳浦	2012	3	野生资源
68	041130146	链荚豆属	链荚豆	*Alysicarpus vaginalis* (L.) DC.			海南陵水	2004	2	野生资源
69	140401036	链荚豆属	链荚豆	*Alysicarpus vaginalis* (L.) DC.			广东惠阳	2014	2	野生资源
70	110114004	链荚豆属	链荚豆	*Alysicarpus vaginalis* (L.) DC.			福建同安	2011	2	野生资源
71	101116004	链荚豆属	链荚豆	*Alysicarpus vaginalis* (L.) DC.			广西大新	2010	2	野生资源
72	110113001	链荚豆属	链荚豆	*Alysicarpus vaginalis* (L.) DC.			福建厦门集美	2011	2	野生资源
73	071218030	链荚豆属	链荚豆	*Alysicarpus vaginalis* (L.) DC.			福建龙海	2007	2	野生资源

（续）

序号	送种单位编号	属　名	种　名	学　名	品种名（原文名）	材料来源	材料原产地	收种时间（年份）	保存地点	类型
74	070112013	链荚豆属	链荚豆	*Alysicarpus vaginalis*（L.）DC.			福建厦门	2007	2	野生资源
75	061118023	链荚豆属	链荚豆	*Alysicarpus vaginalis*（L.）DC.			海南儋州	2006	2	野生资源
76	050214008	链荚豆属	链荚豆	*Alysicarpus vaginalis*（L.）DC.			广西百色	2005	2	野生资源
77	040822015	链荚豆属	链荚豆	*Alysicarpus vaginalis*（L.）DC.			海南尖峰岭	2004	2	野生资源
78	041130552	链荚豆属	链荚豆	*Alysicarpus vaginalis*（L.）DC.			海南儋州两院	2004	2	野生资源
79	061020029	链荚豆属	链荚豆	*Alysicarpus vaginalis*（L.）DC.			海南儋州	2006	2	野生资源
80	081027001	链荚豆属	链荚豆	*Alysicarpus vaginalis*（L.）DC.			福建武夷山	2008	2	野生资源
81	081213033	链荚豆属	链荚豆	*Alysicarpus vaginalis*（L.）DC.			广东河源	2008	2	野生资源
82	071217001	链荚豆属	链荚豆	*Alysicarpus vaginalis*（L.）DC.			福建将军山	2007	2	野生资源
83	071210007	链荚豆属	链荚豆	*Alysicarpus vaginalis*（L.）DC.			海南东方	2007	2	野生资源
84	050214008	链荚豆属	链荚豆	*Alysicarpus vaginalis*（L.）DC.			广西百色	2005	2	野生资源
85	081229002	链荚豆属	链荚豆	*Alysicarpus vaginalis*（L.）DC.			广西苍梧	2008	2	野生资源
86	081213018	链荚豆属	链荚豆	*Alysicarpus vaginalis*（L.）DC.			广东河源	2008	2	野生资源
87	071226072	链荚豆属	链荚豆	*Alysicarpus vaginalis*（L.）DC.			广东南雄	2007	2	野生资源
88	081210003	链荚豆属	链荚豆	*Alysicarpus vaginalis*（L.）DC.			广东雷州	2008	2	野生资源
89	040822069	链荚豆属	链荚豆	*Alysicarpus vaginalis*（L.）DC.			海南儋州林场	2004	2	野生资源
90	081113001	链荚豆属	链荚豆	*Alysicarpus vaginalis*（L.）DC.			广东连州	2008	2	野生资源
91	58号	链荚豆属	链荚豆	*Alysicarpus vaginalis*（L.）DC.		ACIAR		2006	2	引进资源
92	38号	链荚豆属	链荚豆	*Alysicarpus vaginalis*（L.）DC.		ACIAR		2006	2	引进资源
93	25号	链荚豆属	链荚豆	*Alysicarpus vaginalis*（L.）DC.		ACIAR		2006	2	引进资源
94	70314006	链荚豆属	链荚豆	*Alysicarpus vaginalis*（L.）DC.			广西百色	2007	2	野生资源
95	040822020	链荚豆属	链荚豆	*Alysicarpus vaginalis*（L.）DC.			海南昌江	2004	2	野生资源
96	041130333	链荚豆属	链荚豆	*Alysicarpus vaginalis*（L.）DC.			海南海口	2004	2	野生资源
97	070111045	链荚豆属	链荚豆	*Alysicarpus vaginalis*（L.）DC.			福建漳州	2007	2	野生资源
98	070103011	链荚豆属	链荚豆	*Alysicarpus vaginalis*（L.）DC.			广东吴川	2007	2	野生资源

（续）

序号	送种单位编号	属　名	种　名	学　名	品种名（原文名）	材料来源	材料原产地	收种时间（年份）	保存地点	类型
99	070111028	链荚豆属	链荚豆	*Alysicarpus vaginalis* (L.) DC.			福建漳州	2007	2	野生资源
100	070108020	链荚豆属	链荚豆	*Alysicarpus vaginalis* (L.) DC.			广东深圳	2007	2	野生资源
101	070103030	链荚豆属	链荚豆	*Alysicarpus vaginalis* (L.) DC.			广东茂名	2007	2	野生资源
102	040822014	链荚豆属	链荚豆	*Alysicarpus vaginalis* (L.) DC.			海南尖峰岭	2004	2	野生资源
103	061014015	链荚豆属	链荚豆	*Alysicarpus vaginalis* (L.) DC.			海南儋州	2006	2	野生资源
104	040822018-1	链荚豆属	链荚豆	*Alysicarpus vaginalis* (L.) DC.			海南东方	2004	2	野生资源
105	061004010	链荚豆属	链荚豆	*Alysicarpus vaginalis* (L.) DC.			海南三亚	2006	2	野生资源
106	050214010	链荚豆属	链荚豆	*Alysicarpus vaginalis* (L.) DC.			广西百色	2005	2	野生资源
107	051211068	链荚豆属	链荚豆	*Alysicarpus vaginalis* (L.) DC.			海南三亚	2005	2	野生资源
108	060331021	链荚豆属	链荚豆	*Alysicarpus vaginalis* (L.) DC.			云南景洪	2006	2	野生资源
109	061220002	链荚豆属	链荚豆	*Alysicarpus vaginalis* (L.) DC.			海南乐东	2006	2	野生资源
110	070109020	链荚豆属	链荚豆	*Alysicarpus vaginalis* (L.) DC.			广东惠阳	2007	2	野生资源
111	061222071	链荚豆属	链荚豆	*Alysicarpus vaginalis* (L.) DC.			海南陵水	2006	2	野生资源
112	070113045	链荚豆属	链荚豆	*Alysicarpus vaginalis* (L.) DC.			福建莆田	2007	2	野生资源
113	070111044	链荚豆属	链荚豆	*Alysicarpus vaginalis* (L.) DC.			福建漳州	2007	2	野生资源
114	040822115	链荚豆属	链荚豆	*Alysicarpus vaginalis* (L.) DC.			海南昌江	2004	2	野生资源
115	070117062	链荚豆属	链荚豆	*Alysicarpus vaginalis* (L.) DC.			广东龙川	2007	2	野生资源
116	070110022	链荚豆属	链荚豆	*Alysicarpus vaginalis* (L.) DC.			广东汕尾	2007	2	野生资源
117	070118020	链荚豆属	链荚豆	*Alysicarpus vaginalis* (L.) DC.			广东惠州	2007	2	野生资源
118	070109029	链荚豆属	链荚豆	*Alysicarpus vaginalis* (L.) DC.			广东惠州	2007	2	野生资源
119	061021029	链荚豆属	链荚豆	*Alysicarpus vaginalis* (L.) DC.			广西大新	2006	2	野生资源
120	070710005	链荚豆属	链荚豆	*Alysicarpus vaginalis* (L.) DC.			海南儋州	2007	2	野生资源
121	071125008	链荚豆属	链荚豆	*Alysicarpus vaginalis* (L.) DC.			海南儋州	2007	2	野生资源
122	071218001	链荚豆属	链荚豆	*Alysicarpus vaginalis* (L.) DC.			福建漳浦	2007	2	野生资源
123	071120016	链荚豆属	链荚豆	*Alysicarpus vaginalis* (L.) DC.			海南白沙天堂	2007	2	野生资源

（续）

序号	送种单位编号	属　名	种　名	学　名	品种名（原文名）	材料来源	材料原产地	收种时间（年份）	保存地点	类型
124	080113039	链荚豆属	链荚豆	*Alysicarpus vaginalis*（L.）DC.			云南保山	2008	2	野生资源
125	071125007	链荚豆属	链荚豆	*Alysicarpus vaginalis*（L.）DC.			海南昌江	2007	2	野生资源
126	080111036	链荚豆属	链荚豆	*Alysicarpus vaginalis*（L.）DC.			云南保山	2008	2	野生资源
127	071221010	链荚豆属	链荚豆	*Alysicarpus vaginalis*（L.）DC.			福建南靖	2007	2	野生资源
128	071210010	链荚豆属	链荚豆	*Alysicarpus vaginalis*（L.）DC.			海南儋州雅星	2007	2	野生资源
129	070111044-45	链荚豆属	链荚豆	*Alysicarpus vaginalis*（L.）DC.			广西崇左	2007	2	野生资源
130	南 01426	链荚豆属	链荚豆	*Alysicarpus vaginalis*（L.）DC.		海南南繁基地		2001	2	栽培资源
131	0161129001	链荚豆属	链荚豆	*Alysicarpus vaginalis*（L.）DC.			海南儋州	2016	2	野生资源
132	040826001	链荚豆属	链荚豆	*Alysicarpus vaginalis*（L.）DC.			江西永修	2004	2	野生资源
133	南亚所 1001	链荚豆属	链荚豆	*Alysicarpus vaginalis*（L.）DC.			福建南平	2005	2	野生资源
134	161129002	链荚豆属	链荚豆	*Alysicarpus vaginalis*（L.）DC.			福建南平	2016	2	野生资源
135	021220038	链荚豆属	链荚豆	*Alysicarpus vaginalis*（L.）DC.			福建龙海	2002	2	野生资源
136	031121058	链荚豆属	链荚豆	*Alysicarpus vaginalis*（L.）DC.			福建龙海	2003	2	野生资源
137	101022004	链荚豆属	链荚豆	*Alysicarpus vaginalis*（L.）DC.			海南儋州	2010	2	野生资源
138	140926005	链荚豆属	链荚豆	*Alysicarpus vaginalis*（L.）DC.			广东江门	2014	2	野生资源
139	130607009	链荚豆属	链荚豆	*Alysicarpus vaginalis*（L.）DC.			海南海口	2013	2	野生资源
140	130908008	链荚豆属	链荚豆	*Alysicarpus vaginalis*（L.）DC.			广西扶绥	2013	2	野生资源
141	120924009	链荚豆属	链荚豆	*Alysicarpus vaginalis*（L.）DC.			广西崇左	2012	2	野生资源
142	130809009	链荚豆属	链荚豆	*Alysicarpus vaginalis*（L.）DC.			福建龙岩	2013	2	野生资源
143	151021005	链荚豆属	链荚豆	*Alysicarpus vaginalis*（L.）DC.			广东吴川	2015	2	野生资源
144	071120013	链荚豆属	链荚豆	*Alysicarpus vaginalis*（L.）DC.			海南尖峰岭	2007	2	野生资源
145	071210004	链荚豆属	链荚豆	*Alysicarpus vaginalis*（L.）DC.			海南东方	2007	2	野生资源
146	071216002	链荚豆属	链荚豆	*Alysicarpus vaginalis*（L.）DC.			海南陵水	2007	2	野生资源
147	071214018	链荚豆属	链荚豆	*Alysicarpus vaginalis*（L.）DC.			广东饶平	2007	2	野生资源
148	040822013	链荚豆属	链荚豆	*Alysicarpus vaginalis*（L.）DC.			海南东方	2004	2	野生资源

（续）

序号	送种单位编号	属 名	种 名	学 名	品种名（原文名）	材料来源	材料原产地	收种时间（年份）	保存地点	类型
149	040822060	链荚豆属	链荚豆	*Alysicarpus vaginalis*（L.）DC.			海南陵水	2004	2	野生资源
150	041130052	链荚豆属	链荚豆	*Alysicarpus vaginalis*（L.）DC.			海南东方	2004	2	野生资源
151	101109026	链荚豆属	链荚豆	*Alysicarpus vaginalis*（L.）DC.			广西崇左	2010	2	野生资源
152	050319025	链荚豆属	链荚豆	*Alysicarpus vaginalis*（L.）DC.			海南乐东	2005	2	野生资源
153	121123004	链荚豆属	链荚豆	*Alysicarpus vaginalis*（L.）DC.			福建漳州	2012	2	野生资源
154	061130010	链荚豆属	链荚豆	*Alysicarpus vaginalis*（L.）DC.			海南陵水	2006	2	野生资源
155	041104003	链荚豆属	链荚豆	*Alysicarpus vaginalis*（L.）DC.			海南昌江	2004	2	野生资源
156	121007010	链荚豆属	链荚豆	*Alysicarpus vaginalis*（L.）DC.			海南海口城西	2012	2	野生资源
157	HN896	链荚豆属	链荚豆	*Alysicarpus vaginalis*（L.）DC.			海南乐东	2004	3	野生资源
158	HN2011-1752	链荚豆属	链荚豆	*Alysicarpus vaginalis*（L.）DC.			海南乐东	2004	3	野生资源
159	hn2179	链荚豆属	链荚豆	*Alysicarpus vaginalis*（L.）DC.			福建同安	2011	3	野生资源
160	HN2011-1749	链荚豆属	链荚豆	*Alysicarpus vaginalis*（L.）DC.			海南儋州	2004	3	野生资源
161	HN2011-1751	链荚豆属	链荚豆	*Alysicarpus vaginalis*（L.）DC.			广西百色	2008	3	野生资源
162	HN2011-1750	链荚豆属	链荚豆	*Alysicarpus vaginalis*（L.）DC.			海南陵水	2007	3	野生资源
163	HN2011-1754	链荚豆属	链荚豆	*Alysicarpus vaginalis*（L.）DC.			海南海口	2007	3	野生资源
164	JL14-134	链荚豆属	链荚豆	*Alysicarpus vaginalis*（L.）DC.			海南陵水	2004	3	野生资源
165	hn2181	链荚豆属	链荚豆	*Alysicarpus vaginalis*（L.）DC.			广西崇左	2010	3	野生资源
166	JL15-060	链荚豆属	链荚豆	*Alysicarpus vaginalis*（L.）DC.			海南乐东	2005	3	野生资源
167	hn3089	链荚豆属	链荚豆	*Alysicarpus vaginalis*（L.）DC.			广西大新	2010	3	野生资源
168	hn3045	链荚豆属	链荚豆	*Alysicarpus vaginalis*（L.）DC.			福建龙海	2007	3	野生资源
169	hn3093	链荚豆属	链荚豆	*Alysicarpus vaginalis*（L.）DC.			广西大新	2010	3	野生资源
170	hn3043	链荚豆属	链荚豆	*Alysicarpus vaginalis*（L.）DC.			广西百色	2005	3	野生资源
171	hn3136	链荚豆属	链荚豆	*Alysicarpus vaginalis*（L.）DC.			海南尖峰岭	2004	3	野生资源
172	hn3151	链荚豆属	链荚豆	*Alysicarpus vaginalis*（L.）DC.			海南蜈支洲岛	2006	3	野生资源
173	hn3135	链荚豆属	链荚豆	*Alysicarpus vaginalis*（L.）DC.			海南儋州	2004	3	野生资源

（续）

序号	送种单位编号	属　名	种　名	学　名	品种名（原文名）	材料来源	材料原产地	收种时间（年份）	保存地点	类型
174	hn3138	链荚豆属	链荚豆	*Alysicarpus vaginalis* (L.) DC.			海南海口	2007	3	野生资源
175	hn3142	链荚豆属	链荚豆	*Alysicarpus vaginalis* (L.) DC.			海南东方	2007	3	野生资源
176	hn3144	链荚豆属	链荚豆	*Alysicarpus vaginalis* (L.) DC.			广西百色	2005	3	野生资源
177	hn3137	链荚豆属	链荚豆	*Alysicarpus vaginalis* (L.) DC.			广西苍梧	2008	3	野生资源
178	hn3036	链荚豆属	链荚豆	*Alysicarpus vaginalis* (L.) DC.			广东河源	2008	3	野生资源
179	hn3092	链荚豆属	链荚豆	*Alysicarpus vaginalis* (L.) DC.			广西大新	2010	3	野生资源
180	hn3090	链荚豆属	链荚豆	*Alysicarpus vaginalis* (L.) DC.			广西大新	2010	3	野生资源
181	hn3150	链荚豆属	链荚豆	*Alysicarpus vaginalis* (L.) DC.			广西百色	2007	3	野生资源
182	hn3152	链荚豆属	链荚豆	*Alysicarpus vaginalis* (L.) DC.			海南海口	2004	3	野生资源
183	hn3147	链荚豆属	链荚豆	*Alysicarpus vaginalis* (L.) DC.			福建漳州	2007	3	野生资源
184	hn3148	链荚豆属	链荚豆	*Alysicarpus vaginalis* (L.) DC.			福建漳州	2007	3	野生资源
185	hn3134	链荚豆属	链荚豆	*Alysicarpus vaginalis* (L.) DC.			广东深圳	2007	3	野生资源
186	hn3145	链荚豆属	链荚豆	*Alysicarpus vaginalis* (L.) DC.			广东茂名	2007	3	野生资源
187	hn3141	链荚豆属	链荚豆	*Alysicarpus vaginalis* (L.) DC.			海南乐东	2004	3	野生资源
188	hn3143	链荚豆属	链荚豆	*Alysicarpus vaginalis* (L.) DC.			海南三亚	2006	3	野生资源
189	hn3091	链荚豆属	链荚豆	*Alysicarpus vaginalis* (L.) DC.			广西大新	2010	3	野生资源
190	hn3139	链荚豆属	链荚豆	*Alysicarpus vaginalis* (L.) DC.			海南儋州	2006	3	野生资源
191	hn3044	链荚豆属	链荚豆	*Alysicarpus vaginalis* (L.) DC.			云南保山	2008	3	野生资源
192	hn3094	链荚豆属	链荚豆	*Alysicarpus vaginalis* (L.) DC.			广西大新	2010	3	野生资源
193	hn2813	链荚豆属	链荚豆	*Alysicarpus vaginalis* (L.) DC.			海南海口	2012	3	引进资源
194	hn3131	链荚豆属	链荚豆	*Alysicarpus vaginalis* (L.) DC.			广东雷州	2015	3	野生资源
195	南 00902	链荚豆属	链荚豆	*Alysicarpus vaginalis* (L.) DC.		海南南繁基地		2001	2	栽培资源
196	GS2976	紫穗槐属	紫穗槐	*Amorpha fruticosa* L.		陕西	陕西彬县	2011	3	栽培资源
197	GS2950	紫穗槐属	紫穗槐	*Amorpha fruticosa* L.		陕西	陕西礼泉	2011	3	栽培资源
198	GS3010	紫穗槐属	紫穗槐	*Amorpha fruticosa* L.		陕西	陕西长武	2011	3	栽培资源

（续）

序号	送种单位编号	属　名	种　名	学　名	品种名（原文名）	材料来源	材料原产地	收种时间（年份）	保存地点	类型
199	2001-02-01-00051	紫穗槐属	紫穗槐	*Amorpha fruticosa* L.		陕西杨凌	陕西杨凌	2010	1	野生资源
200	07121225	紫穗槐属	紫穗槐	*Amorpha fruticosa* L.		陕西杨凌	陕西杨凌	2010	1	野生资源
201	150923001	落花生属	落花生	*Arachis hypogaea* L.			福建建阳	2015	2	野生资源
202	E658	落花生属	落花生	*Arachis hypogaea* L.		湖北武汉江夏	印度	2006	3	引进资源
203	兰 252	黄芪属	斜茎黄芪	*Astragalus adsurgens* Pall.			甘肃天祝	1992	1	野生资源
204	L364	黄芪属	斜茎黄芪	*Astragalus adsurgens* Pall.			内蒙古十二连城	2002	1	野生资源
205	109	黄芪属	斜茎黄芪	*Astragalus adsurgens* Pall.			宁夏盐池	2003	1	野生资源
206	nongda67	黄芪属	斜茎黄芪	*Astragalus adsurgens* Pall.			内蒙古东乌旗	2010	1	野生资源
207	712060	黄芪属	斜茎黄芪	*Astragalus adsurgens* Pall.		陕西宝鸡	陕西宝鸡	2010	1	野生资源
208	712061	黄芪属	斜茎黄芪	*Astragalus adsurgens* Pall.		陕西太白	陕西太白	2010	1	野生资源
209	712062	黄芪属	斜茎黄芪	*Astragalus adsurgens* Pall.		陕西杨凌	陕西杨凌	2010	1	野生资源
210	20050270	黄芪属	斜茎黄芪	*Astragalus adsurgens* Pall.			内蒙古赤峰元宝山	2010	1	野生资源
211	PT-528	黄芪属	斜茎黄芪	*Astragalus adsurgens* Pall.			内蒙古锡林浩特	2010	1	野生资源
212	GS3366	黄芪属	斜茎黄芪	*Astragalus adsurgens* Pall.		宁夏	宁夏盐池	2011	3	栽培资源
213	12-009	黄芪属	斜茎黄芪	*Astragalus adsurgens* Pall.			内蒙古包头固阳	2012	3	野生资源
214	中畜-1914	黄芪属	斜茎黄芪	*Astragalus adsurgens* Pall.		河北	河北赤城	2007	3	野生资源
215	XJ029	黄芪属	斜茎黄芪	*Astragalus adsurgens* Pall.			新疆伊吾	2002	3	野生资源
216	NM05-185	黄芪属	斜茎黄芪	*Astragalus adsurgens* Pall.		内蒙古巴音郭楞哈太	内蒙古巴音郭楞哈太	2005	3	野生资源
217	GS934	黄芪属	斜茎黄芪	*Astragalus adsurgens* Pall.		宁夏固原泾源	宁夏固原	2005	3	栽培资源
218	中畜-956	黄芪属	斜茎黄芪	*Astragalus adsurgens* Pall.		北京	北京小龙门	2008	3	野生资源
219	GS2450	黄芪属	斜茎黄芪	*Astragalus adsurgens* Pall.		宁夏	宁夏盐池	2010	3	野生资源
220	GS3291	黄芪属	斜茎黄芪	*Astragalus adsurgens* Pall.		甘肃	甘肃肃南	2011	3	野生资源
221	JL10-142	黄芪属	斜茎黄芪	*Astragalus adsurgens* Pall.		吉林白山市	吉林白山	2016	3	野生资源
222	BJCY-YSC028	黄芪属	斜茎黄芪	*Astragalus adsurgens* Pall.		新疆	新疆新源	2010	3	野生资源
223	中畜-1328	黄芪属	斜茎黄芪	*Astragalus adsurgens* Pall.		北京	北京门头沟	2008	3	野生资源

（续）

序号	送种单位编号	属　名	种　名	学　名	品种名（原文名）	材料来源	材料原产地	收种时间（年份）	保存地点	类型
224	中畜-1379	黄芪属	斜茎黄芪	*Astragalus adsurgens* Pall.		河北	河北张家口怀来	2010	3	野生资源
225	中畜-1381	黄芪属	斜茎黄芪	*Astragalus adsurgens* Pall.		河北	河北保定涞源	2010	3	野生资源
226	中畜-1383	黄芪属	斜茎黄芪	*Astragalus adsurgens* Pall.		河北	河北保定涞源	2010	3	野生资源
227	中畜-1384	黄芪属	斜茎黄芪	*Astragalus adsurgens* Pall.		北京	北京昌平	2010	3	野生资源
228	GS1763	黄芪属	斜茎黄芪	*Astragalus adsurgens* Pall.			宁夏固原	2008	3	栽培资源
229	中畜-1918	黄芪属	扁茎黄芪	*Astragalus complanatus* R. Br . ex Bge.		河北	河北张家口怀来	2011	3	野生资源
230	中畜-1920	黄芪属	扁茎黄芪	*Astragalus complanatus* R. Br . ex Bge.		河北	河北张家口赤城	2011	3	野生资源
231	中畜-1921	黄芪属	扁茎黄芪	*Astragalus complanatus* R. Br . ex Bge.		北京	北京房山	2011	3	野生资源
232	中畜-1923	黄芪属	扁茎黄芪	*Astragalus complanatus* R. Br . ex Bge.		北京	北京怀柔	2011	3	野生资源
233	中畜-813	黄芪属	达乌里黄芪	*Astragalus dahuricus*（Pall.）DC.		山西	山西平定	2006	3	野生资源
234	中畜-827	黄芪属	达乌里黄芪	*Astragalus dahuricus*（Pall.）DC.		山西	山西昔阳	2006	3	野生资源
235	中畜-652	黄芪属	达乌里黄芪	*Astragalus dahuricus*（Pall.）DC.		中畜所	北京妙峰山	2005	3	野生资源
236	中畜-955	黄芪属	达乌里黄芪	*Astragalus dahuricus*（Pall.）DC.		北京	北京109国道斋堂镇	2008	3	野生资源
237	中畜-1281	黄芪属	达乌里黄芪	*Astragalus dahuricus*（Pall.）DC.		内蒙古	内蒙古翁牛特旗	2006	3	野生资源
238	中畜-2027	黄芪属	达乌里黄芪	*Astragalus dahuricus*（Pall.）DC.		河北	河北保定阜平	2012	3	野生资源
239	中畜-2029	黄芪属	达乌里黄芪	*Astragalus dahuricus*（Pall.）DC.		河北	河北保定	2012	3	野生资源
240	中畜-2030	黄芪属	达乌里黄芪	*Astragalus dahuricus*（Pall.）DC.		内蒙古	内蒙古巴林左旗	2012	3	野生资源
241	中畜-538	黄芪属	达乌里黄芪	*Astragalus dahuricus*（Pall.）DC.			山西陈家窑	2005	1	野生资源
242	中畜-003	黄芪属	达乌里黄芪	*Astragalus dahuricus*（Pall.）DC.			北京百花山	2000	1	野生资源
243	中畜-028	黄芪属	达乌里黄芪	*Astragalus dahuricus*（Pall.）DC.			山西沁源	2000	1	野生资源
244	GS200011	黄芪属	草木樨状黄芪	*Astragalus melilotoides* Pall.		甘肃环县	甘肃兰州馒头山	2000	3	野生资源
245	蒙99-1	黄芪属	草木樨状黄芪	*Astragalus melilotoides* Pall.		内蒙古赤峰翁牛特旗	内蒙古十二连城	1998	3	野生资源
246	中畜-841	黄芪属	草木樨状黄芪	*Astragalus melilotoides* Pall.		山西	山西	2006	3	野生资源
247	GS3277	黄芪属	草木樨状黄芪	*Astragalus melilotoides* Pall.		甘肃	甘肃肃南	2011	3	野生资源

（续）

序号	送种单位编号	属　名	种　名	学　名	品种名（原文名）	材料来源	材料原产地	收种时间（年份）	保存地点	类型
248	GS3381	黄芪属	草木樨状黄芪	*Astragalus melilotoides* Pall.		宁夏	宁夏盐池	2011	3	野生资源
249	HN2010-1517	黄芪属	草木樨状黄芪	*Astragalus melilotoides* Pall.			广西柳州	2008	3	野生资源
250	IA0717	黄芪属	草木樨状黄芪	*Astragalus melilotoides* Pall.		中国农科院草原所	宁夏盐池	1990	1	野生资源
251	GX091	黄芪属	草木樨状黄芪	*Astragalus melilotoides* Pall.		山西		2010	1	野生资源
252	PT-066	黄芪属	草木樨状黄芪	*Astragalus melilotoides* Pall.		内蒙古农业大学	内蒙古东胜	2010	1	野生资源
253	712096	黄芪属	黄芪	*Astragalus membranaceus*（Fisch.）Bunge		陕西杨凌	陕西杨凌	2010	1	野生资源
254	JL09065	黄芪属	黄芪	*Astragalus membranaceus*（Fisch.）Bunge		吉林永吉		2010	3	野生资源
255	JL2013-097	黄芪属	黄芪	*Astragalus membranaceus*（Fisch.）Bunge			黑龙江牡丹江	2015	3	野生资源
256	SC11-383	黄芪属	黄芪	*Astragalus membranaceus*（Fisch.）Bunge		四川甘孜	四川理塘	2010	3	野生资源
257	HB2010-143	黄芪属	紫云英	*Astragalus sinicus* L.		湖北	湖北神农架	2014	3	野生资源
258	110509004	黄芪属	紫云英	*Astragalus sinicus* L.			福建闽清	2011	2	野生资源
259	110518005	黄芪属	紫云英	*Astragalus sinicus* L.			福建泰宁丰岩	2011	2	野生资源
260	2010FJ003	黄芪属	紫云英	*Astragalus sinicus* L.			福建福州	2010	2	野生资源
261	110518015	黄芪属	紫云英	*Astragalus sinicus* L.			福建邵武	2011	2	野生资源
262	CHQ2004-330	黄芪属	紫云英	*Astragalus sinicus* L.		重庆铜梁		2003	3	栽培资源
263	CHQ2004-334	黄芪属	紫云英	*Astragalus sinicus* L.		重庆大足		2003	3	栽培资源
264	CHQ2004-338	黄芪属	紫云英	*Astragalus sinicus* L.		重庆南川		2003	3	栽培资源
265	CHQ2004-342	黄芪属	紫云英	*Astragalus sinicus* L.		重庆合川		2003	3	栽培资源
266	HB2009-120	黄芪属	紫云英	*Astragalus sinicus* L.		河南信阳	河南信阳	2010	3	野生资源
267	HB2010-010	黄芪属	紫云英	*Astragalus sinicus* L.		河南	河南信阳罗山	2010	3	野生资源
268	HB2010-018	黄芪属	紫云英	*Astragalus sinicus* L.		河南	河南信阳光山	2010	3	野生资源
269	YN2012-089	黄芪属	紫云英	*Astragalus sinicus* L.		四川绵阳	四川绵阳	2011	3	栽培资源
270	HB2012-470	黄芪属	紫云英	*Astragalus sinicus* L.		湖北农科院畜牧所	湖北钟祥	2016	3	野生资源

（续）

序号	送种单位编号	属　名	种　名	学　名	品种名（原文名）	材料来源	材料原产地	收种时间（年份）	保存地点	类型
271	hn2661	黄芪属	紫云英	*Astragalus sinicus* L.			广西容县	2007	3	野生资源
272	hn2662	黄芪属	紫云英	*Astragalus sinicus* L.			福建泰宁	2011	3	野生资源
273	hn2669	黄芪属	紫云英	*Astragalus sinicus* L.			福建大阜钢镇	2011	3	野生资源
274	712093	黄芪属	紫云英	*Astragalus sinicus* L.		陕西杨凌	陕西杨凌	2010	1	野生资源
275	Sau2003031	黄芪属	紫云英	*Astragalus sinicus* L.		四川农业大学	四川什邡	2003	1	野生资源
276	Sau2003144	黄芪属	紫云英	*Astragalus sinicus* L.		四川农业大学	四川青神	2003	1	野生资源
277	Sau2003147	黄芪属	紫云英	*Astragalus sinicus* L.		四川农业大学	四川绵竹	2003	1	野生资源
278	sau2005056	黄芪属	紫云英	*Astragalus sinicus* L.		四川农业大学	四川新津	2005	1	野生资源
279	sau2005057	黄芪属	紫云英	*Astragalus sinicus* L.		四川农业大学	四川绵竹	2005	1	野生资源
280	sau2005058	黄芪属	紫云英	*Astragalus sinicus* L.		四川农业大学	四川名山	2005	1	野生资源
281	SCH2004-49	黄芪属	紫云英	*Astragalus sinicus* L.		四川邛崃		2003	3	栽培资源
282	SCH2004-52	黄芪属	紫云英	*Astragalus sinicus* L.		四川顺庆		2003	3	栽培资源
283	SCH2004-59	黄芪属	紫云英	*Astragalus sinicus* L.		四川南部县		2003	3	栽培资源
284	SCH2004-153	黄芪属	紫云英	*Astragalus sinicus* L.		四川筠连		2003	3	栽培资源
285	CLF003	黄芪属	紫云英	*Astragalus sinicus* L.	common		加拿大	2004	3	引进资源
286	070115018	羊蹄甲属	羊蹄甲	*Bauhinia purpurea* L.			福建福州	2007	2	野生资源
287	060202016	羊蹄甲属	羊蹄甲	*Bauhinia purpurea* L.			海南文昌	2006	2	野生资源
288	080113020	羊蹄甲属	羊蹄甲	*Bauhinia purpurea* L.			云南保山	2008	2	野生资源
289	060331035	羊蹄甲属	羊蹄甲	*Bauhinia purpurea* L.			云南景洪	2006	2	野生资源
290	061128037	羊蹄甲属	羊蹄甲	*Bauhinia purpurea* L.			海南东风	2006	2	野生资源
291	070227048	羊蹄甲属	羊蹄甲	*Bauhinia purpurea* L.			云南红河	2007	2	野生资源
292	070228018	羊蹄甲属	羊蹄甲	*Bauhinia purpurea* L.			云南元江	2007	2	野生资源
293	060811007	羊蹄甲属	羊蹄甲	*Bauhinia purpurea* L.			印度尼西亚茂物	2006	2	引进资源
294	050228396	羊蹄甲属	羊蹄甲	*Bauhinia purpurea* L.			云南西双版纳热带植物园	2005	2	栽培资源
295	070228013	羊蹄甲属	羊蹄甲	*Bauhinia purpurea* L.			云南元江	2007	2	野生资源

（续）

序号	送种单位编号	属　名	种　名	学　名	品种名（原文名）	材料来源	材料原产地	收种时间（年份）	保存地点	类型
296	070227029	羊蹄甲属	羊蹄甲	*Bauhinia purpurea* L.			云南元阳	2007	2	栽培资源
297	030521075	羊蹄甲属	羊蹄甲	*Bauhinia purpurea* L.			云南元谋	2003	2	栽培资源
298	060811006	羊蹄甲属	羊蹄甲	*Bauhinia purpurea* L.			印度尼西亚茂物	2006	2	引进资源
299	160120001	羊蹄甲属	羊蹄甲	*Bauhinia purpurea* L.			卢旺达基加利	2016	2	引进资源
300	151117001	羊蹄甲属	羊蹄甲	*Bauhinia purpurea* L.			云南楚雄	2015	2	野生资源
301	HN287	羊蹄甲属	洋紫荆	*Bauhinia variegata* L.			云南元谋	2003	3	野生资源
302	050228402	云实属	苏木	*Caesalpinia sappan* L.			云南西双版纳	2005	2	野生资源
303	050420006	云实属	苏木	*Caesalpinia sappan* L.			云南景洪	2005	2	野生资源
304	050217038	云实属	苏木	*Caesalpinia sappan* L.			云南保山	2005	2	野生资源
305	L031	木豆属	木豆	*Cajanus cajan*（L.）Millsp.			云南元谋	2004	2	栽培资源
306	HB2010	木豆属	木豆	*Cajanus cajan*（L.）Millsp.			广西大新	2005	2	栽培资源
307	L035-1	木豆属	木豆	*Cajanus cajan*（L.）Millsp.	元谋 8 号		云南元谋	2005	2	栽培资源
308	ICPL7086	木豆属	木豆	*Cajanus cajan*（L.）Millsp.		ICRISAT		2004	2	引进资源
309	ICPH2669-12	木豆属	木豆	*Cajanus cajan*（L.）Millsp.		ICRISAT		2004	2	引进资源
310	ICPH2669-16	木豆属	木豆	*Cajanus cajan*（L.）Millsp.		ICRISAT		2004	2	引进资源
311	ICPH2669-17	木豆属	木豆	*Cajanus cajan*（L.）Millsp.		ICRISAT		2004	2	引进资源
312	ICPH2669-19	木豆属	木豆	*Cajanus cajan*（L.）Millsp.		ICRISAT		2004	2	引进资源
313	ICPH2669-26	木豆属	木豆	*Cajanus cajan*（L.）Millsp.		ICRISAT		2004	2	引进资源
314	ICPH2669-27	木豆属	木豆	*Cajanus cajan*（L.）Millsp.		ICRISAT		2004	2	引进资源
315	ICPH2669-28	木豆属	木豆	*Cajanus cajan*（L.）Millsp.		ICRISAT		2004	2	引进资源
316	ICPH2669-31	木豆属	木豆	*Cajanus cajan*（L.）Millsp.		ICRISAT		2004	2	引进资源
317	ICPH2669-37	木豆属	木豆	*Cajanus cajan*（L.）Millsp.		ICRISAT		2004	2	引进资源
318	ICPH3342-1	木豆属	木豆	*Cajanus cajan*（L.）Millsp.		ICRISAT		2004	2	引进资源
319	ICPH3342-11	木豆属	木豆	*Cajanus cajan*（L.）Millsp.		ICRISAT		2004	2	引进资源
320	ICPH3342-12	木豆属	木豆	*Cajanus cajan*（L.）Millsp.		ICRISAT		2004	2	引进资源

（续）

序号	送种单位编号	属　名	种　名	学　名	品种名（原文名）	材料来源	材料原产地	收种时间（年份）	保存地点	类型
321	ICPH3342-13	木豆属	木豆	*Cajanus cajan*（L.）Millsp.		ICRISAT		2004	2	引进资源
322	ICPH3342-15	木豆属	木豆	*Cajanus cajan*（L.）Millsp.		ICRISAT		2004	2	引进资源
323	ICPH3342-2	木豆属	木豆	*Cajanus cajan*（L.）Millsp.		ICRISAT		2004	2	引进资源
324	ICPH3342-20	木豆属	木豆	*Cajanus cajan*（L.）Millsp.		ICRISAT		2004	2	引进资源
325	ICPH3342-22	木豆属	木豆	*Cajanus cajan*（L.）Millsp.		ICRISAT		2004	2	引进资源
326	ICPH3342-26	木豆属	木豆	*Cajanus cajan*（L.）Millsp.		ICRISAT		2004	2	引进资源
327	ICPH3342-4	木豆属	木豆	*Cajanus cajan*（L.）Millsp.		ICRISAT		2004	2	引进资源
328	ICPH3342-8	木豆属	木豆	*Cajanus cajan*（L.）Millsp.		ICRISAT		2004	2	引进资源
329	ICPH3345-1	木豆属	木豆	*Cajanus cajan*（L.）Millsp.		ICRISAT		2003	2	引进资源
330	ICPH3345-11	木豆属	木豆	*Cajanus cajan*（L.）Millsp.		ICRISAT		2004	2	引进资源
331	ICPH3345-12	木豆属	木豆	*Cajanus cajan*（L.）Millsp.		ICRISAT		2004	2	引进资源
332	ICPH3345-15	木豆属	木豆	*Cajanus cajan*（L.）Millsp.		ICRISAT		2004	2	引进资源
333	ICPH3345-2	木豆属	木豆	*Cajanus cajan*（L.）Millsp.		ICRISAT		2004	2	引进资源
334	ICPH3345-20	木豆属	木豆	*Cajanus cajan*（L.）Millsp.		ICRISAT		2004	2	引进资源
335	ICPH3345-23	木豆属	木豆	*Cajanus cajan*（L.）Millsp.		ICRISAT		2004	2	引进资源
336	ICPH3345-28	木豆属	木豆	*Cajanus cajan*（L.）Millsp.		ICRISAT		2004	2	引进资源
337	ICPH3345-29	木豆属	木豆	*Cajanus cajan*（L.）Millsp.		ICRISAT		2004	2	引进资源
338	ICPH3345-30	木豆属	木豆	*Cajanus cajan*（L.）Millsp.		ICRISAT		2004	2	引进资源
339	ICPH3345-32	木豆属	木豆	*Cajanus cajan*（L.）Millsp.		ICRISAT		2004	2	引进资源
340	ICPH3345-74	木豆属	木豆	*Cajanus cajan*（L.）Millsp.		ICRISAT		2004	2	引进资源
341	050106054	木豆属	木豆	*Cajanus cajan*（L.）Millsp.			海南儋州	2005	2	野生资源
342	070117095	木豆属	木豆	*Cajanus cajan*（L.）Millsp.			广东龙川	2007	2	野生资源
343	070120054	木豆属	木豆	*Cajanus cajan*（L.）Millsp.			广东茂名	2007	2	野生资源
344	041229007	木豆属	木豆	*Cajanus cajan*（L.）Millsp.			海南儋州	2004	2	野生资源
345	050217039	木豆属	木豆	*Cajanus cajan*（L.）Millsp.			云南保山	2005	2	野生资源

（续）

序号	送种单位编号	属　名	种　名	学　名	品种名（原文名）	材料来源	材料原产地	收种时间（年份）	保存地点	类型
346	050224252	木豆属	木豆	*Cajanus cajan*（L.）Millsp.			云南永德	2005	2	野生资源
347	050228377	木豆属	木豆	*Cajanus cajan*（L.）Millsp.			云南 213 国道	2005	2	野生资源
348	050302449	木豆属	木豆	*Cajanus cajan*（L.）Millsp.			云南元江	2005	2	野生资源
349	050312603	木豆属	木豆	*Cajanus cajan*（L.）Millsp.			广西北海	2005	2	野生资源
350	050312620	木豆属	木豆	*Cajanus cajan*（L.）Millsp.			广东徐闻	2005	2	野生资源
351	050319002	木豆属	木豆	*Cajanus cajan*（L.）Millsp.			海南儋州	2005	2	野生资源
352	050319002-1	木豆属	木豆	*Cajanus cajan*（L.）Millsp.			海南文昌	2005	2	野生资源
353	071220004	木豆属	木豆	*Cajanus cajan*（L.）Millsp.			福建漳州	2007	2	野生资源
354	080110003	木豆属	木豆	*Cajanus cajan*（L.）Millsp.			云南昆明	2008	2	野生资源
355	071218023	木豆属	木豆	*Cajanus cajan*（L.）Millsp.			福建漳浦	2007	2	野生资源
356	080115024	木豆属	木豆	*Cajanus cajan*（L.）Millsp.			云南怒江	2008	2	野生资源
357	110118014	木豆属	木豆	*Cajanus cajan*（L.）Millsp.			福建安溪	2011	2	野生资源
358	050125001	木豆属	木豆	*Cajanus cajan*（L.）Millsp.			海南乐东	2005	2	栽培资源
359	南 01110	木豆属	木豆	*Cajanus cajan*（L.）Millsp.		海南南繁基地		2001	2	栽培资源
360	37-41	木豆属	木豆	*Cajanus cajan*（L.）Millsp.			广西大新	2004	2	野生资源
361	L027	木豆属	木豆	*Cajanus cajan*（L.）Millsp.			云南元谋	2005	2	栽培资源
362	AshaTF0063	木豆属	木豆	*Cajanus cajan*（L.）Millsp.		ICRISAT		2004	2	引进资源
363	IAPAR43	木豆属	木豆	*Cajanus cajan*（L.）Millsp.			印度	2005	2	引进资源
364	KATDT-3-9	木豆属	木豆	*Cajanus cajan*（L.）Millsp.		ICRISAT		2004	2	引进资源
365	161124018	木豆属	木豆	*Cajanus cajan*（L.）Millsp.		云南	云南	2016	2	野生资源
366	161124035	木豆属	木豆	*Cajanus cajan*（L.）Millsp.		云南	云南	2016	2	野生资源
367	KAT6018-1	木豆属	木豆	*Cajanus cajan*（L.）Millsp.			海南五指山	2004	2	野生资源
368	161124065	木豆属	木豆	*Cajanus cajan*（L.）Millsp.		云南	云南	2016	2	野生资源
369	ICP7035	木豆属	木豆	*Cajanus cajan*（L.）Millsp.			广西大新	2005	2	野生资源
370	Asha	木豆属	木豆	*Cajanus cajan*（L.）Millsp.	Asha	ICRISAT		2004	2	引进资源

（续）

序号	送种单位编号	属 名	种 名	学 名	品种名（原文名）	材料来源	材料原产地	收种时间（年份）	保存地点	类型
371	hn2665	木豆属	木豆	*Cajanus cajan*（L.）Millsp.			海南东方	2004	3	野生资源
372	hn2667	木豆属	木豆	*Cajanus cajan*（L.）Millsp.			云南永德	2005	3	野生资源
373	hn2668	木豆属	木豆	*Cajanus cajan*（L.）Millsp.			云南景洪	2005	3	野生资源
374	hn2670	木豆属	木豆	*Cajanus cajan*（L.）Millsp.			广东惠州	2007	3	野生资源
375	hn2671	木豆属	木豆	*Cajanus cajan*（L.）Millsp.			海南三亚天涯海角	2006	3	野生资源
376	hb0009	木豆属	木豆	*Cajanus cajan*（L.）Millsp.			江西南昌	2010	1	野生资源
377	云农 0686	木豆属	木豆	*Cajanus cajan*（L.）Millsp.		云南		2010	1	野生资源
378	广西畜 84-6	木豆属	木豆	*Cajanus cajan*（L.）Millsp.		广西畜牧所	广西柳城	1992	1	栽培资源
379	广西畜 84-7	木豆属	木豆	*Cajanus cajan*（L.）Millsp.		广西畜牧所	印度尼西亚	1991	1	引进资源
380	广西畜 84-5	木豆属	木豆	*Cajanus cajan*（L.）Millsp.		广西畜牧所	印度尼西亚	1991	1	引进资源
381	HN632	木豆属	木豆	*Cajanus cajan*（L.）Millsp.		海南儋州东成	海南儋州	2005	3	野生资源
382	HN1054	木豆属	木豆	*Cajanus cajan*（L.）Millsp.			广东龙川	2008	3	野生资源
383	HN1055	木豆属	木豆	*Cajanus cajan*（L.）Millsp.			广东茂名	2008	3	野生资源
384	HB2009-379	木豆属	木豆	*Cajanus cajan*（L.）Millsp.		江西南昌	中国	2010	3	野生资源
385	YN2008-089	木豆属	木豆	*Cajanus cajan*（L.）Millsp.		云南楚雄		2009	3	栽培资源
386	CQ2007-110	木豆属	木豆	*Cajanus cajan*（L.）Millsp.		重庆江津		2008	3	野生资源
387	CQ2007-111	木豆属	木豆	*Cajanus cajan*（L.）Millsp.		重庆武隆		2008	3	野生资源
388	CQ2007-114	木豆属	木豆	*Cajanus cajan*（L.）Millsp.		重庆南川		2008	3	野生资源
389	CQ2007-121	木豆属	木豆	*Cajanus cajan*（L.）Millsp.		重庆彭水		2008	3	野生资源
390	YN2007-132	木豆属	木豆	*Cajanus cajan*（L.）Millsp.		云南景洪		2008	3	野生资源
391	E1312	木豆属	木豆	*Cajanus cajan*（L.）Millsp.		江西南昌	海南	2010	3	野生资源
392	CQ2007-116	木豆属	木豆	*Cajanus cajan*（L.）Millsp.		重庆綦江		2008	3	野生资源
393	YN2010-279	木豆属	木豆	*Cajanus cajan*（L.）Millsp.			云南呈贡	2009	3	栽培资源
394	HN1096	木豆属	蔓草虫豆	*Cajanus scarabaeoides*（L.）Thouars			广西百色	2005	3	野生资源
395	HN1278	木豆属	蔓草虫豆	*Cajanus scarabaeoides*（L.）Thouars			海南大广	2004	3	野生资源

（续）

序号	送种单位编号	属名	种名	学名	品种名（原文名）	材料来源	材料原产地	收种时间（年份）	保存地点	类型
396	HN1299	木豆属	蔓草虫豆	*Cajanus scarabaeoides*（L.）Thouars			海南昌江	2014	3	野生资源
397	HN2010-1485	木豆属	蔓草虫豆	*Cajanus scarabaeoides*（L.）Thouars			广西崇左	2016	3	野生资源
398	041130119	木豆属	蔓草虫豆	*Cajanus scarabaeoides*（L.）Thouars			海南三亚	2004	2	野生资源
399	050308522	木豆属	蔓草虫豆	*Cajanus scarabaeoides*（L.）Thouars			广西百色	2005	2	野生资源
400	041001014	木豆属	蔓草虫豆	*Cajanus scarabaeoides*（L.）Thouars			广西引入	2004	2	野生资源
401	041130033	木豆属	蔓草虫豆	*Cajanus scarabaeoides*（L.）Thouars			海南昌江	2004	2	野生资源
402	101112017	木豆属	蔓草虫豆	*Cajanus scarabaeoides*（L.）Thouars			广西凭祥	2010	2	野生资源
403	101113020	木豆属	蔓草虫豆	*Cajanus scarabaeoides*（L.）Thouars			广西龙州	2010	2	野生资源
404	101114018	木豆属	蔓草虫豆	*Cajanus scarabaeoides*（L.）Thouars			广西龙州	2010	2	野生资源
405	101116036	木豆属	蔓草虫豆	*Cajanus scarabaeoides*（L.）Thouars			广西大新	2010	2	野生资源
406	070108021	木豆属	蔓草虫豆	*Cajanus scarabaeoides*（L.）Thouars			广东深圳	2007	2	野生资源
407	110111005	木豆属	蔓草虫豆	*Cajanus scarabaeoides*（L.）Thouars			福建漳浦	2011	2	野生资源
408	110109006	木豆属	蔓草虫豆	*Cajanus scarabaeoides*（L.）Thouars			福建诏安	2011	2	野生资源
409	061220069	木豆属	蔓草虫豆	*Cajanus scarabaeoides*（L.）Thouars			海南陵水	2006	2	野生资源
410	041104001	木豆属	蔓草虫豆	*Cajanus scarabaeoides*（L.）Thouars			海南昌江	2004	2	野生资源
411	041104024	木豆属	蔓草虫豆	*Cajanus scarabaeoides*（L.）Thouars			海南九所	2004	2	野生资源
412	061127036	木豆属	蔓草虫豆	*Cajanus scarabaeoides*（L.）Thouars			海南东方	2006	2	野生资源
413	061118016	木豆属	蔓草虫豆	*Cajanus scarabaeoides*（L.）Thouars			海南儋州	2006	2	野生资源
414	050311579	木豆属	蔓草虫豆	*Cajanus scarabaeoides*（L.）Thouars			广西钦州	2005	2	野生资源
415	050307496	木豆属	蔓草虫豆	*Cajanus scarabaeoides*（L.）Thouars			广西田林	2005	2	野生资源
416	050302446	木豆属	蔓草虫豆	*Cajanus scarabaeoides*（L.）Thouars			云南元江	2005	2	野生资源
417	050223211	木豆属	蔓草虫豆	*Cajanus scarabaeoides*（L.）Thouars			云南保山	2005	2	野生资源
418	050214011	木豆属	蔓草虫豆	*Cajanus scarabaeoides*（L.）Thouars			广西百色	2005	2	野生资源
419	050106005	木豆属	蔓草虫豆	*Cajanus scarabaeoides*（L.）Thouars			海南昌江	2005	2	野生资源
420	061128039	木豆属	蔓草虫豆	*Cajanus scarabaeoides*（L.）Thouars			海南东方	2006	2	野生资源

（续）

序号	送种单位编号	属　名	种　名	学　名	品种名（原文名）	材料来源	材料原产地	收种时间（年份）	保存地点	类型
421	060324006	木豆属	蔓草虫豆	*Cajanus scarabaeoides* (L.) Thouars			云南元江	2006	2	野生资源
422	060127009	木豆属	蔓草虫豆	*Cajanus scarabaeoides* (L.) Thouars			海南白沙	2006	2	野生资源
423	061020028	木豆属	蔓草虫豆	*Cajanus scarabaeoides* (L.) Thouars			海南儋州	2006	2	野生资源
424	060119004	木豆属	蔓草虫豆	*Cajanus scarabaeoides* (L.) Thouars			海南海口	2006	2	野生资源
425	061129035	木豆属	蔓草虫豆	*Cajanus scarabaeoides* (L.) Thouars			海南乐东	2006	2	野生资源
426	061222069	木豆属	蔓草虫豆	*Cajanus scarabaeoides* (L.) Thouars			海南陵水	2006	2	野生资源
427	070312034	木豆属	蔓草虫豆	*Cajanus scarabaeoides* (L.) Thouars			广西隆林	2007	2	野生资源
428	070306001	木豆属	蔓草虫豆	*Cajanus scarabaeoides* (L.) Thouars			云南开远	2007	2	野生资源
429	070227047	木豆属	蔓草虫豆	*Cajanus scarabaeoides* (L.) Thouars			云南红河	2007	2	野生资源
430	070117070	木豆属	蔓草虫豆	*Cajanus scarabaeoides* (L.) Thouars			广东龙川	2007	2	野生资源
431	070111024	木豆属	蔓草虫豆	*Cajanus scarabaeoides* (L.) Thouars			广东潮州	2007	2	野生资源
432	070111043	木豆属	蔓草虫豆	*Cajanus scarabaeoides* (L.) Thouars			福建漳州	2007	2	野生资源
433	070110044	木豆属	蔓草虫豆	*Cajanus scarabaeoides* (L.) Thouars			广东陆丰	2007	2	野生资源
434	070314018-1	木豆属	蔓草虫豆	*Cajanus scarabaeoides* (L.) Thouars			广西田阳	2007	2	野生资源
435	020301021	木豆属	蔓草虫豆	*Cajanus scarabaeoides* (L.) Thouars			海南儋州	2002	2	野生资源
436	020301031	木豆属	蔓草虫豆	*Cajanus scarabaeoides* (L.) Thouars			海南三亚	2002	2	野生资源
437	041001006	木豆属	蔓草虫豆	*Cajanus scarabaeoides* (L.) Thouars			广西	2004	2	野生资源
438	041104103	木豆属	蔓草虫豆	*Cajanus scarabaeoides* (L.) Thouars			海南鹦哥岭	2004	2	野生资源
439	041130012	木豆属	蔓草虫豆	*Cajanus scarabaeoides* (L.) Thouars			海南白沙	2004	2	野生资源
440	041130155	木豆属	蔓草虫豆	*Cajanus scarabaeoides* (L.) Thouars			海南陵水	2004	2	野生资源
441	041130164	木豆属	蔓草虫豆	*Cajanus scarabaeoides* (L.) Thouars			海南陵水	2004	2	野生资源
442	041130329	木豆属	蔓草虫豆	*Cajanus scarabaeoides* (L.) Thouars			海南海口	2004	2	野生资源
443	050106012	木豆属	蔓草虫豆	*Cajanus scarabaeoides* (L.) Thouars			海南东方	2005	2	野生资源
444	050225271	木豆属	蔓草虫豆	*Cajanus scarabaeoides* (L.) Thouars			云南沧源	2005	2	野生资源
445	050310563	木豆属	蔓草虫豆	*Cajanus scarabaeoides* (L.) Thouars			广西扶绥	2005	2	野生资源

（续）

序号	送种单位编号	属　名	种　名	学　名	品种名（原文名）	材料来源	材料原产地	收种时间（年份）	保存地点	类型
446	051210045	木豆属	蔓草虫豆	*Cajanus scarabaeoides*（L.）Thouars			海南琼中	2005	2	野生资源
447	051211066	木豆属	蔓草虫豆	*Cajanus scarabaeoides*（L.）Thouars			海南三亚	2005	2	野生资源
448	051211078	木豆属	蔓草虫豆	*Cajanus scarabaeoides*（L.）Thouars			海南乐东	2005	2	野生资源
449	050321051	木豆属	蔓草虫豆	*Cajanus scarabaeoides*（L.）Thouars			海南五指山	2005	2	野生资源
450	051212094	木豆属	蔓草虫豆	*Cajanus scarabaeoides*（L.）Thouars			海南东方	2005	2	野生资源
451	南 01417	木豆属	蔓草虫豆	*Cajanus scarabaeoides*（L.）Thouars		海南南繁基地		2003	2	野生资源
452	071218020	木豆属	蔓草虫豆	*Cajanus scarabaeoides*（L.）Thouars			福建漳浦	2007	2	野生资源
453	071227023	木豆属	蔓草虫豆	*Cajanus scarabaeoides*（L.）Thouars			广东韶关	2007	2	野生资源
454	071217058	木豆属	蔓草虫豆	*Cajanus scarabaeoides*（L.）Thouars			福建漳浦	2007	2	野生资源
455	080111031	木豆属	蔓草虫豆	*Cajanus scarabaeoides*（L.）Thouars			云南保山	2008	2	野生资源
456	081213019	木豆属	蔓草虫豆	*Cajanus scarabaeoides*（L.）Thouars			广东河源	2008	2	野生资源
457	081228005	木豆属	蔓草虫豆	*Cajanus scarabaeoides*（L.）Thouars			广西贺州	2008	2	野生资源
458	080113002	木豆属	蔓草虫豆	*Cajanus scarabaeoides*（L.）Thouars			云南保山	2008	2	野生资源
459	101116007	木豆属	蔓草虫豆	*Cajanus scarabaeoides*（L.）Thouars			广西大新	2010	2	野生资源
460	2012FJ014	木豆属	蔓草虫豆	*Cajanus scarabaeoides*（L.）Thouars			福州晋安	2012	2	野生资源
461	141028006	木豆属	蔓草虫豆	*Cajanus scarabaeoides*（L.）Thouars			海南琼中	2014	2	野生资源
462	140922025	木豆属	蔓草虫豆	*Cajanus scarabaeoides*（L.）Thouars			广东英德	2014	2	野生资源
463	121112014	木豆属	蔓草虫豆	*Cajanus scarabaeoides*（L.）Thouars			广西	2012	2	野生资源
464	121007005	木豆属	蔓草虫豆	*Cajanus scarabaeoides*（L.）Thouars			海南海口	2012	2	野生资源
465	GX11120708	木豆属	蔓草虫豆	*Cajanus scarabaeoides*（L.）Thouars			广西	2011	2	野生资源
466	GX091211003	木豆属	蔓草虫豆	*Cajanus scarabaeoides*（L.）Thouars			广西崇左	2009	2	野生资源
467	061129010	木豆属	蔓草虫豆	*Cajanus scarabaeoides*（L.）Thouars			海南乐东	2006	2	野生资源
468	070311002A	木豆属	蔓草虫豆	*Cajanus scarabaeoides*（L.）Thouars			贵州册亨	2007	2	野生资源
469	070314015	木豆属	蔓草虫豆	*Cajanus scarabaeoides*（L.）Thouars			广西田阳	2007	2	野生资源
470	151113003	木豆属	蔓草虫豆	*Cajanus scarabaeoides*（L.）Thouars			四川攀枝花盐边	2015	2	野生资源

（续）

序号	送种单位编号	属　名	种　名	学　名	品种名（原文名）	材料来源	材料原产地	收种时间（年份）	保存地点	类型
471	151019022	木豆属	蔓草虫豆	*Cajanus scarabaeoides* (L.) Thouars			广东湛江	2015	2	野生资源
472	151015016	木豆属	蔓草虫豆	*Cajanus scarabaeoides* (L.) Thouars			广东徐闻	2015	2	野生资源
473	080113072	木豆属	蔓草虫豆	*Cajanus scarabaeoides* (L.) Thouars			云南怒江州	2008	2	野生资源
474	HN479	毛蔓豆属	毛蔓豆	*Calopogonium mucunoides* Desv.			海南白沙	2004	3	野生资源
475	HN493	毛蔓豆属	毛蔓豆	*Calopogonium mucunoides* Desv.			海南东方	2004	3	野生资源
476	HN2011-1814	毛蔓豆属	毛蔓豆	*Calopogonium mucunoides* Desv.		海南兴隆牛漏	海南五指山	2005	3	野生资源
477	HN620	毛蔓豆属	毛蔓豆	*Calopogonium mucunoides* Desv.			海南五指山	2005	3	野生资源
478	HN628	毛蔓豆属	毛蔓豆	*Calopogonium mucunoides* Desv.		海南临高	海南琼海塔洋镇	2005	3	野生资源
479	hn2867	毛蔓豆属	毛蔓豆	*Calopogonium mucunoides* Desv.		CIAT		2005	3	引进资源
480	hn2107	毛蔓豆属	毛蔓豆	*Calopogonium mucunoides* Desv.			海南白沙	2004	3	野生资源
481	hn2790	毛蔓豆属	毛蔓豆	*Calopogonium mucunoides* Desv.			海南三亚崖城	2006	3	野生资源
482	hn2793	毛蔓豆属	毛蔓豆	*Calopogonium mucunoides* Desv.		海南南繁基地		2013	3	野生资源
483	hn2794	毛蔓豆属	毛蔓豆	*Calopogonium mucunoides* Desv.			海南海口	2006	3	野生资源
484	hn2789	毛蔓豆属	毛蔓豆	*Calopogonium mucunoides* Desv.			海南儋州	2006	3	野生资源
485	hn2860	毛蔓豆属	毛蔓豆	*Calopogonium mucunoides* Desv.		CIAT		2015	3	引进资源
486	hn2108	毛蔓豆属	毛蔓豆	*Calopogonium mucunoides* Desv.			海南陵水	2005	3	野生资源
487	hn2863	毛蔓豆属	毛蔓豆	*Calopogonium mucunoides* Desv.			海南五指山	2005	3	野生资源
488	hn2104	毛蔓豆属	毛蔓豆	*Calopogonium mucunoides* Desv.			海南乐东	2005	3	野生资源
489	hn2792	毛蔓豆属	毛蔓豆	*Calopogonium mucunoides* Desv.			云南景洪	2006	3	野生资源
490	B4896	毛蔓豆属	毛蔓豆	*Calopogonium mucunoides* Desv.			海南昌江	2005	3	野生资源
491	HN2011-1819	毛蔓豆属	毛蔓豆	*Calopogonium mucunoides* Desv.			海南陵水	2005	3	野生资源
492	JL15-030	毛蔓豆属	毛蔓豆	*Calopogonium mucunoides* Desv.			广西靖西	2005	3	野生资源
493	041130002	毛蔓豆属	毛蔓豆	*Calopogonium mucunoides* Desv.			海南白沙	2004	2	野生资源
494	041130062	毛蔓豆属	毛蔓豆	*Calopogonium mucunoides* Desv.			海南东方	2004	2	野生资源
495	041130160	毛蔓豆属	毛蔓豆	*Calopogonium mucunoides* Desv.			海南陵水	2004	2	野生资源

（续）

序号	送种单位编号	属　名	种　名	学　名	品种名（原文名）	材料来源	材料原产地	收种时间（年份）	保存地点	类型
496	041229001	毛蔓豆属	毛蔓豆	*Calopogonium mucunoides* Desv.			海南儋州	2004	2	野生资源
497	050101013	毛蔓豆属	毛蔓豆	*Calopogonium mucunoides* Desv.			海南五指山	2005	2	野生资源
498	050106023	毛蔓豆属	毛蔓豆	*Calopogonium mucunoides* Desv.			海南琼海	2005	2	野生资源
499	050101003	毛蔓豆属	毛蔓豆	*Calopogonium mucunoides* Desv.			海南白沙	2005	2	野生资源
500	061220025	毛蔓豆属	毛蔓豆	*Calopogonium mucunoides* Desv.			海南三亚	2006	2	野生资源
501	南 01770	毛蔓豆属	毛蔓豆	*Calopogonium mucunoides* Desv.		海南南繁基地		2001	2	栽培资源
502	130712001	毛蔓豆属	毛蔓豆	*Calopogonium mucunoides* Desv.			海南儋州	2013	2	野生资源
503	060125008	毛蔓豆属	毛蔓豆	*Calopogonium mucunoides* Desv.			海南海口	2006	2	野生资源
504	南 01970	毛蔓豆属	毛蔓豆	*Calopogonium mucunoides* Desv.		海南南繁基地		2001	2	栽培资源
505	051210057	毛蔓豆属	毛蔓豆	*Calopogonium mucunoides* Desv.			海南陵水	2005	2	野生资源
506	050321041	毛蔓豆属	毛蔓豆	*Calopogonium mucunoides* Desv.			海南五指山	2005	2	野生资源
507	070411001	毛蔓豆属	毛蔓豆	*Calopogonium mucunoides* Desv.			海南三亚	2007	2	野生资源
508	041130401	毛蔓豆属	毛蔓豆	*Calopogonium mucunoides* Desv.			广西岑溪	2004	2	野生资源
509	南 01970	毛蔓豆属	毛蔓豆	*Calopogonium mucunoides* Desv.		海南南繁基地		2001	2	栽培资源
510	070118049	毛蔓豆属	毛蔓豆	*Calopogonium mucunoides* Desv.			惠州博罗	2007	2	野生资源
511	050319023	毛蔓豆属	毛蔓豆	*Calopogonium mucunoides* Desv.			海南乐东	2005	2	野生资源
512	050322041	毛蔓豆属	毛蔓豆	*Calopogonium mucunoides* Desv.			海南五指山	2005	2	野生资源
513	060217013	毛蔓豆属	毛蔓豆	*Calopogonium mucunoides* Desv.			海南西培农场	2006	2	野生资源
514	101130104	毛蔓豆属	毛蔓豆	*Calopogonium mucunoides* Desv.			福建厦门	2010	2	野生资源
515	050319007	毛蔓豆属	毛蔓豆	*Calopogonium mucunoides* Desv.			海南昌江	2005	2	野生资源
516	140401019	毛蔓豆属	毛蔓豆	*Calopogonium mucunoides* Desv.			江西塘洲	2014	2	野生资源
517	050320021	毛蔓豆属	毛蔓豆	*Calopogonium mucunoides* Desv.			海南陵水	2005	2	野生资源
518	050309537	毛蔓豆属	毛蔓豆	*Calopogonium mucunoides* Desv.			广西靖西	2005	2	野生资源
519	051211064	毛蔓豆属	毛蔓豆	*Calopogonium mucunoides* Desv.			海南三亚	2005	2	野生资源
520	070226022	杭子梢属	杭子梢	*Campylotropis macrocarpa* (Bunge) Rehd.			广西百色	2007	2	野生资源

（续）

序号	送种单位编号	属　名	种　名	学　名	品种名（原文名）	材料来源	材料原产地	收种时间（年份）	保存地点	类型
521	070117059	杭子梢属	杭子梢	*Campylotropis macrocarpa* (Bunge) Rehd.			广东龙川	2007	2	野生资源
522	070312026	杭子梢属	杭子梢	*Campylotropis macrocarpa* (Bunge) Rehd.			贵州兴义	2007	2	野生资源
523	131107020	杭子梢属	杭子梢	*Campylotropis macrocarpa* (Bunge) Rehd.			江西都昌	2013	2	野生资源
524	131105008	杭子梢属	杭子梢	*Campylotropis macrocarpa* (Bunge) Rehd.			江西彭泽	2013	2	野生资源
525	131122031	杭子梢属	杭子梢	*Campylotropis macrocarpa* (Bunge) Rehd.			福建蒲城	2013	2	野生资源
526	121025012	杭子梢属	杭子梢	*Campylotropis macrocarpa* (Bunge) Rehd.			广西南宁	2012	2	野生资源
527	E1048	刀豆属	刀豆	*Canavalia gladiata* (Jacq.) DC.		湖北神农架	湖北神农架	2007	3	野生资源
528	hn2471	刀豆属	刀豆	*Canavalia gladiata* (Jacq.) DC.			福建泉州	2012	3	野生资源
529	hn2472	刀豆属	刀豆	*Canavalia gladiata* (Jacq.) DC.			广西龙州	2010	3	野生资源
530	HN1553	刀豆属	刀豆	*Canavalia gladiata* (Jacq.) DC.			海南澄迈	2006	3	野生资源
531	050224246B	刀豆属	刀豆	*Canavalia gladiata* (Jacq.) DC.			云南永德	2005	2	野生资源
532	50226298	刀豆属	刀豆	*Canavalia gladiata* (Jacq.) DC.			云南勐海	2005	2	野生资源
533	80113021	刀豆属	刀豆	*Canavalia gladiata* (Jacq.) DC.			云南保山	2008	2	野生资源
534	刀豆	刀豆属	刀豆	*Canavalia gladiata* (Jacq.) DC.			云南东风农场	2009	2	栽培资源
535	101110016	刀豆属	刀豆	*Canavalia gladiata* (Jacq.) DC.			广西明江	2010	2	野生资源
536	050225291	刀豆属	刀豆	*Canavalia gladiata* (Jacq.) DC.			云南思茅	2005	2	野生资源
537	050225265	刀豆属	刀豆	*Canavalia gladiata* (Jacq.) DC.			云南沧源	2005	2	野生资源
538	050227347	刀豆属	刀豆	*Canavalia gladiata* (Jacq.) DC.			云南勐海	2005	2	野生资源
539	060331036	刀豆属	刀豆	*Canavalia gladiata* (Jacq.) DC.			云南景洪	2006	2	野生资源
540	050227347	刀豆属	刀豆	*Canavalia gladiata* (Jacq.) DC.			云南勐海	2005	2	野生资源
541	060329005	刀豆属	刀豆	*Canavalia gladiata* (Jacq.) DC.			云南江城	2006	2	野生资源
542	051209019	刀豆属	刀豆	*Canavalia gladiata* (Jacq.) DC.			海南琼山	2005	2	野生资源
543	060331028	刀豆属	刀豆	*Canavalia gladiata* (Jacq.) DC.			云南景洪	2006	2	野生资源
544	060329033	刀豆属	刀豆	*Canavalia gladiata* (Jacq.) DC.			云南江城	2006	2	野生资源
545	050225265	刀豆属	刀豆	*Canavalia gladiata* (Jacq.) DC.			云南沧源	2005	2	野生资源

（续）

序号	送种单位编号	属　名	种　名	学　名	品种名（原文名）	材料来源	材料原产地	收种时间（年份）	保存地点	类型
546	060331028	刀豆属	刀豆	*Canavalia gladiata* (Jacq.) DC.			云南景洪	2006	2	野生资源
547	101114031	刀豆属	刀豆	*Canavalia gladiata* (Jacq.) DC.			广西龙州	2010	2	野生资源
548	050303453	刀豆属	刀豆	*Canavalia gladiata* (Jacq.) DC.			广西玉元	2005	2	野生资源
549	060119014	刀豆属	刀豆	*Canavalia gladiata* (Jacq.) DC.			海南澄迈	2006	2	野生资源
550	hn2474	刀豆属	海刀豆	*Canavalia maritima* (Aubl.) Thou.			福建漳州	2012	3	野生资源
551	hn2476	刀豆属	海刀豆	*Canavalia maritima* (Aubl.) Thou.			海南海口	2007	3	野生资源
552	B5250	刀豆属	海刀豆	*Canavalia maritima* (Aubl.) Thou.			广东台山	2014	3	野生资源
553	hn3112	刀豆属	海刀豆	*Canavalia maritima* (Aubl.) Thou.			广东徐闻	2015	3	野生资源
554	hn3110	刀豆属	海刀豆	*Canavalia maritima* (Aubl.) Thou.			广东化州	2015	3	野生资源
555	hn3120	刀豆属	海刀豆	*Canavalia maritima* (Aubl.) Thou.			广东湛江	2015	3	野生资源
556	hn2518	刀豆属	海刀豆	*Canavalia maritima* (Aubl.) Thou.			广东龙川	2007	3	野生资源
557	041130261	刀豆属	海刀豆	*Canavalia maritima* (Aubl.) Thou.			海南文昌	2004	2	野生资源
558	041130323	刀豆属	海刀豆	*Canavalia maritima* (Aubl.) Thou.			海南西秀镇	2004	2	野生资源
559	071214044	刀豆属	海刀豆	*Canavalia maritima* (Aubl.) Thou.			哥斯达黎加	2007	2	引进资源
560	071211003	刀豆属	海刀豆	*Canavalia maritima* (Aubl.) Thou.			海南乐东感城	2007	2	野生资源
561	060203031	刀豆属	海刀豆	*Canavalia maritima* (Aubl.) Thou.			海南文昌	2006	2	野生资源
562	061003017	刀豆属	海刀豆	*Canavalia maritima* (Aubl.) Thou.			海南蜈支洲岛	2006	2	野生资源
563	070103023	刀豆属	海刀豆	*Canavalia maritima* (Aubl.) Thou.			广西茂名	2007	2	野生资源
564	061221047	刀豆属	海刀豆	*Canavalia maritima* (Aubl.) Thou.			海南陵水	2006	2	野生资源
565	061118020	刀豆属	海刀豆	*Canavalia maritima* (Aubl.) Thou.			海南儋州	2006	2	野生资源
566	140927021	刀豆属	海刀豆	*Canavalia maritima* (Aubl.) Thou.			广东台山	2014	2	野生资源
567	150500001	刀豆属	海刀豆	*Canavalia maritima* (Aubl.) Thou.			刚果黑角	2015	2	引进资源
568	151015018	刀豆属	海刀豆	*Canavalia maritima* (Aubl.) Thou.			广东徐闻	2015	2	野生资源
569	151022015	刀豆属	海刀豆	*Canavalia maritima* (Aubl.) Thou.			广东化州	2015	2	野生资源
570	151019031	刀豆属	海刀豆	*Canavalia maritima* (Aubl.) Thou.			广东湛江	2015	2	野生资源

（续）

序号	送种单位编号	属　名	种　名	学　名	品种名（原文名）	材料来源	材料原产地	收种时间（年份）	保存地点	类型
571	070117080	刀豆属	海刀豆	*Canavalia maritima* (Aubl.) Thou.			广东龙川	2007	2	野生资源
572	161024004	刀豆属	海刀豆	*Canavalia maritima* (Aubl.) Thou.			汤加	2016	2	引进资源
573	2015243	锦鸡儿属	中间锦鸡儿	*Caragana intermedia* Kuang et H. C. Fu			内蒙古达茂旗	2015	1	野生资源
574	YN2010-288	锦鸡儿属	柠条锦鸡儿	*Caragana korshinskii* Kom.			宁夏银川	2009	3	野生资源
575	2808	锦鸡儿属	柠条锦鸡儿	*Caragana korshinskii* Kom.		内蒙古	中国	1999	3	野生资源
576	IA115	锦鸡儿属	柠条锦鸡儿	*Caragana korshinskii* Kom.		中国农科院草原所	内蒙古杭锦旗	1992	1	野生资源
577	L461	锦鸡儿属	柠条锦鸡儿	*Caragana korshinskii* Kom.		内蒙古	内蒙古赤峰	2001	1	野生资源
578	89	锦鸡儿属	柠条锦鸡儿	*Caragana korshinskii* Kom.			宁夏盐池	2003	1	野生资源
579	BL00141	锦鸡儿属	柠条锦鸡儿	*Caragana korshinskii* Kom.		内蒙古赤峰	内蒙古赤峰	2010	1	野生资源
580	2015253	锦鸡儿属	柠条锦鸡儿	*Caragana korshinskii* Kom.			内蒙古武川	2015	1	野生资源
581	2015276	锦鸡儿属	柠条锦鸡儿	*Caragana korshinskii* Kom.			内蒙古白旗	2015	1	野生资源
582	2015281	锦鸡儿属	柠条锦鸡儿	*Caragana korshinskii* Kom.			内蒙古白旗	2015	1	野生资源
583	GS2669	锦鸡儿属	柠条锦鸡儿	*Caragana korshinskii* Kom.		甘肃	甘肃静宁高界镇	2009	3	野生资源
584	GS2051	锦鸡儿属	小叶锦鸡儿	*Caragana microphylla* Lam.			甘肃会宁	2008	3	野生资源
585	hn2995	决明属	翅荚决明	*Cassia alata* L.			广东湛江	2007	3	野生资源
586	hn3063	决明属	翅荚决明	*Cassia alata* L.			海南海口	2012	3	野生资源
587	hn2509	决明属	大叶决明	*Cassia fruticosa* Mill.			广西崇左天等	2012	3	野生资源
588	050307474	决明属	双荚决明	*Cassia bicapsularis* L.			贵州安龙	2005	2	野生资源
589	050306466	决明属	双荚决明	*Cassia bicapsularis* L.			云南昆明	2005	2	野生资源
590	070118026	决明属	双荚决明	*Cassia bicapsularis* L.			广东惠州	2007	2	野生资源
591	070110009	决明属	双荚决明	*Cassia bicapsularis* L.			广东汕尾	2007	2	野生资源
592	070309012	决明属	双荚决明	*Cassia bicapsularis* L.			贵州兴仁	2007	2	野生资源
593	070310008	决明属	双荚决明	*Cassia bicapsularis* L.			贵州贞丰	2007	2	野生资源
594	041229003	决明属	双荚决明	*Cassia bicapsularis* L.			海南儋州	2004	2	野生资源

（续）

序号	送种单位编号	属　名	种　名	学　名	品种名（原文名）	材料来源	材料原产地	收种时间（年份）	保存地点	类型
595	071109005	决明属	双荚决明	*Cassia bicapsularis* L.			贵州凯里	2007	2	野生资源
596	071218017	决明属	双荚决明	*Cassia bicapsularis* L.			福建漳浦	2007	2	野生资源
597	121014002	决明属	双荚决明	*Cassia bicapsularis* L.			海南海口	2012	2	野生资源
598	121023022	决明属	双荚决明	*Cassia bicapsularis* L.			贵州麻江	2012	2	野生资源
599	hn2996	决明属	长穗决明	*Cassia didymobotrya* Fresen.			海南白沙	2012	3	野生资源
600	041229004	决明属	长穗决明	*Cassia didymobotrya* Fresen.			海南儋州	2004	2	野生资源
601	050320028	决明属	长穗决明	*Cassia didymobotrya* Fresen.			海南保亭	2005	2	野生资源
602	060121011	决明属	短叶决明	*Cassia leschenaultiana* DC.			海南儋州	2006	2	野生资源
603	101116024	决明属	短叶决明	*Cassia leschenaultiana* DC.			广西大新	2010	2	野生资源
604	HN788	决明属	羽叶决明	*Cassia nictitans* L.			福建漳州	2005	3	野生资源
605	070117046	决明属	羽叶决明	*Cassia nictitans* L.			广东梅县	2007	2	野生资源
606	hn2746	决明属	羽叶决明	*Cassia nictitans* L.			广西桂林	2013	3	野生资源
607	hn2256	决明属	望江南	*Cassia occidentalis* L.			福建漳浦	2010	3	野生资源
608	hn2258	决明属	望江南	*Cassia occidentalis* L.			广西南宁	2011	3	野生资源
609	121114005	决明属	望江南	*Cassia occidentalis* L.			福建龙岩	2012	2	野生资源
610	121121010	决明属	望江南	*Cassia occidentalis* L.			福建漳州	2012	2	野生资源
611	GX141219009	决明属	望江南	*Cassia occidentalis* L.			广西玉林	2014	2	野生资源
612	GX161110002	决明属	望江南	*Cassia occidentalis* L.		广西钟山	广西贺州	2016	2	野生资源
613	hn3105	决明属	望江南	*Cassia occidentalis* L.			广东饶平	2007	3	野生资源
614	hn2921	决明属	望江南	*Cassia occidentalis* L.			广西玉林	2014	3	栽培资源
615	hn3119	决明属	望江南	*Cassia occidentalis* L.			台湾	2015	3	野生资源
616	hn3127	决明属	望江南	*Cassia occidentalis* L.			广东化州	2015	3	野生资源
617	hn3132	决明属	望江南	*Cassia occidentalis* L.			广东曲界	2015	3	野生资源
618	hn2495	决明属	望江南	*Cassia occidentalis* L.			广西岑溪	2008	3	野生资源
619	041130318	决明属	望江南	*Cassia occidentalis* L.			海南海口	2004	2	野生资源

（续）

序号	送种单位编号	属　名	种　名	学　名	品种名（原文名）	材料来源	材料原产地	收种时间（年份）	保存地点	类型
620	050106042	决明属	望江南	*Cassia occidentalis* L.			海南临高角	2005	2	野生资源
621	50312593	决明属	望江南	*Cassia occidentalis* L.			广西北海	2005	2	野生资源
622	50217044	决明属	望江南	*Cassia occidentalis* L.			云南保山	2005	2	野生资源
623	50106033	决明属	望江南	*Cassia occidentalis* L.			海南临高	2005	2	野生资源
624	040822169	决明属	望江南	*Cassia occidentalis* L.			海南琼中	2004	2	野生资源
625	040822103-2	决明属	望江南	*Cassia occidentalis* L.			海南乐东	2004	2	野生资源
626	50308528	决明属	望江南	*Cassia occidentalis* L.			广西靖西	2005	2	野生资源
627	061014030	决明属	望江南	*Cassia occidentalis* L.			海南儋州	2006	2	野生资源
628	070111031	决明属	望江南	*Cassia occidentalis* L.			福建漳州	2007	2	野生资源
629	041001027	决明属	望江南	*Cassia occidentalis* L.			广西桂林冠岩	2004	2	野生资源
630	070312037	决明属	望江南	*Cassia occidentalis* L.			广西隆林	2007	2	野生资源
631	041130135-1	决明属	望江南	*Cassia occidentalis* L.			海南三亚	2004	2	野生资源
632	041130213-2	决明属	望江南	*Cassia occidentalis* L.			海南琼山	2004	2	野生资源
633	101110018	决明属	望江南	*Cassia occidentalis* L.			广西明江	2010	2	野生资源
634	120830017	决明属	望江南	*Cassia occidentalis* L.			海南五指山	2012	2	野生资源
635	070716001	决明属	望江南	*Cassia occidentalis* L.			海南临高	2007	2	野生资源
636	071218005	决明属	望江南	*Cassia occidentalis* L.			福建漳浦	2007	2	野生资源
637	101113026	决明属	望江南	*Cassia occidentalis* L.			广西龙州	2010	2	野生资源
638	101119032	决明属	望江南	*Cassia occidentalis* L.			广西崇左	2010	2	野生资源
639	140927007	决明属	望江南	*Cassia occidentalis* L.			广东台山	2014	2	野生资源
640	131113001	决明属	望江南	*Cassia occidentalis* L.			江西潘阳	2013	2	野生资源
641	151022002	决明属	望江南	*Cassia occidentalis* L.			广东化州	2015	2	野生资源
642	151016011	决明属	望江南	*Cassia occidentalis* L.			广州曲界	2015	2	野生资源
643	151113017	决明属	望江南	*Cassia occidentalis* L.			四川攀枝花	2015	2	野生资源
644	101114002	决明属	望江南	*Cassia occidentalis* L.			广西明江	2010	2	野生资源

（续）

序号	送种单位编号	属　名	种　名	学　名	品种名（原文名）	材料来源	材料原产地	收种时间（年份）	保存地点	类型
645	080426017	决明属	望江南	*Cassia occidentalis* L.			广东开平	2008	2	野生资源
646	081229019	决明属	望江南	*Cassia occidentalis* L.			广西岑溪	2008	2	野生资源
647	080426030	决明属	望江南	*Cassia occidentalis* L.			广东潮安	2008	2	野生资源
648	81215022	决明属	望江南	*Cassia occidentalis* L.			江西峡江	2008	2	野生资源
649	071216010	决明属	望江南	*Cassia occidentalis* L.			福建诏安	2007	2	野生资源
650	080113035	决明属	望江南	*Cassia occidentalis* L.			云南保山	2008	2	野生资源
651	2012FJ006	决明属	望江南	*Cassia occidentalis* L.			福建上坪乡	2012	2	野生资源
652	041117040	决明属	望江南	*Cassia occidentalis* L.			海南保亭	2004	2	野生资源
653	070110038	决明属	柄腺山扁豆	*Cassia pumila* Lam.			广东陆丰	2007	2	野生资源
654	070711007	决明属	柄腺山扁豆	*Cassia pumila* Lam.			海南乐东	2007	2	野生资源
655	08QT41	决明属	圆叶决明	*Cassia rotundifolia* Pers.	威恩	福建农科院		2008	2	栽培资源
656	51121001	决明属	圆叶决明	*Cassia rotundifolia* Pers.		CIAT		2005	2	引进资源
657	南 01968	决明属	圆叶决明	*Cassia rotundifolia* Pers.		海南南繁基地		2001	2	栽培资源
658	CIAT8556/ATF3193	决明属	圆叶决明	*Cassia rotundifolia* Pers.		CIAT		2004	2	引进资源
659	CIAT8999/ATF3210	决明属	圆叶决明	*Cassia rotundifolia* Pers.		CIAT		2004	2	引进资源
660	CIAT8995/ATF3206	决明属	圆叶决明	*Cassia rotundifolia* Pers.		CIAT		2003	2	引进资源
661	Wynn L12-98	决明属	圆叶决明	*Cassia rotundifolia* Pers.		CIAT		2004	2	引进资源
662	Wynn	决明属	圆叶决明	*Cassia rotundifolia* Pers.		CIAT		2004	2	引进资源
663	HN1298	决明属	圆叶决明	*Cassia rotundifolia* Pers.		ACIAR		2000	3	引进资源
664	HN1303	决明属	圆叶决明	*Cassia rotundifolia* Pers.		ACIAR		2000	3	引进资源
665	HN1292	决明属	圆叶决明	*Cassia rotundifolia* Pers.		ACIAR		2000	3	引进资源
666	HN1139	决明属	圆叶决明	*Cassia rotundifolia* Pers.		ACIAR		2000	3	引进资源
667	HN1085	决明属	圆叶决明	*Cassia rotundifolia* Pers.		ACIAR		2000	3	引进资源
668	HN1296	决明属	圆叶决明	*Cassia rotundifolia* Pers.		ACIAR		2000	3	引进资源
669	MEX272/86124	决明属	圆叶决明	*Cassia rotundifolia* Pers.	MEX272	CIAT		2004	2	引进资源

（续）

序号	送种单位编号	属　名	种　名	学　名	品种名（原文名）	材料来源	材料原产地	收种时间（年份）	保存地点	类型
670	ATF2208	决明属	圆叶决明	*Cassia rotundifolia* Pers.	Paraguay	CIAT		2004	2	引进资源
671	GX059	决明属	圆叶决明	*Cassia rotundifolia* Pers.	ATF3248	福建福州		2010	1	引进资源
672	GX058	决明属	圆叶决明	*Cassia rotundifolia* Pers.	8634 R1	福建福州		2010	1	引进资源
673	GX061	决明属	圆叶决明	*Cassia rotundifolia* Pers.	8635 R1	福建福州		2010	1	引进资源
674	GX062	决明属	圆叶决明	*Cassia rotundifolia* Pers.	8636 R1	福建福州		2010	1	引进资源
675	GX060	决明属	圆叶决明	*Cassia rotundifolia* Pers.	CPI34721	福建福州		2010	1	引进资源
676	GX063	决明属	圆叶决明	*Cassia rotundifolia* Pers.	CPI86134	福建福州		2010	1	引进资源
677	GX064	决明属	圆叶决明	*Cassia rotundifolia* Pers.	CPI78355	福建福州		2010	1	引进资源
678	HN2010-1472	决明属	圆叶决明	*Cassia rotundifolia* Pers.		ACIAR		2008	3	引进资源
679	HN2010-1475	决明属	圆叶决明	*Cassia rotundifolia* Pers.		ACIAR		2009	3	引进资源
680	HN2010-1455	决明属	圆叶决明	*Cassia rotundifolia* Pers.		ACIAR		2008	3	引进资源
681	HN2010-1456	决明属	圆叶决明	*Cassia rotundifolia* Pers.		ACIAR		2008	3	引进资源
682	HN2010-1458	决明属	圆叶决明	*Cassia rotundifolia* Pers.		ACIAR		2008	3	引进资源
683	HN2010-1459	决明属	圆叶决明	*Cassia rotundifolia* Pers.		ACIAR		2008	3	引进资源
684	HN2010-1461	决明属	圆叶决明	*Cassia rotundifolia* Pers.		ACIAR		2008	3	引进资源
685	HN2010-1462	决明属	圆叶决明	*Cassia rotundifolia* Pers.		ACIAR		2009	3	引进资源
686	HN2010-1465	决明属	圆叶决明	*Cassia rotundifolia* Pers.		ACIAR		2009	3	引进资源
687	HN2010-1466	决明属	圆叶决明	*Cassia rotundifolia* Pers.		ACIAR		2009	3	引进资源
688	HN2010-1468	决明属	圆叶决明	*Cassia rotundifolia* Pers.		ACIAR		2009	3	引进资源
689	HN2010-1476	决明属	圆叶决明	*Cassia rotundifolia* Pers.		ACIAR		2009	3	引进资源
690	HN2010-1470	决明属	圆叶决明	*Cassia rotundifolia* Pers.		ACIAR		2009	3	引进资源
691	HN2010-1469	决明属	圆叶决明	*Cassia rotundifolia* Pers.		ACIAR		2009	3	引进资源
692	HN2010-1471	决明属	圆叶决明	*Cassia rotundifolia* Pers.		ACIAR		2009	3	引进资源
693	070110014	决明属	黄槐决明	*Cassia surattensis* Burm. f.			广东汕尾	2007	2	野生资源
694	050312604	决明属	黄槐决明	*Cassia surattensis* Burm. f.			广西北海	2005	2	野生资源

（续）

序号	送种单位编号	属　名	种　名	学　名	品种名（原文名）	材料来源	材料原产地	收种时间（年份）	保存地点	类型
695	050214013	决明属	黄槐决明	*Cassia surattensis* Burm. f.			广西百色	2005	2	野生资源
696	200702196	决明属	决明	*Cassia tora* L.		澳大利亚	南半球	2010	1	引进资源
697	hn2492	决明属	决明	*Cassia tora* L.			海南琼中	2004	3	野生资源
698	hn2696	决明属	决明	*Cassia tora* L.			广西百色	2004	3	野生资源
699	hn2697	决明属	决明	*Cassia tora* L.			云南保山	2005	3	野生资源
700	hn2698	决明属	决明	*Cassia tora* L.			海南儋州	2006	3	野生资源
701	hn2704	决明属	决明	*Cassia tora* L.			云南勐海	2005	3	野生资源
702	hn2708	决明属	决明	*Cassia tora* L.			广西博白	2007	3	野生资源
703	hn2709	决明属	决明	*Cassia tora* L.			广西田林	2007	3	野生资源
704	hn2444	决明属	决明	*Cassia tora* L.			广西桂林	2012	3	野生资源
705	hn2445	决明属	决明	*Cassia tora* L.			福建漳州	2012	3	野生资源
706	hn2693	决明属	决明	*Cassia tora* L.			福建漳浦	2007	3	野生资源
707	hn2694	决明属	决明	*Cassia tora* L.			云南保山	2008	3	野生资源
708	hn2695	决明属	决明	*Cassia tora* L.			广西南宁	2004	3	野生资源
709	hn2699	决明属	决明	*Cassia tora* L.			云南保山	2004	3	野生资源
710	hn2700	决明属	决明	*Cassia tora* L.			海南儋州	2004	3	野生资源
711	hn2701	决明属	决明	*Cassia tora* L.			福建上杭	2007	3	野生资源
712	hn2702	决明属	决明	*Cassia tora* L.			海南海口	2004	3	野生资源
713	hn2748	决明属	决明	*Cassia tora* L.			云南景洪	2004	3	野生资源
714	hn2705	决明属	决明	*Cassia tora* L.			广西博白	2007	3	野生资源
715	hn2706	决明属	决明	*Cassia tora* L.			海南白沙	2004	3	野生资源
716	hn2707	决明属	决明	*Cassia tora* L.			海南三亚	2004	3	野生资源
717	hn2712	决明属	决明	*Cassia tora* L.			广西大新	2010	3	野生资源
718	hn2713	决明属	决明	*Cassia tora* L.			广西龙州	2010	3	野生资源
719	hn2714	决明属	决明	*Cassia tora* L.			海南琼中	2004	3	野生资源

（续）

序号	送种单位编号	属　名	种　名	学　名	品种名（原文名）	材料来源	材料原产地	收种时间（年份）	保存地点	类型
720	hn2715	决明属	决明	*Cassia tora* L.			云南德宏	2005	3	野生资源
721	hn2716	决明属	决明	*Cassia tora* L.			海南三亚	2005	3	野生资源
722	hn2717	决明属	决明	*Cassia tora* L.			贵州兴义	2006	3	野生资源
723	hn2718	决明属	决明	*Cassia tora* L.			海南屯昌	2004	3	野生资源
724	hn3125	决明属	决明	*Cassia tora* L.			福州晋安	2015	3	野生资源
725	hn3133	决明属	决明	*Cassia tora* L.			贵州兴义	2015	3	野生资源
726	hn2493	决明属	决明	*Cassia tora* L.			广西桂林	2008	3	野生资源
727	hn2494	决明属	决明	*Cassia tora* L.			广西河池	2012	3	野生资源
728	041104113	决明属	决明	*Cassia tora* L.			海南琼中	2004	2	野生资源
729	041117020	决明属	决明	*Cassia tora* L.			海南陵水	2004	2	野生资源
730	041130045	决明属	决明	*Cassia tora* L.			海南东方	2004	2	野生资源
731	041130095	决明属	决明	*Cassia tora* L.			海南乐东	2004	2	野生资源
732	041130311	决明属	决明	*Cassia tora* L.			海南琼中	2004	2	野生资源
733	050221144	决明属	决明	*Cassia tora* L.			云南盈江	2005	2	野生资源
734	050226310	决明属	决明	*Cassia tora* L.			云南勐海	2005	2	野生资源
735	070315014	决明属	决明	*Cassia tora* L.			广西河池	2007	2	野生资源
736	061113008	决明属	决明	*Cassia tora* L.			海南儋州	2006	2	野生资源
737	050106049	决明属	决明	*Cassia tora* L.			海南临高	2005	2	野生资源
738	041104043	决明属	决明	*Cassia tora* L.			海南东方	2004	2	野生资源
739	070219002	决明属	决明	*Cassia tora* L.			海南尖峰岭	2007	2	野生资源
740	050223234	决明属	决明	*Cassia tora* L.			云南镇康	2005	2	野生资源
741	041104051	决明属	决明	*Cassia tora* L.			海南白沙	2004	2	野生资源
742	041104050	决明属	决明	*Cassia tora* L.			海南儋州	2004	2	野生资源
743	040822080	决明属	决明	*Cassia tora* L.			海南海口	2004	2	野生资源
744	041104058	决明属	决明	*Cassia tora* L.			海南白沙	2004	2	野生资源

（续）

序号	送种单位编号	属　名	种　名	学　名	品种名（原文名）	材料来源	材料原产地	收种时间（年份）	保存地点	类型
745	041117005	决明属	决明	*Cassia tora* L.			海南三亚	2004	2	野生资源
746	101119005	决明属	决明	*Cassia tora* L.			广西大新	2010	2	野生资源
747	101115010	决明属	决明	*Cassia tora* L.			广西龙州	2010	2	野生资源
748	060406004	决明属	决明	*Cassia tora* L.			贵州兴义	2006	2	野生资源
749	120830005	决明属	决明	*Cassia tora* L.			海南五指山	2012	2	野生资源
750	050223234-1	决明属	决明	*Cassia tora* L.			云南镇康	2005	2	野生资源
751	101108008	决明属	决明	*Cassia tora* L.			广西扶绥	2010	2	野生资源
752	151231002	决明属	决明	*Cassia tora* L.			福州晋安	2015	2	野生资源
753	151023001	决明属	决明	*Cassia tora* L.			广东化州	2015	2	野生资源
754	101111027	决明属	决明	*Cassia tora* L.			广西大新	2010	2	野生资源
755	HB0002	决明属	决明	*Cassia tora* L.			江西南昌	2010	1	野生资源
756	hn2749	决明属	决明	*Cassia tora* L.			江西潘阳	2013	3	野生资源
757	071209009	决明属	决明	*Cassia tora* L.			福建漳浦	2007	2	野生资源
758	081227054	决明属	决明	*Cassia tora* L.			广西桂林	2008	2	野生资源
759	121030005	决明属	决明	*Cassia tora* L.			广西桂林	2012	2	野生资源
760	121122001	决明属	决明	*Cassia tora* L.			福建漳州	2012	2	野生资源
761	131113005	决明属	决明	*Cassia tora* L.			江西潘阳	2013	2	野生资源
762	121006006	决明属	决明	*Cassia tora* L.			海南福山	2012	2	野生资源
763	140401020	决明属	决明	*Cassia tora* L.			广东惠州	2014	2	野生资源
764	GX12110802	决明属	决明	*Cassia tora* L.			广西河池	2012	2	野生资源
765	GX12112802	决明属	决明	*Cassia tora* L.			广西南宁	2012	2	野生资源
766	HN485	距瓣豆属	距瓣豆	*Centrosema pubescens* Benth.		海南东方	海南昌江叉河	2004	3	野生资源
767	HN675	距瓣豆属	距瓣豆	*Centrosema pubescens* Benth.		海南	海南昌江	2005	3	野生资源
768	HN676	距瓣豆属	距瓣豆	*Centrosema pubescens* Benth.		海南	海南乐东	2005	3	野生资源
769	HN678	距瓣豆属	距瓣豆	*Centrosema pubescens* Benth.		海南	海南五指山	2005	3	野生资源

（续）

序号	送种单位编号	属　名	种　名	学　名	品种名（原文名）	材料来源	材料原产地	收种时间（年份）	保存地点	类型
770	HN679	距瓣豆属	距瓣豆	*Centrosema pubescens* Benth.		海南	海南白沙	2005	3	野生资源
771	HN680	距瓣豆属	距瓣豆	*Centrosema pubescens* Benth.		云南	海南保亭	2005	3	野生资源
772	HN1099	距瓣豆属	距瓣豆	*Centrosema pubescens* Benth.			海南白沙	2006	3	野生资源
773	HN1100	距瓣豆属	距瓣豆	*Centrosema pubescens* Benth.			海南保亭	2005	3	野生资源
774	HN1103	距瓣豆属	距瓣豆	*Centrosema pubescens* Benth.			海南乐东	2005	3	野生资源
775	HN1211	距瓣豆属	距瓣豆	*Centrosema pubescens* Benth.	Cardillo	ACIAR		1999	3	引进资源
776	hn2534	距瓣豆属	距瓣豆	*Centrosema pubescens* Benth.			海南保亭什岭	2009	3	野生资源
777	HN1266	距瓣豆属	距瓣豆	*Centrosema pubescens* Benth.			海南乐东	2009	3	野生资源
778	HN1290	距瓣豆属	距瓣豆	*Centrosema pubescens* Benth.			海南儋州	2007	3	野生资源
779	hn2535	距瓣豆属	距瓣豆	*Centrosema pubescens* Benth.		CIAT		2015	3	引进资源
780	hn2536	距瓣豆属	距瓣豆	*Centrosema pubescens* Benth.		CIAT		2015	3	引进资源
781	hn2531	距瓣豆属	距瓣豆	*Centrosema pubescens* Benth.		CIAT		2015	3	引进资源
782	hn2537	距瓣豆属	距瓣豆	*Centrosema pubescens* Benth.			云南景洪	2004	3	野生资源
783	hn2731	距瓣豆属	距瓣豆	*Centrosema pubescens* Benth.			海南昌江	2005	3	野生资源
784	hn2734	距瓣豆属	距瓣豆	*Centrosema pubescens* Benth.			海南五指山	2005	3	野生资源
785	hn2735	距瓣豆属	距瓣豆	*Centrosema pubescens* Benth.			海南昌江	2006	3	野生资源
786	hn2842	距瓣豆属	距瓣豆	*Centrosema pubescens* Benth.		CIAT		2015	3	引进资源
787	hn2839	距瓣豆属	距瓣豆	*Centrosema pubescens* Benth.		CIAT		2015	3	引进资源
788	hn2893	距瓣豆属	距瓣豆	*Centrosema pubescens* Benth.		CIAT		2015	3	引进资源
789	hn2733	距瓣豆属	距瓣豆	*Centrosema pubescens* Benth.		CIAT		2015	3	引进资源
790	hn2740	距瓣豆属	距瓣豆	*Centrosema pubescens* Benth.			海南乐东	2005	3	野生资源
791	hn2850	距瓣豆属	距瓣豆	*Centrosema pubescens* Benth.		CIAT		2015	3	引进资源
792	hn2849	距瓣豆属	距瓣豆	*Centrosema pubescens* Benth.			海南万宁	2008	3	野生资源
793	hn2533	距瓣豆属	距瓣豆	*Centrosema pubescens* Benth.		CIAT		2008	3	引进资源
794	hn2851	距瓣豆属	距瓣豆	*Centrosema pubescens* Benth.		CIAT		2008	3	引进资源

（续）

序号	送种单位编号	属　名	种　名	学　名	品种名（原文名）	材料来源	材料原产地	收种时间（年份）	保存地点	类型
795	hn2837	距瓣豆属	距瓣豆	*Centrosema pubescens* Benth.		CIAT		2008	3	引进资源
796	hn2844	距瓣豆属	距瓣豆	*Centrosema pubescens* Benth.		CIAT		2008	3	引进资源
797	hn2840	距瓣豆属	距瓣豆	*Centrosema pubescens* Benth.		CIAT		2008	3	引进资源
798	hn2892	距瓣豆属	距瓣豆	*Centrosema pubescens* Benth.		CIAT		2008	3	引进资源
799	hn2846	距瓣豆属	距瓣豆	*Centrosema pubescens* Benth.		CIAT		2008	3	引进资源
800	hn2838	距瓣豆属	距瓣豆	*Centrosema pubescens* Benth.		CIAT		2008	3	引进资源
801	hn2852	距瓣豆属	距瓣豆	*Centrosema pubescens* Benth.		CIAT		2008	3	引进资源
802	hn2841	距瓣豆属	距瓣豆	*Centrosema pubescens* Benth.			海南万宁	2002	3	野生资源
803	hn3099	距瓣豆属	距瓣豆	*Centrosema pubescens* Benth.		CIAT		2008	3	引进资源
804	hn2891	距瓣豆属	距瓣豆	*Centrosema pubescens* Benth.		CIAT		2008	3	引进资源
805	hn3065	距瓣豆属	距瓣豆	*Centrosema pubescens* Benth.		CIAT		2007	3	引进资源
806	hn2845	距瓣豆属	距瓣豆	*Centrosema pubescens* Benth.		CIAT		2008	3	引进资源
807	HN2010-1493	距瓣豆属	距瓣豆	*Centrosema pubescens* Benth.			云南勐腊	2005	3	野生资源
808	041130026	距瓣豆属	距瓣豆	*Centrosema pubescens* Benth.			海南昌江	2004	2	野生资源
809	041229005	距瓣豆属	距瓣豆	*Centrosema pubescens* Benth.			海南儋州两院	2004	2	野生资源
810	050319008	距瓣豆属	距瓣豆	*Centrosema pubescens* Benth.			海南昌江大坡镇	2005	2	野生资源
811	050321057	距瓣豆属	距瓣豆	*Centrosema pubescens* Benth.			海南白沙	2005	2	野生资源
812	050321038	距瓣豆属	距瓣豆	*Centrosema pubescens* Benth.			海南保亭响水镇	2005	2	野生资源
813	050319019	距瓣豆属	距瓣豆	*Centrosema pubescens* Benth.			海南乐东	2005	2	野生资源
814	050320027-1	距瓣豆属	距瓣豆	*Centrosema pubescens* Benth.			海南保亭	2005	2	野生资源
815	050319029	距瓣豆属	距瓣豆	*Centrosema pubescens* Benth.			海南三亚	2005	2	野生资源
816	Cardillo	距瓣豆属	距瓣豆	*Centrosema pubescens* Benth.		ACIAR		2003	2	引进资源
817	050320026	距瓣豆属	距瓣豆	*Centrosema pubescens* Benth.			海南保亭	2005	2	野生资源
818	060301009	距瓣豆属	距瓣豆	*Centrosema pubescens* Benth.			海南乐东	2006	2	野生资源
819	071103014	距瓣豆属	距瓣豆	*Centrosema pubescens* Benth.			海南儋州两院	2007	2	野生资源

（续）

序号	送种单位编号	属　名	种　名	学　名	品种名（原文名）	材料来源	材料原产地	收种时间（年份）	保存地点	类型
820	050320020	距瓣豆属	距瓣豆	*Centrosema pubescens* Benth.			海南陵水	2005	2	野生资源
821	050301409	距瓣豆属	距瓣豆	*Centrosema pubescens* Benth.			云南勐腊	2005	2	野生资源
822	050420003	距瓣豆属	距瓣豆	*Centrosema pubescens* Benth.			云南西双版纳	2005	2	野生资源
823	060217018	距瓣豆属	距瓣豆	*Centrosema pubescens* Benth.			海南白沙	2006	2	野生资源
824	060219003	距瓣豆属	距瓣豆	*Centrosema pubescens* Benth.			海南昌江	2006	2	野生资源
825	060301016	距瓣豆属	距瓣豆	*Centrosema pubescens* Benth.			海南三亚	2006	2	野生资源
826	060306029	距瓣豆属	距瓣豆	*Centrosema pubescens* Benth.			海南鹦哥岭	2006	2	野生资源
827	061220030	距瓣豆属	距瓣豆	*Centrosema pubescens* Benth.			海南三亚	2006	2	野生资源
828	060309014	距瓣豆属	距瓣豆	*Centrosema pubescens* Benth.			海南乐东	2006	2	野生资源
829	南 02139	距瓣豆属	距瓣豆	*Centrosema pubescens* Benth.		海南南繁基地		2003	2	栽培资源
830	080301001	距瓣豆属	距瓣豆	*Centrosema pubescens* Benth.			海南万宁	2008	2	野生资源
831	南 01971	距瓣豆属	距瓣豆	*Centrosema pubescens* Benth.		海南南繁基地		2001	2	栽培资源
832	13 号蝴蝶豆	距瓣豆属	距瓣豆	*Centrosema pubescens* Benth.		CIAT		2005	2	引进资源
833	距瓣豆	距瓣豆属	距瓣豆	*Centrosema pubescens* Benth.			海南儋州两院	2005	2	野生资源
834	南 00739	距瓣豆属	距瓣豆	*Centrosema pubescens* Benth.		海南南繁基地		2001	2	栽培资源
835	CIAT7304	距瓣豆属	距瓣豆	*Centrosema pubescens* Benth.		CIAT		2003	2	引进资源
836	080111034	距瓣豆属	距瓣豆	*Centrosema pubescens* Benth.			云南怒江	2008	2	野生资源
837	161130008	距瓣豆属	距瓣豆	*Centrosema pubescens* Benth.			广西河池	2016	2	野生资源
838	050101018	距瓣豆属	距瓣豆	*Centrosema pubescens* Benth.			海南兴隆	2005	2	野生资源
839	130310006	距瓣豆属	距瓣豆	*Centrosema pubescens* Benth.			广东梅州	2013	2	野生资源
840	060306037	距瓣豆属	距瓣豆	*Centrosema pubescens* Benth.			海南琼中	2006	2	野生资源
841	110226001	距瓣豆属	距瓣豆	*Centrosema pubescens* Benth.			云南勐腊	2011	2	野生资源
842	050320040	距瓣豆属	距瓣豆	*Centrosema pubescens* Benth.			云南怒江	2005	2	野生资源
843	距 1-1 华热作 33	距瓣豆属	距瓣豆	*Centrosema pubescens* Benth.		华南热作所	南美洲	1989	1	引进资源
844	距 1-1 华热作 33	距瓣豆属	距瓣豆	*Centrosema pubescens* Benth.		广西畜牧所	南美洲	1993	1	引进资源

（续）

序号	送种单位编号	属　名	种　名	学　名	品种名（原文名）	材料来源	材料原产地	收种时间（年份）	保存地点	类型
845	130313006	距瓣豆属	距瓣豆	*Centrosema pubescens* Benth.			福建永定	2013	2	野生资源
846	140401096	距瓣豆属	距瓣豆	*Centrosema pubescens* Benth.			海南三亚	2014	2	野生资源
847	CIAT15150	距瓣豆属	距瓣豆	*Centrosema pubescens* Benth.		CIAT		2003	2	引进资源
848	CIAT15133	距瓣豆属	距瓣豆	*Centrosema pubescens* Benth.		CIAT		2003	2	引进资源
849	CIAT15144	距瓣豆属	距瓣豆	*Centrosema pubescens* Benth.		CIAT		2003	2	引进资源
850	CIAT15149	距瓣豆属	距瓣豆	*Centrosema pubescens* Benth.		CIAT		2003	2	引进资源
851	CIAT15160	距瓣豆属	距瓣豆	*Centrosema pubescens* Benth.		CIAT		2003	2	引进资源
852	CIAT15470	距瓣豆属	距瓣豆	*Centrosema pubescens* Benth.		CIAT		2003	2	引进资源
853	CIAT15474	距瓣豆属	距瓣豆	*Centrosema pubescens* Benth.		CIAT		2004	2	引进资源
854	CIAT15872	距瓣豆属	距瓣豆	*Centrosema pubescens* Benth.		CIAT		2003	2	引进资源
855	CIAT18947	距瓣豆属	距瓣豆	*Centrosema pubescens* Benth.		CIAT		2003	2	引进资源
856	CIAT413	距瓣豆属	距瓣豆	*Centrosema pubescens* Benth.		CIAT		2003	2	引进资源
857	CIAT438	距瓣豆属	距瓣豆	*Centrosema pubescens* Benth.		CIAT		2003	2	引进资源
858	CIAT507	距瓣豆属	距瓣豆	*Centrosema pubescens* Benth.		CIAT		2003	2	引进资源
859	CIAT509	距瓣豆属	距瓣豆	*Centrosema pubescens* Benth.		CIAT		2003	2	引进资源
860	CIAT509-1	距瓣豆属	距瓣豆	*Centrosema pubescens* Benth.		CIAT		2003	2	引进资源
861	CIAT5129	距瓣豆属	距瓣豆	*Centrosema pubescens* Benth.		CIAT		2003	2	引进资源
862	CIAT5133	距瓣豆属	距瓣豆	*Centrosema pubescens* Benth.		CIAT		2003	2	引进资源
863	CIAT5167	距瓣豆属	距瓣豆	*Centrosema pubescens* Benth.		CIAT		2003	2	引进资源
864	CIAT5172	距瓣豆属	距瓣豆	*Centrosema pubescens* Benth.		CIAT		2003	2	引进资源
865	CIAT5596	距瓣豆属	距瓣豆	*Centrosema pubescens* Benth.		CIAT		2003	2	引进资源
866	CIAT5627	距瓣豆属	距瓣豆	*Centrosema pubescens* Benth.		CIAT		2003	2	引进资源
867	CIAT5631	距瓣豆属	距瓣豆	*Centrosema pubescens* Benth.		CIAT		2003	2	引进资源
868	CIAT872	距瓣豆属	距瓣豆	*Centrosema pubescens* Benth.		CIAT		2003	2	引进资源
869	CIAT2110	距瓣豆属	距瓣豆	*Centrosema pubescens* Benth.		CIAT		2003	2	引进资源

（续）

序号	送种单位编号	属　名	种　名	学　名	品种名（原文名）	材料来源	材料原产地	收种时间（年份）	保存地点	类型
870	CIAT5709	距瓣豆属	距瓣豆	*Centrosema pubescens* Benth.		CIAT		2003	2	引进资源
871	110109001	蝙蝠草属	铺地蝙蝠草	*Christia obcordata* (Poir.) Bahn. f.			福建诏安	2011	2	野生资源
872	041104084	蝙蝠草属	铺地蝙蝠草	*Christia obcordata* (Poir.) Bahn. f.			海南白沙	2004	2	野生资源
873	060310014B	蝙蝠草属	蝙蝠草	*Christia vespertilionis* (L. f.) Bahn. f.			海南东方	2006	2	野生资源
874	061029004	蝙蝠草属	蝙蝠草	*Christia vespertilionis* (L. f.) Bahn. f.			海南儋州	2006	2	野生资源
875	060130027	蝙蝠草属	蝙蝠草	*Christia vespertilionis* (L. f.) Bahn. f.			海南东方	2006	2	野生资源
876	060219012	蝙蝠草属	蝙蝠草	*Christia vespertilionis* (L. f.) Bahn. f.			海南霸王岭	2006	2	野生资源
877	071120018	蝙蝠草属	蝙蝠草	*Christia vespertilionis* (L. f.) Bahn. f.			广西梧州	2007	2	野生资源
878	040822183	蝙蝠草属	蝙蝠草	*Christia vespertilionis* (L. f.) Bahn. f.			海南乐东	2004	2	野生资源
879	051210037	蝙蝠草属	蝙蝠草	*Christia vespertilionis* (L. f.) Bahn. f.			海南琼中	2005	2	野生资源
880	061126017	蝙蝠草属	蝙蝠草	*Christia vespertilionis* (L. f.) Bahn. f.			海南白沙	2006	2	野生资源
881	051211076	蝙蝠草属	蝙蝠草	*Christia vespertilionis* (L. f.) Bahn. f.			海南三亚	2005	2	野生资源
882	051209009	蝙蝠草属	蝙蝠草	*Christia vespertilionis* (L. f.) Bahn. f.			海南海口	2005	2	野生资源
883	061127034	蝙蝠草属	蝙蝠草	*Christia vespertilionis* (L. f.) Bahn. f.			海南东方	2006	2	野生资源
884	040822175	蝙蝠草属	蝙蝠草	*Christia vespertilionis* (L. f.) Bahn. f.			海南昌江	2004	2	野生资源
885	060219005	蝙蝠草属	蝙蝠草	*Christia vespertilionis* (L. f.) Bahn. f.			海南昌江	2006	2	野生资源
886	121009001A	舞草属	圆叶舞草	*Codoriocalyx gyroides* (Roxb. ex Link) Hassk.			海南白沙	2012	2	野生资源
887	HN943	舞草属	圆叶舞草	*Codoriocalyx gyroides* (Roxb. ex Link) Hassk.		CIAT		2012	3	引进资源
888	HN1121	舞草属	圆叶舞草	*Codoriocalyx gyroides* (Roxb. ex Link) Hassk.		CIAT		1982	3	引进资源
889	CIAT	舞草属	圆叶舞草	*Codoriocalyx gyroides* (Roxb. ex Link) Hassk.		CIAT		2003	2	引进资源

（续）

序号	送种单位编号	属　名	种　名	学　名	品种名（原文名）	材料来源	材料原产地	收种时间（年份）	保存地点	类型
890	南 02141	舞草属	圆叶舞草	*Codoriocalyx gyroides* (Roxb. ex Link) Hassk.		海南南繁基地		2001	2	栽培资源
891	CIAT	舞草属	圆叶舞草	*Codoriocalyx gyroides* (Roxb. ex Link) Hassk.		CIAT		2003	2	引进资源
892	050219121	舞草属	圆叶舞草	*Codoriocalyx gyroides* (Roxb. ex Link) Hassk.			云南盈江	2005	2	野生资源
893	050224256	舞草属	圆叶舞草	*Codoriocalyx gyroides* (Roxb. ex Link) Hassk.			云南永德	2005	2	野生资源
894	050224260	舞草属	圆叶舞草	*Codoriocalyx gyroides* (Roxb. ex Link) Hassk.			云南临沧	2005	2	野生资源
895	051210031	舞草属	圆叶舞草	*Codoriocalyx gyroides* (Roxb. ex Link) Hassk.			海南琼中	2005	2	野生资源
896	060308011	舞草属	圆叶舞草	*Codoriocalyx gyroides* (Roxb. ex Link) Hassk.			海南五指山	2006	2	野生资源
897	080812001	舞草属	圆叶舞草	*Codoriocalyx gyroides* (Roxb. ex Link) Hassk.			陕西西安	2008	2	野生资源
898	060104027	舞草属	圆叶舞草	*Codoriocalyx gyroides* (Roxb. ex Link) Hassk.			云南元江	2006	2	野生资源
899	070228034	舞草属	圆叶舞草	*Codoriocalyx gyroides* (Roxb. ex Link) Hassk.			云南河口	2007	2	野生资源
900	CIAT13979	舞草属	圆叶舞草	*Codoriocalyx gyroides* (Roxb. ex Link) Hassk.		CIAT		2003	2	引进资源
901	CIAT3001	舞草属	圆叶舞草	*Codoriocalyx gyroides* (Roxb. ex Link) Hassk.		CIAT		2003	2	引进资源
902	B4157	舞草属	圆叶舞草	*Codoriocalyx gyroides* (Roxb. ex Link) Hassk.			海南保亭	2004	3	野生资源

（续）

序号	送种单位编号	属 名	种 名	学 名	品种名（原文名）	材料来源	材料原产地	收种时间（年份）	保存地点	类型
903	HN1608	舞草属	圆叶舞草	*Codoriocalyx gyroides* (Roxb. ex Link) Hassk.		CIAT		2009	3	引进资源
904	hn2762	舞草属	圆叶舞草	*Codoriocalyx gyroides* (Roxb. ex Link) Hassk.			陕西西安	2008	3	野生资源
905	广西畜 92-1	舞草属	圆叶舞草	*Codoriocalyx gyroides* (Roxb. ex Link) Hassk.		广西畜牧所	海南	1992	1	野生资源
906	GS4072	小冠花属	多变小冠花	*Coronilla varia* L.		甘肃夏河达麦	甘肃	2012	3	栽培资源
907	兰 303	小冠花属	多变小冠花	*Coronilla varia* L.		中农院兰州畜牧所		1993	1	栽培资源
908	712073	小冠花属	多变小冠花	*Coronilla varia* L.		陕西凤翔	陕西凤翔	2010	1	栽培资源
909	712075	小冠花属	多变小冠花	*Coronilla varia* L.		陕西富县	陕西富县	2010	1	栽培资源
910	712077	小冠花属	多变小冠花	*Coronilla varia* L.		陕西陇县	陕西陇县	2010	1	栽培资源
911	712078	小冠花属	多变小冠花	*Coronilla varia* L.		陕西眉县	陕西眉县	2010	1	栽培资源
912	7121214	小冠花属	多变小冠花	*Coronilla varia* L.		陕西富县	陕西富县	2010	1	栽培资源
913	CIAT18668	克拉豆属	克拉豆	*Cratylia argentea* benth.		CIAT		2005	2	引进资源
914	050319021	猪屎豆属	翅托叶猪屎豆	*Crotalaria alata* Buch.-Ham. ex D. Don			海南乐东	2005	2	野生资源
915	hn1647	猪屎豆属	响铃豆	*Crotalaria albida* Heyne ex Roth			云南江城	2006	3	野生资源
916	hn1641	猪屎豆属	响铃豆	*Crotalaria albida* Heyne ex Roth			云南思茅	2006	3	野生资源
917	hn2508	猪屎豆属	响铃豆	*Crotalaria albida* Heyne ex Roth			广西河池	2012	3	野生资源
918	hn2577	猪屎豆属	响铃豆	*Crotalaria albida* Heyne ex Roth			云南保山	2008	3	野生资源
919	041130061	猪屎豆属	响铃豆	*Crotalaria albida* Heyne ex Roth			海南东方	2004	2	野生资源
920	hn1631	猪屎豆属	响铃豆	*Crotalaria albida* Heyne ex Roth			云南勐海	2012	3	野生资源
921	041130121	猪屎豆属	响铃豆	*Crotalaria albida* Heyne ex Roth			海南三亚	2004	2	野生资源
922	050101007	猪屎豆属	响铃豆	*Crotalaria albida* Heyne ex Roth			海南白沙	2005	2	野生资源
923	050320037	猪屎豆属	响铃豆	*Crotalaria albida* Heyne ex Roth			海南保亭	2005	2	野生资源
924	060329012	猪屎豆属	响铃豆	*Crotalaria albida* Heyne ex Roth			云南江城	2006	2	野生资源

（续）

序号	送种单位编号	属　名	种　名	学　名	品种名（原文名）	材料来源	材料原产地	收种时间（年份）	保存地点	类型
925	060403012	猪屎豆属	响铃豆	*Crotalaria albida* Heyne ex Roth			云南元江	2006	2	野生资源
926	061001006	猪屎豆属	响铃豆	*Crotalaria albida* Heyne ex Roth			海南五指山	2006	2	野生资源
927	061126023	猪屎豆属	响铃豆	*Crotalaria albida* Heyne ex Roth			海南白沙	2006	2	野生资源
928	061129043	猪屎豆属	响铃豆	*Crotalaria albida* Heyne ex Roth			海南乐东	2006	2	野生资源
929	070109015	猪屎豆属	响铃豆	*Crotalaria albida* Heyne ex Roth			广东惠阳	2007	2	野生资源
930	070227046	猪屎豆属	响铃豆	*Crotalaria albida* Heyne ex Roth			云南红河	2007	2	野生资源
931	070228019	猪屎豆属	响铃豆	*Crotalaria albida* Heyne ex Roth			云南元阳	2007	2	野生资源
932	070319013	猪屎豆属	响铃豆	*Crotalaria albida* Heyne ex Roth			广西岑溪	2007	2	野生资源
933	080113044	猪屎豆属	响铃豆	*Crotalaria albida* Heyne ex Roth			云南保山	2008	2	野生资源
934	050309556	猪屎豆属	响铃豆	*Crotalaria albida* Heyne ex Roth			广西崇左	2005	2	野生资源
935	050223222	猪屎豆属	响铃豆	*Crotalaria albida* Heyne ex Roth			云南镇康	2005	2	野生资源
936	060325036	猪屎豆属	响铃豆	*Crotalaria albida* Heyne ex Roth			云南思茅	2006	2	野生资源
937	060211007	猪屎豆属	响铃豆	*Crotalaria albida* Heyne ex Roth			海南儋州	2006	2	野生资源
938	050323222	猪屎豆属	响铃豆	*Crotalaria albida* Heyne ex Roth			云南镇康	2005	2	野生资源
939	050311572	猪屎豆属	响铃豆	*Crotalaria albida* Heyne ex Roth			广西钦州	2005	2	野生资源
940	041130079	猪屎豆属	响铃豆	*Crotalaria albida* Heyne ex Roth			海南东方	2004	2	野生资源
941	041119001	猪屎豆属	响铃豆	*Crotalaria albida* Heyne ex Roth			海南保亭	2004	2	野生资源
942	101116028	猪屎豆属	响铃豆	*Crotalaria albida* Heyne ex Roth			广西大新	2010	2	野生资源
943	131122025	猪屎豆属	响铃豆	*Crotalaria albida* Heyne ex Roth			福建蒲城	2013	2	野生资源
944	080111014	猪屎豆属	响铃豆	*Crotalaria albida* Heyne ex Roth			云南保山	2008	2	野生资源
945	050227344-1	猪屎豆属	响铃豆	*Crotalaria albida* Heyne ex Roth			云南勐海	2005	2	野生资源
946	HN437	猪屎豆属	大猪屎豆	*Crotalaria assamica* Benth.		海南九所高速	海南九所高速	2004	3	野生资源
947	hn1646	猪屎豆属	大猪屎豆	*Crotalaria assamica* Benth.			广东梅县	2016	3	野生资源
948	hn2115	猪屎豆属	大猪屎豆	*Crotalaria assamica* Benth.			云南盈江	2005	3	野生资源
949	hn2116	猪屎豆属	大猪屎豆	*Crotalaria assamica* Benth.			云南镇康	2005	3	野生资源

（续）

序号	送种单位编号	属　名	种　名	学　　名	品种名（原文名）	材料来源	材料原产地	收种时间（年份）	保存地点	类型
950	hn2117	猪屎豆属	大猪屎豆	*Crotalaria assamica* Benth.			云南思茅	2005	3	野生资源
951	HN885	猪屎豆属	大猪屎豆	*Crotalaria assamica* Benth.			云南元江	2012	3	野生资源
952	hn2118	猪屎豆属	大猪屎豆	*Crotalaria assamica* Benth.			海南琼中	2004	3	野生资源
953	hn2118	猪屎豆属	大猪屎豆	*Crotalaria assamica* Benth.			海南三亚	2002	3	野生资源
954	050302445-1	猪屎豆属	大猪屎豆	*Crotalaria assamica* Benth.			云南元江	2005	2	野生资源
955	070117031	猪屎豆属	大猪屎豆	*Crotalaria assamica* Benth.			广东梅县	2007	2	野生资源
956	050221158	猪屎豆属	大猪屎豆	*Crotalaria assamica* Benth.			云南陇川	2005	2	野生资源
957	050225284	猪屎豆属	大猪屎豆	*Crotalaria assamica* Benth.			云南沧源	2005	2	野生资源
958	050227330	猪屎豆属	大猪屎豆	*Crotalaria assamica* Benth.			云南勐海	2005	2	野生资源
959	050303462	猪屎豆属	大猪屎豆	*Crotalaria assamica* Benth.			云南玉元	2005	2	野生资源
960	080111004	猪屎豆属	大猪屎豆	*Crotalaria assamica* Benth.			云南保山	2008	2	野生资源
961	050220141	猪屎豆属	大猪屎豆	*Crotalaria assamica* Benth.			云南盈江	2005	2	野生资源
962	HN683	猪屎豆属	大猪屎豆	*Crotalaria assamica* Benth.			云南陇川	2005	3	野生资源
963	hn2141	猪屎豆属	大猪屎豆	*Crotalaria assamica* Benth.			云南沧源	2005	3	野生资源
964	hn1623	猪屎豆属	大猪屎豆	*Crotalaria assamica* Benth.			云南思茅	2006	3	野生资源
965	hn2110	猪屎豆属	毛果猪屎豆	*Crotalaria bracteata* Roxb.			云南勐海	2005	3	野生资源
966	050331001	猪屎豆属	毛果猪屎豆	*Crotalaria bracteata* Roxb.			海南儋州两院	2005	2	野生资源
967	hn2347	猪屎豆属	毛果猪屎豆	*Crotalaria bracteata* Roxb.			海南鹦哥岭	2004	3	野生资源
968	060820002	猪屎豆属	长萼猪屎豆	*Crotalaria calycina* Schrank			海南儋州	2006	2	野生资源
969	060311004	猪屎豆属	长萼猪屎豆	*Crotalaria calycina* Schrank			海南昌江	2006	2	野生资源
970	080111010	猪屎豆属	长萼猪屎豆	*Crotalaria calycina* Schrank			云南保山	2008	2	野生资源
971	081225006	猪屎豆属	长萼猪屎豆	*Crotalaria calycina* Schrank			湖南衡阳	2008	2	野生资源
972	080113006	猪屎豆属	长萼猪屎豆	*Crotalaria calycina* Schrank			云南保山	2008	2	野生资源
973	041130073	猪屎豆属	长萼猪屎豆	*Crotalaria calycina* Schrank			海南大广坝	2004	2	野生资源
974	041130172	猪屎豆属	中国猪屎豆	*Crotalaria chinensis* L.			海南琼中	2004	2	野生资源

（续）

序号	送种单位编号	属　名	种　名	学　名	品种名（原文名）	材料来源	材料原产地	收种时间（年份）	保存地点	类型
975	050218082	猪屎豆属	假地蓝	*Crotalaria ferruginea* Grah. ex Benth.			云南腾冲	2005	2	野生资源
976	050223223	猪屎豆属	假地蓝	*Crotalaria ferruginea* Grah. ex Benth.			云南镇康	2005	2	野生资源
977	050219127	猪屎豆属	假地蓝	*Crotalaria ferruginea* Grah. ex Benth.			云南盈江	2005	2	野生资源
978	050301412	猪屎豆属	假地蓝	*Crotalaria ferruginea* Grah. ex Benth.			云南勐腊	2005	2	野生资源
979	041130167	猪屎豆属	假地蓝	*Crotalaria ferruginea* Grah. ex Benth.			海南琼中上安	2004	2	野生资源
980	050216021	猪屎豆属	假地蓝	*Crotalaria ferruginea* Grah. ex Benth.			云南保山	2005	2	野生资源
981	050218077	猪屎豆属	假地蓝	*Crotalaria ferruginea* Grah. ex Benth.			云南腾冲	2005	2	野生资源
982	050219126	猪屎豆属	假地蓝	*Crotalaria ferruginea* Grah. ex Benth.			云南盈江	2005	2	野生资源
983	050223230	猪屎豆属	假地蓝	*Crotalaria ferruginea* Grah. ex Benth.			云南镇康	2005	2	野生资源
984	050225268	猪屎豆属	假地蓝	*Crotalaria ferruginea* Grah. ex Benth.			云南沧源	2005	2	野生资源
985	050226294	猪屎豆属	假地蓝	*Crotalaria ferruginea* Grah. ex Benth.			云南勐连	2005	2	野生资源
986	050227339	猪屎豆属	假地蓝	*Crotalaria ferruginea* Grah. ex Benth.			云南勐海	2005	2	野生资源
987	050302436	猪屎豆属	假地蓝	*Crotalaria ferruginea* Grah. ex Benth.			云南思茅	2005	2	野生资源
988	050309541	猪屎豆属	假地蓝	*Crotalaria ferruginea* Grah. ex Benth.			广西靖西	2005	2	野生资源
989	050321043	猪屎豆属	假地蓝	*Crotalaria ferruginea* Grah. ex Benth.			海南五指山	2005	2	野生资源
990	060326031	猪屎豆属	假地蓝	*Crotalaria ferruginea* Grah. ex Benth.			云南思茅	2006	2	野生资源
991	060328009	猪屎豆属	假地蓝	*Crotalaria ferruginea* Grah. ex Benth.			云南江城	2006	2	野生资源
992	060330020	猪屎豆属	假地蓝	*Crotalaria ferruginea* Grah. ex Benth.			云南思茅	2006	2	野生资源
993	060330050	猪屎豆属	假地蓝	*Crotalaria ferruginea* Grah. ex Benth.			云南景洪	2006	2	野生资源
994	060402013	猪屎豆属	假地蓝	*Crotalaria ferruginea* Grah. ex Benth.			云南思茅	2006	2	野生资源
995	070117089	猪屎豆属	假地蓝	*Crotalaria ferruginea* Grah. ex Benth.			广东龙川	2007	2	野生资源
996	070302020	猪屎豆属	假地蓝	*Crotalaria ferruginea* Grah. ex Benth.			云南河口	2007	2	野生资源
997	070319020	猪屎豆属	假地蓝	*Crotalaria ferruginea* Grah. ex Benth.			广西岑溪	2007	2	野生资源
998	070319034	猪屎豆属	假地蓝	*Crotalaria ferruginea* Grah. ex Benth.			广西容县	2007	2	野生资源
999	071023010	猪屎豆属	假地蓝	*Crotalaria ferruginea* Grah. ex Benth.			越南	2007	2	引进资源

（续）

序号	送种单位编号	属名	种名	学名	品种名（原文名）	材料来源	材料原产地	收种时间（年份）	保存地点	类型
1000	101119015	猪屎豆属	假地蓝	*Crotalaria ferruginea* Grah. ex Benth.			广西新县	2010	2	野生资源
1001	050229127	猪屎豆属	假地蓝	*Crotalaria ferruginea* Grah. ex Benth.			海南三亚	2005	2	野生资源
1002	050223197	猪屎豆属	假地蓝	*Crotalaria ferruginea* Grah. ex Benth.			云南龙陵	2005	2	野生资源
1003	051103001	猪屎豆属	假地蓝	*Crotalaria ferruginea* Grah. ex Benth.			海南五指山	2005	2	野生资源
1004	050223244	猪屎豆属	假地蓝	*Crotalaria ferruginea* Grah. ex Benth.			云南镇康	2005	2	野生资源
1005	060326021-1	猪屎豆属	假地蓝	*Crotalaria ferruginea* Grah. ex Benth.			云南思茅	2006	2	野生资源
1006	061210002	猪屎豆属	假地蓝	*Crotalaria ferruginea* Grah. ex Benth.			海南万宁乐东	2006	2	野生资源
1007	050303458	猪屎豆属	假地蓝	*Crotalaria ferruginea* Grah. ex Benth.			广西玉元	2005	2	野生资源
1008	041104083	猪屎豆属	假地蓝	*Crotalaria ferruginea* Grah. ex Benth.			海南陵水	2004	2	野生资源
1009	050222187	猪屎豆属	假地蓝	*Crotalaria ferruginea* Grah. ex Benth.			云南保山	2005	2	野生资源
1010	060219023	猪屎豆属	假地蓝	*Crotalaria ferruginea* Grah. ex Benth.			海南霸王岭	2006	2	野生资源
1011	060307023	猪屎豆属	假地蓝	*Crotalaria ferruginea* Grah. ex Benth.			海南五指山	2006	2	野生资源
1012	050320035	猪屎豆属	假地蓝	*Crotalaria ferruginea* Grah. ex Benth.			海南保亭	2005	2	野生资源
1013	HN860	猪屎豆属	假地蓝	*Crotalaria ferruginea* Grah. ex Benth.			云南勐海	2008	3	野生资源
1014	HN1452	猪屎豆属	假地蓝	*Crotalaria ferruginea* Grah. ex Benth.			云南腾冲	2016	3	野生资源
1015	HN866	猪屎豆属	假地蓝	*Crotalaria ferruginea* Grah. ex Benth.			云南保山	2008	3	野生资源
1016	HN869	猪屎豆属	假地蓝	*Crotalaria ferruginea* Grah. ex Benth.			云南盈江	2010	3	野生资源
1017	HN891	猪屎豆属	假地蓝	*Crotalaria ferruginea* Grah. ex Benth.			云南勐腊	2016	3	野生资源
1018	hn1693	猪屎豆属	假地蓝	*Crotalaria ferruginea* Grah. ex Benth.			云南保山	2005	3	野生资源
1019	hn2211	猪屎豆属	假地蓝	*Crotalaria ferruginea* Grah. ex Benth.			云南腾冲	2005	3	野生资源
1020	hn2571	猪屎豆属	假地蓝	*Crotalaria ferruginea* Grah. ex Benth.			云南镇康	2005	3	野生资源
1021	hn2573	猪屎豆属	假地蓝	*Crotalaria ferruginea* Grah. ex Benth.			云南勐海	2005	3	野生资源
1022	hn2572	猪屎豆属	假地蓝	*Crotalaria ferruginea* Grah. ex Benth.			云南思茅	2005	3	野生资源
1023	hn2201	猪屎豆属	假地蓝	*Crotalaria ferruginea* Grah. ex Benth.			海南五指山	2005	3	野生资源
1024	hn1629	猪屎豆属	假地蓝	*Crotalaria ferruginea* Grah. ex Benth.			云南江城	2006	3	野生资源

（续）

序号	送种单位编号	属　名	种　名	学　名	品种名（原文名）	材料来源	材料原产地	收种时间（年份）	保存地点	类型
1025	hn2203	猪屎豆属	假地蓝	*Crotalaria ferruginea* Grah. ex Benth.			云南景洪	2006	3	野生资源
1026	hn1640	猪屎豆属	假地蓝	*Crotalaria ferruginea* Grah. ex Benth.			云南思茅	2006	3	野生资源
1027	HN2011-1823	猪屎豆属	假地蓝	*Crotalaria ferruginea* Grah. ex Benth.			云南河口	2007	3	野生资源
1028	hn2205	猪屎豆属	假地蓝	*Crotalaria ferruginea* Grah. ex Benth.			广西容县	2007	3	野生资源
1029	hn2206	猪屎豆属	假地蓝	*Crotalaria ferruginea* Grah. ex Benth.			海南七仙岭	2007	3	野生资源
1030	hn2210	猪屎豆属	假地蓝	*Crotalaria ferruginea* Grah. ex Benth.			云南腾冲	2005	3	野生资源
1031	hn2129	猪屎豆属	假地蓝	*Crotalaria ferruginea* Grah. ex Benth.			云南江城	2006	3	野生资源
1032	hn2202	猪屎豆属	假地蓝	*Crotalaria ferruginea* Grah. ex Benth.			云南玉元	2005	3	野生资源
1033	JL15-058	猪屎豆属	假地蓝	*Crotalaria ferruginea* Grah. ex Benth.			海南五指山	2005	3	野生资源
1034	hn2208	猪屎豆属	假地蓝	*Crotalaria ferruginea* Grah. ex Benth.			海南尖峰	2007	3	野生资源
1035	hn2209	猪屎豆属	假地蓝	*Crotalaria ferruginea* Grah. ex Benth.			海南五指山	2004	3	野生资源
1036	JL15-059	猪屎豆属	假地蓝	*Crotalaria ferruginea* Grah. ex Benth.			海南白沙	2005	3	野生资源
1037	hn2574	猪屎豆属	假地蓝	*Crotalaria ferruginea* Grah. ex Benth.			云南保山	2005	3	野生资源
1038	hn1630	猪屎豆属	假地蓝	*Crotalaria ferruginea* Grah. ex Benth.			海南霸王岭	2006	3	野生资源
1039	HN2010-1488	猪屎豆属	假地蓝	*Crotalaria ferruginea* Grah. ex Benth.			海南保亭	2005	3	野生资源
1040	HN1404	猪屎豆属	假地蓝	*Crotalaria ferruginea* Grah. ex Benth.			云南思茅	2010	3	野生资源
1041	hn2274	猪屎豆属	假地蓝	*Crotalaria ferruginea* Grah. ex Benth.			云南腾冲	2005	3	野生资源
1042	hn2282	猪屎豆属	假地蓝	*Crotalaria ferruginea* Grah. ex Benth.			云南元江	2006	3	野生资源
1043	hn2281	猪屎豆属	假地蓝	*Crotalaria ferruginea* Grah. ex Benth.			云南江城	2006	3	野生资源
1044	hn2283	猪屎豆属	假地蓝	*Crotalaria ferruginea* Grah. ex Benth.			海南万宁	2006	3	野生资源
1045	hn2286	猪屎豆属	假地蓝	*Crotalaria ferruginea* Grah. ex Benth.			海南白沙	2004	3	野生资源
1046	071023004	猪屎豆属	肯尼亚猪屎豆	*Crotalaria goodiiformis* Mbeere.			肯尼亚	2007	2	引进资源
1047	JL15-031	猪屎豆属	圆叶猪屎豆	*Crotalaria incana* L.			海南东方	2001	3	野生资源
1048	141202007	猪屎豆属	菽麻	*Crotalaria juncea* L.			广东高州	2014	2	野生资源
1049	141202008	猪屎豆属	菽麻	*Crotalaria juncea* L.			乌干达	2014	2	引进资源

（续）

序号	送种单位编号	属　名	种　名	学　　名	品种名（原文名）	材料来源	材料原产地	收种时间（年份）	保存地点	类型
1050	南 02140	猪屎豆属	菽麻	*Crotalaria juncea* L.		海南南繁基地		2001	2	栽培资源
1051	广西畜 78-42	猪屎豆属	菽麻	*Crotalaria juncea* L.		广西畜牧所	广西	1992	1	野生资源
1052	120904007	猪屎豆属	菽麻	*Crotalaria juncea* L.			海南海口	2012	2	野生资源
1053	200702198	猪屎豆属	菽麻	*Crotalaria juncea* L.		山东青岛	山东青岛	2010	1	野生资源
1054	050222173	猪屎豆属	长果猪屎豆	*Crotalaria lanceolata* E. Mey			云南德宏	2005	2	野生资源
1055	HN861	猪屎豆属	长果猪屎豆	*Crotalaria lanceolata* E. Mey			云南潞西	2016	3	野生资源
1056	HN1405	猪屎豆属	长果猪屎豆	*Crotalaria lanceolata* E. Mey			云南思茅	2016	3	野生资源
1057	hn1670	猪屎豆属	线叶猪屎豆	*Crotalaria linifolia* L. f.			海南乐东	2004	3	野生资源
1058	hn2213	猪屎豆属	线叶猪屎豆	*Crotalaria linifolia* L. f.			海南昌江	2006	3	野生资源
1059	hn2221	猪屎豆属	线叶猪屎豆	*Crotalaria linifolia* L. f.			海南琼中	2006	3	野生资源
1060	041104081	猪屎豆属	线叶猪屎豆	*Crotalaria linifolia* L. f.			海南白沙	2004	2	野生资源
1061	050223218	猪屎豆属	线叶猪屎豆	*Crotalaria linifolia* L. f.			云南镇康	2005	2	野生资源
1062	060131025	猪屎豆属	线叶猪屎豆	*Crotalaria linifolia* L. f.			海南三亚	2006	2	野生资源
1063	060311015	猪屎豆属	线叶猪屎豆	*Crotalaria linifolia* L. f.			海南昌江	2006	2	野生资源
1064	060328010	猪屎豆属	线叶猪屎豆	*Crotalaria linifolia* L. f.			云南江城	2006	2	野生资源
1065	060402015	猪屎豆属	线叶猪屎豆	*Crotalaria linifolia* L. f.			云南思茅	2006	2	野生资源
1066	061113009	猪屎豆属	线叶猪屎豆	*Crotalaria linifolia* L. f.			海南儋州	2006	2	野生资源
1067	101111023	猪屎豆属	线叶猪屎豆	*Crotalaria linifolia* L. f.			广西宁明	2010	2	野生资源
1068	050218010	猪屎豆属	线叶猪屎豆	*Crotalaria linifolia* L. f.			广西大新	2005	2	野生资源
1069	050223199	猪屎豆属	线叶猪屎豆	*Crotalaria linifolia* L. f.			云南龙陵	2005	2	野生资源
1070	050218099	猪屎豆属	线叶猪屎豆	*Crotalaria linifolia* L. f.			云南腾冲	2005	2	野生资源
1071	060425114	猪屎豆属	线叶猪屎豆	*Crotalaria linifolia* L. f.			广西岑溪	2006	2	野生资源
1072	060306012	猪屎豆属	线叶猪屎豆	*Crotalaria linifolia* L. f.			海南白沙	2006	2	野生资源
1073	060302009	猪屎豆属	线叶猪屎豆	*Crotalaria linifolia* L. f.			海南陵水	2006	2	野生资源
1074	060211019	猪屎豆属	线叶猪屎豆	*Crotalaria linifolia* L. f.			海南洋浦	2006	2	野生资源

（续）

序号	送种单位编号	属　名	种　名	学　名	品种名（原文名）	材料来源	材料原产地	收种时间（年份）	保存地点	类型
1075	060121014	猪屎豆属	线叶猪屎豆	*Crotalaria linifolia* L. f.			海南儋州	2006	2	野生资源
1076	071209005	猪屎豆属	线叶猪屎豆	*Crotalaria linifolia* L. f.			广西明江	2007	2	野生资源
1077	060306038	猪屎豆属	线叶猪屎豆	*Crotalaria linifolia* L. f.			海南琼中	2006	2	野生资源
1078	041117027	猪屎豆属	线叶猪屎豆	*Crotalaria linifolia* L. f.			海南七仙岭	2004	2	野生资源
1079	hn2212	猪屎豆属	头花猪屎豆	*Crotalaria mairei* Levl.			云南永德	2005	3	野生资源
1080	050223225	猪屎豆属	头花猪屎豆	*Crotalaria mairei* Levl.			云南镇康	2005	2	野生资源
1081	121018028	猪屎豆属	假苜蓿	*Crotalaria medicaginea* Lamk.			贵州关岭	2012	2	野生资源
1082	151119007	猪屎豆属	假苜蓿	*Crotalaria medicaginea* Lamk.			云南楚雄	2015	2	野生资源
1083	010111005	猪屎豆属	假苜蓿	*Crotalaria medicaginea* Lamk.			广西百色	2001	2	野生资源
1084	HN109	猪屎豆属	三尖叶猪屎豆	*Crotalaria micans* Link		南美洲		1999	3	引进资源
1085	HN940	猪屎豆属	三尖叶猪屎豆	*Crotalaria micans* Link			广西博白	2008	3	野生资源
1086	HN941	猪屎豆属	三尖叶猪屎豆	*Crotalaria micans* Link		云南	云南思茅	2008	3	野生资源
1087	HN942	猪屎豆属	三尖叶猪屎豆	*Crotalaria micans* Link			云南景洪	2008	3	野生资源
1088	HN1316	猪屎豆属	三尖叶猪屎豆	*Crotalaria micans* Link		CIAT		1991	3	引进资源
1089	hn1651	猪屎豆属	三尖叶猪屎豆	*Crotalaria micans* Link			海南儋州	2016	3	野生资源
1090	hn2193	猪屎豆属	三尖叶猪屎豆	*Crotalaria micans* Link			云南景洪	2006	3	野生资源
1091	hn1689	猪屎豆属	三尖叶猪屎豆	*Crotalaria micans* Link			海南琼中	2006	3	野生资源
1092	hn2194	猪屎豆属	三尖叶猪屎豆	*Crotalaria micans* Link			广西田阳	2006	3	野生资源
1093	JL14-154	猪屎豆属	三尖叶猪屎豆	*Crotalaria micans* Link			广西崇左	2010	3	野生资源
1094	hn2153	猪屎豆属	三尖叶猪屎豆	*Crotalaria micans* Link			广西岑溪	2006	3	野生资源
1095	hn1645	猪屎豆属	三尖叶猪屎豆	*Crotalaria micans* Link			云南芒市	2016	3	野生资源
1096	hn1697	猪屎豆属	三尖叶猪屎豆	*Crotalaria micans* Link			云南芒市	2005	3	野生资源
1097	HN1434	猪屎豆属	三尖叶猪屎豆	*Crotalaria micans* Link			云南思茅	2010	3	野生资源
1098	HN1411	猪屎豆属	三尖叶猪屎豆	*Crotalaria micans* Link			海南琼中	2010	3	野生资源
1099	HN1450	猪屎豆属	三尖叶猪屎豆	*Crotalaria micans* Link			广西大新	2010	3	野生资源

（续）

序号	送种单位编号	属　名	种　名	学　名	品种名（原文名）	材料来源	材料原产地	收种时间（年份）	保存地点	类型
1100	041015001	猪屎豆属	三尖叶猪屎豆	*Crotalaria micans* Link			福建龙泉	2004	2	野生资源
1101	050301419	猪屎豆属	三尖叶猪屎豆	*Crotalaria micans* Link			云南思茅	2005	2	野生资源
1102	070320024	猪屎豆属	三尖叶猪屎豆	*Crotalaria micans* Link			广西博白	2007	2	野生资源
1103	050225290	猪屎豆属	三尖叶猪屎豆	*Crotalaria micans* Link			云南思茅	2005	2	野生资源
1104	050301420	猪屎豆属	三尖叶猪屎豆	*Crotalaria micans* Link			云南景洪	2005	2	野生资源
1105	050404003	猪屎豆属	三尖叶猪屎豆	*Crotalaria micans* Link			海南儋州	2005	2	野生资源
1106	060326019	猪屎豆属	三尖叶猪屎豆	*Crotalaria micans* Link			云南思茅	2006	2	野生资源
1107	060401025	猪屎豆属	三尖叶猪屎豆	*Crotalaria micans* Link			云南景洪	2006	2	野生资源
1108	060930007	猪屎豆属	三尖叶猪屎豆	*Crotalaria micans* Link			海南琼中	2006	2	野生资源
1109	120918004	猪屎豆属	三尖叶猪屎豆	*Crotalaria micans* Link			广西钦州	2012	2	野生资源
1110	121121001	猪屎豆属	三尖叶猪屎豆	*Crotalaria micans* Link			福建漳州	2012	2	野生资源
1111	071111001	猪屎豆属	三尖叶猪屎豆	*Crotalaria micans* Link		CIAT		2007	2	引进资源
1112	050105002	猪屎豆属	三尖叶猪屎豆	*Crotalaria micans* Link			广东龙川	2005	2	野生资源
1113	151015019	猪屎豆属	三尖叶猪屎豆	*Crotalaria micans* Link			广东徐闻	2015	2	野生资源
1114	GX10110803	猪屎豆属	三尖叶猪屎豆	*Crotalaria micans* Link			广西崇左	2010	2	野生资源
1115	060425107	猪屎豆属	三尖叶猪屎豆	*Crotalaria micans* Link			广西田阳	2006	2	野生资源
1116	060425101	猪屎豆属	三尖叶猪屎豆	*Crotalaria micans* Link			广西岑溪	2006	2	野生资源
1117	041001012	猪屎豆属	三尖叶猪屎豆	*Crotalaria micans* Link			广西苍梧	2004	2	野生资源
1118	hn2460	猪屎豆属	三尖叶猪屎豆	*Crotalaria micans* Link			福建漳州	2012	3	野生资源
1119	041130008	猪屎豆属	猪屎豆	*Crotalaria pallida* Ait.			海南白沙	2004	2	野生资源
1120	041130022	猪屎豆属	猪屎豆	*Crotalaria pallida* Ait.			海南昌江	2004	2	野生资源
1121	041130083	猪屎豆属	猪屎豆	*Crotalaria pallida* Ait.			海南东方	2004	2	野生资源
1122	041130142	猪屎豆属	猪屎豆	*Crotalaria pallida* Ait.			海南陵水	2004	2	野生资源
1123	041130187	猪屎豆属	猪屎豆	*Crotalaria pallida* Ait.			海南琼中	2004	2	野生资源
1124	041130194	猪屎豆属	猪屎豆	*Crotalaria pallida* Ait.			海南万宁	2004	2	野生资源

（续）

序号	送种单位编号	属名	种名	学名	品种名（原文名）	材料来源	材料原产地	收种时间（年份）	保存地点	类型
1125	041130201	猪屎豆属	猪屎豆	*Crotalaria pallida* Ait.			海南昌江	2004	2	野生资源
1126	041130210	猪屎豆属	猪屎豆	*Crotalaria pallida* Ait.			海南海口	2004	2	野生资源
1127	041130219	猪屎豆属	猪屎豆	*Crotalaria pallida* Ait.			海南琼山	2004	2	野生资源
1128	041130228	猪屎豆属	猪屎豆	*Crotalaria pallida* Ait.			海南定安	2004	2	野生资源
1129	041130295	猪屎豆属	猪屎豆	*Crotalaria pallida* Ait.			海南文昌	2004	2	野生资源
1130	041130305	猪屎豆属	猪屎豆	*Crotalaria pallida* Ait.			海南海口	2004	2	野生资源
1131	041130310	猪屎豆属	猪屎豆	*Crotalaria pallida* Ait.			海南琼山	2004	2	野生资源
1132	041130353	猪屎豆属	猪屎豆	*Crotalaria pallida* Ait.			海南澄迈	2004	2	野生资源
1133	041229010	猪屎豆属	猪屎豆	*Crotalaria pallida* Ait.			海南儋州	2004	2	野生资源
1134	050101015	猪屎豆属	猪屎豆	*Crotalaria pallida* Ait.			海南兴隆	2005	2	野生资源
1135	050106022	猪屎豆属	猪屎豆	*Crotalaria pallida* Ait.			海南琼海	2005	2	野生资源
1136	041130264	猪屎豆属	猪屎豆	*Crotalaria pallida* Ait.			海南文昌	2004	2	野生资源
1137	051211069	猪屎豆属	猪屎豆	*Crotalaria pallida* Ait.			海南三亚	2005	2	野生资源
1138	050312602	猪屎豆属	猪屎豆	*Crotalaria pallida* Ait.			广西北海	2005	2	野生资源
1139	041130101	猪屎豆属	猪屎豆	*Crotalaria pallida* Ait.			海南乐东	2004	2	野生资源
1140	060310016	猪屎豆属	猪屎豆	*Crotalaria pallida* Ait.			海南东风	2006	2	野生资源
1141	050319026	猪屎豆属	猪屎豆	*Crotalaria pallida* Ait.			海南三亚	2005	2	野生资源
1142	041130056	猪屎豆属	猪屎豆	*Crotalaria pallida* Ait.			海南东方	2004	2	野生资源
1143	050309554	猪屎豆属	猪屎豆	*Crotalaria pallida* Ait.			广西大新	2005	2	野生资源
1144	050217066	猪屎豆属	猪屎豆	*Crotalaria pallida* Ait.			云南保山	2005	2	野生资源
1145	041130133	猪屎豆属	猪屎豆	*Crotalaria pallida* Ait.			海南三亚	2004	2	野生资源
1146	050106051	猪屎豆属	猪屎豆	*Crotalaria pallida* Ait.			海南儋州	2005	2	野生资源
1147	050312615	猪屎豆属	猪屎豆	*Crotalaria pallida* Ait.			广东雷州	2005	2	野生资源
1148	050303459	猪屎豆属	猪屎豆	*Crotalaria pallida* Ait.			云南玉元	2005	2	野生资源
1149	050302451	猪屎豆属	猪屎豆	*Crotalaria pallida* Ait.			云南元江	2005	2	野生资源

（续）

序号	送种单位编号	属　名	种　名	学　名	品种名（原文名）	材料来源	材料原产地	收种时间（年份）	保存地点	类型
1150	050311569	猪屎豆属	猪屎豆	*Crotalaria pallida* Ait.			广西钦州	2005	2	野生资源
1151	060125001	猪屎豆属	猪屎豆	*Crotalaria pallida* Ait.			海南海口	2006	2	野生资源
1152	041130021	猪屎豆属	猪屎豆	*Crotalaria pallida* Ait.			海南昌江	2004	2	野生资源
1153	051209006	猪屎豆属	猪屎豆	*Crotalaria pallida* Ait.			海南海口	2005	2	野生资源
1154	060220014	猪屎豆属	猪屎豆	*Crotalaria pallida* Ait.			海南昌江	2006	2	野生资源
1155	050106046	猪屎豆属	猪屎豆	*Crotalaria pallida* Ait.			海南临高	2005	2	野生资源
1156	041130262	猪屎豆属	猪屎豆	*Crotalaria pallida* Ait.			海南文昌	2004	2	野生资源
1157	050218079	猪屎豆属	猪屎豆	*Crotalaria pallida* Ait.			云南腾冲	2005	2	野生资源
1158	050217027	猪屎豆属	猪屎豆	*Crotalaria pallida* Ait.			云南保山	2005	2	野生资源
1159	060302014	猪屎豆属	猪屎豆	*Crotalaria pallida* Ait.			海南陵水	2006	2	野生资源
1160	060131009	猪屎豆属	猪屎豆	*Crotalaria pallida* Ait.			海南三亚	2006	2	野生资源
1161	041104022	猪屎豆属	猪屎豆	*Crotalaria pallida* Ait.			海南九所	2004	2	野生资源
1162	070104030	猪屎豆属	猪屎豆	*Crotalaria pallida* Ait.			广东恩平	2007	2	野生资源
1163	050312605	猪屎豆属	猪屎豆	*Crotalaria pallida* Ait.			广西廉江	2005	2	野生资源
1164	070118016	猪屎豆属	猪屎豆	*Crotalaria pallida* Ait.			广东博罗	2007	2	野生资源
1165	070105005	猪屎豆属	猪屎豆	*Crotalaria pallida* Ait.			广东鹤山	2007	2	野生资源
1166	041130283	猪屎豆属	猪屎豆	*Crotalaria pallida* Ait.			海南文昌	2004	2	野生资源
1167	070117043	猪屎豆属	猪屎豆	*Crotalaria pallida* Ait.			广东梅县	2007	2	野生资源
1168	050312590	猪屎豆属	猪屎豆	*Crotalaria pallida* Ait.			广西北海	2005	2	野生资源
1169	070117051	猪屎豆属	猪屎豆	*Crotalaria pallida* Ait.			广东兴宁	2007	2	野生资源
1170	041130139	猪屎豆属	猪屎豆	*Crotalaria pallida* Ait.			海南陵水	2004	2	野生资源
1171	070111048	猪屎豆属	猪屎豆	*Crotalaria pallida* Ait.			福建漳州	2007	2	野生资源
1172	070104026	猪屎豆属	猪屎豆	*Crotalaria pallida* Ait.			广东阳江	2007	2	野生资源
1173	061211001	猪屎豆属	猪屎豆	*Crotalaria pallida* Ait.			海南文昌	2006	2	野生资源
1174	070109025	猪屎豆属	猪屎豆	*Crotalaria pallida* Ait.			广东惠阳	2007	2	野生资源

（续）

序号	送种单位编号	属　名	种　名	学　名	品种名（原文名）	材料来源	材料原产地	收种时间（年份）	保存地点	类型
1175	070120049	猪屎豆属	猪屎豆	*Crotalaria pallida* Ait.			广东茂名	2007	2	野生资源
1176	041130317	猪屎豆属	猪屎豆	*Crotalaria pallida* Ait.			海南海口	2004	2	野生资源
1177	050311582	猪屎豆属	猪屎豆	*Crotalaria pallida* Ait.			广西北海	2005	2	野生资源
1178	041117032	猪屎豆属	猪屎豆	*Crotalaria pallida* Ait.			海南七仙岭	2004	2	野生资源
1179	041104049	猪屎豆属	猪屎豆	*Crotalaria pallida* Ait.			海南儋州	2004	2	野生资源
1180	061023001	猪屎豆属	猪屎豆	*Crotalaria pallida* Ait.			哥斯达黎加	2006	2	引进资源
1181	050106038	猪屎豆属	猪屎豆	*Crotalaria pallida* Ait.			海南临高	2005	2	野生资源
1182	041104079	猪屎豆属	猪屎豆	*Crotalaria pallida* Ait.			海南白沙	2004	2	野生资源
1183	060307019	猪屎豆属	猪屎豆	*Crotalaria pallida* Ait.			海南五指山	2006	2	野生资源
1184	050303464	猪屎豆属	猪屎豆	*Crotalaria pallida* Ait.			玉元高速	2005	2	野生资源
1185	041104088	猪屎豆属	猪屎豆	*Crotalaria pallida* Ait.			海南白沙	2004	2	野生资源
1186	041104109	猪屎豆属	猪屎豆	*Crotalaria pallida* Ait.			海南琼中	2004	2	野生资源
1187	041130124	猪屎豆属	猪屎豆	*Crotalaria pallida* Ait.			海南东方	2004	2	野生资源
1188	040822028	猪屎豆属	猪屎豆	*Crotalaria pallida* Ait.			海南尖峰	2004	2	野生资源
1189	060227015	猪屎豆属	猪屎豆	*Crotalaria pallida* Ait.			海南儋州	2006	2	野生资源
1190	050224259	猪屎豆属	猪屎豆	*Crotalaria pallida* Ait.			云南永德	2005	2	野生资源
1191	041104005	猪屎豆属	猪屎豆	*Crotalaria pallida* Ait.			海南昌江	2004	2	野生资源
1192	041130246	猪屎豆属	猪屎豆	*Crotalaria pallida* Ait.			海南琼海	2004	2	野生资源
1193	041130035	猪屎豆属	猪屎豆	*Crotalaria pallida* Ait.			海南东方	2004	2	野生资源
1194	041104063	猪屎豆属	猪屎豆	*Crotalaria pallida* Ait.			海南白沙	2004	2	野生资源
1195	060402007	猪屎豆属	猪屎豆	*Crotalaria pallida* Ait.			云南思茅	2006	2	野生资源
1196	041117016	猪屎豆属	猪屎豆	*Crotalaria pallida* Ait.			海南陵水	2004	2	野生资源
1197	060318021	猪屎豆属	猪屎豆	*Crotalaria pallida* Ait.			海南临高	2006	2	野生资源
1198	041104030	猪屎豆属	猪屎豆	*Crotalaria pallida* Ait.			海南东方	2004	2	野生资源
1199	041104060	猪屎豆属	猪屎豆	*Crotalaria pallida* Ait.			海南白沙	2004	2	野生资源

（续）

序号	送种单位编号	属　名	种　名	学　　名	品种名（原文名）	材料来源	材料原产地	收种时间（年份）	保存地点	类型
1200	041104094	猪屎豆属	猪屎豆	*Crotalaria pallida* Ait.			海南鹦哥岭	2004	2	野生资源
1201	041117033	猪屎豆属	猪屎豆	*Crotalaria pallida* Ait.			海南七仙岭	2004	2	野生资源
1202	041130213	猪屎豆属	猪屎豆	*Crotalaria pallida* Ait.			海南琼山	2004	2	野生资源
1203	050227344-2	猪屎豆属	猪屎豆	*Crotalaria pallida* Ait.			云南勐海	2005	2	野生资源
1204	050302440	猪屎豆属	猪屎豆	*Crotalaria pallida* Ait.			云南元江	2005	2	野生资源
1205	050308511	猪屎豆属	猪屎豆	*Crotalaria pallida* Ait.			广西田林	2005	2	野生资源
1206	050311589	猪屎豆属	猪屎豆	*Crotalaria pallida* Ait.			广西北海	2005	2	野生资源
1207	050312592	猪屎豆属	猪屎豆	*Crotalaria pallida* Ait.			广西北海	2005	2	野生资源
1208	050321048	猪屎豆属	猪屎豆	*Crotalaria pallida* Ait.			海南五指山	2005	2	野生资源
1209	060130020	猪屎豆属	猪屎豆	*Crotalaria pallida* Ait.			海南乐东	2006	2	野生资源
1210	060218001	猪屎豆属	猪屎豆	*Crotalaria pallida* Ait.			海南白沙	2006	2	野生资源
1211	060219013	猪屎豆属	猪屎豆	*Crotalaria pallida* Ait.			海南霸王岭	2006	2	野生资源
1212	060220001	猪屎豆属	猪屎豆	*Crotalaria pallida* Ait.			海南昌江	2006	2	野生资源
1213	060228020	猪屎豆属	猪屎豆	*Crotalaria pallida* Ait.			海南东方	2006	2	野生资源
1214	060318031	猪屎豆属	猪屎豆	*Crotalaria pallida* Ait.			海南临高	2006	2	野生资源
1215	060403022	猪屎豆属	猪屎豆	*Crotalaria pallida* Ait.			云南元江	2006	2	野生资源
1216	070111012	猪屎豆属	猪屎豆	*Crotalaria pallida* Ait.			广东潮州	2007	2	野生资源
1217	070112016	猪屎豆属	猪屎豆	*Crotalaria pallida* Ait.			福建厦门	2007	2	野生资源
1218	070117016	猪屎豆属	猪屎豆	*Crotalaria pallida* Ait.			广东梅州	2007	2	野生资源
1219	060301018	猪屎豆属	猪屎豆	*Crotalaria pallida* Ait.			海南立才农场	2006	2	野生资源
1220	060301025	猪屎豆属	猪屎豆	*Crotalaria pallida* Ait.			海南三亚	2006	2	野生资源
1221	070120007	猪屎豆属	猪屎豆	*Crotalaria pallida* Ait.			广东肇庆	2007	2	野生资源
1222	060308009	猪屎豆属	猪屎豆	*Crotalaria pallida* Ait.			海南五指山	2006	2	野生资源
1223	060128027	猪屎豆属	猪屎豆	*Crotalaria pallida* Ait.			海南乐东	2006	2	野生资源
1224	070107006	猪屎豆属	猪屎豆	*Crotalaria pallida* Ait.			广东东莞	2007	2	野生资源

（续）

序号	送种单位编号	属　名	种　名	学　名	品种名（原文名）	材料来源	材料原产地	收种时间（年份）	保存地点	类型
1225	070110031	猪屎豆属	猪屎豆	*Crotalaria pallida* Ait.			广东汕尾	2007	2	野生资源
1226	060403021	猪屎豆属	猪屎豆	*Crotalaria pallida* Ait.			云南元江	2006	2	野生资源
1227	060406016	猪屎豆属	猪屎豆	*Crotalaria pallida* Ait.			广西百色	2006	2	野生资源
1228	061129047	猪屎豆属	猪屎豆	*Crotalaria pallida* Ait.			海南三亚	2006	2	野生资源
1229	070103024	猪屎豆属	猪屎豆	*Crotalaria pallida* Ait.			广东茂名	2007	2	野生资源
1230	070106013	猪屎豆属	猪屎豆	*Crotalaria pallida* Ait.			广东华南植物园	2007	2	野生资源
1231	070120060	猪屎豆属	猪屎豆	*Crotalaria pallida* Ait.			广东湛江	2007	2	野生资源
1232	070228001	猪屎豆属	猪屎豆	*Crotalaria pallida* Ait.			云南元阳	2007	2	野生资源
1233	070312039	猪屎豆属	猪屎豆	*Crotalaria pallida* Ait.			云南隆林	2007	2	野生资源
1234	070313017	猪屎豆属	猪屎豆	*Crotalaria pallida* Ait.			广西田林	2007	2	野生资源
1235	070320018	猪屎豆属	猪屎豆	*Crotalaria pallida* Ait.			广西博白	2007	2	野生资源
1236	070807001	猪屎豆属	猪屎豆	*Crotalaria pallida* Ait.			海南临高	2007	2	野生资源
1237	071023001	猪屎豆属	猪屎豆	*Crotalaria pallida* Ait.			海南东方	2007	2	野生资源
1238	071023003	猪屎豆属	猪屎豆	*Crotalaria pallida* Ait.			海南乐东尖峰岭	2007	2	野生资源
1239	040404001	猪屎豆属	猪屎豆	*Crotalaria pallida* Ait.			海南万宁	2004	2	野生资源
1240	040301026	猪屎豆属	猪屎豆	*Crotalaria pallida* Ait.			云南保山	2004	2	野生资源
1241	040821001	猪屎豆属	猪屎豆	*Crotalaria pallida* Ait.			海南白沙	2004	2	野生资源
1242	110110011	猪屎豆属	猪屎豆	*Crotalaria pallida* Ait.			福建漳浦	2011	2	野生资源
1243	110111011	猪屎豆属	猪屎豆	*Crotalaria pallida* Ait.			福建漳浦	2011	2	野生资源
1244	101214018	猪屎豆属	猪屎豆	*Crotalaria pallida* Ait.			贝宁	2010	2	引进资源
1245	120916021	猪屎豆属	猪屎豆	*Crotalaria pallida* Ait.			广西浦北	2012	2	野生资源
1246	110118021	猪屎豆属	猪屎豆	*Crotalaria pallida* Ait.			福建长泰	2011	2	野生资源
1247	070319014	猪屎豆属	猪屎豆	*Crotalaria pallida* Ait.			广西岑溪	2007	2	野生资源
1248	101109025	猪屎豆属	猪屎豆	*Crotalaria pallida* Ait.			广西崇左	2010	2	野生资源
1249	071222029	猪屎豆属	猪屎豆	*Crotalaria pallida* Ait.			福建龙岩	2007	2	野生资源

（续）

序号	送种单位编号	属　名	种　名	学　名	品种名（原文名）	材料来源	材料原产地	收种时间（年份）	保存地点	类型
1250	0804206042	猪屎豆属	猪屎豆	*Crotalaria pallida* Ait.			江西萍乡	2008	2	野生资源
1251	071224029	猪屎豆属	猪屎豆	*Crotalaria pallida* Ait.			福建上杭	2007	2	野生资源
1252	081229020	猪屎豆属	猪屎豆	*Crotalaria pallida* Ait.			广西岑溪	2008	2	野生资源
1253	080426022	猪屎豆属	猪屎豆	*Crotalaria pallida* Ait.			广西明江	2008	2	野生资源
1254	081007009	猪屎豆属	猪屎豆	*Crotalaria pallida* Ait.			海南保宁	2008	2	野生资源
1255	080111006	猪屎豆属	猪屎豆	*Crotalaria pallida* Ait.			云南保山	2008	2	野生资源
1256	081228045	猪屎豆属	猪屎豆	*Crotalaria pallida* Ait.			广西梧州	2008	2	野生资源
1257	081213043	猪屎豆属	猪屎豆	*Crotalaria pallida* Ait.			广东河源	2008	2	野生资源
1258	071217066	猪屎豆属	猪屎豆	*Crotalaria pallida* Ait.			福建漳浦	2007	2	野生资源
1259	060306014A	猪屎豆属	猪屎豆	*Crotalaria pallida* Ait.			广西河池	2006	2	野生资源
1260	071221005	猪屎豆属	猪屎豆	*Crotalaria pallida* Ait.			福建南靖	2007	2	野生资源
1261	080426042	猪屎豆属	猪屎豆	*Crotalaria pallida* Ait.			广西博白	2008	2	野生资源
1262	071217056	猪屎豆属	猪屎豆	*Crotalaria pallida* Ait.			福建漳浦	2007	2	野生资源
1263	071217031	猪屎豆属	猪屎豆	*Crotalaria pallida* Ait.			福建将军山	2007	2	野生资源
1264	080718013B	猪屎豆属	猪屎豆	*Crotalaria pallida* Ait.			广西苍梧	2008	2	野生资源
1265	110109008	猪屎豆属	猪屎豆	*Crotalaria pallida* Ait.			福建诏安	2011	2	野生资源
1266	080112006	猪屎豆属	猪屎豆	*Crotalaria pallida* Ait.			云南保山	2008	2	野生资源
1267	121123006	猪屎豆属	猪屎豆	*Crotalaria pallida* Ait.			福建漳浦	2012	2	野生资源
1268	040224001A	猪屎豆属	猪屎豆	*Crotalaria pallida* Ait.			海南三亚湾	2004	2	野生资源
1269	130619002	猪屎豆属	猪屎豆	*Crotalaria pallida* Ait.			广东台山	2013	2	野生资源
1270	101117010	猪屎豆属	猪屎豆	*Crotalaria pallida* Ait.			广西大新	2010	2	野生资源
1271	020300009	猪屎豆属	猪屎豆	*Crotalaria pallida* Ait.			海南文昌	2002	2	野生资源
1272	110116022	猪屎豆属	猪屎豆	*Crotalaria pallida* Ait.			福建惠安	2011	2	野生资源
1273	110118033	猪屎豆属	猪屎豆	*Crotalaria pallida* Ait.			福建长泰	2011	2	野生资源
1274	110119024	猪屎豆属	猪屎豆	*Crotalaria pallida* Ait.			福建龙海	2011	2	野生资源

（续）

序号	送种单位编号	属　名	种　名	学　名	品种名（原文名）	材料来源	材料原产地	收种时间（年份）	保存地点	类型
1275	051011002	猪屎豆属	猪屎豆	*Crotalaria pallida* Ait.			福建漳州	2005	2	野生资源
1276	040301027	猪屎豆属	猪屎豆	*Crotalaria pallida* Ait.			云南保山	2004	2	野生资源
1277	020401060	猪屎豆属	猪屎豆	*Crotalaria pallida* Ait.			海南三亚	2002	2	野生资源
1278	040203005	猪屎豆属	猪屎豆	*Crotalaria pallida* Ait.			云南	2004	2	野生资源
1279	050507006	猪屎豆属	猪屎豆	*Crotalaria pallida* Ait.			澳大利亚	2005	2	引进资源
1280	050301417	猪屎豆属	猪屎豆	*Crotalaria pallida* Ait.			云南勐腊	2005	2	野生资源
1281	101114001	猪屎豆属	猪屎豆	*Crotalaria pallida* Ait.			广西龙州	2010	2	野生资源
1282	101112010	猪屎豆属	猪屎豆	*Crotalaria pallida* Ait.			广西凭祥	2010	2	野生资源
1283	040301002	猪屎豆属	猪屎豆	*Crotalaria pallida* Ait.			广西百色	2004	2	野生资源
1284	040301001-1	猪屎豆属	猪屎豆	*Crotalaria pallida* Ait.			广西田阳	2004	2	野生资源
1285	070227016	猪屎豆属	猪屎豆	*Crotalaria pallida* Ait.			云南个旧	2007	2	野生资源
1286	050311559	猪屎豆属	猪屎豆	*Crotalaria pallida* Ait.			江西萍乡	2005	2	野生资源
1287	091004001	猪屎豆属	猪屎豆	*Crotalaria pallida* Ait.			广东四会	2009	2	野生资源
1288	010310016	猪屎豆属	猪屎豆	*Crotalaria pallida* Ait.			广东广宁	2001	2	野生资源
1289	050311576A	猪屎豆属	猪屎豆	*Crotalaria pallida* Ait.			广西明江	2005	2	野生资源
1290	101108006	猪屎豆属	猪屎豆	*Crotalaria pallida* Ait.			广西扶绥	2010	2	野生资源
1291	140927015	猪屎豆属	猪屎豆	*Crotalaria pallida* Ait.			广东台山	2014	2	野生资源
1292	140401100	猪屎豆属	猪屎豆	*Crotalaria pallida* Ait.			湖北宜昌	2014	2	野生资源
1293	141020017	猪屎豆属	猪屎豆	*Crotalaria pallida* Ait.			海南乐东	2014	2	野生资源
1294	130313008	猪屎豆属	猪屎豆	*Crotalaria pallida* Ait.			福建古田镇	2013	2	野生资源
1295	130313004	猪屎豆属	猪屎豆	*Crotalaria pallida* Ait.			福建漳州	2013	2	野生资源
1296	131202012	猪屎豆属	猪屎豆	*Crotalaria pallida* Ait.			广西百色	2013	2	野生资源
1297	121112004	猪屎豆属	猪屎豆	*Crotalaria pallida* Ait.			福建漳州	2012	2	野生资源
1298	160120001	猪屎豆属	猪屎豆	*Crotalaria pallida* Ait.			卢旺达	2016	2	引进资源
1299	150500003	猪屎豆属	猪屎豆	*Crotalaria pallida* Ait.			刚果黑角	2015	2	引进资源

（续）

序号	送种单位编号	属　名	种　名	学　名	品种名（原文名）	材料来源	材料原产地	收种时间（年份）	保存地点	类型
1300	150528005	猪屎豆属	猪屎豆	*Crotalaria pallida* Ait.			刚果 OYO	2015	2	引进资源
1301	151112011	猪屎豆属	猪屎豆	*Crotalaria pallida* Ait.			四川攀枝花	2015	2	野生资源
1302	151017003	猪屎豆属	猪屎豆	*Crotalaria pallida* Ait.			广东雷州	2015	2	野生资源
1303	151023023	猪屎豆属	猪屎豆	*Crotalaria pallida* Ait.			广东化州	2015	2	野生资源
1304	151022008	猪屎豆属	猪屎豆	*Crotalaria pallida* Ait.			四川攀枝花	2015	2	野生资源
1305	151017003	猪屎豆属	猪屎豆	*Crotalaria pallida* Ait.			广东雷州市郊	2015	2	野生资源
1306	020301009	猪屎豆属	猪屎豆	*Crotalaria pallida* Ait.			海南三亚	2002	2	野生资源
1307	030613001	猪屎豆属	猪屎豆	*Crotalaria pallida* Ait.			海南保亭	2003	2	野生资源
1308	041130358	猪屎豆属	猪屎豆	*Crotalaria pallida* Ait.			海南澄迈	2004	2	野生资源
1309	050225285	猪屎豆属	猪屎豆	*Crotalaria pallida* Ait.			云南思茅	2005	2	野生资源
1310	050311576-1	猪屎豆属	猪屎豆	*Crotalaria pallida* Ait.			广西钦州	2005	2	野生资源
1311	051209020	猪屎豆属	猪屎豆	*Crotalaria pallida* Ait.			海南琼山	2005	2	野生资源
1312	060307009	猪屎豆属	猪屎豆	*Crotalaria pallida* Ait.			海南五指山	2006	2	野生资源
1313	060316016	猪屎豆属	猪屎豆	*Crotalaria pallida* Ait.			海南临高	2006	2	野生资源
1314	2011FJ038	猪屎豆属	猪屎豆	*Crotalaria pallida* Ait.			福建福州	2011	2	野生资源
1315	121122003	猪屎豆属	猪屎豆	*Crotalaria pallida* Ait.			福建漳州	2012	2	野生资源
1316	041130066	猪屎豆属	猪屎豆	*Crotalaria pallida* Ait.			海南东方	2004	2	野生资源
1317	041130227	猪屎豆属	猪屎豆	*Crotalaria pallida* Ait.			海南宝安	2004	2	野生资源
1318	CIAT 猪屎豆	猪屎豆属	猪屎豆	*Crotalaria pallida* Ait.		CIAT		2003	2	引进资源
1319	040822125	猪屎豆属	猪屎豆	*Crotalaria pallida* Ait.			海南保亭	2004	2	野生资源
1320	050225272	猪屎豆属	猪屎豆	*Crotalaria pallida* Ait.			云南沧源	2005	2	野生资源
1321	050220047	猪屎豆属	猪屎豆	*Crotalaria pallida* Ait.			云南盈江	2005	2	野生资源
1322	050309534	猪屎豆属	猪屎豆	*Crotalaria pallida* Ait.			广西靖西	2005	2	野生资源
1323	060219001	猪屎豆属	猪屎豆	*Crotalaria pallida* Ait.			海南昌江	2006	2	野生资源
1324	060228019	猪屎豆属	猪屎豆	*Crotalaria pallida* Ait.			海南东方	2006	2	野生资源

（续）

序号	送种单位编号	属　名	种　名	学　　名	品种名（原文名）	材料来源	材料原产地	收种时间（年份）	保存地点	类型
1325	060402021	猪屎豆属	猪屎豆	*Crotalaria pallida* Ait.			云南思茅	2006	2	野生资源
1326	060219001	猪屎豆属	猪屎豆	*Crotalaria pallida* Ait.			海南昌江	2006	2	野生资源
1327	050225272	猪屎豆属	猪屎豆	*Crotalaria pallida* Ait.			云南沧源	2005	2	野生资源
1328	050228019	猪屎豆属	猪屎豆	*Crotalaria pallida* Ait.			云南西双版纳热带植物园	2005	2	野生资源
1329	060425106	猪屎豆属	猪屎豆	*Crotalaria pallida* Ait.			海南乐东	2006	2	野生资源
1330	050119001	猪屎豆属	猪屎豆	*Crotalaria pallida* Ait.			海南乐东	2005	2	野生资源
1331	041117730	猪屎豆属	猪屎豆	*Crotalaria pallida* Ait.			海南保亭	2004	2	野生资源
1332	060325032	猪屎豆属	猪屎豆	*Crotalaria pallida* Ait.			云南思茅	2006	2	野生资源
1333	160121002	猪屎豆属	猪屎豆	*Crotalaria pallida* Ait.			卢旺达	2016	2	引进资源
1334	161021002	猪屎豆属	猪屎豆	*Crotalaria pallida* Ait.			萨摩亚	2016	2	引进资源
1335	hn2870	猪屎豆属	猪屎豆	*Crotalaria pallida* Ait.			福建诏安	2011	3	野生资源
1336	hn2871	猪屎豆属	猪屎豆	*Crotalaria pallida* Ait.			云南保山	2008	3	野生资源
1337	hn2869	猪屎豆属	猪屎豆	*Crotalaria pallida* Ait.			广西龙州	2010	3	野生资源
1338	HN901	猪屎豆属	猪屎豆	*Crotalaria pallida* Ait.			云南保山	2016	3	野生资源
1339	HN2011-1880	猪屎豆属	猪屎豆	*Crotalaria pallida* Ait.			云南元江	2006	3	野生资源
1340	hn2465	猪屎豆属	猪屎豆	*Crotalaria pallida* Ait.			广西浦北	2012	3	野生资源
1341	hn3085	猪屎豆属	猪屎豆	*Crotalaria pallida* Ait.			广西崇左	2010	3	野生资源
1342	hn2904	猪屎豆属	猪屎豆	*Crotalaria pallida* Ait.			云南思茅	2005	3	野生资源
1343	HN2011-1881	猪屎豆属	猪屎豆	*Crotalaria pallida* Ait.			广西崇左	2010	3	野生资源
1344	061113012	猪屎豆属	猪屎豆	*Crotalaria pallida* Ait.			海南儋州	2006	2	野生资源
1345	020401053	猪屎豆属	猪屎豆	*Crotalaria pallida* Ait.			海南琼海	2002	2	野生资源
1346	060402041	猪屎豆属	猪屎豆	*Crotalaria pallida* Ait.			云南普洱	2006	2	野生资源
1347	GX161113001	猪屎豆属	猪屎豆	*Crotalaria pallida* Ait.		广西梧州藤县	广西梧州	2016	2	野生资源
1348	hn2136	猪屎豆属	猪屎豆	*Crotalaria pallida* Ait.			福建福州	2007	3	野生资源
1349	hn2132	猪屎豆属	猪屎豆	*Crotalaria pallida* Ait.			海南白沙	2006	3	野生资源

（续）

序号	送种单位编号	属　名	种　名	学　名	品种名（原文名）	材料来源	材料原产地	收种时间（年份）	保存地点	类型
1350	hn2138	猪屎豆属	猪屎豆	*Crotalaria pallida* Ait.			云南江城	2006	3	野生资源
1351	YN2010-284	猪屎豆属	猪屎豆	*Crotalaria pallida* Ait.			云南大理	2009	3	野生资源
1352	hn2137	猪屎豆属	猪屎豆	*Crotalaria pallida* Ait.			广西岑溪	2007	3	野生资源
1353	hn2134	猪屎豆属	猪屎豆	*Crotalaria pallida* Ait.			海南临高	2006	3	野生资源
1354	hn1621	猪屎豆属	猪屎豆	*Crotalaria pallida* Ait.			海南乐东	2005	3	野生资源
1355	hn3061	猪屎豆属	猪屎豆	*Crotalaria pallida* Ait.			福建长泰	2011	3	野生资源
1356	hn2903	猪屎豆属	猪屎豆	*Crotalaria pallida* Ait.			福建漳浦	2012	3	野生资源
1357	hn2905	猪屎豆属	猪屎豆	*Crotalaria pallida* Ait.			广西扶绥	2012	3	野生资源
1358	hn3003	猪屎豆属	猪屎豆	*Crotalaria pallida* Ait.			海南博鳌	2003	3	野生资源
1359	hn2901	猪屎豆属	猪屎豆	*Crotalaria pallida* Ait.			澳大利亚	2005	3	引进资源
1360	hn2928	猪屎豆属	猪屎豆	*Crotalaria pallida* Ait.			云南思茅	2005	3	野生资源
1361	HN433	猪屎豆属	猪屎豆	*Crotalaria pallida* Ait.		海南昌江	海南昌江	2004	3	野生资源
1362	HN438	猪屎豆属	猪屎豆	*Crotalaria pallida* Ait.		海南佛罗镇	海南九所	2004	3	野生资源
1363	HN441	猪屎豆属	猪屎豆	*Crotalaria pallida* Ait.		海南抱板	海南东方	2004	3	野生资源
1364	HN449	猪屎豆属	猪屎豆	*Crotalaria pallida* Ait.		海南白沙细水	海南白沙	2004	3	野生资源
1365	HN454	猪屎豆属	猪屎豆	*Crotalaria pallida* Ait.		海南琼中	海南白沙	2004	3	野生资源
1366	HN456	猪屎豆属	猪屎豆	*Crotalaria pallida* Ait.		海南琼中	海南琼中	2004	3	野生资源
1367	HN480	猪屎豆属	猪屎豆	*Crotalaria pallida* Ait.		海南白沙打安乡	海南白沙	2004	3	野生资源
1368	HN499	猪屎豆属	猪屎豆	*Crotalaria pallida* Ait.		海南东方江边乡	海南东方	2004	3	野生资源
1369	HN517	猪屎豆属	猪屎豆	*Crotalaria pallida* Ait.		海南陵水英州	海南陵水英州	2004	3	野生资源
1370	HN523	猪屎豆属	猪屎豆	*Crotalaria pallida* Ait.		海南陵水本号	海南陵水本号	2004	3	野生资源
1371	HN527	猪屎豆属	猪屎豆	*Crotalaria pallida* Ait.		海南琼中和平镇	海南琼中长征	2004	3	野生资源
1372	HN529	猪屎豆属	猪屎豆	*Crotalaria pallida* Ait.		海南琼中和平镇	海南琼中	2004	3	野生资源
1373	HN530	猪屎豆属	猪屎豆	*Crotalaria pallida* Ait.		海南琼中和平镇	海南琼中和平镇	2004	3	野生资源
1374	HN900	猪屎豆属	猪屎豆	*Crotalaria pallida* Ait.			海南琼中	2004	3	野生资源

（续）

序号	送种单位编号	属　名	种　名	学　名	品种名（原文名）	材料来源	材料原产地	收种时间（年份）	保存地点	类型
1375	HN534	猪屎豆属	猪屎豆	*Crotalaria pallida* Ait.		海南万宁新中农场	海南万宁新中	2004	3	野生资源
1376	HN537	猪屎豆属	猪屎豆	*Crotalaria pallida* Ait.		海南万宁东来镇	海南万宁东来镇	2004	3	野生资源
1377	hn1662	猪屎豆属	猪屎豆	*Crotalaria pallida* Ait.		海南琼山灵山镇	海南琼山灵山镇	2004	3	野生资源
1378	HN540	猪屎豆属	猪屎豆	*Crotalaria pallida* Ait.			海南海口	2004	3	野生资源
1379	HN543	猪屎豆属	猪屎豆	*Crotalaria pallida* Ait.		海南琼山甲子镇	海南琼山	2004	3	野生资源
1380	HN557	猪屎豆属	猪屎豆	*Crotalaria pallida* Ait.		海南琼海	海南琼海	2004	3	野生资源
1381	HN558	猪屎豆属	猪屎豆	*Crotalaria pallida* Ait.		海南琼海塔洋镇鱼龙村	海南琼海	2004	3	野生资源
1382	HN563	猪屎豆属	猪屎豆	*Crotalaria pallida* Ait.		海南琼海长坡镇	海南琼海	2004	3	野生资源
1383	HN569	猪屎豆属	猪屎豆	*Crotalaria pallida* Ait.		海南文昌	海南文昌	2004	3	野生资源
1384	HN571	猪屎豆属	猪屎豆	*Crotalaria pallida* Ait.		海南文昌东郊镇	海南文昌	2004	3	野生资源
1385	HN572	猪屎豆属	猪屎豆	*Crotalaria pallida* Ait.		海南文昌东郊镇	海南文昌东郊镇	2004	3	野生资源
1386	HN574	猪屎豆属	猪屎豆	*Crotalaria pallida* Ait.		海南文昌文城	海南文昌东郊镇	2004	3	野生资源
1387	HN582	猪屎豆属	猪屎豆	*Crotalaria pallida* Ait.		海南文昌文教镇	海南文昌东阁镇	2004	3	野生资源
1388	HN584	猪屎豆属	猪屎豆	*Crotalaria pallida* Ait.		海南文昌昌洒镇	海南文昌昌洒镇	2004	3	野生资源
1389	HN594	猪屎豆属	猪屎豆	*Crotalaria pallida* Ait.		海南琼山演丰镇	海南琼山演丰镇	2004	3	野生资源
1390	HN596	猪屎豆属	猪屎豆	*Crotalaria pallida* Ait.		海南琼山演海镇	海南琼山演海镇	2004	3	野生资源
1391	HN618	猪屎豆属	猪屎豆	*Crotalaria pallida* Ait.		海南五指山毛阳镇	海南儋州两院	2004	3	野生资源
1392	HN621	猪屎豆属	猪屎豆	*Crotalaria pallida* Ait.		海南兴隆牛漏	海南兴隆牛漏	2005	3	野生资源
1393	hn1688	猪屎豆属	猪屎豆	*Crotalaria pallida* Ait.		海南琼海塔洋镇	海南琼海塔洋镇	2005	3	野生资源
1394	HN627	猪屎豆属	猪屎豆	*Crotalaria pallida* Ait.			海南琼海	2008	3	野生资源
1395	HN964	猪屎豆属	猪屎豆	*Crotalaria pallida* Ait.			海南琼海	2005	3	野生资源
1396	HN854	猪屎豆属	猪屎豆	*Crotalaria pallida* Ait.			海南儋州	2008	3	野生资源

（续）

序号	送种单位编号	属 名	种 名	学 名	品种名（原文名）	材料来源	材料原产地	收种时间（年份）	保存地点	类型
1397	HN855	猪屎豆属	猪屎豆	*Crotalaria pallida* Ait.			海南文昌	2008	3	野生资源
1398	HN856	猪屎豆属	猪屎豆	*Crotalaria pallida* Ait.			海南三亚	2008	3	野生资源
1399	HN857	猪屎豆属	猪屎豆	*Crotalaria pallida* Ait.			广西北海	2008	3	野生资源
1400	HN858	猪屎豆属	猪屎豆	*Crotalaria pallida* Ait.			海南乐东	2008	3	野生资源
1401	HN859	猪屎豆属	猪屎豆	*Crotalaria pallida* Ait.			海南东方	2008	3	野生资源
1402	HN862	猪屎豆属	猪屎豆	*Crotalaria pallida* Ait.			海南三亚	2008	3	野生资源
1403	HN864	猪屎豆属	猪屎豆	*Crotalaria pallida* Ait.			海南白沙	2008	3	野生资源
1404	HN865	猪屎豆属	猪屎豆	*Crotalaria pallida* Ait.			云南腾冲	2008	3	野生资源
1405	HN867	猪屎豆属	猪屎豆	*Crotalaria pallida* Ait.			海南东方	2008	3	野生资源
1406	HN870	猪屎豆属	猪屎豆	*Crotalaria pallida* Ait.			广西大新	2008	3	野生资源
1407	HN872	猪屎豆属	猪屎豆	*Crotalaria pallida* Ait.			云南保山	2008	3	野生资源
1408	HN873	猪屎豆属	猪屎豆	*Crotalaria pallida* Ait.			海南三亚	2008	3	野生资源
1409	HN874	猪屎豆属	猪屎豆	*Crotalaria pallida* Ait.			广西钦州	2008	3	野生资源
1410	HN875	猪屎豆属	猪屎豆	*Crotalaria pallida* Ait.			海南儋州	2008	3	野生资源
1411	HN878	猪屎豆属	猪屎豆	*Crotalaria pallida* Ait.			海南儋州	2008	3	野生资源
1412	HN879	猪屎豆属	猪屎豆	*Crotalaria pallida* Ait.			广东雷州	2008	3	野生资源
1413	HN881	猪屎豆属	猪屎豆	*Crotalaria pallida* Ait.			云南玉元	2008	3	野生资源
1414	HN882	猪屎豆属	猪屎豆	*Crotalaria pallida* Ait.			云南元江	2008	3	野生资源
1415	HN883	猪屎豆属	猪屎豆	*Crotalaria pallida* Ait.			广西钦州	2008	3	野生资源
1416	HN886	猪屎豆属	猪屎豆	*Crotalaria pallida* Ait.			海南文昌	2008	3	野生资源
1417	HN887	猪屎豆属	猪屎豆	*Crotalaria pallida* Ait.			海南海口	2008	3	野生资源
1418	HN889	猪屎豆属	猪屎豆	*Crotalaria pallida* Ait.			海南昌江	2008	3	野生资源
1419	HN894	猪屎豆属	猪屎豆	*Crotalaria pallida* Ait.			海南临高	2008	3	野生资源
1420	HN895	猪屎豆属	猪屎豆	*Crotalaria pallida* Ait.			海南文昌	2008	3	野生资源
1421	HN902	猪屎豆属	猪屎豆	*Crotalaria pallida* Ait.			云南保山	2009	3	野生资源

（续）

序号	送种单位编号	属　名	种　名	学　名	品种名（原文名）	材料来源	材料原产地	收种时间（年份）	保存地点	类型
1422	hn1622	猪屎豆属	猪屎豆	*Crotalaria pallida* Ait.			海南东方	2005	3	野生资源
1423	hn1660	猪屎豆属	猪屎豆	*Crotalaria pallida* Ait.			海南陵水	2009	3	野生资源
1424	HN1091	猪屎豆属	猪屎豆	*Crotalaria pallida* Ait.			海南九所	2004	3	野生资源
1425	HN932	猪屎豆属	猪屎豆	*Crotalaria pallida* Ait.			广东恩平	2008	3	野生资源
1426	HN933	猪屎豆属	猪屎豆	*Crotalaria pallida* Ait.			广西廉江	2008	3	野生资源
1427	HN934	猪屎豆属	猪屎豆	*Crotalaria pallida* Ait.			广东惠州	2007	3	野生资源
1428	HN945	猪屎豆属	猪屎豆	*Crotalaria pallida* Ait.			广东鹤山	2008	3	野生资源
1429	HN950	猪屎豆属	猪屎豆	*Crotalaria pallida* Ait.			海南文昌	2008	3	野生资源
1430	hn1682	猪屎豆属	猪屎豆	*Crotalaria pallida* Ait.			广东梅县	2008	3	野生资源
1431	HN955	猪屎豆属	猪屎豆	*Crotalaria pallida* Ait.			广东兴宁	2008	3	野生资源
1432	HN956	猪屎豆属	猪屎豆	*Crotalaria pallida* Ait.			海南陵水	2008	3	野生资源
1433	HN958	猪屎豆属	猪屎豆	*Crotalaria pallida* Ait.			福建漳州	2008	3	野生资源
1434	hn1669	猪屎豆属	猪屎豆	*Crotalaria pallida* Ait.			广东阳东	2008	3	野生资源
1435	HN960	猪屎豆属	猪屎豆	*Crotalaria pallida* Ait.			海南文昌	2006	3	野生资源
1436	hn1659	猪屎豆属	猪屎豆	*Crotalaria pallida* Ait.			广东茂名高州	2008	3	野生资源
1437	HN965	猪屎豆属	猪屎豆	*Crotalaria pallida* Ait.			海南海口	2008	3	野生资源
1438	hn1626	猪屎豆属	猪屎豆	*Crotalaria pallida* Ait.			广西合浦	2008	3	野生资源
1439	HN967	猪屎豆属	猪屎豆	*Crotalaria pallida* Ait.			海南七仙岭	2004	3	野生资源
1440	HN968	猪屎豆属	猪屎豆	*Crotalaria pallida* Ait.			海南儋州	2008	3	野生资源
1441	HN969	猪屎豆属	猪屎豆	*Crotalaria pallida* Ait.			哥斯达黎加	2008	3	引进资源
1442	HN975	猪屎豆属	猪屎豆	*Crotalaria pallida* Ait.			海南临高	2008	3	野生资源
1443	HN460	猪屎豆属	猪屎豆	*Crotalaria pallida* Ait.			海南琼中	2008	3	野生资源
1444	HN976	猪屎豆属	猪屎豆	*Crotalaria pallida* Ait.		海南琼中	海南琼中加叉农场	2004	3	野生资源
1445	HN471	猪屎豆属	猪屎豆	*Crotalaria pallida* Ait.			海南陵水提蒙	2008	3	野生资源
1446	HN977	猪屎豆属	猪屎豆	*Crotalaria pallida* Ait.		海南陵水提蒙	海南陵水提蒙	2004	3	野生资源

（续）

序号	送种单位编号	属　名	种　名	学　名	品种名（原文名）	材料来源	材料原产地	收种时间（年份）	保存地点	类型
1447	HN981	猪屎豆属	猪屎豆	*Crotalaria pallida* Ait.			海南五指山	2008	3	野生资源
1448	HN1122	猪屎豆属	猪屎豆	*Crotalaria pallida* Ait.			海南白沙	2004	3	野生资源
1449	HN1130	猪屎豆属	猪屎豆	*Crotalaria pallida* Ait.			海南儋州	2006	3	野生资源
1450	HN1157	猪屎豆属	猪屎豆	*Crotalaria pallida* Ait.			海南琼中	2004	3	野生资源
1451	HN1164	猪屎豆属	猪屎豆	*Crotalaria pallida* Ait.			海南昌江	2006	3	野生资源
1452	HN1187	猪屎豆属	猪屎豆	*Crotalaria pallida* Ait.			海南东方	2009	3	野生资源
1453	HN1189	猪屎豆属	猪屎豆	*Crotalaria pallida* Ait.			海南尖峰	2009	3	野生资源
1454	HN1231	猪屎豆属	猪屎豆	*Crotalaria pallida* Ait.			海南儋州	2009	3	野生资源
1455	HN1243	猪屎豆属	猪屎豆	*Crotalaria pallida* Ait.			海南昌江	2009	3	野生资源
1456	HN1244	猪屎豆属	猪屎豆	*Crotalaria pallida* Ait.			海南琼海	2009	3	野生资源
1457	HN1249	猪屎豆属	猪屎豆	*Crotalaria pallida* Ait.			海南东方	2009	3	野生资源
1458	HN1253	猪屎豆属	猪屎豆	*Crotalaria pallida* Ait.			海南白沙	2009	3	野生资源
1459	HN1280	猪屎豆属	猪屎豆	*Crotalaria pallida* Ait.			云南思茅	2009	3	野生资源
1460	HN1285	猪屎豆属	猪屎豆	*Crotalaria pallida* Ait.			海南陵水	2009	3	野生资源
1461	HN1291	猪屎豆属	猪屎豆	*Crotalaria pallida* Ait.			海南临高	2010	3	野生资源
1462	hn2070	猪屎豆属	猪屎豆	*Crotalaria pallida* Ait.			海南白沙	2004	3	野生资源
1463	hn2071	猪屎豆属	猪屎豆	*Crotalaria pallida* Ait.			海南鹦哥岭	2004	3	野生资源
1464	HN1433	猪屎豆属	猪屎豆	*Crotalaria pallida* Ait.		海南七仙岭	海南七仙岭	2004	3	野生资源
1465	hn2087	猪屎豆属	猪屎豆	*Crotalaria pallida* Ait.			云南德宏	2005	3	野生资源
1466	hn2077	猪屎豆属	猪屎豆	*Crotalaria pallida* Ait.			云南元江	2005	3	野生资源
1467	hn2078	猪屎豆属	猪屎豆	*Crotalaria pallida* Ait.			广西田林	2005	3	野生资源
1468	hn2080	猪屎豆属	猪屎豆	*Crotalaria pallida* Ait.			广西北海	2005	3	野生资源
1469	hn2093	猪屎豆属	猪屎豆	*Crotalaria pallida* Ait.			海南乐东	2006	3	野生资源
1470	hn1628	猪屎豆属	猪屎豆	*Crotalaria pallida* Ait.			海南白沙	2006	3	野生资源
1471	hn2094	猪屎豆属	猪屎豆	*Crotalaria pallida* Ait.			海南霸王岭	2006	3	野生资源

（续）

序号	送种单位编号	属　名	种　名	学　名	品种名（原文名）	材料来源	材料原产地	收种时间（年份）	保存地点	类型
1472	hn2097	猪屎豆属	猪屎豆	*Crotalaria pallida* Ait.			海南东方	2006	3	野生资源
1473	hn2098	猪屎豆属	猪屎豆	*Crotalaria pallida* Ait.			海南临高	2006	3	野生资源
1474	hn1638	猪屎豆属	猪屎豆	*Crotalaria pallida* Ait.			云南元江	2006	3	野生资源
1475	hn1694	猪屎豆属	猪屎豆	*Crotalaria pallida* Ait.			广东梅州	2007	3	野生资源
1476	HN1426	猪屎豆属	猪屎豆	*Crotalaria pallida* Ait.			广东陆斗	2007	3	野生资源
1477	hn2099	猪屎豆属	猪屎豆	*Crotalaria pallida* Ait.			云南元江	2006	3	野生资源
1478	hn1655	猪屎豆属	猪屎豆	*Crotalaria pallida* Ait.			广东茂名	2007	3	野生资源
1479	HN1422	猪屎豆属	猪屎豆	*Crotalaria pallida* Ait.			广东华南植物园	2007	3	野生资源
1480	hn1627	猪屎豆属	猪屎豆	*Crotalaria pallida* Ait.			广东潮安	2007	3	野生资源
1481	hn2101	猪屎豆属	猪屎豆	*Crotalaria pallida* Ait.			广东信宜	2007	3	野生资源
1482	HN1420	猪屎豆属	猪屎豆	*Crotalaria pallida* Ait.			广东遂溪	2007	3	野生资源
1483	hn1658	猪屎豆属	猪屎豆	*Crotalaria pallida* Ait.			云南元阳	2007	3	野生资源
1484	hn1696	猪屎豆属	猪屎豆	*Crotalaria pallida* Ait.			广西田林	2007	3	野生资源
1485	hn1691	猪屎豆属	猪屎豆	*Crotalaria pallida* Ait.			广西苍梧	2007	3	野生资源
1486	hn1701	猪屎豆属	猪屎豆	*Crotalaria pallida* Ait.			广西博白	2007	3	野生资源
1487	hn2086	猪屎豆属	猪屎豆	*Crotalaria pallida* Ait.			海南东方	2007	3	野生资源
1488	HN1432	猪屎豆属	猪屎豆	*Crotalaria pallida* Ait.			海南白沙	2004	3	野生资源
1489	HN963	猪屎豆属	猪屎豆	*Crotalaria pallida* Ait.		CIAT		2008	3	引进资源
1490	HN984	猪屎豆属	猪屎豆	*Crotalaria pallida* Ait.			海南乐东	2008	3	野生资源
1491	HN2010-1514	猪屎豆属	猪屎豆	*Crotalaria pallida* Ait.			广西南宁	2008	3	野生资源
1492	hn2067	猪屎豆属	猪屎豆	*Crotalaria pallida* Ait.			海南海口	2004	3	野生资源
1493	hn2076	猪屎豆属	猪屎豆	*Crotalaria pallida* Ait.			云南景洪	2005	3	野生资源
1494	HN2011-1818	猪屎豆属	猪屎豆	*Crotalaria pallida* Ait.			广西扶绥	2010	3	野生资源
1495	hn2090	猪屎豆属	猪屎豆	*Crotalaria pallida* Ait.			福建漳州	2005	3	野生资源
1496	hn1625	猪屎豆属	猪屎豆	*Crotalaria pallida* Ait.			广西南宁	2005	3	野生资源

（续）

序号	送种单位编号	属　名	种　名	学　名	品种名（原文名）	材料来源	材料原产地	收种时间（年份）	保存地点	类型
1497	HN2011-1826	猪屎豆属	猪屎豆	*Crotalaria pallida* Ait.			海南乐东	2004	3	野生资源
1498	hn2069	猪屎豆属	猪屎豆	*Crotalaria pallida* Ait.			海南五指山	2004	3	野生资源
1499	hn2072	猪屎豆属	猪屎豆	*Crotalaria pallida* Ait.			海南响水	2004	3	野生资源
1500	hn2073	猪屎豆属	猪屎豆	*Crotalaria pallida* Ait.			四川攀枝花	2004	3	野生资源
1501	hn2082	猪屎豆属	猪屎豆	*Crotalaria pallida* Ait.			广西钦州	2005	3	野生资源
1502	JL15-029	猪屎豆属	猪屎豆	*Crotalaria pallida* Ait.			海南琼山	2005	3	野生资源
1503	hn2106	猪屎豆属	猪屎豆	*Crotalaria pallida* Ait.			海南五指山	2006	3	野生资源
1504	hn1695	猪屎豆属	猪屎豆	*Crotalaria pallida* Ait.			云南沧源	2005	3	野生资源
1505	hn1656	猪屎豆属	猪屎豆	*Crotalaria pallida* Ait.			广西靖西	2002	3	野生资源
1506	121124003	猪屎豆属	猪屎豆	*Crotalaria pallida* Ait.			福建云霄	2012	2	野生资源
1507	120923007	猪屎豆属	猪屎豆	*Crotalaria pallida* Ait.			广西扶绥	2012	2	野生资源
1508	120830015	猪屎豆属	猪屎豆	*Crotalaria pallida* Ait.			海南五指山	2012	2	野生资源
1509	HN1431	猪屎豆属	猪屎豆	*Crotalaria pallida* Ait.			海南东方	2010	3	野生资源
1510	HN476	猪屎豆属	猪屎豆	*Crotalaria pallida* Ait.			海南七仙岭	2010	3	野生资源
1511	HN1435	猪屎豆属	猪屎豆	*Crotalaria pallida* Ait.			海南琼山	2005	3	野生资源
1512	HN1403	猪屎豆属	猪屎豆	*Crotalaria pallida* Ait.			海南立才农场	2010	3	野生资源
1513	HN1410	猪屎豆属	猪屎豆	*Crotalaria pallida* Ait.			海南三亚	2010	3	野生资源
1514	HN1436	猪屎豆属	猪屎豆	*Crotalaria pallida* Ait.			广东肇庆	2010	3	野生资源
1515	HN1406	猪屎豆属	猪屎豆	*Crotalaria pallida* Ait.			海南五指山	2010	3	野生资源
1516	HN1414	猪屎豆属	猪屎豆	*Crotalaria pallida* Ait.			海南尖峰岭	2010	3	野生资源
1517	HN1416	猪屎豆属	猪屎豆	*Crotalaria pallida* Ait.			广东东莞	2010	3	野生资源
1518	hn1653	猪屎豆属	猪屎豆	*Crotalaria pallida* Ait.			广东陆斗	2010	3	野生资源
1519	HN1412	猪屎豆属	猪屎豆	*Crotalaria pallida* Ait.			海南三亚安游	2010	3	野生资源
1520	hn1664	猪屎豆属	猪屎豆	*Crotalaria pallida* Ait.			广东华南植物园	2010	3	野生资源
1521	HN1424	猪屎豆属	猪屎豆	*Crotalaria pallida* Ait.			广东肇庆	2010	3	野生资源

（续）

序号	送种单位编号	属　名	种　名	学　名	品种名（原文名）	材料来源	材料原产地	收种时间（年份）	保存地点	类型
1522	hn1654	猪屎豆属	猪屎豆	*Crotalaria pallida* Ait.			广东遂溪	2010	3	野生资源
1523	HN1425	猪屎豆属	猪屎豆	*Crotalaria pallida* Ait.			云南红河	2010	3	野生资源
1524	HN1421	猪屎豆属	猪屎豆	*Crotalaria pallida* Ait.			海南尖峰岭	2010	3	野生资源
1525	hn1667	猪屎豆属	猪屎豆	*Crotalaria pallida* Ait.			海南白沙	2010	3	野生资源
1526	HN1415	猪屎豆属	猪屎豆	*Crotalaria pallida* Ait.			广东清远	2010	3	野生资源
1527	hn1683	猪屎豆属	猪屎豆	*Crotalaria pallida* Ait.			海南保亭	2010	3	野生资源
1528	HN1453	猪屎豆属	猪屎豆	*Crotalaria pallida* Ait.			海南东方广坝	2010	3	野生资源
1529	121010002	猪屎豆属	猪屎豆	*Crotalaria pallida* Ait.			海南五指山	2012	2	野生资源
1530	HN904	猪屎豆属	吊裙草	*Crotalaria retusa* L.			海南三亚崖城	2016	3	野生资源
1531	HN905	猪屎豆属	吊裙草	*Crotalaria retusa* L.			海南三亚崖城	2010	3	野生资源
1532	hn2081	猪屎豆属	吊裙草	*Crotalaria retusa* L.			海南兴隆植物园	2005	3	野生资源
1533	HN1454	猪屎豆属	吊裙草	*Crotalaria retusa* L.			云南保山	2016	3	野生资源
1534	hn2083	猪屎豆属	吊裙草	*Crotalaria retusa* L.			海南陵水	2006	3	野生资源
1535	hn2084	猪屎豆属	吊裙草	*Crotalaria retusa* L.			海南乐东	2005	3	野生资源
1536	hn2091	猪屎豆属	吊裙草	*Crotalaria retusa* L.			海南临高	2006	3	野生资源
1537	010211084	猪屎豆属	吊裙草	*Crotalaria retusa* L.			海南乐东保国农场	2001	2	野生资源
1538	051211084	猪屎豆属	吊裙草	*Crotalaria retusa* L.			海南梅山镇	2005	2	野生资源
1539	HN935	猪屎豆属	野百合	*Crotalaria sessiliflora* L.			云南思茅	2016	3	野生资源
1540	HN1400	猪屎豆属	紫色野百合	*Crotalaria sessiliflora* L.			云南盈江	2005	3	野生资源
1541	060131015	猪屎豆属	紫色野百合	*Crotalaria sessiliflora* L.			海南三亚崖城	2006	2	野生资源
1542	050331001-1	猪屎豆属	紫色野百合	*Crotalaria sessiliflora* L.			海南儋州两院	2005	2	野生资源
1543	110112028	猪屎豆属	紫色野百合	*Crotalaria sessiliflora* L.			福建天柱山	2011	2	野生资源
1544	121115003	猪屎豆属	紫色野百合	*Crotalaria sessiliflora* L.			福建双坪镇	2012	2	野生资源
1545	030521019	猪屎豆属	紫色野百合	*Crotalaria sessiliflora* L.			云南元谋	2003	2	野生资源
1546	051209001	猪屎豆属	紫色野百合	*Crotalaria sessiliflora* L.			海南海口	2005	2	野生资源

（续）

序号	送种单位编号	属名	种名	学名	品种名（原文名）	材料来源	材料原产地	收种时间（年份）	保存地点	类型
1547	061211005	猪屎豆属	紫色野百合	*Crotalaria sessiliflora* L.			海南文昌宋氏故居	2006	2	野生资源
1548	061211009	猪屎豆属	紫色野百合	*Crotalaria sessiliflora* L.			海南文昌	2006	2	野生资源
1549	061220006	猪屎豆属	紫色野百合	*Crotalaria sessiliflora* L.			海南乐东	2006	2	野生资源
1550	060906001	猪屎豆属	紫色野百合	*Crotalaria sessiliflora* L.			四川九寨沟	2006	2	野生资源
1551	131122015	猪屎豆属	紫色野百合	*Crotalaria sessiliflora* L.			福建武夷山	2013	2	野生资源
1552	151114040	猪屎豆属	紫色野百合	*Crotalaria sessiliflora* L.			四川攀枝花米易	2015	2	野生资源
1553	hn1650	猪屎豆属	紫色野百合	*Crotalaria sessiliflora* L.			海南保亭七仙岭	2016	3	野生资源
1554	HN1399	猪屎豆属	紫色野百合	*Crotalaria sessiliflora* L.			云南思茅	2010	3	野生资源
1555	HN1449	猪屎豆属	紫色野百合	*Crotalaria sessiliflora* L.			云南思茅	2010	3	野生资源
1556	07022700A	猪屎豆属	紫色野百合	*Crotalaria sessiliflora* L.			广西宁明	2007	2	野生资源
1557	050222047B	猪屎豆属	紫色野百合	*Crotalaria sessiliflora* L.			广东信宜	2005	2	野生资源
1558	141020010	猪屎豆属	大托叶猪屎豆	*Crotalaria spectabilis* Roth			广东台山	2014	2	野生资源
1559	121009001B	猪屎豆属	大托叶猪屎豆	*Crotalaria spectabilis* Roth			海南白沙	2012	2	野生资源
1560	131202001	猪屎豆属	大托叶猪屎豆	*Crotalaria spectabilis* Roth			福建闽清	2013	2	野生资源
1561	121124004	猪屎豆属	大托叶猪屎豆	*Crotalaria spectabilis* Roth			福建云霄	2012	2	野生资源
1562	HN980	猪屎豆属	大托叶猪屎豆	*Crotalaria spectabilis* Roth			福建南平樟湖	2016	3	野生资源
1563	hn1642	猪屎豆属	大托叶猪屎豆	*Crotalaria spectabilis* Roth			广东肇庆	2006	3	野生资源
1564	hn2463	猪屎豆属	大托叶猪屎豆	*Crotalaria spectabilis* Roth			广东龙川	2016	3	野生资源
1565	hn2462	猪屎豆属	大托叶猪屎豆	*Crotalaria spectabilis* Roth			福建漳平	2012	3	野生资源
1566	hn2803	猪屎豆属	大托叶猪屎豆	*Crotalaria spectabilis* Roth			福建松溪	2013	3	野生资源
1567	hn2807	猪屎豆属	大托叶猪屎豆	*Crotalaria spectabilis* Roth			江西潘阳	2013	3	野生资源
1568	hn2575	猪屎豆属	大托叶猪屎豆	*Crotalaria spectabilis* Roth			广东饶平	2007	3	野生资源
1569	hn1684	猪屎豆属	大托叶猪屎豆	*Crotalaria spectabilis* Roth			海南海口	2007	3	野生资源
1570	131114001	猪屎豆属	大托叶猪屎豆	*Crotalaria spectabilis* Roth			江西潘阳	2013	2	野生资源
1571	070115053	猪屎豆属	大托叶猪屎豆	*Crotalaria spectabilis* Roth			福建南平樟湖	2007	2	野生资源

（续）

序号	送种单位编号	属　名	种　名	学　名	品种名（原文名）	材料来源	材料原产地	收种时间（年份）	保存地点	类型
1572	070119015	猪屎豆属	大托叶猪屎豆	*Crotalaria spectabilis* Roth			广东肇庆	2007	2	野生资源
1573	121113004	猪屎豆属	大托叶猪屎豆	*Crotalaria spectabilis* Roth			福建龙岩漳平	2012	2	野生资源
1574	121114004	猪屎豆属	大托叶猪屎豆	*Crotalaria spectabilis* Roth			福建龙岩永安	2012	2	野生资源
1575	071214023	猪屎豆属	大托叶猪屎豆	*Crotalaria spectabilis* Roth			广东饶平	2007	2	野生资源
1576	071217065	猪屎豆属	大托叶猪屎豆	*Crotalaria spectabilis* Roth			海南海口	2007	2	野生资源
1577	050223208	猪屎豆属	四棱猪屎豆	*Crotalaria tetragona* Roxb. ex Andr.			云南保山	2005	2	野生资源
1578	080111020	猪屎豆属	四棱猪屎豆	*Crotalaria tetragona* Roxb. ex Andr.			云南保山	2008	2	野生资源
1579	130619001	猪屎豆属	四棱猪屎豆	*Crotalaria tetragona* Roxb. ex Andr.			海南儋州	2013	2	野生资源
1580	GX12102801	猪屎豆属	四棱猪屎豆	*Crotalaria tetragona* Roxb. ex Andr.			广西凌云	2012	2	野生资源
1581	151113007	猪屎豆属	四棱猪屎豆	*Crotalaria tetragona* Roxb. ex Andr.			四川攀枝花盐边	2015	2	野生资源
1582	151114033	猪屎豆属	四棱猪屎豆	*Crotalaria tetragona* Roxb. ex Andr.			四川攀枝花米易	2015	2	野生资源
1583	HN1256	猪屎豆属	球果猪屎豆	*Crotalaria uncinella* Lamk.			海南乐东	2016	3	野生资源
1584	041130081	猪屎豆属	光萼猪屎豆	*Crotalaria trichotoma* Bojer.			海南东方	2004	2	野生资源
1585	041130220	猪屎豆属	光萼猪屎豆	*Crotalaria trichotoma* Bojer.			海南琼山	2004	2	野生资源
1586	041130248	猪屎豆属	光萼猪屎豆	*Crotalaria trichotoma* Bojer.			海南琼海	2004	2	野生资源
1587	041130303	猪屎豆属	光萼猪屎豆	*Crotalaria trichotoma* Bojer.			海南海口	2004	2	野生资源
1588	041130307	猪屎豆属	光萼猪屎豆	*Crotalaria trichotoma* Bojer.			海口三江镇	2004	2	野生资源
1589	041104090	猪屎豆属	光萼猪屎豆	*Crotalaria trichotoma* Bojer.			海南鹦哥岭	2004	2	野生资源
1590	050101022	猪屎豆属	光萼猪屎豆	*Crotalaria trichotoma* Bojer.			海南万宁	2005	2	野生资源
1591	060221003	猪屎豆属	光萼猪屎豆	*Crotalaria trichotoma* Bojer.			海南儋州	2006	2	野生资源
1592	041104112	猪屎豆属	光萼猪屎豆	*Crotalaria trichotoma* Bojer.			海南琼中	2004	2	野生资源
1593	050101012	猪屎豆属	光萼猪屎豆	*Crotalaria trichotoma* Bojer.			海南五指山	2005	2	野生资源
1594	041104054	猪屎豆属	光萼猪屎豆	*Crotalaria trichotoma* Bojer.			海南白沙	2004	2	野生资源
1595	051209022	猪屎豆属	光萼猪屎豆	*Crotalaria trichotoma* Bojer.			海南琼山旧州镇	2005	2	野生资源
1596	060307002	猪屎豆属	光萼猪屎豆	*Crotalaria trichotoma* Bojer.			海南五指山	2006	2	野生资源

（续）

序号	送种单位编号	属　名	种　名	学　名	品种名（原文名）	材料来源	材料原产地	收种时间（年份）	保存地点	类型
1597	060401051	猪屎豆属	光萼猪屎豆	*Crotalaria trichotoma* Bojer.			云南思茅	2006	2	野生资源
1598	060425111	猪屎豆属	光萼猪屎豆	*Crotalaria trichotoma* Bojer.			海南乐东	2006	2	野生资源
1599	060327012	猪屎豆属	光萼猪屎豆	*Crotalaria trichotoma* Bojer.			云南思茅	2006	2	野生资源
1600	060329001	猪屎豆属	光萼猪屎豆	*Crotalaria trichotoma* Bojer.			云南江城	2006	2	野生资源
1601	060324010	猪屎豆属	光萼猪屎豆	*Crotalaria trichotoma* Bojer.			云南普洱	2006	2	野生资源
1602	050228385	猪屎豆属	光萼猪屎豆	*Crotalaria trichotoma* Bojer.			云南西双版纳勐仑镇	2005	2	野生资源
1603	041104118	猪屎豆属	光萼猪屎豆	*Crotalaria trichotoma* Bojer.			海南琼中	2004	2	野生资源
1604	050302432	猪屎豆属	光萼猪屎豆	*Crotalaria trichotoma* Bojer.			云南普洱	2005	2	野生资源
1605	061127037	猪屎豆属	光萼猪屎豆	*Crotalaria trichotoma* Bojer.			海南东方	2006	2	野生资源
1606	060218003	猪屎豆属	光萼猪屎豆	*Crotalaria trichotoma* Bojer.			海南西培农场	2006	2	野生资源
1607	060303023	猪屎豆属	光萼猪屎豆	*Crotalaria trichotoma* Bojer.			海南琼中	2006	2	野生资源
1608	050308505	猪屎豆属	光萼猪屎豆	*Crotalaria trichotoma* Bojer.			广西田林	2005	2	野生资源
1609	060218006	猪屎豆属	光萼猪屎豆	*Crotalaria trichotoma* Bojer.			海南白沙	2006	2	野生资源
1610	070120037	猪屎豆属	光萼猪屎豆	*Crotalaria trichotoma* Bojer.			广东信宜	2007	2	野生资源
1611	050321047	猪屎豆属	光萼猪屎豆	*Crotalaria trichotoma* Bojer.			海南五指山	2005	2	野生资源
1612	070118032	猪屎豆属	光萼猪屎豆	*Crotalaria trichotoma* Bojer.			广东博罗	2007	2	野生资源
1613	060307003	猪屎豆属	光萼猪屎豆	*Crotalaria trichotoma* Bojer.			海南五指山	2006	2	野生资源
1614	070103014	猪屎豆属	光萼猪屎豆	*Crotalaria trichotoma* Bojer.			广东吴川	2007	2	野生资源
1615	070110002	猪屎豆属	光萼猪屎豆	*Crotalaria trichotoma* Bojer.			广东汕尾	2007	2	野生资源
1616	071023012	猪屎豆属	光萼猪屎豆	*Crotalaria trichotoma* Bojer.			云南勐腊	2007	2	野生资源
1617	140927008	猪屎豆属	光萼猪屎豆	*Crotalaria trichotoma* Bojer.			广东台山	2014	2	野生资源
1618	120828009	猪屎豆属	光萼猪屎豆	*Crotalaria trichotoma* Bojer.			海南琼中新伟农场	2012	2	野生资源
1619	110119026	猪屎豆属	光萼猪屎豆	*Crotalaria trichotoma* Bojer.			福建平和	2011	2	野生资源
1620	060268001	猪屎豆属	光萼猪屎豆	*Crotalaria trichotoma* Bojer.			海南吊罗山	2006	2	野生资源
1621	050217068	猪屎豆属	光萼猪屎豆	*Crotalaria trichotoma* Bojer.			云南保山	2005	2	野生资源

（续）

序号	送种单位编号	属　名	种　名	学　　名	品种名（原文名）	材料来源	材料原产地	收种时间（年份）	保存地点	类型
1622	101112001	猪屎豆属	光萼猪屎豆	*Crotalaria trichotoma* Bojer.			广西凭祥	2010	2	野生资源
1623	140923006	猪屎豆属	光萼猪屎豆	*Crotalaria trichotoma* Bojer.			广东英德	2014	2	野生资源
1624	060425105	猪屎豆属	光萼猪屎豆	*Crotalaria trichotoma* Bojer.			广西田阳	2006	2	野生资源
1625	121010005	猪屎豆属	光萼猪屎豆	*Crotalaria trichotoma* Bojer.			海南琼中	2012	2	野生资源
1626	041130196	猪屎豆属	光萼猪屎豆	*Crotalaria trichotoma* Bojer.			海南万宁	2004	2	野生资源
1627	091213001	猪屎豆属	光萼猪屎豆	*Crotalaria trichotoma* Bojer.			广西南宁	2009	2	野生资源
1628	060303022	猪屎豆属	光萼猪屎豆	*Crotalaria trichotoma* Bojer.			海南琼中	2006	2	野生资源
1629	hn2900	猪屎豆属	光萼猪屎豆	*Crotalaria trichotoma* Bojer.			福建平和	2011	3	野生资源
1630	hn3033	猪屎豆属	光萼猪屎豆	*Crotalaria trichotoma* Bojer.			广东英德	2014	3	野生资源
1631	hn2576	猪屎豆属	光萼猪屎豆	*Crotalaria trichotoma* Bojer.			海南琼中	2012	3	野生资源
1632	hn2763	猪屎豆属	光萼猪屎豆	*Crotalaria trichotoma* Bojer.			云南保山	2005	3	野生资源
1633	060319023	猪屎豆属	光萼猪屎豆	*Crotalaria trichotoma* Bojer.			海南临高	2006	2	野生资源
1634	HN544	猪屎豆属	光萼猪屎豆	*Crotalaria trichotoma* Bojer.			海南琼山甲子镇	2004	3	野生资源
1635	HN588	猪屎豆属	光萼猪屎豆	*Crotalaria trichotoma* Bojer.			海南琼山大致坡镇	2004	3	野生资源
1636	HN624	猪屎豆属	光萼猪屎豆	*Crotalaria trichotoma* Bojer.			海南万宁和平镇	2005	3	野生资源
1637	HN853	猪屎豆属	光萼猪屎豆	*Crotalaria trichotoma* Bojer.			海南琼中	2008	3	野生资源
1638	HN863	猪屎豆属	光萼猪屎豆	*Crotalaria trichotoma* Bojer.			海南白沙	2008	3	野生资源
1639	HN871	猪屎豆属	光萼猪屎豆	*Crotalaria trichotoma* Bojer.			海南万宁	2008	3	野生资源
1640	HN876	猪屎豆属	光萼猪屎豆	*Crotalaria trichotoma* Bojer.			海南儋州	2008	3	野生资源
1641	HN877	猪屎豆属	光萼猪屎豆	*Crotalaria trichotoma* Bojer.			海南定安	2008	3	野生资源
1642	HN884	猪屎豆属	光萼猪屎豆	*Crotalaria trichotoma* Bojer.			海南琼中	2008	3	野生资源
1643	HN1240	猪屎豆属	光萼猪屎豆	*Crotalaria trichotoma* Bojer.			海南五指山	2002	3	野生资源
1644	hn1644	猪屎豆属	光萼猪屎豆	*Crotalaria trichotoma* Bojer.			海南五指山	2008	3	野生资源
1645	050204254	猪屎豆属	光萼猪屎豆	*Crotalaria trichotoma* Bojer.			广西博白	2005	2	野生资源
1646	HN936	猪屎豆属	光萼猪屎豆	*Crotalaria trichotoma* Bojer.			海南五指山	2006	3	野生资源

（续）

序号	送种单位编号	属　名	种　名	学　名	品种名（原文名）	材料来源	材料原产地	收种时间（年份）	保存地点	类型
1647	hn1618	猪屎豆属	光萼猪屎豆	*Crotalaria trichotoma* Bojer.			云南思茅	2008	3	野生资源
1648	HN938	猪屎豆属	光萼猪屎豆	*Crotalaria trichotoma* Bojer.			海南陵水	2008	3	野生资源
1649	hn1648	猪屎豆属	光萼猪屎豆	*Crotalaria trichotoma* Bojer.			海南博厚镇	2008	3	野生资源
1650	hn1633	猪屎豆属	光萼猪屎豆	*Crotalaria trichotoma* Bojer.			海南梅山镇	2008	3	野生资源
1651	HN947	猪屎豆属	光萼猪屎豆	*Crotalaria trichotoma* Bojer.			海南乐东	2006	3	野生资源
1652	HN948	猪屎豆属	光萼猪屎豆	*Crotalaria trichotoma* Bojer.			云南思茅	2008	3	野生资源
1653	HN951	猪屎豆属	光萼猪屎豆	*Crotalaria trichotoma* Bojer.			海南五指山	2008	3	野生资源
1654	hn1663	猪屎豆属	光萼猪屎豆	*Crotalaria trichotoma* Bojer.			云南江城	2008	3	野生资源
1655	HN957	猪屎豆属	光萼猪屎豆	*Crotalaria trichotoma* Bojer.		CIAT		1991	3	引进资源
1656	hn1616	猪屎豆属	光萼猪屎豆	*Crotalaria trichotoma* Bojer.			云南普洱	2008	3	野生资源
1657	HN970	猪屎豆属	光萼猪屎豆	*Crotalaria trichotoma* Bojer.			云南普洱	2016	3	野生资源
1658	HN971	猪屎豆属	光萼猪屎豆	*Crotalaria trichotoma* Bojer.			云南勐仑镇	2008	3	野生资源
1659	HN459	猪屎豆属	光萼猪屎豆	*Crotalaria trichotoma* Bojer.			海南琼中	2008	3	野生资源
1660	HN982	猪屎豆属	光萼猪屎豆	*Crotalaria trichotoma* Bojer.		海南琼中加叉农场	海南琼中	2004	3	野生资源
1661	HN983	猪屎豆属	光萼猪屎豆	*Crotalaria trichotoma* Bojer.			云南普洱	2008	3	野生资源
1662	HN1105	猪屎豆属	光萼猪屎豆	*Crotalaria trichotoma* Bojer.			海南东方	2006	3	野生资源
1663	HN1146	猪屎豆属	光萼猪屎豆	*Crotalaria trichotoma* Bojer.			海南昌江	2006	3	野生资源
1664	hn2123	猪屎豆属	光萼猪屎豆	*Crotalaria trichotoma* Bojer.			海南东方	2004	3	野生资源
1665	hn1624	猪屎豆属	光萼猪屎豆	*Crotalaria trichotoma* Bojer.			广西田林	2005	3	野生资源
1666	hn2125	猪屎豆属	光萼猪屎豆	*Crotalaria trichotoma* Bojer.			广西遂溪	2005	3	野生资源
1667	hn2120	猪屎豆属	光萼猪屎豆	*Crotalaria trichotoma* Bojer.			海南东方	2005	3	野生资源
1668	hn2121	猪屎豆属	光萼猪屎豆	*Crotalaria trichotoma* Bojer.			海南白沙	2006	3	野生资源
1669	hn2122	猪屎豆属	光萼猪屎豆	*Crotalaria trichotoma* Bojer.			广东信宜	2007	3	野生资源
1670	hn1643	猪屎豆属	光萼猪屎豆	*Crotalaria trichotoma* Bojer.			海南五指山	2005	3	野生资源

（续）

序号	送种单位编号	属　名	种　名	学　名	品种名（原文名）	材料来源	材料原产地	收种时间（年份）	保存地点	类型
1671	hn1619	猪屎豆属	光萼猪屎豆	*Crotalaria trichotoma* Bojer.			广东博罗	2007	3	野生资源
1672	hn1635	猪屎豆属	光萼猪屎豆	*Crotalaria trichotoma* Bojer.			海南五指山	2006	3	野生资源
1673	hn1681	猪屎豆属	光萼猪屎豆	*Crotalaria trichotoma* Bojer.			云南景洪勐养镇	2006	3	野生资源
1674	hn1652	猪屎豆属	光萼猪屎豆	*Crotalaria trichotoma* Bojer.			广东汕尾	2007	3	野生资源
1675	hn2128	猪屎豆属	光萼猪屎豆	*Crotalaria trichotoma* Bojer.			云南景洪	2007	3	野生资源
1676	hn2124	猪屎豆属	光萼猪屎豆	*Crotalaria trichotoma* Bojer.			广东廉江	2005	3	野生资源
1677	hn1668	猪屎豆属	光萼猪屎豆	*Crotalaria trichotoma* Bojer.		CIAT		2006	3	引进资源
1678	HN2010-1483	猪屎豆属	光萼猪屎豆	*Crotalaria trichotoma* Bojer.			云南永德	2016	3	野生资源
1679	HN1417	猪屎豆属	光萼猪屎豆	*Crotalaria trichotoma* Bojer.			广东博罗	2010	3	野生资源
1680	HN1402	猪屎豆属	光萼猪屎豆	*Crotalaria trichotoma* Bojer.			云南景洪	2010	3	野生资源
1681	HN1419	猪屎豆属	光萼猪屎豆	*Crotalaria trichotoma* Bojer.			广东吴川	2010	3	野生资源
1682	HN1418	猪屎豆属	光萼猪屎豆	*Crotalaria trichotoma* Bojer.			广东汕尾	2016	3	野生资源
1683	HN1428	猪屎豆属	光萼猪屎豆	*Crotalaria trichotoma* Bojer.			海南琼中	2010	3	野生资源
1684	hn2464	猪屎豆属	光萼猪屎豆	*Crotalaria trichotoma* Bojer.			海南琼中	2012	3	野生资源
1685	hn2420	猪屎豆属	光萼猪屎豆	*Crotalaria trichotoma* Bojer.			云南勐海	2005	3	野生资源
1686	051212091	猪屎豆属	光萼猪屎豆	*Crotalaria trichotoma* Bojer.			海南东方	2005	2	野生资源
1687	130930002	猪屎豆属	光萼猪屎豆	*Crotalaria trichotoma* Bojer.			海南琼山	2013	2	野生资源
1688	101117002	假木豆属	假木豆	*Dendrolobium triangulare*（Retz.）Schindl.			广西大新	2010	2	野生资源
1689	141028056	假木豆属	假木豆	*Dendrolobium triangulare*（Retz.）Schindl.			海南叉河	2014	2	野生资源
1690	070315009	假木豆属	假木豆	*Dendrolobium triangulare*（Retz.）Schindl.			广西河池	2007	2	野生资源
1691	070310026	假木豆属	假木豆	*Dendrolobium triangulare*（Retz.）Schindl.			贵州册亨	2007	2	野生资源
1692	hn3153	假木豆属	假木豆	*Dendrolobium triangulare*（Retz.）Schindl.			贵州南牌	2015	3	野生资源
1693	041130093	假木豆属	假木豆	*Dendrolobium triangulare*（Retz.）Schindl.			海南乐东	2004	2	野生资源
1694	hn2249	假木豆属	假木豆	*Dendrolobium triangulare*（Retz.）Schindl.			云南富宁	2011	3	野生资源
1695	HN1074	假木豆属	假木豆	*Dendrolobium triangulare*（Retz.）Schindl.			广西田林	2005	3	野生资源

（续）

序号	送种单位编号	属名	种名	学名	品种名（原文名）	材料来源	材料原产地	收种时间（年份）	保存地点	类型
1696	HN2011-1805	假木豆属	假木豆	*Dendrolobium triangulare* (Retz.) Schindl.			广西隆林	2005	3	野生资源
1697	HN2011-1801	假木豆属	假木豆	*Dendrolobium triangulare* (Retz.) Schindl.			云南腾冲	2005	3	野生资源
1698	HN2011-2028	假木豆属	假木豆	*Dendrolobium triangulare* (Retz.) Schindl.			海南五指山	2005	3	野生资源
1699	HN2011-2029	假木豆属	假木豆	*Dendrolobium triangulare* (Retz.) Schindl.			海南三亚红塘	2006	3	野生资源
1700	HN2011-2030	假木豆属	假木豆	*Dendrolobium triangulare* (Retz.) Schindl.			海南邦溪镇	2006	3	野生资源
1701	HN2011-1803	假木豆属	假木豆	*Dendrolobium triangulare* (Retz.) Schindl.			广西宜山	2007	3	野生资源
1702	HN2011-1802	假木豆属	假木豆	*Dendrolobium triangulare* (Retz.) Schindl.			广西凭祥	2010	3	野生资源
1703	HN2011-1809	假木豆属	假木豆	*Dendrolobium triangulare* (Retz.) Schindl.			海南乐东	2007	3	野生资源
1704	HN2011-1849	假木豆属	假木豆	*Dendrolobium triangulare* (Retz.) Schindl.			广西宁明	2010	3	野生资源
1705	GX12112007B	假木豆属	假木豆	*Dendrolobium triangulare* (Retz.) Schindl.			广西都安	2012	2	野生资源
1706	HN829	假木豆属	假木豆	*Dendrolobium triangulare* (Retz.) Schindl.			海南儋州雅星	2002	3	野生资源
1707	HN1069	假木豆属	假木豆	*Dendrolobium triangulare* (Retz.) Schindl.			海南儋州两院	2008	3	野生资源
1708	HN1112	假木豆属	假木豆	*Dendrolobium triangulare* (Retz.) Schindl.			云南保山	2005	3	野生资源
1709	HN1161	假木豆属	假木豆	*Dendrolobium triangulare* (Retz.) Schindl.			广西隆林	2005	3	野生资源
1710	HN1314	假木豆属	假木豆	*Dendrolobium triangulare* (Retz.) Schindl.			贵州册亨	2016	3	野生资源
1711	HN1538	假木豆属	假木豆	*Dendrolobium triangulare* (Retz.) Schindl.			海南东方	2005	3	野生资源
1712	HN1541	假木豆属	假木豆	*Dendrolobium triangulare* (Retz.) Schindl.			云南元阳	2007	3	野生资源
1713	041229011	假木豆属	假木豆	*Dendrolobium triangulare* (Retz.) Schindl.			海南儋州两院	2004	2	野生资源
1714	050308508	假木豆属	假木豆	*Dendrolobium triangulare* (Retz.) Schindl.			广西田林	2005	2	野生资源
1715	050217045	假木豆属	假木豆	*Dendrolobium triangulare* (Retz.) Schindl.			云南保山	2005	2	野生资源
1716	041130071	假木豆属	假木豆	*Dendrolobium triangulare* (Retz.) Schindl.			海南大广坝	2004	2	野生资源
1717	041130038	假木豆属	假木豆	*Dendrolobium triangulare* (Retz.) Schindl.			海南昌江	2004	2	野生资源
1718	041001007	假木豆属	假木豆	*Dendrolobium triangulare* (Retz.) Schindl.			广西	2004	2	野生资源
1719	041130005	假木豆属	假木豆	*Dendrolobium triangulare* (Retz.) Schindl.			海南白沙	2004	2	野生资源
1720	041130161	假木豆属	假木豆	*Dendrolobium triangulare* (Retz.) Schindl.			海南陵水	2004	2	野生资源

（续）

序号	送种单位编号	属　名	种　名	学　名	品种名（原文名）	材料来源	材料原产地	收种时间（年份）	保存地点	类型
1721	050217007	假木豆属	假木豆	*Dendrolobium triangulare* (Retz.) Schindl.			云南保山	2005	2	野生资源
1722	050218087	假木豆属	假木豆	*Dendrolobium triangulare* (Retz.) Schindl.			云南腾冲	2005	2	野生资源
1723	050221156	假木豆属	假木豆	*Dendrolobium triangulare* (Retz.) Schindl.			云南龙陵	2005	2	野生资源
1724	050223219	假木豆属	假木豆	*Dendrolobium triangulare* (Retz.) Schindl.			云南镇康	2005	2	野生资源
1725	050227341	假木豆属	假木豆	*Dendrolobium triangulare* (Retz.) Schindl.			云南勐海	2005	2	野生资源
1726	050307501	假木豆属	假木豆	*Dendrolobium triangulare* (Retz.) Schindl.			广西田林	2005	2	野生资源
1727	051210051	假木豆属	假木豆	*Dendrolobium triangulare* (Retz.) Schindl.			海南五指山	2005	2	野生资源
1728	051212098	假木豆属	假木豆	*Dendrolobium triangulare* (Retz.) Schindl.			海南东方	2005	2	野生资源
1729	060130042	假木豆属	假木豆	*Dendrolobium triangulare* (Retz.) Schindl.			海南红塘	2006	2	野生资源
1730	060218011	假木豆属	假木豆	*Dendrolobium triangulare* (Retz.) Schindl.			海南白沙	2006	2	野生资源
1731	060402033	假木豆属	假木豆	*Dendrolobium triangulare* (Retz.) Schindl.			云南普洱	2006	2	野生资源
1732	061126009	假木豆属	假木豆	*Dendrolobium triangulare* (Retz.) Schindl.			海南白沙	2006	2	野生资源
1733	061127015	假木豆属	假木豆	*Dendrolobium triangulare* (Retz.) Schindl.			海南昌江	2006	2	野生资源
1734	061129041	假木豆属	假木豆	*Dendrolobium triangulare* (Retz.) Schindl.			海南乐东	2006	2	野生资源
1735	070228017	假木豆属	假木豆	*Dendrolobium triangulare* (Retz.) Schindl.			云南元阳	2007	2	野生资源
1736	070305002	假木豆属	假木豆	*Dendrolobium triangulare* (Retz.) Schindl.			云南麻栗坡	2007	2	野生资源
1737	070312018	假木豆属	假木豆	*Dendrolobium triangulare* (Retz.) Schindl.			贵州天生桥	2007	2	野生资源
1738	070312038	假木豆属	假木豆	*Dendrolobium triangulare* (Retz.) Schindl.			广西隆林	2007	2	野生资源
1739	070313007	假木豆属	假木豆	*Dendrolobium triangulare* (Retz.) Schindl.			广西田林	2007	2	野生资源
1740	070314022	假木豆属	假木豆	*Dendrolobium triangulare* (Retz.) Schindl.			广西巴马	2007	2	野生资源
1741	101116006	假木豆属	假木豆	*Dendrolobium triangulare* (Retz.) Schindl.			广西大新	2010	2	野生资源
1742	101111002	假木豆属	假木豆	*Dendrolobium triangulare* (Retz.) Schindl.			广西宁明	2010	2	野生资源
1743	080113055	假木豆属	假木豆	*Dendrolobium triangulare* (Retz.) Schindl.			云南怒江	2008	2	野生资源
1744	080111039	假木豆属	假木豆	*Dendrolobium triangulare* (Retz.) Schindl.			云南保山	2008	2	野生资源
1745	080116020	假木豆属	假木豆	*Dendrolobium triangulare* (Retz.) Schindl.			云南怒江	2008	2	野生资源

（续）

序号	送种单位编号	属　名	种　名	学　名	品种名（原文名）	材料来源	材料原产地	收种时间（年份）	保存地点	类型
1746	041104061	假木豆属	假木豆	*Dendrolobium triangulare*（Retz.）Schindl.			海南白沙	2004	2	野生资源
1747	020301007	假木豆属	假木豆	*Dendrolobium triangulare*（Retz.）Schindl.			海南儋州雅星	2002	2	野生资源
1748	041001001	假木豆属	假木豆	*Dendrolobium triangulare*（Retz.）Schindl.			广东郁南	2004	2	野生资源
1749	041104074	假木豆属	假木豆	*Dendrolobium triangulare*（Retz.）Schindl.			海南白沙	2004	2	野生资源
1750	060428006	假木豆属	假木豆	*Dendrolobium triangulare*（Retz.）Schindl.			海南乐东	2006	2	野生资源
1751	060325007	假木豆属	假木豆	*Dendrolobium triangulare*（Retz.）Schindl.			云南思茅	2006	2	野生资源
1752	060329021	假木豆属	假木豆	*Dendrolobium triangulare*（Retz.）Schindl.			云南江城	2006	2	野生资源
1753	050217057	假木豆属	假木豆	*Dendrolobium triangulare*（Retz.）Schindl.			云南保山	2005	2	野生资源
1754	101116019	假木豆属	假木豆	*Dendrolobium triangulare*（Retz.）Schindl.			广西大新	2010	2	野生资源
1755	070303015	假木豆属	假木豆	*Dendrolobium triangulare*（Retz.）Schindl.			云南河口	2007	2	野生资源
1756	070131007	假木豆属	假木豆	*Dendrolobium triangulare*（Retz.）Schindl.			广西田林	2007	2	野生资源
1757	060328016	假木豆属	假木豆	*Dendrolobium triangulare*（Retz.）Schindl.			越南	2006	2	引进资源
1758	151121002	假木豆属	假木豆	*Dendrolobium triangulare*（Retz.）Schindl.			贵州兴义	2015	2	野生资源
1759	101109028	假木豆属	假木豆	*Dendrolobium triangulare*（Retz.）Schindl.			广西崇左	2010	2	野生资源
1760	101118008	假木豆属	假木豆	*Dendrolobium triangulare*（Retz.）Schindl.			广西天等	2010	2	野生资源
1761	070313009	假木豆属	假木豆	*Dendrolobium triangulare*（Retz.）Schindl.			广西田林	2007	2	野生资源
1762	101119004	假木豆属	假木豆	*Dendrolobium triangulare*（Retz.）Schindl.			广西大新	2010	2	野生资源
1763	hn2664	假木豆属	假木豆	*Dendrolobium triangulare*（Retz.）Schindl.			海南白沙	2004	3	野生资源
1764	hn2506	假木豆属	假木豆	*Dendrolobium triangulare*（Retz.）Schindl.			广西都安	2012	3	野生资源
1765	060330041	假木豆属	假木豆	*Dendrolobium triangulare*（Retz.）Schindl.			云南景洪	2006	2	野生资源
1766	061113021	假木豆属	假木豆	*Dendrolobium triangulare*（Retz.）Schindl.			海南儋州	2006	2	野生资源
1767	071229008	山蚂蝗属	大叶山蚂蝗	*Desmodium gangeticum*（L.）DC.			海南白沙	2007	2	野生资源
1768	041001004	山蚂蝗属	大叶山蚂蝗	*Desmodium gangeticum*（L.）DC.			广西苍梧	2004	2	野生资源
1769	HN1742	山蚂蝗属	大叶山蚂蝗	*Desmodium gangeticum*（L.）DC.			海南百花岭	2008	3	野生资源
1770	HN1071	山蚂蝗属	大叶山蚂蝗	*Desmodium gangeticum*（L.）DC.			广西田林	2009	3	野生资源

（续）

序号	送种单位编号	属　名	种　名	学　名	品种名（原文名）	材料来源	材料原产地	收种时间（年份）	保存地点	类型
1771	hn2059	山蚂蝗属	大叶山蚂蝗	*Desmodium gangeticum*（L.）DC.			海南昌江	2004	3	野生资源
1772	hn2060	山蚂蝗属	大叶山蚂蝗	*Desmodium gangeticum*（L.）DC.			海南乐东	2004	3	野生资源
1773	hn2061	山蚂蝗属	大叶山蚂蝗	*Desmodium gangeticum*（L.）DC.			广西苍梧	2004	3	野生资源
1774	hn2062	山蚂蝗属	大叶山蚂蝗	*Desmodium gangeticum*（L.）DC.			广西梧州	2004	3	野生资源
1775	hn2064	山蚂蝗属	大叶山蚂蝗	*Desmodium gangeticum*（L.）DC.			海南儋州雅星	2004	3	野生资源
1776	hn2065	山蚂蝗属	大叶山蚂蝗	*Desmodium gangeticum*（L.）DC.			海南白沙	2004	3	野生资源
1777	HN1741	山蚂蝗属	大叶山蚂蝗	*Desmodium gangeticum*（L.）DC.			云南镇康	2005	3	野生资源
1778	HN1743	山蚂蝗属	大叶山蚂蝗	*Desmodium gangeticum*（L.）DC.			广西田林	2005	3	野生资源
1779	HN1740	山蚂蝗属	大叶山蚂蝗	*Desmodium gangeticum*（L.）DC.			海南乐东响水	2006	3	野生资源
1780	hn2057	山蚂蝗属	大叶山蚂蝗	*Desmodium gangeticum*（L.）DC.			海南尖峰岭	2004	3	野生资源
1781	hn2058	山蚂蝗属	大叶山蚂蝗	*Desmodium gangeticum*（L.）DC.			海南石山镇	2004	3	野生资源
1782	HN2011-1857	山蚂蝗属	大叶山蚂蝗	*Desmodium gangeticum*（L.）DC.			广西南宁	2010	3	野生资源
1783	050101024	山蚂蝗属	大叶山蚂蝗	*Desmodium gangeticum*（L.）DC.			海南琼中	2005	2	野生资源
1784	050307495	山蚂蝗属	大叶山蚂蝗	*Desmodium gangeticum*（L.）DC.			广西田林	2005	2	野生资源
1785	050308531	山蚂蝗属	大叶山蚂蝗	*Desmodium gangeticum*（L.）DC.			广西靖西	2005	2	野生资源
1786	060424003	山蚂蝗属	大叶山蚂蝗	*Desmodium gangeticum*（L.）DC.			海南琼中	2006	2	野生资源
1787	050309535	山蚂蝗属	大叶山蚂蝗	*Desmodium gangeticum*（L.）DC.			广西靖西	2005	2	野生资源
1788	040822011	山蚂蝗属	大叶山蚂蝗	*Desmodium gangeticum*（L.）DC.			海南尖峰岭	2004	2	野生资源
1789	040822150	山蚂蝗属	大叶山蚂蝗	*Desmodium gangeticum*（L.）DC.			海南昌江基地	2004	2	野生资源
1790	040822180	山蚂蝗属	大叶山蚂蝗	*Desmodium gangeticum*（L.）DC.			海南白沙	2004	2	野生资源
1791	041001010	山蚂蝗属	大叶山蚂蝗	*Desmodium gangeticum*（L.）DC.			广西梧州	2004	2	野生资源
1792	041104046	山蚂蝗属	大叶山蚂蝗	*Desmodium gangeticum*（L.）DC.			海南儋州雅星	2004	2	野生资源
1793	041130117	山蚂蝗属	大叶山蚂蝗	*Desmodium gangeticum*（L.）DC.			海南三亚崖城	2004	2	野生资源
1794	041201001	山蚂蝗属	大叶山蚂蝗	*Desmodium gangeticum*（L.）DC.			云南景洪	2004	2	野生资源
1795	041229012	山蚂蝗属	大叶山蚂蝗	*Desmodium gangeticum*（L.）DC.			海南儋州	2004	2	野生资源

（续）

序号	送种单位编号	属　名	种　名	学　名	品种名（原文名）	材料来源	材料原产地	收种时间（年份）	保存地点	类型
1796	050101001	山蚂蝗属	大叶山蚂蝗	*Desmodium gangeticum* （L.）DC.			海南白沙	2005	2	野生资源
1797	050223202	山蚂蝗属	大叶山蚂蝗	*Desmodium gangeticum* （L.）DC.			云南龙陵	2005	2	野生资源
1798	050223217	山蚂蝗属	大叶山蚂蝗	*Desmodium gangeticum* （L.）DC.			云南镇康	2005	2	野生资源
1799	050227356	山蚂蝗属	大叶山蚂蝗	*Desmodium gangeticum* （L.）DC.			云南景洪	2005	2	野生资源
1800	050307484	山蚂蝗属	大叶山蚂蝗	*Desmodium gangeticum* （L.）DC.			贵州册亨	2005	2	野生资源
1801	050308516	山蚂蝗属	大叶山蚂蝗	*Desmodium gangeticum* （L.）DC.			广西田林	2005	2	野生资源
1802	050319004	山蚂蝗属	大叶山蚂蝗	*Desmodium gangeticum* （L.）DC.			海南儋州雅星	2005	2	野生资源
1803	050320032	山蚂蝗属	大叶山蚂蝗	*Desmodium gangeticum* （L.）DC.			海南七仙岭	2005	2	野生资源
1804	060218015	山蚂蝗属	大叶山蚂蝗	*Desmodium gangeticum* （L.）DC.			海南邦沙镇	2006	2	野生资源
1805	060305016	山蚂蝗属	大叶山蚂蝗	*Desmodium gangeticum* （L.）DC.			海南白沙	2006	2	野生资源
1806	060330057	山蚂蝗属	大叶山蚂蝗	*Desmodium gangeticum* （L.）DC.			云南勐腊勐醒镇	2006	2	野生资源
1807	060331016	山蚂蝗属	大叶山蚂蝗	*Desmodium gangeticum* （L.）DC.			云南橄榄坝	2006	2	野生资源
1808	060331032	山蚂蝗属	大叶山蚂蝗	*Desmodium gangeticum* （L.）DC.			云南景洪勐罕	2006	2	野生资源
1809	060401002	山蚂蝗属	大叶山蚂蝗	*Desmodium gangeticum* （L.）DC.			云南景洪	2006	2	野生资源
1810	060402036	山蚂蝗属	大叶山蚂蝗	*Desmodium gangeticum* （L.）DC.			云南普洱	2006	2	野生资源
1811	060403023	山蚂蝗属	大叶山蚂蝗	*Desmodium gangeticum* （L.）DC.			云南元江	2006	2	野生资源
1812	060403026	山蚂蝗属	大叶山蚂蝗	*Desmodium gangeticum* （L.）DC.			云南元江	2006	2	野生资源
1813	060427008	山蚂蝗属	大叶山蚂蝗	*Desmodium gangeticum* （L.）DC.			海南三亚天涯海角	2006	2	野生资源
1814	061115018	山蚂蝗属	大叶山蚂蝗	*Desmodium gangeticum* （L.）DC.			海南昌江	2006	2	野生资源
1815	061118010	山蚂蝗属	大叶山蚂蝗	*Desmodium gangeticum* （L.）DC.			海南儋州	2006	2	野生资源
1816	061126012	山蚂蝗属	大叶山蚂蝗	*Desmodium gangeticum* （L.）DC.			海南白沙	2006	2	野生资源
1817	061127017	山蚂蝗属	大叶山蚂蝗	*Desmodium gangeticum* （L.）DC.			海南昌江	2006	2	野生资源
1818	070117091	山蚂蝗属	大叶山蚂蝗	*Desmodium gangeticum* （L.）DC.			广东龙川	2007	2	野生资源
1819	070228010	山蚂蝗属	大叶山蚂蝗	*Desmodium gangeticum* （L.）DC.			云南元阳	2007	2	野生资源
1820	070228032	山蚂蝗属	大叶山蚂蝗	*Desmodium gangeticum* （L.）DC.			云南河口	2007	2	野生资源

（续）

序号	送种单位编号	属　名	种　名	学　　名	品种名（原文名）	材料来源	材料原产地	收种时间（年份）	保存地点	类型
1821	070311007	山蚂蝗属	大叶山蚂蝗	*Desmodium gangeticum*（L.）DC.			贵州册亨	2007	2	野生资源
1822	070313012	山蚂蝗属	大叶山蚂蝗	*Desmodium gangeticum*（L.）DC.			广西田林	2007	2	野生资源
1823	070314013	山蚂蝗属	大叶山蚂蝗	*Desmodium gangeticum*（L.）DC.			广西田阳	2007	2	野生资源
1824	050302445	山蚂蝗属	大叶山蚂蝗	*Desmodium gangeticum*（L.）DC.			云南元江	2005	2	野生资源
1825	101114036	山蚂蝗属	大叶山蚂蝗	*Desmodium gangeticum*（L.）DC.			广西龙州	2010	2	野生资源
1826	101119009	山蚂蝗属	大叶山蚂蝗	*Desmodium gangeticum*（L.）DC.			广西大新	2010	2	野生资源
1827	101111001	山蚂蝗属	大叶山蚂蝗	*Desmodium gangeticum*（L.）DC.			广西宁明	2010	2	野生资源
1828	101114014	山蚂蝗属	大叶山蚂蝗	*Desmodium gangeticum*（L.）DC.			广西龙州	2010	2	野生资源
1829	080112024	山蚂蝗属	大叶山蚂蝗	*Desmodium gangeticum*（L.）DC.			云南保山	2008	2	野生资源
1830	080117022	山蚂蝗属	大叶山蚂蝗	*Desmodium gangeticum*（L.）DC.			云南福贡	2008	2	野生资源
1831	南 02142	山蚂蝗属	大叶山蚂蝗	*Desmodium gangeticum*（L.）DC.		海南南繁基地		2001	2	栽培资源
1832	050414001	山蚂蝗属	大叶山蚂蝗	*Desmodium gangeticum*（L.）DC.			海南两院十队基地	2005	2	野生资源
1833	030521054	山蚂蝗属	大叶山蚂蝗	*Desmodium gangeticum*（L.）DC.			云南元谋	2003	2	野生资源
1834	040822062	山蚂蝗属	大叶山蚂蝗	*Desmodium gangeticum*（L.）DC.			海南石山镇	2004	2	野生资源
1835	041104039	山蚂蝗属	大叶山蚂蝗	*Desmodium gangeticum*（L.）DC.			海南	2004	2	野生资源
1836	050219130	山蚂蝗属	大叶山蚂蝗	*Desmodium gangeticum*（L.）DC.			云南盈江	2005	2	野生资源
1837	060424009	山蚂蝗属	大叶山蚂蝗	*Desmodium gangeticum*（L.）DC.			海南白沙	2006	2	野生资源
1838	070312015	山蚂蝗属	大叶山蚂蝗	*Desmodium gangeticum*（L.）DC.			贵州天生桥	2007	2	野生资源
1839	070227033	山蚂蝗属	大叶山蚂蝗	*Desmodium gangeticum*（L.）DC.			云南安宁	2007	2	野生资源
1840	大叶 D	山蚂蝗属	大叶山蚂蝗	*Desmodium gangeticum*（L.）DC.		CIAT		2005	2	引进资源
1841	101110001	山蚂蝗属	大叶山蚂蝗	*Desmodium gangeticum*（L.）DC.			广西崇左	2010	2	野生资源
1842	101112006	山蚂蝗属	大叶山蚂蝗	*Desmodium gangeticum*（L.）DC.			广西凭祥	2010	2	野生资源
1843	140918008	山蚂蝗属	大叶山蚂蝗	*Desmodium gangeticum*（L.）DC.			广东清远	2014	2	野生资源
1844	120921007	山蚂蝗属	大叶山蚂蝗	*Desmodium gangeticum*（L.）DC.			广西上思	2012	2	野生资源
1845	101114011	山蚂蝗属	大叶山蚂蝗	*Desmodium gangeticum*（L.）DC.			广西龙州	2010	2	野生资源

（续）

序号	送种单位编号	属 名	种 名	学 名	品种名（原文名）	材料来源	材料原产地	收种时间（年份）	保存地点	类型
1846	101116018	山蚂蝗属	大叶山蚂蝗	*Desmodium gangeticum*（L.）DC.			广西大新	2010	2	野生资源
1847	GX12112104	山蚂蝗属	假地豆	*Desmodium heterocarpon*（L.）DC.			广西田林	2012	2	野生资源
1848	040822079	山蚂蝗属	假地豆	*Desmodium heterocarpon*（L.）DC.			海南七仙岭	2004	2	野生资源
1849	hn2428	山蚂蝗属	假地豆	*Desmodium heterocarpon*（L.）DC.			海南福山镇	2012	3	野生资源
1850	hn2511	山蚂蝗属	假地豆	*Desmodium heterocarpon*（L.）DC.			海南海口	2013	3	野生资源
1851	hn2430	山蚂蝗属	假地豆	*Desmodium heterocarpon*（L.）DC.			海南海口	2014	3	野生资源
1852	hn2431	山蚂蝗属	假地豆	*Desmodium heterocarpon*（L.）DC.			广西防城	2015	3	野生资源
1853	hn2432	山蚂蝗属	假地豆	*Desmodium heterocarpon*（L.）DC.			福建漳州	2016	3	野生资源
1854	hn2433	山蚂蝗属	假地豆	*Desmodium heterocarpon*（L.）DC.			广西防城港	2017	3	野生资源
1855	120916019	山蚂蝗属	假地豆	*Desmodium heterocarpon*（L.）DC.			广西浦北	2012	2	野生资源
1856	041004001	山蚂蝗属	假地豆	*Desmodium heterocarpon*（L.）DC.			广西苍梧	2004	2	野生资源
1857	071221025	山蚂蝗属	假地豆	*Desmodium heterocarpon*（L.）DC.			福建平和	2007	2	野生资源
1858	151023007	山蚂蝗属	假地豆	*Desmodium heterocarpon*（L.）DC.			广东化州	2015	2	野生资源
1859	151024007	山蚂蝗属	假地豆	*Desmodium heterocarpon*（L.）DC.			广东廉江	2015	2	野生资源
1860	151021028	山蚂蝗属	假地豆	*Desmodium heterocarpon*（L.）DC.			广东茂名	2015	2	野生资源
1861	121006009	山蚂蝗属	假地豆	*Desmodium heterocarpon*（L.）DC.			海南福山镇	2012	2	野生资源
1862	121007002	山蚂蝗属	假地豆	*Desmodium heterocarpon*（L.）DC.			海南海口	2012	2	野生资源
1863	121112005	山蚂蝗属	假地豆	*Desmodium heterocarpon*（L.）DC.			福建漳州	2012	2	野生资源
1864	121007007	山蚂蝗属	假地豆	*Desmodium heterocarpon*（L.）DC.			海南海口城西	2012	2	野生资源
1865	hn2184	山蚂蝗属	假地豆	*Desmodium heterocarpon*（L.）DC.			广西大新	2010	3	野生资源
1866	hn2186	山蚂蝗属	假地豆	*Desmodium heterocarpon*（L.）DC.			福建漳浦	2011	3	野生资源
1867	hn2288	山蚂蝗属	假地豆	*Desmodium heterocarpon*（L.）DC.			海南陵水	2006	3	野生资源
1868	hn2292	山蚂蝗属	假地豆	*Desmodium heterocarpon*（L.）DC.			海南吊罗山	2006	3	野生资源
1869	hn2289	山蚂蝗属	假地豆	*Desmodium heterocarpon*（L.）DC.			海南鹦哥岭	2006	3	野生资源
1870	hn2293	山蚂蝗属	假地豆	*Desmodium heterocarpon*（L.）DC.			云南江城	2006	3	野生资源

（续）

序号	送种单位编号	属　名	种　名	学　　名	品种名（原文名）	材料来源	材料原产地	收种时间（年份）	保存地点	类型
1871	hn2294	山蚂蝗属	假地豆	*Desmodium heterocarpon* (L.) DC.			云南思茅	2006	3	野生资源
1872	hn2295	山蚂蝗属	假地豆	*Desmodium heterocarpon* (L.) DC.			海南琼中	2006	3	野生资源
1873	hn2296	山蚂蝗属	假地豆	*Desmodium heterocarpon* (L.) DC.			海南儋州	2006	3	野生资源
1874	hn2290	山蚂蝗属	假地豆	*Desmodium heterocarpon* (L.) DC.			云南元江	2006	3	野生资源
1875	hn2301	山蚂蝗属	假地豆	*Desmodium heterocarpon* (L.) DC.			云南勐海	2005	3	野生资源
1876	GX12111505	山蚂蝗属	假地豆	*Desmodium heterocarpon* (L.) DC.			广西东兰	2012	2	野生资源
1877	HN2011-1926	山蚂蝗属	假地豆	*Desmodium heterocarpon* (L.) DC.			广西蒙山	2012	3	栽培资源
1878	050227367	山蚂蝗属	假地豆	*Desmodium heterocarpon* (L.) DC.			云南景洪	2005	2	野生资源
1879	051209005	山蚂蝗属	假地豆	*Desmodium heterocarpon* (L.) DC.			海南海口	2005	2	野生资源
1880	060302021	山蚂蝗属	假地豆	*Desmodium heterocarpon* (L.) DC.			海南吊罗山	2006	2	野生资源
1881	060306011	山蚂蝗属	假地豆	*Desmodium heterocarpon* (L.) DC.			海南白沙	2006	2	野生资源
1882	060930005	山蚂蝗属	假地豆	*Desmodium heterocarpon* (L.) DC.			海南琼中	2006	2	野生资源
1883	061002029	山蚂蝗属	假地豆	*Desmodium heterocarpon* (L.) DC.			海南保亭	2006	2	野生资源
1884	061014010	山蚂蝗属	假地豆	*Desmodium heterocarpon* (L.) DC.			海南儋州大成	2006	2	野生资源
1885	061020006	山蚂蝗属	假地豆	*Desmodium heterocarpon* (L.) DC.			海南儋州	2006	2	野生资源
1886	061128054	山蚂蝗属	假地豆	*Desmodium heterocarpon* (L.) DC.			海南乐东	2006	2	野生资源
1887	070104014	山蚂蝗属	假地豆	*Desmodium heterocarpon* (L.) DC.			广东阳江	2007	2	野生资源
1888	070105007	山蚂蝗属	假地豆	*Desmodium heterocarpon* (L.) DC.			广东鹤山	2007	2	野生资源
1889	070117037	山蚂蝗属	假地豆	*Desmodium heterocarpon* (L.) DC.			广东梅县	2007	2	野生资源
1890	070120040	山蚂蝗属	假地豆	*Desmodium heterocarpon* (L.) DC.			广东信宜	2007	2	野生资源
1891	070302010	山蚂蝗属	假地豆	*Desmodium heterocarpon* (L.) DC.			云南屏边	2007	2	野生资源
1892	070310025	山蚂蝗属	假地豆	*Desmodium heterocarpon* (L.) DC.			贵州册亨	2007	2	野生资源
1893	070313004	山蚂蝗属	假地豆	*Desmodium heterocarpon* (L.) DC.			广西田林	2007	2	野生资源
1894	070318025	山蚂蝗属	假地豆	*Desmodium heterocarpon* (L.) DC.			广西苍梧	2007	2	野生资源
1895	070319017	山蚂蝗属	假地豆	*Desmodium heterocarpon* (L.) DC.			广西岑溪	2007	2	野生资源

（续）

序号	送种单位编号	属　名	种　名	学　名	品种名（原文名）	材料来源	材料原产地	收种时间（年份）	保存地点	类型
1896	070319031	山蚂蝗属	假地豆	*Desmodium heterocarpon*（L.）DC.			广西容县	2007	2	野生资源
1897	071026003	山蚂蝗属	假地豆	*Desmodium heterocarpon*（L.）DC.			海南三亚天涯海角	2007	2	野生资源
1898	070312020	山蚂蝗属	假地豆	*Desmodium heterocarpon*（L.）DC.			贵州天生桥	2007	2	野生资源
1899	101109015	山蚂蝗属	假地豆	*Desmodium heterocarpon*（L.）DC.			广西扶绥	2010	2	野生资源
1900	101110008	山蚂蝗属	假地豆	*Desmodium heterocarpon*（L.）DC.			广西明江	2010	2	野生资源
1901	101114013	山蚂蝗属	假地豆	*Desmodium heterocarpon*（L.）DC.			广西龙州	2010	2	野生资源
1902	101111031	山蚂蝗属	假地豆	*Desmodium heterocarpon*（L.）DC.			广西宁明	2010	2	野生资源
1903	110112022	山蚂蝗属	假地豆	*Desmodium heterocarpon*（L.）DC.			福建天柱山	2011	2	野生资源
1904	081229029	山蚂蝗属	假地豆	*Desmodium heterocarpon*（L.）DC.			广西岑溪	2008	2	野生资源
1905	081229011	山蚂蝗属	假地豆	*Desmodium heterocarpon*（L.）DC.			广西岑溪市南	2008	2	野生资源
1906	050321013	山蚂蝗属	假地豆	*Desmodium heterocarpon*（L.）DC.			云南潞西	2005	2	野生资源
1907	050223270	山蚂蝗属	假地豆	*Desmodium heterocarpon*（L.）DC.			广西那坡	2005	2	野生资源
1908	0701117083	山蚂蝗属	假地豆	*Desmodium heterocarpon*（L.）DC.			海南三亚	2007	2	野生资源
1909	071210018	山蚂蝗属	假地豆	*Desmodium heterocarpon*（L.）DC.			云南普洱	2007	2	野生资源
1910	071227044	山蚂蝗属	假地豆	*Desmodium heterocarpon*（L.）DC.			广东清远	2007	2	野生资源
1911	070104033	山蚂蝗属	假地豆	*Desmodium heterocarpon*（L.）DC.			广东开平	2007	2	野生资源
1912	040822023	山蚂蝗属	假地豆	*Desmodium heterocarpon*（L.）DC.			海南白沙	2004	2	野生资源
1913	070117039	山蚂蝗属	假地豆	*Desmodium heterocarpon*（L.）DC.			广东梅县	2007	2	野生资源
1914	070110040	山蚂蝗属	假地豆	*Desmodium heterocarpon*（L.）DC.			广东陆丰	2007	2	野生资源
1915	050222189	山蚂蝗属	假地豆	*Desmodium heterocarpon*（L.）DC.			云南龙陵	2005	2	野生资源
1916	050227323	山蚂蝗属	假地豆	*Desmodium heterocarpon*（L.）DC.			云南勐海	2005	2	野生资源
1917	040822070	山蚂蝗属	假地豆	*Desmodium heterocarpon*（L.）DC.			海南陵水	2004	2	野生资源
1918	041104086	山蚂蝗属	假地豆	*Desmodium heterocarpon*（L.）DC.			海南白沙	2004	2	野生资源
1919	041104044	山蚂蝗属	假地豆	*Desmodium heterocarpon*（L.）DC.			海南儋州雅星	2004	2	野生资源
1920	041130300	山蚂蝗属	假地豆	*Desmodium heterocarpon*（L.）DC.			海南文昌昌洒	2004	2	野生资源

（续）

序号	送种单位编号	属 名	种 名	学 名	品种名（原文名）	材料来源	材料原产地	收种时间（年份）	保存地点	类型
1921	041104115	山蚂蝗属	假地豆	*Desmodium heterocarpon*（L.）DC.			海南琼中	2004	2	野生资源
1922	041001003	山蚂蝗属	假地豆	*Desmodium heterocarpon*（L.）DC.			广西	2004	2	野生资源
1923	061002010	山蚂蝗属	假地豆	*Desmodium heterocarpon*（L.）DC.			海南五指山	2006	2	野生资源
1924	041130299	山蚂蝗属	假地豆	*Desmodium heterocarpon*（L.）DC.			海南文昌昌洒	2004	2	野生资源
1925	041130213-1	山蚂蝗属	假地豆	*Desmodium heterocarpon*（L.）DC.			海南琼山	2004	2	野生资源
1926	070119025	山蚂蝗属	假地豆	*Desmodium heterocarpon*（L.）DC.			广东肇庆	2007	2	野生资源
1927	070120013	山蚂蝗属	假地豆	*Desmodium heterocarpon*（L.）DC.			广东肇庆	2007	2	野生资源
1928	050226301	山蚂蝗属	假地豆	*Desmodium heterocarpon*（L.）DC.			云南勐海	2005	2	野生资源
1929	050312595	山蚂蝗属	假地豆	*Desmodium heterocarpon*（L.）DC.			广西合浦	2005	2	野生资源
1930	050312618	山蚂蝗属	假地豆	*Desmodium heterocarpon*（L.）DC.			广东雷州	2005	2	野生资源
1931	050311581	山蚂蝗属	假地豆	*Desmodium heterocarpon*（L.）DC.			广西钦州	2005	2	野生资源
1932	070117083	山蚂蝗属	假地豆	*Desmodium heterocarpon*（L.）DC.			广东龙川	2007	2	野生资源
1933	071227006	山蚂蝗属	假地豆	*Desmodium heterocarpon*（L.）DC.			广东韶关	2007	2	野生资源
1934	070710004	山蚂蝗属	假地豆	*Desmodium heterocarpon*（L.）DC.			云南腾冲	2007	2	野生资源
1935	071226046	山蚂蝗属	假地豆	*Desmodium heterocarpon*（L.）DC.			江西大余	2007	2	野生资源
1936	140927001	山蚂蝗属	假地豆	*Desmodium heterocarpon*（L.）DC.			广东台山	2014	2	野生资源
1937	140918002	山蚂蝗属	假地豆	*Desmodium heterocarpon*（L.）DC.			广东清远	2014	2	野生资源
1938	140926002	山蚂蝗属	假地豆	*Desmodium heterocarpon*（L.）DC.			广东江门	2014	2	野生资源
1939	140923004	山蚂蝗属	假地豆	*Desmodium heterocarpon*（L.）DC.			广东英德	2014	2	野生资源
1940	140919007	山蚂蝗属	假地豆	*Desmodium heterocarpon*（L.）DC.			广东四会	2014	2	野生资源
1941	150528003	山蚂蝗属	假地豆	*Desmodium heterocarpon*（L.）DC.			刚果	2015	2	引进资源
1942	041104107	山蚂蝗属	假地豆	*Desmodium heterocarpon*（L.）DC.			海南琼中	2004	2	野生资源
1943	050101006	山蚂蝗属	假地豆	*Desmodium heterocarpon*（L.）DC.			海南白沙	2005	2	野生资源
1944	041130169	山蚂蝗属	假地豆	*Desmodium heterocarpon*（L.）DC.			海南陵水文罗	2004	2	野生资源
1945	070104028	山蚂蝗属	假地豆	*Desmodium heterocarpon*（L.）DC.			广东阳东	2007	2	野生资源

（续）

序号	送种单位编号	属 名	种 名	学 名	品种名（原文名）	材料来源	材料原产地	收种时间（年份）	保存地点	类型
1946	041104015A	山蚂蝗属	假地豆	*Desmodium heterocarpon*（L.）DC.			海南乐东	2004	2	野生资源
1947	GX161113002	山蚂蝗属	假地豆	*Desmodium heterocarpon*（L.）DC.			广西藤县	2016	2	野生资源
1948	060106036	山蚂蝗属	假地豆	*Desmodium heterocarpon*（L.）DC.			云南昆明	2006	2	野生资源
1949	HN1184	山蚂蝗属	假地豆	*Desmodium heterocarpon*（L.）DC.			海南琼山	2014	3	野生资源
1950	hn2158	山蚂蝗属	假地豆	*Desmodium heterocarpon*（L.）DC.			海南琼中	2004	3	野生资源
1951	HN1737	山蚂蝗属	假地豆	*Desmodium heterocarpon*（L.）DC.			广东鹤山	2004	3	野生资源
1952	HN2011-1812	山蚂蝗属	假地豆	*Desmodium heterocarpon*（L.）DC.			海南海口	2005	3	野生资源
1953	HN1729	山蚂蝗属	假地豆	*Desmodium heterocarpon*（L.）DC.			海南白沙	2006	3	野生资源
1954	HN1727	山蚂蝗属	假地豆	*Desmodium heterocarpon*（L.）DC.			海南保亭	2006	3	野生资源
1955	HN2011-1876	山蚂蝗属	假地豆	*Desmodium heterocarpon*（L.）DC.			广东信宜	2007	3	野生资源
1956	HN1730	山蚂蝗属	假地豆	*Desmodium heterocarpon*（L.）DC.			贵州册亨	2007	3	野生资源
1957	HN1734	山蚂蝗属	假地豆	*Desmodium heterocarpon*（L.）DC.			海南白沙	2007	3	野生资源
1958	hn2154	山蚂蝗属	假地豆	*Desmodium heterocarpon*（L.）DC.			海南白莲	2004	3	野生资源
1959	HN2011-1811	山蚂蝗属	假地豆	*Desmodium heterocarpon*（L.）DC.			海南临高	2005	3	野生资源
1960	hn2155	山蚂蝗属	假地豆	*Desmodium heterocarpon*（L.）DC.			海南文昌昌洒	2004	3	野生资源
1961	hn2156	山蚂蝗属	假地豆	*Desmodium heterocarpon*（L.）DC.			海南文昌昌洒	2004	3	野生资源
1962	HN1738	山蚂蝗属	假地豆	*Desmodium heterocarpon*（L.）DC.			广东肇庆	2007	3	野生资源
1963	HN1731	山蚂蝗属	假地豆	*Desmodium heterocarpon*（L.）DC.			海南琼中	2004	3	野生资源
1964	HN1744	山蚂蝗属	假地豆	*Desmodium heterocarpon*（L.）DC.			海南五指山	2005	3	野生资源
1965	hn2157	山蚂蝗属	假地豆	*Desmodium heterocarpon*（L.）DC.			海南白沙	2005	3	野生资源
1966	hn2160	山蚂蝗属	假地豆	*Desmodium heterocarpon*（L.）DC.			海南陵水	2004	3	野生资源
1967	060426001	山蚂蝗属	异叶山蚂蝗	*Desmodium heterophyllum*（Willd.）DC.			海南三亚天涯海角	2006	2	野生资源
1968	081212001	山蚂蝗属	异叶山蚂蝗	*Desmodium heterophyllum*（Willd.）DC.			海南三亚天涯海角	2008	2	野生资源
1969	060117059	山蚂蝗属	显脉山绿豆	*Desmodium reticulatum* Champ. ex Benth			海南西培农场	2006	2	野生资源
1970	061002019	山蚂蝗属	显脉山绿豆	*Desmodium reticulatum* Champ. ex Benth			海南保亭	2006	2	野生资源

（续）

序号	送种单位编号	属　名	种　名	学　名	品种名（原文名）	材料来源	材料原产地	收种时间（年份）	保存地点	类型
1971	061126018	山蚂蝗属	显脉山绿豆	*Desmodium reticulatum* Champ. ex Benth			海南白沙	2006	2	野生资源
1972	061129009	山蚂蝗属	显脉山绿豆	*Desmodium reticulatum* Champ. ex Benth			海南乐东	2006	2	野生资源
1973	061221049	山蚂蝗属	显脉山绿豆	*Desmodium reticulatum* Champ. ex Benth			海南亚龙湾	2006	2	野生资源
1974	061222080	山蚂蝗属	显脉山绿豆	*Desmodium reticulatum* Champ. ex Benth			海南陵水	2006	2	野生资源
1975	070318019	山蚂蝗属	显脉山绿豆	*Desmodium reticulatum* Champ. ex Benth			贵州贺州	2007	2	野生资源
1976	040822080B	山蚂蝗属	显脉山绿豆	*Desmodium reticulatum* Champ. ex Benth			海南石山镇	2004	2	野生资源
1977	JL15-056	山蚂蝗属	显脉山绿豆	*Desmodium reticulatum* Champ. ex Benth			广西大新	2010	3	野生资源
1978	071210016	山蚂蝗属	赤山蚂蝗	*Desmodium rubrum*（Lour.）DC.			云南西畴	2007	2	野生资源
1979	060428005	山蚂蝗属	长波叶山蚂蝗	*Desmodium sequax* Wall.			海南乐东	2006	2	野生资源
1980	HN1077	山蚂蝗属	长波叶山蚂蝗	*Desmodium sequax* Wall.			广西田林	2003	3	野生资源
1981	HN1136	山蚂蝗属	长波叶山蚂蝗	*Desmodium sequax* Wall.			云南镇康	2005	3	野生资源
1982	HN2011-1859	山蚂蝗属	长波叶山蚂蝗	*Desmodium sequax* Wall.			云南沧源	2005	3	野生资源
1983	HN2011-1860	山蚂蝗属	长波叶山蚂蝗	*Desmodium sequax* Wall.			云南普洱	2005	3	野生资源
1984	HN2011-1861	山蚂蝗属	长波叶山蚂蝗	*Desmodium sequax* Wall.			云南思茅	2006	3	野生资源
1985	HN2011-1862	山蚂蝗属	长波叶山蚂蝗	*Desmodium sequax* Wall.			云南江城	2006	3	野生资源
1986	HN2011-1866	山蚂蝗属	长波叶山蚂蝗	*Desmodium sequax* Wall.			海南乐东	2006	3	野生资源
1987	HN2011-1867	山蚂蝗属	长波叶山蚂蝗	*Desmodium sequax* Wall.			云南个旧	2007	3	野生资源
1988	HN2011-1868	山蚂蝗属	长波叶山蚂蝗	*Desmodium sequax* Wall.			云南西畴	2007	3	野生资源
1989	HN2011-1870	山蚂蝗属	长波叶山蚂蝗	*Desmodium sequax* Wall.			贵州贞丰	2007	3	野生资源
1990	HN2011-1871	山蚂蝗属	长波叶山蚂蝗	*Desmodium sequax* Wall.			贵州册亨	2007	3	野生资源
1991	HN2011-1872	山蚂蝗属	长波叶山蚂蝗	*Desmodium sequax* Wall.			贵州册亨	2007	3	野生资源
1992	HN2011-1873	山蚂蝗属	长波叶山蚂蝗	*Desmodium sequax* Wall.			贵州兴义	2007	3	野生资源
1993	HN2011-1817	山蚂蝗属	长波叶山蚂蝗	*Desmodium sequax* Wall.			广西大新	2010	3	野生资源
1994	hn2560	山蚂蝗属	长波叶山蚂蝗	*Desmodium sequax* Wall.			云南福贡	2008	3	野生资源
1995	050307498	山蚂蝗属	长波叶山蚂蝗	*Desmodium sequax* Wall.			广西田林	2005	2	野生资源

（续）

序号	送种单位编号	属　名	种　名	学　名	品种名（原文名）	材料来源	材料原产地	收种时间（年份）	保存地点	类型
1996	050218069	山蚂蝗属	长波叶山蚂蝗	*Desmodium sequax* Wall.			云南腾冲	2005	2	野生资源
1997	050219104	山蚂蝗属	长波叶山蚂蝗	*Desmodium sequax* Wall.			云南梁河	2005	2	野生资源
1998	050223196	山蚂蝗属	长波叶山蚂蝗	*Desmodium sequax* Wall.			云南龙陵	2005	2	野生资源
1999	050225276	山蚂蝗属	长波叶山蚂蝗	*Desmodium sequax* Wall.			云南沧源	2005	2	野生资源
2000	050302437	山蚂蝗属	长波叶山蚂蝗	*Desmodium sequax* Wall.			云南普洱	2005	2	野生资源
2001	050303455	山蚂蝗属	长波叶山蚂蝗	*Desmodium sequax* Wall.			云南玉远	2005	2	野生资源
2002	060402003	山蚂蝗属	长波叶山蚂蝗	*Desmodium sequax* Wall.			云南思茅	2006	2	野生资源
2003	060403016	山蚂蝗属	长波叶山蚂蝗	*Desmodium sequax* Wall.			云南元江	2006	2	野生资源
2004	070227018	山蚂蝗属	长波叶山蚂蝗	*Desmodium sequax* Wall.			云南红河	2007	2	野生资源
2005	070304019	山蚂蝗属	长波叶山蚂蝗	*Desmodium sequax* Wall.			云南西畴	2007	2	野生资源
2006	070310015	山蚂蝗属	长波叶山蚂蝗	*Desmodium sequax* Wall.			贵州贞丰	2007	2	野生资源
2007	070310022	山蚂蝗属	长波叶山蚂蝗	*Desmodium sequax* Wall.			贵州册亨	2007	2	野生资源
2008	070310028	山蚂蝗属	长波叶山蚂蝗	*Desmodium sequax* Wall.			贵州册亨	2007	2	野生资源
2009	070312008	山蚂蝗属	长波叶山蚂蝗	*Desmodium sequax* Wall.			贵州兴义	2007	2	野生资源
2010	070312027	山蚂蝗属	长波叶山蚂蝗	*Desmodium sequax* Wall.			广西隆林	2007	2	野生资源
2011	080116008	山蚂蝗属	长波叶山蚂蝗	*Desmodium sequax* Wall.			云南贡山	2008	2	野生资源
2012	080119006	山蚂蝗属	长波叶山蚂蝗	*Desmodium sequax* Wall.			云南丽江	2008	2	野生资源
2013	080119013	山蚂蝗属	长波叶山蚂蝗	*Desmodium sequax* Wall.			云南丽江中甸	2008	2	野生资源
2014	080115002	山蚂蝗属	长波叶山蚂蝗	*Desmodium sequax* Wall.			云南泸水	2008	2	野生资源
2015	080117004	山蚂蝗属	长波叶山蚂蝗	*Desmodium sequax* Wall.			云南贡山	2008	2	野生资源
2016	080426023	山蚂蝗属	长波叶山蚂蝗	*Desmodium sequax* Wall.			海南琼中	2008	2	野生资源
2017	050225266	山蚂蝗属	长波叶山蚂蝗	*Desmodium sequax* Wall.			云南沧源	2005	2	野生资源
2018	050225206	山蚂蝗属	长波叶山蚂蝗	*Desmodium sequax* Wall.			广西苍梧	2005	2	野生资源
2019	GX10122004	山蚂蝗属	长波叶山蚂蝗	*Desmodium sequax* Wall.			广西宁明	2010	2	野生资源
2020	050607001	山蚂蝗属	长波叶山蚂蝗	*Desmodium sequax* Wall.			海南五指山	2005	2	野生资源

（续）

序号	送种单位编号	属　名	种　名	学　　名	品种名（原文名）	材料来源	材料原产地	收种时间（年份）	保存地点	类型
2021	050319004	山蚂蝗属	长波叶山蚂蝗	*Desmodium sequax* Wall.			海南儋州雅星	2005	2	野生资源
2022	121024004	山蚂蝗属	长波叶山蚂蝗	*Desmodium sequax* Wall.			贵州台江	2012	2	野生资源
2023	121019010	山蚂蝗属	长波叶山蚂蝗	*Desmodium sequax* Wall.			贵州关岭	2012	2	野生资源
2024	121023004	山蚂蝗属	长波叶山蚂蝗	*Desmodium sequax* Wall.			贵州都匀	2012	2	野生资源
2025	151115017	山蚂蝗属	长波叶山蚂蝗	*Desmodium sequax* Wall.			四川攀枝花	2015	2	野生资源
2026	121022005	山蚂蝗属	长波叶山蚂蝗	*Desmodium sequax* Wall.			贵州贵定	2012	2	野生资源
2027	080114004	山蚂蝗属	长波叶山蚂蝗	*Desmodium sequax* Wall.			云南泸水	2008	2	野生资源
2028	110906001	山蚂蝗属	长波叶山蚂蝗	*Desmodium sequax* Wall.			广西龙州	2011	2	野生资源
2029	110616026	山蚂蝗属	长波叶山蚂蝗	*Desmodium sequax* Wall.			广东连山	2011	2	野生资源
2030	151115007	山蚂蝗属	长波叶山蚂蝗	*Desmodium sequax* Wall.			四川攀枝花仁和	2015	2	野生资源
2031	121019006	山蚂蝗属	长波叶山蚂蝗	*Desmodium sequax* Wall.			贵州关岭	2012	2	野生资源
2032	南 09000	山蚂蝗属	广东金钱草	*Desmodium styracifolium* (Osbeck) Merr.		海南南繁基地		2001	2	野生资源
2033	060116021	山蚂蝗属	三点金	*Desmodium triflorm* (L.) DC.			海南儋州两院	2006	2	野生资源
2034	060202012	山蚂蝗属	三点金	*Desmodium triflorm* (L.) DC.			海南琼中	2006	2	野生资源
2035	061130015	山蚂蝗属	三点金	*Desmodium triflorm* (L.) DC.			海南陵水	2006	2	野生资源
2036	HN2011-1853	山蚂蝗属	三点金	*Desmodium triflorm* (L.) DC.			海南红塘	2006	3	野生资源
2037	HN2011-1852	山蚂蝗属	三点金	*Desmodium triflorm* (L.) DC.			海南乐东	2005	3	野生资源
2038	HN2011-1810	山蚂蝗属	三点金	*Desmodium triflorm* (L.) DC.			贵州册亨	2005	3	野生资源
2039	hn2766	山蚂蝗属	三点金	*Desmodium triflorm* (L.) DC.			海南白沙	2007	3	野生资源
2040	hn2796	山蚂蝗属	绒毛山蚂蝗	*Desmodium velutinum* (Willd.) DC.		CIAT		2013	3	引进资源
2041	hn2795	山蚂蝗属	绒毛山蚂蝗	*Desmodium velutinum* (Willd.) DC.		CIAT		2013	3	引进资源
2042	hn3005	山蚂蝗属	绒毛山蚂蝗	*Desmodium velutinum* (Willd.) DC.			海南乐东	2006	3	野生资源
2043	HN2011-1855	山蚂蝗属	绒毛山蚂蝗	*Desmodium velutinum* (Willd.) DC.			海南白沙	2004	3	野生资源
2044	CIAT13218	山蚂蝗属	绒毛山蚂蝗	*Desmodium velutinum* (Willd.) DC.		CIAT		2003	2	引进资源
2045	041229009	山蚂蝗属	绒毛山蚂蝗	*Desmodium velutinum* (Willd.) DC.			海南儋州两院	2004	2	野生资源

（续）

序号	送种单位编号	属　名	种　名	学　名	品种名（原文名）	材料来源	材料原产地	收种时间（年份）	保存地点	类型
2046	040101005	山蚂蝗属	绒毛山蚂蝗	*Desmodium velutinum*（Willd.）DC.			海南琼中	2004	2	野生资源
2047	050106059	山蚂蝗属	绒毛山蚂蝗	*Desmodium velutinum*（Willd.）DC.			海南儋州	2005	2	野生资源
2048	060130040	山蚂蝗属	绒毛山蚂蝗	*Desmodium velutinum*（Willd.）DC.			海南红塘	2006	2	野生资源
2049	060305003	山蚂蝗属	绒毛山蚂蝗	*Desmodium velutinum*（Willd.）DC.			海南白沙	2006	2	野生资源
2050	060309003	山蚂蝗属	绒毛山蚂蝗	*Desmodium velutinum*（Willd.）DC.			海南五指山	2006	2	野生资源
2051	060329043	山蚂蝗属	绒毛山蚂蝗	*Desmodium velutinum*（Willd.）DC.			云南思茅	2006	2	野生资源
2052	041130007	山蚂蝗属	绒毛山蚂蝗	*Desmodium velutinum*（Willd.）DC.			海南白沙	2004	2	野生资源
2053	CIAT218	山蚂蝗属	绒毛山蚂蝗	*Desmodium velutinum*（Willd.）DC.		CIAT		2003	2	引进资源
2054	050125003	山蚂蝗属	绒毛山蚂蝗	*Desmodium velutinum*（Willd.）DC.			海南儋州两院	2005	2	野生资源
2055	020301034	山蚂蝗属	绒毛山蚂蝗	*Desmodium velutinum*（Willd.）DC.			海南三亚红沙	2002	2	野生资源
2056	040822050	山蚂蝗属	绒毛山蚂蝗	*Desmodium velutinum*（Willd.）DC.			海南白沙	2004	2	野生资源
2057	040822152	山蚂蝗属	绒毛山蚂蝗	*Desmodium velutinum*（Willd.）DC.			海南昌江基地	2004	2	野生资源
2058	050101023	山蚂蝗属	绒毛山蚂蝗	*Desmodium velutinum*（Willd.）DC.			海南百花岭	2005	2	野生资源
2059	060116028	山蚂蝗属	绒毛山蚂蝗	*Desmodium velutinum*（Willd.）DC.			海南儋州两院	2006	2	野生资源
2060	060130014	山蚂蝗属	绒毛山蚂蝗	*Desmodium velutinum*（Willd.）DC.			海南尖峰岭	2006	2	野生资源
2061	060301005	山蚂蝗属	绒毛山蚂蝗	*Desmodium velutinum*（Willd.）DC.			海南乐东	2006	2	野生资源
2062	060306015	山蚂蝗属	绒毛山蚂蝗	*Desmodium velutinum*（Willd.）DC.			海南白沙元门	2006	2	野生资源
2063	061129007	山蚂蝗属	绒毛山蚂蝗	*Desmodium velutinum*（Willd.）DC.			海南乐东	2006	2	野生资源
2064	070120032	山蚂蝗属	绒毛山蚂蝗	*Desmodium velutinum*（Willd.）DC.			广东信宜	2007	2	野生资源
2065	070302015	山蚂蝗属	绒毛山蚂蝗	*Desmodium velutinum*（Willd.）DC.			云南屏边	2007	2	野生资源
2066	071025002	山蚂蝗属	绒毛山蚂蝗	*Desmodium velutinum*（Willd.）DC.			海南三亚	2007	2	野生资源
2067	平地	山蚂蝗属	绒毛山蚂蝗	*Desmodium velutinum*（Willd.）DC.		CIAT		2003	2	引进资源
2068	070120026	山蚂蝗属	绒毛山蚂蝗	*Desmodium velutinum*（Willd.）DC.			广东信宜	2007	2	野生资源
2069	绒毛 13	山蚂蝗属	绒毛山蚂蝗	*Desmodium velutinum*（Willd.）DC.		CIAT		2003	2	引进资源
2070	绒毛 47	山蚂蝗属	绒毛山蚂蝗	*Desmodium velutinum*（Willd.）DC.		ACIA		2004	2	引进资源

（续）

序号	送种单位编号	属　名	种　名	学　名	品种名（原文名）	材料来源	材料原产地	收种时间（年份）	保存地点	类型
2071	HN1143	山蚂蝗属	绒毛山蚂蝗	*Desmodium velutinum*（Willd.）DC.			海南三亚红沙	2002	3	野生资源
2072	HN1171	山蚂蝗属	绒毛山蚂蝗	*Desmodium velutinum*（Willd.）DC.			海南儋州雅星	2002	3	野生资源
2073	HN1235	山蚂蝗属	绒毛山蚂蝗	*Desmodium velutinum*（Willd.）DC.		CIAT		1999	3	引进资源
2074	HN1289	山蚂蝗属	绒毛山蚂蝗	*Desmodium velutinum*（Willd.）DC.			海南琼中	2004	3	野生资源
2075	HN1295	山蚂蝗属	绒毛山蚂蝗	*Desmodium velutinum*（Willd.）DC.			海南白沙	2004	3	野生资源
2076	HN1563	山蚂蝗属	绒毛山蚂蝗	*Desmodium velutinum*（Willd.）DC.			海南昌江	2004	3	野生资源
2077	HN1722	山蚂蝗属	绒毛山蚂蝗	*Desmodium velutinum*（Willd.）DC.			海南儋州两院	2006	3	野生资源
2078	HN1726	山蚂蝗属	绒毛山蚂蝗	*Desmodium velutinum*（Willd.）DC.			海南尖峰岭	2006	3	野生资源
2079	HN1723	山蚂蝗属	绒毛山蚂蝗	*Desmodium velutinum*（Willd.）DC.			海南白沙天堂	2006	3	野生资源
2080	hn2151	山蚂蝗属	绒毛山蚂蝗	*Desmodium velutinum*（Willd.）DC.			海南白沙元门	2006	3	野生资源
2081	hn2147	山蚂蝗属	绒毛山蚂蝗	*Desmodium velutinum*（Willd.）DC.			海南乐东	2006	3	野生资源
2082	101112007	野扁豆属	鸽仔豆	*Dunbaria truncata*（Miquel.）Maesen			广西凭祥	2010	2	野生资源
2083	101114007	野扁豆属	鸽仔豆	*Dunbaria truncata*（Miquel.）Maesen			广西龙州	2010	2	野生资源
2084	071210017	野扁豆属	鸽仔豆	*Dunbaria truncata*（Miquel.）Maesen			广西上林	2007	2	野生资源
2085	061129012	野扁豆属	鸽仔豆	*Dunbaria truncata*（Miquel.）Maesen			海南乐东	2006	2	野生资源
2086	061118027	野扁豆属	鸽仔豆	*Dunbaria truncata*（Miquel.）Maesen			海南儋州	2006	2	野生资源
2087	151016004	野扁豆属	鸽仔豆	*Dunbaria truncata*（Miquel.）Maesen			广东曲界	2015	2	野生资源
2088	070120034	野扁豆属	长柄野扁豆	*Dunbaria podocarpa* Kurz			广东安茂	2007	2	野生资源
2089	E827	野扁豆属	野扁豆	*Dunbaria villosa*（Thunb.）Makino			湖北武汉	2006	3	野生资源
2090	061128020	野扁豆属	野扁豆	*Dunbaria villosa*（Thunb.）Makino			海南东方	2006	2	野生资源
2091	071220029	野扁豆属	野扁豆	*Dunbaria villosa*（Thunb.）Makino			福建南靖	2007	2	野生资源
2092	071216057	野扁豆属	野扁豆	*Dunbaria villosa*（Thunb.）Makino			福建东山岛	2007	2	野生资源
2093	071222042	野扁豆属	野扁豆	*Dunbaria villosa*（Thunb.）Makino			福建龙岩	2007	2	野生资源
2094	081215038	野扁豆属	野扁豆	*Dunbaria villosa*（Thunb.）Makino			江西新干	2008	2	野生资源
2095	071224030	野扁豆属	野扁豆	*Dunbaria villosa*（Thunb.）Makino			福建上杭	2007	2	野生资源

（续）

序号	送种单位编号	属　名	种　名	学　名	品种名（原文名）	材料来源	材料原产地	收种时间（年份）	保存地点	类型
2096	061220024	野扁豆属	野扁豆	*Dunbaria villosa* (Thunb.) Makino			海南三亚崖城	2006	2	野生资源
2097	081215030	野扁豆属	野扁豆	*Dunbaria villosa* (Thunb.) Makino			江西峡江	2008	2	野生资源
2098	060331020	野扁豆属	野扁豆	*Dunbaria villosa* (Thunb.) Makino			云南橄榄坝	2006	2	野生资源
2099	061118002	野扁豆属	野扁豆	*Dunbaria villosa* (Thunb.) Makino			海南儋州雅星	2006	2	野生资源
2100	060131014	野扁豆属	野扁豆	*Dunbaria villosa* (Thunb.) Makino			海南三亚崖城	2006	2	野生资源
2101	140922018	野扁豆属	野扁豆	*Dunbaria villosa* (Thunb.) Makino			广东英德	2014	2	野生资源
2102	140919005	野扁豆属	野扁豆	*Dunbaria villosa* (Thunb.) Makino			广东四会	2014	2	野生资源
2103	071218022	刺桐属	刺桐	*Erythrina variegata* L.			福建漳浦	2007	2	野生资源
2104	101113022	千斤拔属	大叶千斤拔	*Flemingia macrophylla* (Willd.) Prain			广西龙州	2010	2	野生资源
2105	越南	千斤拔属	大叶千斤拔	*Flemingia macrophylla* (Willd.) Prain			越南	2003	2	引进资源
2106	050223203	千斤拔属	大叶千斤拔	*Flemingia macrophylla* (Willd.) Prain			云南龙陵	2005	2	野生资源
2107	050321049	千斤拔属	大叶千斤拔	*Flemingia macrophylla* (Willd.) Prain			海南五指山	2005	2	野生资源
2108	101115005	千斤拔属	大叶千斤拔	*Flemingia macrophylla* (Willd.) Prain			广西龙州	2010	2	野生资源
2109	070315009	千斤拔属	大叶千斤拔	*Flemingia macrophylla* (Willd.) Prain			广西河池	2007	2	野生资源
2110	080117045	千斤拔属	大叶千斤拔	*Flemingia macrophylla* (Willd.) Prain			云南福贡	2008	2	野生资源
2111	080113024	千斤拔属	大叶千斤拔	*Flemingia macrophylla* (Willd.) Prain			云南保山	2008	2	野生资源
2112	050227321	千斤拔属	大叶千斤拔	*Flemingia macrophylla* (Willd.) Prain			云南勐海	2005	2	野生资源
2113	050307491	千斤拔属	大叶千斤拔	*Flemingia macrophylla* (Willd.) Prain			广西沙梨岭	2005	2	野生资源
2114	060306016	千斤拔属	大叶千斤拔	*Flemingia macrophylla* (Willd.) Prain			海南白沙	2006	2	野生资源
2115	040822121	千斤拔属	大叶千斤拔	*Flemingia macrophylla* (Willd.) Prain			海南陵水	2004	2	野生资源
2116	041104078	千斤拔属	大叶千斤拔	*Flemingia macrophylla* (Willd.) Prain			海南白沙	2004	2	野生资源
2117	050224250	千斤拔属	大叶千斤拔	*Flemingia macrophylla* (Willd.) Prain			云南永德	2005	2	野生资源
2118	050223212	千斤拔属	大叶千斤拔	*Flemingia macrophylla* (Willd.) Prain			云南镇康怒江大桥	2005	2	野生资源
2119	050223243	千斤拔属	大叶千斤拔	*Flemingia macrophylla* (Willd.) Prain			云南镇康	2005	2	野生资源
2120	050226303	千斤拔属	大叶千斤拔	*Flemingia macrophylla* (Willd.) Prain			云南勐海	2005	2	野生资源

（续）

序号	送种单位编号	属　名	种　名	学　　名	品种名（原文名）	材料来源	材料原产地	收种时间（年份）	保存地点	类型
2121	070310011	千斤拔属	大叶千斤拔	*Flemingia macrophylla* (Willd.) Prain			贵州贞丰	2007	2	野生资源
2122	CIAT17403	千斤拔属	大叶千斤拔	*Flemingia macrophylla* (Willd.) Prain		CIAT		2003	2	引进资源
2123	CIAT17400	千斤拔属	大叶千斤拔	*Flemingia macrophylla* (Willd.) Prain		CIAT		2003	2	引进资源
2124	060201014	千斤拔属	大叶千斤拔	*Flemingia macrophylla* (Willd.) Prain			海南陵水	2006	2	野生资源
2125	070314038	千斤拔属	大叶千斤拔	*Flemingia macrophylla* (Willd.) Prain			广西河池	2007	2	野生资源
2126	101108004	千斤拔属	大叶千斤拔	*Flemingia macrophylla* (Willd.) Prain			云南思茅	2010	2	野生资源
2127	050302428	千斤拔属	大叶千斤拔	*Flemingia macrophylla* (Willd.) Prain			云南普洱	2005	2	野生资源
2128	050321039	千斤拔属	大叶千斤拔	*Flemingia macrophylla* (Willd.) Prain			海南保亭	2005	2	野生资源
2129	050228399	千斤拔属	大叶千斤拔	*Flemingia macrophylla* (Willd.) Prain			云南玉元	2005	2	野生资源
2130	161026001	千斤拔属	大叶千斤拔	*Flemingia macrophylla* (Willd.) Prain			汤加努库阿洛法	2016	2	引进资源
2131	080114001	千斤拔属	大叶千斤拔	*Flemingia macrophylla* (Willd.) Prain			云南泸水	2008	2	野生资源
2132	hn2857	千斤拔属	大叶千斤拔	*Flemingia macrophylla* (Willd.) Prain			广西龙州	2010	3	野生资源
2133	hn2854	千斤拔属	大叶千斤拔	*Flemingia macrophylla* (Willd.) Prain			云南福贡	2008	3	野生资源
2134	hn2916	千斤拔属	大叶千斤拔	*Flemingia macrophylla* (Willd.) Prain			广西沙梨岭	2005	3	野生资源
2135	HN2011-1932	千斤拔属	大叶千斤拔	*Flemingia macrophylla* (Willd.) Prain			海南白沙	2004	3	野生资源
2136	hn2271	千斤拔属	大叶千斤拔	*Flemingia macrophylla* (Willd.) Prain			广西河池	2007	3	野生资源
2137	hn2581	千斤拔属	大叶千斤拔	*Flemingia macrophylla* (Willd.) Prain			云南玉元	2005	3	野生资源
2138	B5509	千斤拔属	大叶千斤拔	*Flemingia macrophylla* (Willd.) Prain			云南泸水	2008	3	野生资源
2139	070711003	千斤拔属	千斤拔	*Flemingia prostrata* C. Y. Wu			海南乐东	2007	2	野生资源
2140	070209005	千斤拔属	千斤拔	*Flemingia prostrata* C. Y. Wu			海南东方	2007	2	野生资源
2141	101111037	千斤拔属	千斤拔	*Flemingia prostrata* C. Y. Wu			广西宁明	2010	2	野生资源
2142	101116027	千斤拔属	千斤拔	*Flemingia prostrata* C. Y. Wu			广西大新	2010	2	野生资源
2143	041215001	千斤拔属	千斤拔	*Flemingia prostrata* C. Y. Wu			福建惠安	2004	2	野生资源
2144	070312032	千斤拔属	千斤拔	*Flemingia prostrata* C. Y. Wu			广西隆林	2007	2	野生资源
2145	080113003	千斤拔属	千斤拔	*Flemingia prostrata* C. Y. Wu			云南保山	2008	2	野生资源

（续）

序号	送种单位编号	属名	种名	学名	品种名（原文名）	材料来源	材料原产地	收种时间（年份）	保存地点	类型
2146	050218088	千斤拔属	千斤拔	*Flemingia prostrata* C. Y. Wu			云南腾冲	2005	2	野生资源
2147	050312598	千斤拔属	千斤拔	*Flemingia prostrata* C. Y. Wu			广西合浦	2005	2	野生资源
2148	050226315	千斤拔属	千斤拔	*Flemingia prostrata* C. Y. Wu			云南勐海打洛镇	2005	2	野生资源
2149	050228381	千斤拔属	千斤拔	*Flemingia prostrata* C. Y. Wu			云南 213 国道	2005	2	野生资源
2150	060310002	千斤拔属	千斤拔	*Flemingia prostrata* C. Y. Wu			海南乐东	2006	2	野生资源
2151	060321030	千斤拔属	千斤拔	*Flemingia prostrata* C. Y. Wu			云南河口	2006	2	野生资源
2152	060331025	千斤拔属	千斤拔	*Flemingia prostrata* C. Y. Wu			云南橄榄坝	2006	2	野生资源
2153	060301004	千斤拔属	千斤拔	*Flemingia prostrata* C. Y. Wu			海南乐东	2006	2	野生资源
2154	060325004	千斤拔属	千斤拔	*Flemingia prostrata* C. Y. Wu			云南思茅郊区	2006	2	野生资源
2155	060330019	千斤拔属	千斤拔	*Flemingia prostrata* C. Y. Wu			云南江城	2006	2	野生资源
2156	060326046	千斤拔属	千斤拔	*Flemingia prostrata* C. Y. Wu			云南思茅	2006	2	野生资源
2157	060327004	千斤拔属	千斤拔	*Flemingia prostrata* C. Y. Wu			云南大寨	2006	2	野生资源
2158	060402035	千斤拔属	千斤拔	*Flemingia prostrata* C. Y. Wu			云南普洱	2006	2	野生资源
2159	060311013	千斤拔属	千斤拔	*Flemingia prostrata* C. Y. Wu			海南昌江	2006	2	野生资源
2160	040822131	千斤拔属	千斤拔	*Flemingia prostrata* C. Y. Wu			海南保亭	2004	2	野生资源
2161	040822134	千斤拔属	千斤拔	*Flemingia prostrata* C. Y. Wu			海南琼中	2004	2	野生资源
2162	070302006	千斤拔属	千斤拔	*Flemingia prostrata* C. Y. Wu			云南屏边	2007	2	野生资源
2163	060326041	千斤拔属	千斤拔	*Flemingia prostrata* C. Y. Wu			云南思茅	2006	2	野生资源
2164	060331030	千斤拔属	千斤拔	*Flemingia prostrata* C. Y. Wu			云南景洪	2006	2	野生资源
2165	080112008	千斤拔属	千斤拔	*Flemingia prostrata* C. Y. Wu			广西宁明	2008	2	野生资源
2166	061126004	千斤拔属	千斤拔	*Flemingia prostrata* C. Y. Wu			海南白沙	2006	2	野生资源
2167	101119012	千斤拔属	千斤拔	*Flemingia prostrata* C. Y. Wu			广西大新	2010	2	野生资源
2168	070318026	千斤拔属	千斤拔	*Flemingia prostrata* C. Y. Wu			广西苍梧	2007	2	野生资源
2169	050227342	千斤拔属	千斤拔	*Flemingia prostrata* C. Y. Wu			云南勐海	2005	2	野生资源
2170	041001016	千斤拔属	千斤拔	*Flemingia prostrata* C. Y. Wu			广西苍梧	2004	2	野生资源

（续）

序号	送种单位编号	属　名	种　名	学　　名	品种名（原文名）	材料来源	材料原产地	收种时间（年份）	保存地点	类型
2171	040822139	千斤拔属	千斤拔	*Flemingia prostrata* C. Y. Wu			海南澄迈白莲	2004	2	野生资源
2172	050228378	千斤拔属	球穗千斤拔	*Flemingia strobilifera* (L.) R. Br. ex Ait. f.			云南景洪	2005	2	野生资源
2173	061126006	千斤拔属	球穗千斤拔	*Flemingia strobilifera* (L.) R. Br. ex Ait. f.			海南白沙	2006	2	野生资源
2174	070312036	千斤拔属	球穗千斤拔	*Flemingia strobilifera* (L.) R. Br. ex Ait. f.			广西隆林	2007	2	野生资源
2175	101109011	千斤拔属	球穗千斤拔	*Flemingia strobilifera* (L.) R. Br. ex Ait. f.			广西扶绥	2010	2	野生资源
2176	070302007	千斤拔属	球穗千斤拔	*Flemingia strobilifera* (L.) R. Br. ex Ait. f.			云南屏边	2007	2	野生资源
2177	060330002	千斤拔属	球穗千斤拔	*Flemingia strobilifera* (L.) R. Br. ex Ait. f.			云南江城	2006	2	野生资源
2178	060329007	千斤拔属	球穗千斤拔	*Flemingia strobilifera* (L.) R. Br. ex Ait. f.			云南江城	2006	2	野生资源
2179	050227338	千斤拔属	球穗千斤拔	*Flemingia strobilifera* (L.) R. Br. ex Ait. f.			云南勐海	2005	2	野生资源
2180	060331040	千斤拔属	球穗千斤拔	*Flemingia strobilifera* (L.) R. Br. ex Ait. f.			云南景洪	2006	2	野生资源
2181	060328012	千斤拔属	球穗千斤拔	*Flemingia strobilifera* (L.) R. Br. ex Ait. f.			越南	2006	2	引进资源
2182	041130171	千斤拔属	球穗千斤拔	*Flemingia strobilifera* (L.) R. Br. ex Ait. f.			海南琼中长征	2004	2	野生资源
2183	161023003	千斤拔属	球穗千斤拔	*Flemingia strobilifera* (L.) R. Br. ex Ait. f.			汤加努库阿洛法	2016	2	引进资源
2184	hn2859	千斤拔属	球穗千斤拔	*Flemingia strobilifera* (L.) R. Br. ex Ait. f.			海南琼中长征	2004	3	野生资源
2185	041130050	乳豆属	乳豆	*Galactia tenuiflora* (Klein ex Willd.) Wight et Arn.			海南东方	2004	2	野生资源
2186	050227327	乳豆属	乳豆	*Galactia tenuiflora* (Klein ex Willd.) Wight et Arn.			云南勐海	2005	2	野生资源
2187	050226296	乳豆属	乳豆	*Galactia tenuiflora* (Klein ex Willd.) Wight et Arn.			云南福贡	2005	2	野生资源
2188	041104037	乳豆属	乳豆	*Galactia tenuiflora* (Klein ex Willd.) Wight et Arn.			海南昌江叉河	2004	2	野生资源
2189	061002009	乳豆属	乳豆	*Galactia tenuiflora* (Klein ex Willd.) Wight et Arn.			海南五指山	2006	2	野生资源

（续）

序号	送种单位编号	属　名	种　名	学　名	品种名（原文名）	材料来源	材料原产地	收种时间（年份）	保存地点	类型
2190	061220020	乳豆属	乳豆	*Galactia tenuiflora* (Klein ex Willd.) Wight et Arn.			海南乐东	2006	2	野生资源
2191	120925003	乳豆属	乳豆	*Galactia tenuiflora* (Klein ex Willd.) Wight et Arn.			广西崇左	2012	2	野生资源
2192	060131036	乳豆属	乳豆	*Galactia tenuiflora* (Klein ex Willd.) Wight et Arn.			福建古田	2006	2	野生资源
2193	021000055	乳豆属	乳豆	*Galactia tenuiflora* (Klein ex Willd.) Wight et Arn.			江西永修	2002	2	野生资源
2194	161130003	乳豆属	乳豆	*Galactia tenuiflora* (Klein ex Willd.) Wight et Arn.			江西潘阳	2016	2	野生资源
2195	061004005	乳豆属	乳豆	*Galactia tenuiflora* (Klein ex Willd.) Wight et Arn.			海南三亚天涯海角	2006	2	野生资源
2196	050106006	乳豆属	乳豆	*Galactia tenuiflora* (Klein ex Willd.) Wight et Arn.			海南昌江	2005	2	野生资源
2197	060131018	乳豆属	乳豆	*Galactia tenuiflora* (Klein ex Willd.) Wight et Arn.			海南三亚崖城	2006	2	野生资源
2198	061128016	乳豆属	乳豆	*Galactia tenuiflora* (Klein ex Willd.) Wight et Arn.			海南东方	2006	2	野生资源
2199	061221046	乳豆属	乳豆	*Galactia tenuiflora* (Klein ex Willd.) Wight et Arn.			海南陵水	2006	2	野生资源
2200	061118006	乳豆属	乳豆	*Galactia tenuiflora* (Klein ex Willd.) Wight et Arn.			海南儋州	2006	2	野生资源
2201	050221297	乳豆属	乳豆	*Galactia tenuiflora* (Klein ex Willd.) Wight et Arn.			广东韶关	2005	2	野生资源
2202	061222064	乳豆属	乳豆	*Galactia tenuiflora* (Klein ex Willd.) Wight et Arn.			海南陵水	2006	2	野生资源

（续）

序号	送种单位编号	属　名	种　名	学　　名	品种名（原文名）	材料来源	材料原产地	收种时间（年份）	保存地点	类型
2203	050227340	乳豆属	乳豆	*Galactia tenuiflora* （Klein ex Willd.） Wight et Arn.			云南勐海	2005	2	野生资源
2204	051211075	乳豆属	乳豆	*Galactia tenuiflora* （Klein ex Willd.） Wight et Arn.			海南三亚天涯海角	2005	2	野生资源
2205	060220031	乳豆属	乳豆	*Galactia tenuiflora* （Klein ex Willd.） Wight et Arn.			海南昌江	2006	2	野生资源
2206	051210043	乳豆属	乳豆	*Galactia tenuiflora* （Klein ex Willd.） Wight et Arn.			海南琼中	2005	2	野生资源
2207	161130004	乳豆属	乳豆	*Galactia tenuiflora* （Klein ex Willd.） Wight et Arn.			福建武夷山	2016	2	野生资源
2208	061118018	乳豆属	乳豆	*Galactia tenuiflora* （Klein ex Willd.） Wight et Arn.			海南儋州	2006	2	野生资源
2209	060219010	乳豆属	乳豆	*Galactia tenuiflora* （Klein ex Willd.） Wight et Arn.			海南霸王岭	2006	2	野生资源
2210	020300033	乳豆属	乳豆	*Galactia tenuiflora* （Klein ex Willd.） Wight et Arn.			云南澜沧	2002	2	野生资源
2211	020400056	乳豆属	乳豆	*Galactia tenuiflora* （Klein ex Willd.） Wight et Arn.			江西潘阳	2002	2	野生资源
2212	051212097	乳豆属	乳豆	*Galactia tenuiflora* （Klein ex Willd.） Wight et Arn.			海南东方	2005	2	野生资源
2213	041100024	乳豆属	乳豆	*Galactia tenuiflora* （Klein ex Willd.） Wight et Arn.			广西南宁	2004	2	野生资源
2214	041105037	乳豆属	乳豆	*Galactia tenuiflora* （Klein ex Willd.） Wight et Arn.			海南昌江	2004	2	野生资源
2215	060131023	乳豆属	乳豆	*Galactia tenuiflora* （Klein ex Willd.） Wight et Arn.			海南三亚	2006	2	野生资源

（续）

序号	送种单位编号	属　名	种　名	学　名	品种名（原文名）	材料来源	材料原产地	收种时间（年份）	保存地点	类型
2216	161130005	乳豆属	乳豆	*Galactia tenuiflora* (Klein ex Willd.) Wight et Arn.			海南万宁	2016	2	野生资源
2217	150921005	乳豆属	乳豆	*Galactia tenuiflora* (Klein ex Willd.) Wight et Arn.			广西河池	2015	2	野生资源
2218	hn2886	乳豆属	乳豆	*Galactia tenuiflora* (Klein ex Willd.) Wight et Arn.			海南儋州	2006	3	野生资源
2219	ZXY06P-1889	山羊豆属	山羊豆	*Galega officinalis* L.		俄罗斯	俄罗斯	2008	3	引进资源
2220	ZXY06P-2168	山羊豆属	山羊豆	*Galega officinalis* L.		俄罗斯	俄罗斯	2008	3	引进资源
2221	ZXY06P-2178	山羊豆属	山羊豆	*Galega officinalis* L.		俄罗斯	俄罗斯	2008	3	引进资源
2222	ZXY06P-2216	山羊豆属	山羊豆	*Galega officinalis* L.		俄罗斯	俄罗斯	2008	3	引进资源
2223	ZXY06P-2227	山羊豆属	山羊豆	*Galega officinalis* L.		俄罗斯	俄罗斯	2008	3	引进资源
2224	ZXY06P-2267	山羊豆属	山羊豆	*Galega officinalis* L.		俄罗斯	俄罗斯	2008	3	引进资源
2225	ZXY06P-2275	山羊豆属	山羊豆	*Galega officinalis* L.		俄罗斯	俄罗斯	2008	3	引进资源
2226	ZXY06P-2361	山羊豆属	山羊豆	*Galega officinalis* L.		俄罗斯	俄罗斯	2008	3	引进资源
2227	ZXY06P-2367	山羊豆属	山羊豆	*Galega officinalis* L.		俄罗斯	俄罗斯阿迪格	2008	3	引进资源
2228	ZXY06P-2407	山羊豆属	山羊豆	*Galega officinalis* L.		俄罗斯	俄罗斯阿迪格	2008	3	引进资源
2229	ZXY06P-2414	山羊豆属	山羊豆	*Galega officinalis* L.		俄罗斯	俄罗斯阿迪格	2008	3	引进资源
2230	ZXY06P-2458	山羊豆属	山羊豆	*Galega officinalis* L.		俄罗斯	俄罗斯阿迪格	2008	3	引进资源
2231	ZXY06P-2509	山羊豆属	山羊豆	*Galega officinalis* L.		俄罗斯	俄罗斯阿迪格	2008	3	引进资源
2232	ZXY06P-2522	山羊豆属	山羊豆	*Galega officinalis* L.		俄罗斯	俄罗斯阿迪格	2008	3	引进资源
2233	ZXY06P-2563	山羊豆属	山羊豆	*Galega officinalis* L.		俄罗斯	俄罗斯阿迪格	2008	3	引进资源
2234	ZXY06P-2573	山羊豆属	山羊豆	*Galega officinalis* L.		俄罗斯	俄罗斯阿迪格	2008	3	引进资源
2235	ZXY06P-2628	山羊豆属	山羊豆	*Galega officinalis* L.		俄罗斯	俄罗斯阿迪格	2008	3	引进资源
2236	ZXY06P-1684	山羊豆属	东方山羊豆	*Galega oreientalis* Lam.		俄罗斯		2010	3	引进资源
2237	ZXY06P-1727	山羊豆属	东方山羊豆	*Galega oreientalis* Lam.		俄罗斯		2010	3	引进资源

（续）

序号	送种单位编号	属　名	种　名	学　名	品种名（原文名）	材料来源	材料原产地	收种时间（年份）	保存地点	类型
2238	ZXY06P-1779	山羊豆属	东方山羊豆	*Galega oreientalis* Lam.		俄罗斯		2010	3	引进资源
2239	ZXY06P-1791	山羊豆属	东方山羊豆	*Galega oreientalis* Lam.		俄罗斯		2010	3	引进资源
2240	ZXY06P-1799	山羊豆属	东方山羊豆	*Galega oreientalis* Lam.		俄罗斯		2010	3	引进资源
2241	ZXY06P-1958	山羊豆属	东方山羊豆	*Galega oreientalis* Lam.		俄罗斯		2010	3	引进资源
2242	ZXY06P-1963	山羊豆属	东方山羊豆	*Galega oreientalis* Lam.		俄罗斯		2010	3	引进资源
2243	ZXY06P-1980	山羊豆属	东方山羊豆	*Galega oreientalis* Lam.		俄罗斯		2010	3	引进资源
2244	ZXY06P-1989	山羊豆属	东方山羊豆	*Galega oreientalis* Lam.		俄罗斯		2010	3	引进资源
2245	ZXY06P-2016	山羊豆属	东方山羊豆	*Galega oreientalis* Lam.		俄罗斯		2010	3	引进资源
2246	ZXY06P-2024	山羊豆属	东方山羊豆	*Galega oreientalis* Lam.		俄罗斯		2010	3	引进资源
2247	ZXY06P-2035	山羊豆属	东方山羊豆	*Galega oreientalis* Lam.		俄罗斯		2010	3	引进资源
2248	ZXY06P-2039	山羊豆属	东方山羊豆	*Galega oreientalis* Lam.		俄罗斯		2010	3	引进资源
2249	ZXY06P-2135	山羊豆属	东方山羊豆	*Galega oreientalis* Lam.		俄罗斯		2010	3	引进资源
2250	ZXY06P-2186	山羊豆属	东方山羊豆	*Galega oreientalis* Lam.		俄罗斯		2010	3	引进资源
2251	ZXY06P-2203	山羊豆属	东方山羊豆	*Galega oreientalis* Lam.		俄罗斯		2010	3	引进资源
2252	ZXY06P-2333	山羊豆属	东方山羊豆	*Galega oreientalis* Lam.		俄罗斯		2010	3	引进资源
2253	ZXY06P-2351	山羊豆属	东方山羊豆	*Galega oreientalis* Lam.		俄罗斯		2010	3	引进资源
2254	ZXY06P-2375	山羊豆属	东方山羊豆	*Galega oreientalis* Lam.		俄罗斯		2010	3	引进资源
2255	2005-7	山羊豆属	东方山羊豆	*Galega oreientalis* Lam.			俄罗斯	2005	1	引进资源
2256	GS0022	大豆属	大豆	*Glycine max*（L.）Merr.		甘肃镇原	甘肃陇东	1999	3	栽培资源
2257	HN805	大豆属	大豆	*Glycine max*（L.）Merr.		巴西	巴西	2000	3	引进资源
2258	HN806	大豆属	大豆	*Glycine max*（L.）Merr.		巴西	巴西	2000	3	引进资源
2259	HN807	大豆属	大豆	*Glycine max*（L.）Merr.		巴西	巴西	2000	3	引进资源
2260	HN808	大豆属	大豆	*Glycine max*（L.）Merr.		巴西	巴西	2000	3	引进资源
2261	HN809	大豆属	大豆	*Glycine max*（L.）Merr.		巴西	巴西	2000	3	引进资源
2262	HN810	大豆属	大豆	*Glycine max*（L.）Merr.		巴西	巴西	2000	3	引进资源

（续）

序号	送种单位编号	属　名	种　名	学　名	品种名（原文名）	材料来源	材料原产地	收种时间（年份）	保存地点	类型
2263	HN811	大豆属	大豆	*Glycine max*（L.）Merr.		巴西	巴西	2000	3	引进资源
2264	HN812	大豆属	大豆	*Glycine max*（L.）Merr.			巴西	2000	3	引进资源
2265	JS2004-10	大豆属	大豆	*Glycine max*（L.）Merr.		上海崇明		2003	3	栽培资源
2266	SCH2004-203	大豆属	大豆	*Glycine max*（L.）Merr.		四川阿坝	四川阿坝	2003	3	野生资源
2267	GS540	大豆属	大豆	*Glycine max*（L.）Merr.		宁夏盐池		2004	3	栽培资源
2268	GS0661	大豆属	大豆	*Glycine max*（L.）Merr.		甘肃灵台		2006	3	栽培资源
2269	GS882	大豆属	大豆	*Glycine max*（L.）Merr.		甘肃肃南明花		2008	3	栽培资源
2270	GS883	大豆属	大豆	*Glycine max*（L.）Merr.		甘肃肃南明花		2008	3	野生资源
2271	GX011	大豆属	大豆	*Glycine max*（L.）Merr.	桂春1号		广西南宁	2010	1	栽培资源
2272	HB2010-156	大豆属	大豆	*Glycine max*（L.）Merr.			湖北神农架	2014	3	野生资源
2273	121025004	大豆属	野大豆	*Glycine soja* Sieb. et Zucc.			贵州剑河	2012	2	野生资源
2274	131106002	大豆属	野大豆	*Glycine soja* Sieb. et Zucc.			江西彭泽	2013	2	野生资源
2275	131108006	大豆属	野大豆	*Glycine soja* Sieb. et Zucc.			江西都昌	2013	2	野生资源
2276	131102001	大豆属	野大豆	*Glycine soja* Sieb. et Zucc.			江西永修	2013	2	野生资源
2277	150921001	大豆属	野大豆	*Glycine soja* Sieb. et Zucc.			海南尖峰岭	2015	2	野生资源
2278	140921017	大豆属	野大豆	*Glycine soja* Sieb. et Zucc.			广东连州	2014	2	野生资源
2279	141019004	大豆属	野大豆	*Glycine soja* Sieb. et Zucc.			海南儋州两院	2014	2	野生资源
2280	JS2012-91	大豆属	野大豆	*Glycine soja* Sieb. et Zucc.		江苏盐城南洋		2016	3	野生资源
2281	hn2812	大豆属	野大豆	*Glycine soja* Sieb. et Zucc.			江西彭泽	2013	3	野生资源
2282	中畜-1994	大豆属	野大豆	*Glycine soja* Sieb. et Zucc.			河北曲阳	2012	3	野生资源
2283	中畜-1997	大豆属	野大豆	*Glycine soja* Sieb. et Zucc.			河北承德丰宁	2012	3	野生资源
2284	JS2008-309	大豆属	野大豆	*Glycine soja* Sieb. et Zucc.			江苏南京	2009	3	野生资源
2285	JS2006-245	大豆属	野大豆	*Glycine soja* Sieb. et Zucc.			江苏淮安	2008	3	野生资源
2286	JS2006-258	大豆属	野大豆	*Glycine soja* Sieb. et Zucc.			江苏如东	2008	3	野生资源
2287	JL09026	大豆属	野大豆	*Glycine soja* Sieb. et Zucc.			吉林永吉口前	2010	3	野生资源

（续）

序号	送种单位编号	属　名	种　名	学　　名	品种名（原文名）	材料来源	材料原产地	收种时间（年份）	保存地点	类型
2288	JL09038	大豆属	野大豆	*Glycine soja* Sieb. et Zucc.			吉林永吉旺起	2010	3	野生资源
2289	HB2010-161	大豆属	野大豆	*Glycine soja* Sieb. et Zucc.			湖北神农架	2014	3	野生资源
2290	JL10-040	大豆属	野大豆	*Glycine soja* Sieb. et Zucc.			吉林永吉旺起	2009	3	野生资源
2291	JL10-091	大豆属	野大豆	*Glycine soja* Sieb. et Zucc.			四川盘石	2009	3	野生资源
2292	XJL08-1-1	甘草属	甘草	*Glycyrrhiza uralensis* Fisch.		新疆农业大学	新疆富蕴	2003	1	野生资源
2293	GS929	米口袋属	少花米口袋	*Gueldenstaedtia verna* (Georgi) Boriss.			宁夏彭阳	2005	3	野生资源
2294	GS1762	米口袋属	少花米口袋	*Gueldenstaedtia verna* (Georgi) Boriss.			甘肃夏河	2008	3	野生资源
2295	xj2012-59	铃铛刺属	铃铛刺	*Halimodendron halodendron* (Pall.) Voss			新疆呼图壁	2011	3	野生资源
2296	xj2012-60	铃铛刺属	铃铛刺	*Halimodendron halodendron* (Pall.) Voss			新疆奇台	2011	3	野生资源
2297	GS864	岩黄芪属	华北岩黄芪	*Hedysarum gmelinii* Ledeb.			甘肃肃南	2008	3	野生资源
2298	LM-D404	岩黄芪属	细枝岩黄芪	*Hedysarum scoparium* Fisch. et Mey.			甘肃民勤	2010	1	野生资源
2299	GX081	岩黄芪属	细枝岩黄芪	*Hedysarum scoparium* Fisch. et Mey.			宁夏	2010	1	野生资源
2300	中畜-1548	木蓝属	多花木蓝	*Indigofera amblyantha* Craib			河南平顶山	2011	3	野生资源
2301	081220006	木蓝属	多花木蓝	*Indigofera amblyantha* Craib			湖北江夏	2008	2	野生资源
2302	081221009	木蓝属	多花木蓝	*Indigofera amblyantha* Craib			湖北赤壁	2008	2	野生资源
2303	E1313	木蓝属	多花木蓝	*Indigofera amblyantha* Craib			湖北巴东	2010	3	野生资源
2304	南 00594	木蓝属	苏木蓝	*Indigofera carlesii* Craib		海南南繁基地		2001	2	野生资源
2305	060326036	木蓝属	尾叶木蓝	*Indigofera caudata* dunn			云南思茅	2006	2	野生资源
2306	101114020	木蓝属	尾叶木蓝	*Indigofera caudata* dunn			广西龙州	2010	2	野生资源
2307	hn2252	木蓝属	尾叶木蓝	*Indigofera caudata* dunn			广西龙州	2010	3	野生资源
2308	hn2894	木蓝属	尾叶木蓝	*Indigofera caudata* dunn			广西龙州	2010	3	野生资源
2309	061021026	木蓝属	疏花木蓝	*Indigofera colutea* (N. L. Burman) Merrill			海南儋州	2006	2	野生资源
2310	061227022	木蓝属	疏花木蓝	*Indigofera colutea* (N. L. Burman) Merrill			海南儋州	2006	2	野生资源
2311	hn2191	木蓝属	假大青蓝	*Indigofera galegoides* DC.			广西扶绥	2005	3	野生资源
2312	hn2190	木蓝属	假大青蓝	*Indigofera galegoides* DC.			广西龙州	2010	3	野生资源

（续）

序号	送种单位编号	属 名	种 名	学 名	品种名（原文名）	材料来源	材料原产地	收种时间（年份）	保存地点	类型
2313	HN914	木蓝属	硬毛木蓝	*Indigofera hirsuta* L.			海南白沙	2008	3	野生资源
2314	HN918	木蓝属	硬毛木蓝	*Indigofera hirsuta* L.			海南乐东	2009	3	野生资源
2315	HN931	木蓝属	硬毛木蓝	*Indigofera hirsuta* L.			海南海口	2009	3	野生资源
2316	HN1109	木蓝属	硬毛木蓝	*Indigofera hirsuta* L.			海南乐东	2004	3	野生资源
2317	HN1125	木蓝属	硬毛木蓝	*Indigofera hirsuta* L.			海南东方	2004	3	野生资源
2318	HN1156	木蓝属	硬毛木蓝	*Indigofera hirsuta* L.			海南海口	2006	3	野生资源
2319	HN1170	木蓝属	硬毛木蓝	*Indigofera hirsuta* L.			海南临高	2009	3	野生资源
2320	HN1179	木蓝属	硬毛木蓝	*Indigofera hirsuta* L.			海南东方	2009	3	野生资源
2321	HN1182	木蓝属	硬毛木蓝	*Indigofera hirsuta* L.			海南定安	2009	3	野生资源
2322	HN1198	木蓝属	硬毛木蓝	*Indigofera hirsuta* L.			海南琼中	2009	3	野生资源
2323	HN1204	木蓝属	硬毛木蓝	*Indigofera hirsuta* L.			海南海口	2016	3	野生资源
2324	HN1306	木蓝属	硬毛木蓝	*Indigofera hirsuta* L.			海南琼海	2016	3	野生资源
2325	051211080	木蓝属	九叶木蓝	*Indigofera linnaei* Ali			海南乐东	2005	2	野生资源
2326	061003015	木蓝属	九叶木蓝	*Indigofera linnaei* Ali			海南蜈支洲岛	2006	2	野生资源
2327	061129049	木蓝属	九叶木蓝	*Indigofera linnaei* Ali			海南三亚安游	2006	2	野生资源
2328	061220027	木蓝属	九叶木蓝	*Indigofera linnaei* Ali			海南三亚	2006	2	野生资源
2329	061227001	木蓝属	九叶木蓝	*Indigofera linnaei* Ali			海南儋州	2006	2	野生资源
2330	hn2874	木蓝属	马棘	*Indigofera pseudotinctoria* Matsum.			云南西畴	2007	3	野生资源
2331	050307473	木蓝属	马棘	*Indigofera pseudotinctoria* Matsum.			贵州安龙	2005	2	野生资源
2332	060405009	木蓝属	马棘	*Indigofera pseudotinctoria* Matsum.			贵州兴义	2006	2	野生资源
2333	060406002	木蓝属	马棘	*Indigofera pseudotinctoria* Matsum.			贵州安龙	2006	2	野生资源
2334	070305029	木蓝属	马棘	*Indigofera pseudotinctoria* Matsum.			云南文山	2007	2	野生资源
2335	070309003	木蓝属	马棘	*Indigofera pseudotinctoria* Matsum.			贵州兴义	2007	2	野生资源
2336	070311012	木蓝属	马棘	*Indigofera pseudotinctoria* Matsum.			贵州册亨	2007	2	野生资源
2337	101214021	木蓝属	马棘	*Indigofera pseudotinctoria* Matsum.			广西药用植物园	2010	2	野生资源

（续）

序号	送种单位编号	属　名	种　名	学　名	品种名（原文名）	材料来源	材料原产地	收种时间（年份）	保存地点	类型
2338	南 01230	木蓝属	马棘	*Indigofera pseudotinctoria* Matsum.		海南南繁基地		2001	2	野生资源
2339	071224031	木蓝属	马棘	*Indigofera pseudotinctoria* Matsum.			福建上杭	2007	2	野生资源
2340	080116021	木蓝属	马棘	*Indigofera pseudotinctoria* Matsum.			云南贡山	2008	2	野生资源
2341	081225051	木蓝属	马棘	*Indigofera pseudotinctoria* Matsum.			湖南祁阳	2008	2	野生资源
2342	121015002	木蓝属	马棘	*Indigofera pseudotinctoria* Matsum.			贵州安龙	2012	2	野生资源
2343	131105004	木蓝属	马棘	*Indigofera pseudotinctoria* Matsum.			江西彭泽	2013	2	野生资源
2344	湖北所木蓝 91-02	木蓝属	马棘	*Indigofera pseudotinctoria* Matsum.		湖北畜牧所	湖北秭归	1992	1	野生资源
2345	湖北所木蓝 91-01	木蓝属	马棘	*Indigofera pseudotinctoria* Matsum.		湖北畜牧所	湖北秭归	1993	1	野生资源
2346	HN714	木蓝属	穗序木蓝	*Indigofera spicata* Forsk.			云南景洪	2005	3	野生资源
2347	hn2881	木蓝属	穗序木蓝	*Indigofera spicata* Forsk.			云南昆明	2005	3	野生资源
2348	hn2882	木蓝属	穗序木蓝	*Indigofera spicata* Forsk.			云南潞西	2006	3	野生资源
2349	hn2877	木蓝属	穗序木蓝	*Indigofera spicata* Forsk.			云南潞西	2006	3	野生资源
2350	hn2625	木蓝属	穗序木蓝	*Indigofera spicata* Forsk.		海南南繁基地		2008	3	野生资源
2351	050223204	木蓝属	穗序木蓝	*Indigofera spicata* Forsk.			云南龙陵	2005	2	野生资源
2352	050227320	木蓝属	穗序木蓝	*Indigofera spicata* Forsk.			云南勐海	2005	2	野生资源
2353	040822018	木蓝属	穗序木蓝	*Indigofera spicata* Forsk.			海南乐东	2004	2	野生资源
2354	050221166	木蓝属	穗序木蓝	*Indigofera spicata* Forsk.			云南陇川	2005	2	野生资源
2355	050222169	木蓝属	穗序木蓝	*Indigofera spicata* Forsk.			云南潞西	2005	2	野生资源
2356	050222191	木蓝属	穗序木蓝	*Indigofera spicata* Forsk.			云南龙陵	2005	2	野生资源
2357	050227371	木蓝属	穗序木蓝	*Indigofera spicata* Forsk.			云南景洪	2005	2	野生资源
2358	050228384	木蓝属	穗序木蓝	*Indigofera spicata* Forsk.			云南版纳	2005	2	野生资源
2359	060325011	木蓝属	穗序木蓝	*Indigofera spicata* Forsk.			云南思茅	2006	2	野生资源
2360	060329008	木蓝属	穗序木蓝	*Indigofera spicata* Forsk.			云南江城老挝边界	2006	2	野生资源
2361	060401001	木蓝属	穗序木蓝	*Indigofera spicata* Forsk.			云南景洪	2006	2	野生资源
2362	060401042	木蓝属	穗序木蓝	*Indigofera spicata* Forsk.			云南思茅	2006	2	野生资源

（续）

序号	送种单位编号	属　名	种　名	学　　名	品种名（原文名）	材料来源	材料原产地	收种时间（年份）	保存地点	类型
2363	060428013	木蓝属	穗序木蓝	*Indigofera spicata* Forsk.			云南潞西	2006	2	野生资源
2364	南 02143	木蓝属	穗序木蓝	*Indigofera spicata* Forsk.		海南南繁基地		2001	2	野生资源
2365	南 01243	木蓝属	穗序木蓝	*Indigofera spicata* Forsk.		海南南繁基地		2001	2	野生资源
2366	HN1082	木蓝属	穗序木蓝	*Indigofera spicata* Forsk.		海南南繁基地		2009	3	野生资源
2367	HN1437	木蓝属	穗序木蓝	*Indigofera spicata* Forsk.			云南思茅	2016	3	野生资源
2368	hn3101	木蓝属	穗序木蓝	*Indigofera spicata* Forsk.			云南保山	2005	3	野生资源
2369	041130113	木蓝属	野青树	*Indigofera suffruticosa* Mill.			海南东方	2004	2	野生资源
2370	041130276	木蓝属	野青树	*Indigofera suffruticosa* Mill.			海南文昌	2004	2	野生资源
2371	050106009	木蓝属	野青树	*Indigofera suffruticosa* Mill.			海南昌江	2005	2	野生资源
2372	041130270	木蓝属	野青树	*Indigofera suffruticosa* Mill.			海南文昌	2004	2	野生资源
2373	041130084	木蓝属	野青树	*Indigofera suffruticosa* Mill.			海南东方	2004	2	野生资源
2374	061118032	木蓝属	野青树	*Indigofera suffruticosa* Mill.			海南儋州	2006	2	野生资源
2375	041104110	木蓝属	野青树	*Indigofera suffruticosa* Mill.			海南琼中	2004	2	野生资源
2376	060425006	木蓝属	野青树	*Indigofera suffruticosa* Mill.			海南琼中	2006	2	野生资源
2377	051209029	木蓝属	野青树	*Indigofera suffruticosa* Mill.			海南宝安	2005	2	野生资源
2378	060228014	木蓝属	野青树	*Indigofera suffruticosa* Mill.			海南东方	2006	2	野生资源
2379	041117026	木蓝属	野青树	*Indigofera suffruticosa* Mill.			海南七仙岭	2004	2	野生资源
2380	041130141	木蓝属	野青树	*Indigofera suffruticosa* Mill.			海南陵水	2004	2	野生资源
2381	060301013	木蓝属	野青树	*Indigofera suffruticosa* Mill.			海南三亚	2006	2	野生资源
2382	060306033	木蓝属	野青树	*Indigofera suffruticosa* Mill.			海南琼中	2006	2	野生资源
2383	060309012	木蓝属	野青树	*Indigofera suffruticosa* Mill.			海南乐东	2006	2	野生资源
2384	061002003	木蓝属	野青树	*Indigofera suffruticosa* Mill.			海南五指山	2006	2	野生资源
2385	061002030	木蓝属	野青树	*Indigofera suffruticosa* Mill.			海南保亭	2006	2	野生资源
2386	061113003	木蓝属	野青树	*Indigofera suffruticosa* Mill.			海南那大镇	2006	2	野生资源
2387	061130001	木蓝属	野青树	*Indigofera suffruticosa* Mill.			海南亚龙湾	2006	2	野生资源

（续）

序号	送种单位编号	属　名	种　名	学　名	品种名（原文名）	材料来源	材料原产地	收种时间（年份）	保存地点	类型
2388	061130007	木蓝属	野青树	*Indigofera suffruticosa* Mill.			海南陵水	2006	2	野生资源
2389	071103005	木蓝属	野青树	*Indigofera suffruticosa* Mill.			海南儋州两院	2007	2	野生资源
2390	060425005	木蓝属	野青树	*Indigofera suffruticosa* Mill.			海南琼中	2006	2	野生资源
2391	101115012	木蓝属	野青树	*Indigofera suffruticosa* Mill.			广西龙州	2010	2	野生资源
2392	071221016	木蓝属	野青树	*Indigofera suffruticosa* Mill.			福建南靖	2007	2	野生资源
2393	071120002	木蓝属	野青树	*Indigofera suffruticosa* Mill.			海南陵水英州	2007	2	野生资源
2394	110111006	木蓝属	野青树	*Indigofera suffruticosa* Mill.			福建漳浦	2011	2	野生资源
2395	071210013	木蓝属	野青树	*Indigofera suffruticosa* Mill.			海南东方	2007	2	野生资源
2396	060428018	木蓝属	野青树	*Indigofera suffruticosa* Mill.			海南琼中	2006	2	野生资源
2397	071214025	木蓝属	野青树	*Indigofera suffruticosa* Mill.			广东饶平	2007	2	野生资源
2398	071217037	木蓝属	野青树	*Indigofera suffruticosa* Mill.			福建将军山	2007	2	野生资源
2399	101118014	木蓝属	野青树	*Indigofera suffruticosa* Mill.			广西天等	2010	2	野生资源
2400	南 01109	木蓝属	野青树	*Indigofera suffruticosa* Mill.		海南南繁基地		2001	2	野生资源
2401	050321042	木蓝属	野青树	*Indigofera suffruticosa* Mill.			海南五指山	2005	2	野生资源
2402	050319027	木蓝属	野青树	*Indigofera suffruticosa* Mill.			海南三亚田独	2005	2	野生资源
2403	121123001	木蓝属	野青树	*Indigofera suffruticosa* Mill.			福建漳浦	2012	2	野生资源
2404	041130162	木蓝属	野青树	*Indigofera suffruticosa* Mill.			海南陵水	2004	2	野生资源
2405	HN625	木蓝属	野青树	*Indigofera suffruticosa* Mill.		海南儋州八所	海南儋州八所	2005	3	野生资源
2406	HN570	木蓝属	野青树	*Indigofera suffruticosa* Mill.			海南文昌	2004	3	野生资源
2407	HN923	木蓝属	野青树	*Indigofera suffruticosa* Mill.			海南五指山	2009	3	野生资源
2408	HN930	木蓝属	野青树	*Indigofera suffruticosa* Mill.			海南东方	2009	3	野生资源
2409	HN1119	木蓝属	野青树	*Indigofera suffruticosa* Mill.			海南儋州	2006	3	野生资源
2410	HN457	木蓝属	野青树	*Indigofera suffruticosa* Mill.			海南琼中	2009	3	野生资源
2411	HN1183	木蓝属	野青树	*Indigofera suffruticosa* Mill.			海南宝安	2009	3	野生资源
2412	HN1197	木蓝属	野青树	*Indigofera suffruticosa* Mill.			海南鹦哥岭	2010	3	野生资源

（续）

序号	送种单位编号	属　名	种　名	学　名	品种名（原文名）	材料来源	材料原产地	收种时间（年份）	保存地点	类型
2413	HN1230	木蓝属	野青树	*Indigofera suffruticosa* Mill.			海南东方	2016	3	野生资源
2414	hn2651	木蓝属	野青树	*Indigofera suffruticosa* Mill.			海南陵水	2004	3	野生资源
2415	hn2647	木蓝属	野青树	*Indigofera suffruticosa* Mill.			云南橄榄坝	2006	3	野生资源
2416	hn2627	木蓝属	野青树	*Indigofera suffruticosa* Mill.			海南儋州	2006	3	野生资源
2417	HN1386	木蓝属	野青树	*Indigofera suffruticosa* Mill.			海南琼中	2010	3	野生资源
2418	HN2011-1773	木蓝属	野青树	*Indigofera suffruticosa* Mill.			海南陵水英州	2007	3	野生资源
2419	hn2646	木蓝属	野青树	*Indigofera suffruticosa* Mill.			海南东方	2007	3	野生资源
2420	hn2649	木蓝属	野青树	*Indigofera suffruticosa* Mill.			海南琼中	2006	3	野生资源
2421	hn2652	木蓝属	野青树	*Indigofera suffruticosa* Mill.			福建将军山	2007	3	野生资源
2422	hn2654	木蓝属	野青树	*Indigofera suffruticosa* Mill.			海南陵水	2004	3	野生资源
2423	hn2645	木蓝属	野青树	*Indigofera suffruticosa* Mill.			广西宁明	2010	3	野生资源
2424	110115012	木蓝属	野青树	*Indigofera suffruticosa* Mill.			福建厦门	2011	2	野生资源
2425	020301029	木蓝属	野青树	*Indigofera suffruticosa* Mill.			海南乐东	2002	2	野生资源
2426	041130016	木蓝属	木蓝	*Indigofera tinctoria* L.			海南邦溪	2004	2	野生资源
2427	071103013	木蓝属	木蓝	*Indigofera tinctoria* L.			海南乐东	2007	2	野生资源
2428	071102003	木蓝属	木蓝	*Indigofera tinctoria* L.			海南乐东尖峰	2007	2	野生资源
2429	040822120	木蓝属	木蓝	*Indigofera tinctoria* L.			海南乐东响水	2004	2	野生资源
2430	050218090	木蓝属	木蓝	*Indigofera tinctoria* L.			云南腾冲	2005	2	野生资源
2431	050225289	木蓝属	木蓝	*Indigofera tinctoria* L.			云南思茅	2005	2	野生资源
2432	050302424	木蓝属	木蓝	*Indigofera tinctoria* L.			云南思茅	2005	2	野生资源
2433	050303463	木蓝属	木蓝	*Indigofera tinctoria* L.			云南玉元	2005	2	野生资源
2434	041104022	木蓝属	木蓝	*Indigofera tinctoria* L.			海南九所	2004	2	野生资源
2435	060428024	木蓝属	木蓝	*Indigofera tinctoria* L.			广西贺县	2006	2	野生资源
2436	040822107	木蓝属	木蓝	*Indigofera tinctoria* L.			海南海口	2004	2	野生资源
2437	071103010	木蓝属	木蓝	*Indigofera tinctoria* L.			福建云霄	2007	2	野生资源

（续）

序号	送种单位编号	属　名	种　名	学　　名	品种名（原文名）	材料来源	材料原产地	收种时间（年份）	保存地点	类型
2438	080426026	木蓝属	木蓝	*Indigofera tinctoria* L.			海南海口	2008	2	野生资源
2439	111220001	木蓝属	木蓝	*Indigofera tinctoria* L.			广西天等	2011	2	野生资源
2440	GX10110508	木蓝属	木蓝	*Indigofera tinctoria* L.			广西龙州	2010	2	野生资源
2441	HN431	木蓝属	木蓝	*Indigofera tinctoria* L.		海南昌江	海南昌江高速	2004	3	野生资源
2442	HN233	木蓝属	木蓝	*Indigofera tinctoria* L.			海南三亚红沙	2003	3	野生资源
2443	HN249	木蓝属	木蓝	*Indigofera tinctoria* L.			海南三亚梅山	2003	3	野生资源
2444	HN311	木蓝属	木蓝	*Indigofera tinctoria* L.			中、南美洲	2002	3	引进资源
2445	HN446	木蓝属	木蓝	*Indigofera tinctoria* L.			海南白沙农场	2004	3	野生资源
2446	HN451	木蓝属	木蓝	*Indigofera tinctoria* L.			海南白沙细水	2004	3	野生资源
2447	HN500	木蓝属	木蓝	*Indigofera tinctoria* L.			海南东方江边乡	2004	3	野生资源
2448	HN603	木蓝属	木蓝	*Indigofera tinctoria* L.			海南老城镇	2004	3	野生资源
2449	HN715	木蓝属	木蓝	*Indigofera tinctoria* L.			云南思茅	2005	3	野生资源
2450	HN716	木蓝属	木蓝	*Indigofera tinctoria* L.			云南元江	2005	3	野生资源
2451	HN1315	木蓝属	木蓝	*Indigofera tinctoria* L.			海南琼海	2009	3	野生资源
2452	HN564	木蓝属	木蓝	*Indigofera tinctoria* L.			海南琼海	2004	3	野生资源
2453	HN593	木蓝属	木蓝	*Indigofera tinctoria* L.			海南海口	2004	3	野生资源
2454	HN1064	木蓝属	木蓝	*Indigofera tinctoria* L.			海南演海	2008	3	野生资源
2455	HN908	木蓝属	木蓝	*Indigofera tinctoria* L.			海南海口	2008	3	野生资源
2456	HN919	木蓝属	木蓝	*Indigofera tinctoria* L.			海南昌江	2008	3	野生资源
2457	HN922	木蓝属	木蓝	*Indigofera tinctoria* L.			海南文昌	2008	3	野生资源
2458	HN928	木蓝属	木蓝	*Indigofera tinctoria* L.			海南海口	2009	3	野生资源
2459	HN1385	木蓝属	木蓝	*Indigofera tinctoria* L.			贵州安龙	2009	3	野生资源
2460	HN1355	木蓝属	木蓝	*Indigofera tinctoria* L.			海南五指山	2009	3	野生资源
2461	HN1181	木蓝属	木蓝	*Indigofera tinctoria* L.			海南琼山	2009	3	野生资源
2462	HN1205	木蓝属	木蓝	*Indigofera tinctoria* L.			海南三亚田独	2009	3	野生资源

（续）

序号	送种单位编号	属　名	种　名	学　名	品种名（原文名）	材料来源	材料原产地	收种时间（年份）	保存地点	类型
2463	HN1210	木蓝属	木蓝	*Indigofera tinctoria* L.			海南三亚	2009	3	野生资源
2464	HN1367	木蓝属	木蓝	*Indigofera tinctoria* L.			海南亚龙湾	2009	3	野生资源
2465	HN475	木蓝属	木蓝	*Indigofera tinctoria* L.			海南七仙岭	2004	3	野生资源
2466	中畜-999	木蓝属	木蓝	*Indigofera tinctoria* L.			北京涧沟	2008	3	野生资源
2467	HN1267	木蓝属	木蓝	*Indigofera tinctoria* L.			海南三亚大茅	2004	3	野生资源
2468	HN924	木蓝属	木蓝	*Indigofera tinctoria* L.			海南琼中	2008	3	野生资源
2469	HN1207	木蓝属	木蓝	*Indigofera tinctoria* L.			海南乐东	2009	3	野生资源
2470	HN921	木蓝属	木蓝	*Indigofera tinctoria* L.			海南白沙	2008	3	野生资源
2471	HN1089	木蓝属	木蓝	*Indigofera tinctoria* L.			海南白沙细水	2004	3	野生资源
2472	HN910	木蓝属	木蓝	*Indigofera tinctoria* L.			海南鹦哥岭	2008	3	野生资源
2473	HN1270	木蓝属	木蓝	*Indigofera tinctoria* L.			海南陵水	2009	3	野生资源
2474	HN472	木蓝属	木蓝	*Indigofera tinctoria* L.			海南陵水提蒙	2006	3	野生资源
2475	HN909	木蓝属	木蓝	*Indigofera tinctoria* L.			海南昌江	2008	3	野生资源
2476	HN1297	木蓝属	木蓝	*Indigofera tinctoria* L.			海南东方	2009	3	野生资源
2477	HN506	木蓝属	木蓝	*Indigofera tinctoria* L.			海南乐东志仲	2004	3	野生资源
2478	HN1111	木蓝属	木蓝	*Indigofera tinctoria* L.			海南三亚	2004	3	野生资源
2479	HN518	木蓝属	木蓝	*Indigofera tinctoria* L.			海南陵水英州	2004	3	野生资源
2480	HN520	木蓝属	木蓝	*Indigofera tinctoria* L.			海南陵水文罗镇	2004	3	野生资源
2481	HN531	木蓝属	木蓝	*Indigofera tinctoria* L.			海南琼中和平镇	2004	3	野生资源
2482	HN1129	木蓝属	木蓝	*Indigofera tinctoria* L.			海南白塘水库	2004	3	野生资源
2483	HN553	木蓝属	木蓝	*Indigofera tinctoria* L.			海南定安	2004	3	野生资源
2484	HN606	木蓝属	木蓝	*Indigofera tinctoria* L.			海南马村镇	2004	3	野生资源
2485	HN1127	木蓝属	木蓝	*Indigofera tinctoria* L.			海南五指山	2005	3	野生资源
2486	HN927	木蓝属	木蓝	*Indigofera tinctoria* L.			海南临高	2009	3	野生资源
2487	HN925	木蓝属	木蓝	*Indigofera tinctoria* L.			海南儋州	2008	3	野生资源

（续）

序号	送种单位编号	属　名	种　名	学　名	品种名（原文名）	材料来源	材料原产地	收种时间（年份）	保存地点	类型
2488	HN1200	木蓝属	木蓝	*Indigofera tinctoria* L.			海南陵水	2009	3	野生资源
2489	HN1148	木蓝属	木蓝	*Indigofera tinctoria* L.			海南琼中	2009	3	野生资源
2490	HN1224	木蓝属	木蓝	*Indigofera tinctoria* L.			海南白沙南平	2009	3	野生资源
2491	HN1123	木蓝属	木蓝	*Indigofera tinctoria* L.			海南鹦哥岭	2009	3	野生资源
2492	HN515	木蓝属	木蓝	*Indigofera tinctoria* L.			海南陵水英州	2006	3	野生资源
2493	HN1304	木蓝属	木蓝	*Indigofera tinctoria* L.			海南琼中	2010	3	野生资源
2494	HN917	木蓝属	木蓝	*Indigofera tinctoria* L.			海南鹦哥岭	2008	3	野生资源
2495	HN525	木蓝属	木蓝	*Indigofera tinctoria* L.			海南陵水本号	2004	3	野生资源
2496	HN916	木蓝属	木蓝	*Indigofera tinctoria* L.			海南白沙	2008	3	野生资源
2497	HN915	木蓝属	木蓝	*Indigofera tinctoria* L.			海南万宁	2008	3	野生资源
2498	HN926	木蓝属	木蓝	*Indigofera tinctoria* L.			海南昌江	2008	3	野生资源
2499	HN1102	木蓝属	木蓝	*Indigofera tinctoria* L.			海南琼中	2009	3	野生资源
2500	HN907	木蓝属	木蓝	*Indigofera tinctoria* L.			海南琼海	2004	3	野生资源
2501	060402042	木蓝属	木蓝	*Indigofera tinctoria* L.			云南普洱	2006	2	野生资源
2502	061128053	木蓝属	木蓝	*Indigofera tinctoria* L.			海南乐东	2006	2	野生资源
2503	061130022	木蓝属	木蓝	*Indigofera tinctoria* L.			海南陵水	2006	2	野生资源
2504	060301022-2	木蓝属	木蓝	*Indigofera tinctoria* L.			海南三亚崖城	2006	2	野生资源
2505	061021033	木蓝属	木蓝	*Indigofera tinctoria* L.			海南儋州	2006	2	野生资源
2506	040810003	木蓝属	木蓝	*Indigofera tinctoria* L.			云南昆明植物园	2004	2	野生资源
2507	041212001	木蓝属	木蓝	*Indigofera tinctoria* L.			海南乐东	2004	2	野生资源
2508	070209006	木蓝属	木蓝	*Indigofera tinctoria* L.			海南东方	2007	2	野生资源
2509	101214002	木蓝属	木蓝	*Indigofera tinctoria* L.			贝宁科托努	2010	2	引进资源
2510	080117021	木蓝属	木蓝	*Indigofera tinctoria* L.			云南福贡	2008	2	野生资源
2511	151014016	木蓝属	木蓝	*Indigofera tinctoria* L.			广东徐闻	2015	2	野生资源
2512	贵农 12	木蓝属	木蓝	*Indigofera tinctoria* L.		广西畜牧所	贵州	1991	1	野生资源

（续）

序号	送种单位编号	属　名	种　名	学　名	品种名（原文名）	材料来源	材料原产地	收种时间（年份）	保存地点	类型
2513	HN2011-1758	木蓝属	木蓝	*Indigofera tinctoria* L.			海南海口石山镇	2004	3	野生资源
2514	140923002	鸡眼草属	长萼鸡眼草	*Kummerowia stipulacea* (Maxim.) Makino			广东英德	2014	2	野生资源
2515	140920013	鸡眼草属	长萼鸡眼草	*Kummerowia stipulacea* (Maxim.) Makino			广东怀集	2014	2	野生资源
2516	110114016	鸡眼草属	长萼鸡眼草	*Kummerowia stipulacea* (Maxim.) Makino			福建同安	2011	2	野生资源
2517	hn2918	鸡眼草属	长萼鸡眼草	*Kummerowia stipulacea* (Maxim.) Makino			福建古田镇	2013	3	野生资源
2518	HB2009-261	鸡眼草属	长萼鸡眼草	*Kummerowia stipulacea* (Maxim.) Makino			河南信阳	2010	3	野生资源
2519	HB2010-105	鸡眼草属	长萼鸡眼草	*Kummerowia stipulacea* (Maxim.) Makino			河南襄城	2010	3	野生资源
2520	HB2010-112	鸡眼草属	长萼鸡眼草	*Kummerowia stipulacea* (Maxim.) Makino			河南罗山	2010	3	野生资源
2521	131109001	鸡眼草属	鸡眼草	*Kummerowia striata* (Thunb.) Schindl.			江西都昌	2013	2	野生资源
2522	121026012	鸡眼草属	鸡眼草	*Kummerowia striata* (Thunb.) Schindl.			湖南新晃	2012	2	野生资源
2523	121026001	鸡眼草属	鸡眼草	*Kummerowia striata* (Thunb.) Schindl.			贵州镇远	2012	2	野生资源
2524	131102006	鸡眼草属	鸡眼草	*Kummerowia striata* (Thunb.) Schindl.			江西永修	2013	2	野生资源
2525	101117006	鸡眼草属	鸡眼草	*Kummerowia striata* (Thunb.) Schindl.			广西大新	2010	2	野生资源
2526	101113014	鸡眼草属	鸡眼草	*Kummerowia striata* (Thunb.) Schindl.			广西龙州	2010	2	野生资源
2527	101111004	鸡眼草属	鸡眼草	*Kummerowia striata* (Thunb.) Schindl.			广西宁明	2010	2	野生资源
2528	101119024	鸡眼草属	鸡眼草	*Kummerowia striata* (Thunb.) Schindl.			广西大新	2010	2	野生资源
2529	071224010	鸡眼草属	鸡眼草	*Kummerowia striata* (Thunb.) Schindl.			福建上杭	2007	2	野生资源
2530	110111007	鸡眼草属	鸡眼草	*Kummerowia striata* (Thunb.) Schindl.			福建漳浦	2011	2	野生资源
2531	071220032	鸡眼草属	鸡眼草	*Kummerowia striata* (Thunb.) Schindl.			福建漳州	2007	2	野生资源
2532	071218019	鸡眼草属	鸡眼草	*Kummerowia striata* (Thunb.) Schindl.			福建漳浦	2007	2	野生资源
2533	071226036	鸡眼草属	鸡眼草	*Kummerowia striata* (Thunb.) Schindl.			江西大余	2007	2	野生资源
2534	081217003	鸡眼草属	鸡眼草	*Kummerowia striata* (Thunb.) Schindl.			湖北黄梅	2008	2	野生资源
2535	081214008	鸡眼草属	鸡眼草	*Kummerowia striata* (Thunb.) Schindl.			江西赣州	2008	2	野生资源
2536	081227051	鸡眼草属	鸡眼草	*Kummerowia striata* (Thunb.) Schindl.			广西桂林	2008	2	野生资源
2537	081218005	鸡眼草属	鸡眼草	*Kummerowia striata* (Thunb.) Schindl.			湖北鄂州	2008	2	野生资源

（续）

序号	送种单位编号	属　名	种　名	学　　名	品种名（原文名）	材料来源	材料原产地	收种时间（年份）	保存地点	类型
2538	081225050	鸡眼草属	鸡眼草	*Kummerowia striata*（Thunb.）Schindl.			湖南祁阳	2008	2	野生资源
2539	081225004	鸡眼草属	鸡眼草	*Kummerowia striata*（Thunb.）Schindl.			湖南衡阳	2008	2	野生资源
2540	071217002	鸡眼草属	鸡眼草	*Kummerowia striata*（Thunb.）Schindl.			福建将军山	2007	2	野生资源
2541	121016019	鸡眼草属	鸡眼草	*Kummerowia striata*（Thunb.）Schindl.			贵州兴义盘县	2012	2	野生资源
2542	131119005	鸡眼草属	鸡眼草	*Kummerowia striata*（Thunb.）Schindl.			江西铅山	2013	2	野生资源
2543	141022010	鸡眼草属	鸡眼草	*Kummerowia striata*（Thunb.）Schindl.			江西奉新	2014	2	野生资源
2544	141017007	鸡眼草属	鸡眼草	*Kummerowia striata*（Thunb.）Schindl.			广西大化	2014	2	野生资源
2545	141020004	鸡眼草属	鸡眼草	*Kummerowia striata*（Thunb.）Schindl.			江西宜丰	2014	2	野生资源
2546	141017001	鸡眼草属	鸡眼草	*Kummerowia striata*（Thunb.）Schindl.			江西武功山	2014	2	野生资源
2547	110116004	鸡眼草属	鸡眼草	*Kummerowia striata*（Thunb.）Schindl.			福建泉州	2011	2	野生资源
2548	HB2010-111	鸡眼草属	鸡眼草	*Kummerowia striata*（Thunb.）Schindl.			河南罗山	2010	3	野生资源
2549	中畜-1406	鸡眼草属	鸡眼草	*Kummerowia striata*（Thunb.）Schindl.			北京门头沟	2010	3	野生资源
2550	中畜-1407	鸡眼草属	鸡眼草	*Kummerowia striata*（Thunb.）Schindl.			北京延庆	2010	3	野生资源
2551	中畜-1408	鸡眼草属	鸡眼草	*Kummerowia striata*（Thunb.）Schindl.			河北怀来	2010	3	野生资源
2552	中畜-1409	鸡眼草属	鸡眼草	*Kummerowia striata*（Thunb.）Schindl.			北京门头沟	2010	3	野生资源
2553	中畜-1410	鸡眼草属	鸡眼草	*Kummerowia striata*（Thunb.）Schindl.			北京昌平	2010	3	野生资源
2554	中畜-1554	鸡眼草属	鸡眼草	*Kummerowia striata*（Thunb.）Schindl.			河北赤城	2010	3	野生资源
2555	中畜-1627	鸡眼草属	鸡眼草	*Kummerowia striata*（Thunb.）Schindl.			北京延庆	2010	3	野生资源
2556	中畜-1629	鸡眼草属	鸡眼草	*Kummerowia striata*（Thunb.）Schindl.			北京昌平	2010	3	野生资源
2557	中畜-1630	鸡眼草属	鸡眼草	*Kummerowia striata*（Thunb.）Schindl.			北京门头沟	2010	3	野生资源
2558	中畜-1631	鸡眼草属	鸡眼草	*Kummerowia striata*（Thunb.）Schindl.			北京延庆	2010	3	野生资源
2559	中畜-1917	鸡眼草属	鸡眼草	*Kummerowia striata*（Thunb.）Schindl.			河南平顶山	2011	3	野生资源
2560	中畜-1987	鸡眼草属	鸡眼草	*Kummerowia striata*（Thunb.）Schindl.			河北丰宁	2012	3	野生资源
2561	中畜-1990	鸡眼草属	鸡眼草	*Kummerowia striata*（Thunb.）Schindl.			河北易县	2012	3	野生资源
2562	中畜-1993	鸡眼草属	鸡眼草	*Kummerowia striata*（Thunb.）Schindl.			河北涞源	2012	3	野生资源

（续）

序号	送种单位编号	属　名	种　名	学　名	品种名（原文名）	材料来源	材料原产地	收种时间（年份）	保存地点	类型
2563	hn2990	鸡眼草属	鸡眼草	*Kummerowia striata*（Thunb.）Schindl.			江西奉新	2014	3	野生资源
2564	hn2926	鸡眼草属	鸡眼草	*Kummerowia striata*（Thunb.）Schindl.			江西宜丰	2014	3	野生资源
2565	hn2931	鸡眼草属	鸡眼草	*Kummerowia striata*（Thunb.）Schindl.			江西武功山	2014	3	野生资源
2566	GX161113003	鸡眼草属	鸡眼草	*Kummerowia striata*（Thunb.）Schindl.			广西藤县	2016	2	野生资源
2567	hn2743	鸡眼草属	鸡眼草	*Kummerowia striata*（Thunb.）Schindl.			广西融水	2013	3	野生资源
2568	HB2009-270	鸡眼草属	鸡眼草	*Kummerowia striata*（Thunb.）Schindl.			河南信阳	2010	3	野生资源
2569	HB2009-272	鸡眼草属	鸡眼草	*Kummerowia striata*（Thunb.）Schindl.			河南信阳	2010	3	野生资源
2570	JL10-109	鸡眼草属	鸡眼草	*Kummerowia striata*（Thunb.）Schindl.			吉林省吉林市区	2010	3	野生资源
2571	JL11-002	鸡眼草属	鸡眼草	*Kummerowia striata*（Thunb.）Schindl.			黑龙江牡丹江	2014	3	野生资源
2572	JL2013-081	鸡眼草属	鸡眼草	*Kummerowia striata*（Thunb.）Schindl.			吉林集安	2016	3	野生资源
2573	广西 15	鸡眼草属	鸡眼草	*Kummerowia striata*（Thunb.）Schindl.		广西畜牧所	广西	1987	1	野生资源
2574	11257	鸡眼草属	鸡眼草	*Kummerowia striata*（Thunb.）Schindl.			黑龙江虎林	2015	1	野生资源
2575	中畜-859	鸡眼草属	鸡眼草	*Kummerowia striata*（Thunb.）Schindl.			北京双峪路	2007	3	野生资源
2576	中畜-860	鸡眼草属	鸡眼草	*Kummerowia striata*（Thunb.）Schindl.			内蒙古松山	2007	3	野生资源
2577	中畜-861	鸡眼草属	鸡眼草	*Kummerowia striata*（Thunb.）Schindl.			北京门头沟	2007	3	野生资源
2578	中畜-962	鸡眼草属	鸡眼草	*Kummerowia striata*（Thunb.）Schindl.			山东昆仑山	2008	3	野生资源
2579	中畜-971	鸡眼草属	鸡眼草	*Kummerowia striata*（Thunb.）Schindl.			北京王平镇	2008	3	野生资源
2580	SC2009-011	鸡眼草属	鸡眼草	*Kummerowia striata*（Thunb.）Schindl.			四川剑阁	2008	3	野生资源
2581	SC2009-232	鸡眼草属	鸡眼草	*Kummerowia striata*（Thunb.）Schindl.			四川绵竹	2008	3	野生资源
2582	南 01077	扁豆属	扁豆	*Lablab purpureus*（L.）Sweet		海南南繁基地		2001	2	栽培资源
2583	040800001	扁豆属	扁豆	*Lablab purpureus*（L.）Sweet			海南临高	2004	2	野生资源
2584	070721002	扁豆属	扁豆	*Lablab purpureus*（L.）Sweet			泰国	2007	2	引进资源
2585	071222003	扁豆属	扁豆	*Lablab purpureus*（L.）Sweet			福建永定	2007	2	野生资源
2586	060310019	扁豆属	扁豆	*Lablab purpureus*（L.）Sweet			海南东方	2006	2	野生资源
2587	070120003	扁豆属	扁豆	*Lablab purpureus*（L.）Sweet			广东肇庆	2007	2	野生资源

（续）

序号	送种单位编号	属　名	种　名	学　名	品种名（原文名）	材料来源	材料原产地	收种时间（年份）	保存地点	类型
2588	071220047	扁豆属	扁豆	*Lablab purpureus* (L.) Sweet			福建漳州	2007	2	野生资源
2589	070313005	扁豆属	扁豆	*Lablab purpureus* (L.) Sweet			广西田林	2007	2	野生资源
2590	110119001	扁豆属	扁豆	*Lablab purpureus* (L.) Sweet			福建长泰	2011	2	野生资源
2591	070113032	扁豆属	扁豆	*Lablab purpureus* (L.) Sweet			福建莆田	2007	2	野生资源
2592	74-66	扁豆属	扁豆	*Lablab purpureus* (L.) Sweet	朗盖	广西畜牧所	澳大利亚	1992	1	引进资源
2593	兰 243	扁豆属	扁豆	*Lablab purpureus* (L.) Sweet			甘肃	1992	1	野生资源
2594	兰 307	扁豆属	扁豆	*Lablab purpureus* (L.) Sweet			甘肃榆中	1993	1	野生资源
2595	HB2012-525	扁豆属	扁豆	*Lablab purpureus* (L.) Sweet			湖北松柏镇	2016	3	野生资源
2596	南 01697	扁豆属	扁豆	*Lablab purpureus* (L.) Sweet		海南南繁基地		2001	2	栽培资源
2597	南 02703	扁豆属	扁豆	*Lablab purpureus* (L.) Sweet		海南南繁基地		2001	2	栽培资源
2598	070111040	扁豆属	扁豆	*Lablab purpureus* (L.) Sweet			福建诏安	2007	2	野生资源
2599	070117060	扁豆属	扁豆	*Lablab purpureus* (L.) Sweet			广东龙川	2007	2	野生资源
2600	110109010	扁豆属	扁豆	*Lablab purpureus* (L.) Sweet			福建诏安	2011	2	野生资源
2601	061109001	扁豆属	扁豆	*Lablab purpureus* (L.) Sweet			云南思茅	2006	2	野生资源
2602	070116041	扁豆属	扁豆	*Lablab purpureus* (L.) Sweet			福建连城	2007	2	野生资源
2603	060131019	扁豆属	扁豆	*Lablab purpureus* (L.) Sweet			海南三亚崖城	2006	2	野生资源
2604	071216013	扁豆属	扁豆	*Lablab purpureus* (L.) Sweet			福建诏安	2007	2	野生资源
2605	050301410	扁豆属	扁豆	*Lablab purpureus* (L.) Sweet			云南勐腊	2005	2	野生资源
2606	060310017	扁豆属	扁豆	*Lablab purpureus* (L.) Sweet			海南东方	2006	2	野生资源
2607	070315033	扁豆属	扁豆	*Lablab purpureus* (L.) Sweet			广西柳江三都镇	2007	2	野生资源
2608	070316006	扁豆属	扁豆	*Lablab purpureus* (L.) Sweet			广西柳州	2007	2	野生资源
2609	070120050	扁豆属	扁豆	*Lablab purpureus* (L.) Sweet			广东高州	2007	2	野生资源
2610	07122	扁豆属	扁豆	*Lablab purpureus* (L.) Sweet			福建	2007	2	野生资源
2611	071226002	扁豆属	扁豆	*Lablab purpureus* (L.) Sweet			江西南康	2007	2	野生资源
2612	060402031	扁豆属	扁豆	*Lablab purpureus* (L.) Sweet			云南普洱	2006	2	野生资源

（续）

序号	送种单位编号	属　名	种　名	学　名	品种名（原文名）	材料来源	材料原产地	收种时间（年份）	保存地点	类型
2613	060301021	扁豆属	扁豆	*Lablab purpureus* (L.) Sweet			海南博鳌	2006	2	野生资源
2614	070306010	扁豆属	扁豆	*Lablab purpureus* (L.) Sweet			云南丘北	2007	2	野生资源
2615	070304023	扁豆属	扁豆	*Lablab purpureus* (L.) Sweet			云南西畴	2007	2	野生资源
2616	050217040	扁豆属	扁豆	*Lablab purpureus* (L.) Sweet			云南潞江坝	2005	2	野生资源
2617	070228007	扁豆属	扁豆	*Lablab purpureus* (L.) Sweet			云南元阳	2007	2	野生资源
2618	070228031	扁豆属	扁豆	*Lablab purpureus* (L.) Sweet			云南河口	2007	2	野生资源
2619	070116033	扁豆属	扁豆	*Lablab purpureus* (L.) Sweet			福建永安	2007	2	野生资源
2620	061127041	扁豆属	扁豆	*Lablab purpureus* (L.) Sweet			海南东方	2006	2	野生资源
2621	050219135	扁豆属	扁豆	*Lablab purpureus* (L.) Sweet			海南陵水	2005	2	野生资源
2622	070116050	扁豆属	扁豆	*Lablab purpureus* (L.) Sweet			福建上杭	2007	2	野生资源
2623	071225005	扁豆属	扁豆	*Lablab purpureus* (L.) Sweet			江西瑞金	2007	2	野生资源
2624	070319028	扁豆属	扁豆	*Lablab purpureus* (L.) Sweet			广西岑溪	2007	2	野生资源
2625	070120014	扁豆属	扁豆	*Lablab purpureus* (L.) Sweet			广东罗定	2007	2	野生资源
2626	080113053	扁豆属	扁豆	*Lablab purpureus* (L.) Sweet			云南泸水	2008	2	野生资源
2627	050217032	扁豆属	扁豆	*Lablab purpureus* (L.) Sweet			云南怒江坝	2005	2	野生资源
2628	050224248	扁豆属	扁豆	*Lablab purpureus* (L.) Sweet			云南永德	2005	2	野生资源
2629	051101012	扁豆属	扁豆	*Lablab purpureus* (L.) Sweet			福建平和	2005	2	野生资源
2630	050227368	扁豆属	扁豆	*Lablab purpureus* (L.) Sweet			云南景洪	2005	2	野生资源
2631	061130002	扁豆属	扁豆	*Lablab purpureus* (L.) Sweet			海南亚龙湾	2006	2	野生资源
2632	050227329	扁豆属	扁豆	*Lablab purpureus* (L.) Sweet			云南勐海	2005	2	野生资源
2633	050224253	扁豆属	扁豆	*Lablab purpureus* (L.) Sweet			云南永德	2005	2	野生资源
2634	121114002	扁豆属	扁豆	*Lablab purpureus* (L.) Sweet			福建永安	2012	2	野生资源
2635	130619007	扁豆属	扁豆	*Lablab purpureus* (L.) Sweet			广东博罗	2013	2	野生资源
2636	130619008	扁豆属	扁豆	*Lablab purpureus* (L.) Sweet			广西扶绥	2013	2	野生资源
2637	061222067	扁豆属	扁豆	*Lablab purpureus* (L.) Sweet			海南陵水	2006	2	野生资源

（续）

序号	送种单位编号	属　名	种　名	学　名	品种名（原文名）	材料来源	材料原产地	收种时间（年份）	保存地点	类型
2638	GS0267	扁豆属	扁豆	*Lablab purpureus* (L.) Sweet	Erhry20	甘肃武威	印度	2001	3	引进资源
2639	GS0270	扁豆属	扁豆	*Lablab purpureus* (L.) Sweet	甘肃景泰		甘肃景泰	2003	3	栽培资源
2640	GS0195	扁豆属	扁豆	*Lablab purpureus* (L.) Sweet			甘肃靖远	2001	3	栽培资源
2641	GS0256	扁豆属	扁豆	*Lablab purpureus* (L.) Sweet	Erhry1	甘肃武威	印度	2001	3	引进资源
2642	GS0257	扁豆属	扁豆	*Lablab purpureus* (L.) Sweet	Erhry2	甘肃武威	印度	2001	3	引进资源
2643	GS0258	扁豆属	扁豆	*Lablab purpureus* (L.) Sweet	Erhry3	甘肃武威	印度	2001	3	引进资源
2644	GS0259	扁豆属	扁豆	*Lablab purpureus* (L.) Sweet	Erhry4	甘肃武威	印度	2001	3	引进资源
2645	GS0261	扁豆属	扁豆	*Lablab purpureus* (L.) Sweet	Erhry9	甘肃武威	印度	2001	3	引进资源
2646	GS0263	扁豆属	扁豆	*Lablab purpureus* (L.) Sweet	Erhry8	甘肃武威	印度	2001	3	引进资源
2647	GS0265	扁豆属	扁豆	*Lablab purpureus* (L.) Sweet	Erhry13	甘肃武威	印度	2001	3	引进资源
2648	GS0266	扁豆属	扁豆	*Lablab purpureus* (L.) Sweet	Erhry14	甘肃武威	印度	2001	3	引进资源
2649	SCH2004-199	扁豆属	扁豆	*Lablab purpureus* (L.) Sweet		四川阿坝	四川阿坝	2004	3	野生资源
2650	GS730	扁豆属	扁豆	*Lablab purpureus* (L.) Sweet		宁夏固原		2004	3	栽培资源
2651	GS0479	扁豆属	扁豆	*Lablab purpureus* (L.) Sweet	Preco2	甘肃景泰	印度	2006	3	引进资源
2652	GS0480	扁豆属	扁豆	*Lablab purpureus* (L.) Sweet	Erhry2	甘肃景泰	印度	2006	3	引进资源
2653	GS0481	扁豆属	扁豆	*Lablab purpureus* (L.) Sweet	Erhry3	甘肃景泰	印度	2006	3	引进资源
2654	GS0482	扁豆属	扁豆	*Lablab purpureus* (L.) Sweet	Erhry4	甘肃景泰	印度	2006	3	引进资源
2655	GS0483	扁豆属	扁豆	*Lablab purpureus* (L.) Sweet	Erhry6	甘肃景泰	印度	2006	3	引进资源
2656	GS0484	扁豆属	扁豆	*Lablab purpureus* (L.) Sweet	Erhry8	甘肃景泰	印度	2006	3	引进资源
2657	GS0485	扁豆属	扁豆	*Lablab purpureus* (L.) Sweet	Erhry9	甘肃景泰	印度	2006	3	引进资源
2658	GS0486	扁豆属	扁豆	*Lablab purpureus* (L.) Sweet	Erhry10	甘肃景泰	印度	2006	3	引进资源
2659	GS0487	扁豆属	扁豆	*Lablab purpureus* (L.) Sweet	Erhry11	甘肃景泰	印度	2006	3	引进资源
2660	GS0488	扁豆属	扁豆	*Lablab purpureus* (L.) Sweet	Erhry12	甘肃景泰	印度	2006	3	引进资源
2661	GS0489	扁豆属	扁豆	*Lablab purpureus* (L.) Sweet	Erhry13	甘肃景泰	印度	2006	3	引进资源
2662	GS0490	扁豆属	扁豆	*Lablab purpureus* (L.) Sweet	Erhry14	甘肃景泰	印度	2006	3	引进资源

（续）

序号	送种单位编号	属名	种名	学名	品种名（原文名）	材料来源	材料原产地	收种时间（年份）	保存地点	类型
2663	GS0491	扁豆属	扁豆	*Lablab purpureus* (L.) Sweet	Erhry15	甘肃景泰	印度	2006	3	引进资源
2664	GS0492	扁豆属	扁豆	*Lablab purpureus* (L.) Sweet	Erhry16	甘肃景泰	印度	2006	3	引进资源
2665	GS888	扁豆属	扁豆	*Lablab purpureus* (L.) Sweet			甘肃肃南	2006	3	栽培资源
2666	10-14	扁豆属	扁豆	*Lablab purpureus* (L.) Sweet	润高(Rongao)		澳大利亚	2016	3	引进资源
2667	SC11-312	扁豆属	扁豆	*Lablab purpureus* (L.) Sweet			云南绿春	2008	3	野生资源
2668	040300001	扁豆属	扁豆	*Lablab purpureus* (L.) Sweet			河北保定	2004	2	野生资源
2669	HN2010-1524	扁豆属	扁豆	*Lablab purpureus* (L.) Sweet			广西南宁	2008	3	栽培资源
2670	XJ05-040	山黧豆属	香豌豆	*Lathyrus odoratus* L.			新疆新源	2005	3	野生资源
2671	兰 248	山黧豆属	家山黧豆	*Lathyrus sativus* L.			甘肃	1992	1	栽培资源
2672	兰 323	山黧豆属	家山黧豆	*Lathyrus sativus* L.			陕西	1994	1	栽培资源
2673	LzuLaSa0062	山黧豆属	家山黧豆	*Lathyrus sativus* L.			埃塞俄比亚	2010	1	引进资源
2674	LzuLaSa0063	山黧豆属	家山黧豆	*Lathyrus sativus* L.			埃塞俄比亚	2010	1	引进资源
2675	LzuLaSa0064	山黧豆属	家山黧豆	*Lathyrus sativus* L.			埃塞俄比亚	2010	1	引进资源
2676	LzuLaSa0065	山黧豆属	家山黧豆	*Lathyrus sativus* L.			埃塞俄比亚	2010	1	引进资源
2677	LzuLaSa0066	山黧豆属	家山黧豆	*Lathyrus sativus* L.			埃塞俄比亚	2010	1	引进资源
2678	LzuLaSa0067	山黧豆属	家山黧豆	*Lathyrus sativus* L.			埃塞俄比亚	2010	1	引进资源
2679	LzuLaSa0068	山黧豆属	家山黧豆	*Lathyrus sativus* L.			埃塞俄比亚	2010	1	引进资源
2680	LzuLaSa0069	山黧豆属	家山黧豆	*Lathyrus sativus* L.			埃塞俄比亚	2010	1	引进资源
2681	LzuLaSa0070	山黧豆属	家山黧豆	*Lathyrus sativus* L.			埃塞俄比亚	2010	1	引进资源
2682	LzuLaSa0071	山黧豆属	家山黧豆	*Lathyrus sativus* L.			埃塞俄比亚	2010	1	引进资源
2683	LzuLaSa0072	山黧豆属	家山黧豆	*Lathyrus sativus* L.			埃塞俄比亚	2010	1	引进资源
2684	LzuLaSa0073	山黧豆属	家山黧豆	*Lathyrus sativus* L.			埃塞俄比亚	2010	1	引进资源
2685	LzuLaSa0074	山黧豆属	家山黧豆	*Lathyrus sativus* L.			埃塞俄比亚	2010	1	引进资源
2686	LzuLaSa0075	山黧豆属	家山黧豆	*Lathyrus sativus* L.			埃塞俄比亚	2010	1	引进资源
2687	LzuLaSa0076	山黧豆属	家山黧豆	*Lathyrus sativus* L.			埃塞俄比亚	2010	1	引进资源

（续）

序号	送种单位编号	属 名	种 名	学 名	品种名（原文名）	材料来源	材料原产地	收种时间（年份）	保存地点	类型
2688	LzuLaSa0077	山黧豆属	家山黧豆	*Lathyrus sativus* L.			埃塞俄比亚	2010	1	引进资源
2689	LzuLaSa0078	山黧豆属	家山黧豆	*Lathyrus sativus* L.			埃塞俄比亚	2010	1	引进资源
2690	LzuLaSa0079	山黧豆属	家山黧豆	*Lathyrus sativus* L.			埃塞俄比亚	2010	1	引进资源
2691	LzuLaSa0080	山黧豆属	家山黧豆	*Lathyrus sativus* L.			埃塞俄比亚	2010	1	引进资源
2692	LzuLaSa0081	山黧豆属	家山黧豆	*Lathyrus sativus* L.			埃塞俄比亚	2010	1	引进资源
2693	LzuLaSa0082	山黧豆属	家山黧豆	*Lathyrus sativus* L.			埃塞俄比亚	2010	1	引进资源
2694	LzuLaSa0083	山黧豆属	家山黧豆	*Lathyrus sativus* L.			埃塞俄比亚	2010	1	引进资源
2695	LzuLaSa0084	山黧豆属	家山黧豆	*Lathyrus sativus* L.			埃塞俄比亚	2010	1	引进资源
2696	LzuLaSa0085	山黧豆属	家山黧豆	*Lathyrus sativus* L.			埃塞俄比亚	2010	1	引进资源
2697	LzuLaSa0086	山黧豆属	家山黧豆	*Lathyrus sativus* L.			埃塞俄比亚	2010	1	引进资源
2698	LzuLaSa0087	山黧豆属	家山黧豆	*Lathyrus sativus* L.			埃塞俄比亚	2010	1	引进资源
2699	LzuLaSa0088	山黧豆属	家山黧豆	*Lathyrus sativus* L.			埃塞俄比亚	2010	1	引进资源
2700	LzuLaSa0089	山黧豆属	家山黧豆	*Lathyrus sativus* L.			埃塞俄比亚	2010	1	引进资源
2701	LzuLaSa0090	山黧豆属	家山黧豆	*Lathyrus sativus* L.			埃塞俄比亚	2010	1	引进资源
2702	LzuLaSa0091	山黧豆属	家山黧豆	*Lathyrus sativus* L.			埃塞俄比亚	2010	1	引进资源
2703	LzuLaSa0092	山黧豆属	家山黧豆	*Lathyrus sativus* L.			埃塞俄比亚	2010	1	引进资源
2704	LzuLaSa0093	山黧豆属	家山黧豆	*Lathyrus sativus* L.			埃塞俄比亚	2010	1	引进资源
2705	LzuLaSa0094	山黧豆属	家山黧豆	*Lathyrus sativus* L.			埃塞俄比亚	2010	1	引进资源
2706	LzuLaSa0095	山黧豆属	家山黧豆	*Lathyrus sativus* L.			埃塞俄比亚	2010	1	引进资源
2707	LzuLaSa0096	山黧豆属	家山黧豆	*Lathyrus sativus* L.			埃塞俄比亚	2010	1	引进资源
2708	LzuLaSa0097	山黧豆属	家山黧豆	*Lathyrus sativus* L.			埃塞俄比亚	2010	1	引进资源
2709	LzuLaSa0098	山黧豆属	家山黧豆	*Lathyrus sativus* L.			埃塞俄比亚	2010	1	引进资源
2710	LzuLaSa0099	山黧豆属	家山黧豆	*Lathyrus sativus* L.			埃塞俄比亚	2010	1	引进资源
2711	LzuLaSa0100	山黧豆属	家山黧豆	*Lathyrus sativus* L.			埃塞俄比亚	2010	1	引进资源
2712	LzuLaSa0101	山黧豆属	家山黧豆	*Lathyrus sativus* L.			埃塞俄比亚	2010	1	引进资源

（续）

序号	送种单位编号	属　名	种　名	学　　名	品种名（原文名）	材料来源	材料原产地	收种时间（年份）	保存地点	类型
2713	LzuLaSa0102	山黧豆属	家山黧豆	*Lathyrus sativus* L.			埃塞俄比亚	2010	1	引进资源
2714	LzuLaSa0103	山黧豆属	家山黧豆	*Lathyrus sativus* L.			埃塞俄比亚	2010	1	引进资源
2715	LzuLaSa0104	山黧豆属	家山黧豆	*Lathyrus sativus* L.			埃塞俄比亚	2010	1	引进资源
2716	LzuLaSa0105	山黧豆属	家山黧豆	*Lathyrus sativus* L.			埃塞俄比亚	2010	1	引进资源
2717	LzuLaSa0106	山黧豆属	家山黧豆	*Lathyrus sativus* L.			埃塞俄比亚	2010	1	引进资源
2718	LzuLaSa0107	山黧豆属	家山黧豆	*Lathyrus sativus* L.			埃塞俄比亚	2010	1	引进资源
2719	LzuLaSa0108	山黧豆属	家山黧豆	*Lathyrus sativus* L.			埃塞俄比亚	2010	1	引进资源
2720	LzuLaSa0109	山黧豆属	家山黧豆	*Lathyrus sativus* L.			埃塞俄比亚	2010	1	引进资源
2721	LzuLaSa0110	山黧豆属	家山黧豆	*Lathyrus sativus* L.			埃塞俄比亚	2010	1	引进资源
2722	LzuLaSa0111	山黧豆属	家山黧豆	*Lathyrus sativus* L.			埃塞俄比亚	2010	1	引进资源
2723	LzuLaSa0112	山黧豆属	家山黧豆	*Lathyrus sativus* L.			埃塞俄比亚	2010	1	引进资源
2724	LzuLaSa0113	山黧豆属	家山黧豆	*Lathyrus sativus* L.			埃塞俄比亚	2010	1	引进资源
2725	LzuLaSa0114	山黧豆属	家山黧豆	*Lathyrus sativus* L.			埃塞俄比亚	2010	1	引进资源
2726	LzuLaSa0115	山黧豆属	家山黧豆	*Lathyrus sativus* L.			埃塞俄比亚	2010	1	引进资源
2727	LzuLaSa0116	山黧豆属	家山黧豆	*Lathyrus sativus* L.			埃塞俄比亚	2010	1	引进资源
2728	LzuLaSa0117	山黧豆属	家山黧豆	*Lathyrus sativus* L.			埃塞俄比亚	2010	1	引进资源
2729	LzuLaSa0118	山黧豆属	家山黧豆	*Lathyrus sativus* L.			埃塞俄比亚	2010	1	引进资源
2730	LzuLaSa0119	山黧豆属	家山黧豆	*Lathyrus sativus* L.			埃塞俄比亚	2010	1	引进资源
2731	LzuLaSa0120	山黧豆属	家山黧豆	*Lathyrus sativus* L.			埃塞俄比亚	2010	1	引进资源
2732	LzuLaSa0002	山黧豆属	家山黧豆	*Lathyrus sativus* L.		兰州大学	埃塞俄比亚	2014	1	引进资源
2733	LzuLaSa0003	山黧豆属	家山黧豆	*Lathyrus sativus* L.		兰州大学	埃塞俄比亚	2014	1	引进资源
2734	LzuLaSa0004	山黧豆属	家山黧豆	*Lathyrus sativus* L.		兰州大学	埃塞俄比亚	2014	1	引进资源
2735	LzuLaSa0005	山黧豆属	家山黧豆	*Lathyrus sativus* L.		兰州大学	埃塞俄比亚	2014	1	引进资源
2736	LzuLaSa0006	山黧豆属	家山黧豆	*Lathyrus sativus* L.		兰州大学	埃塞俄比亚	2014	1	引进资源
2737	LzuLaSa0007	山黧豆属	家山黧豆	*Lathyrus sativus* L.		兰州大学	埃塞俄比亚	2014	1	引进资源

（续）

序号	送种单位编号	属　名	种　名	学　名	品种名（原文名）	材料来源	材料原产地	收种时间（年份）	保存地点	类型
2738	LzuLaSa0008	山黧豆属	家山黧豆	*Lathyrus sativus* L.		兰州大学	埃塞俄比亚	2014	1	引进资源
2739	LzuLaSa0009	山黧豆属	家山黧豆	*Lathyrus sativus* L.		兰州大学	埃塞俄比亚	2014	1	引进资源
2740	LzuLaSa0010	山黧豆属	家山黧豆	*Lathyrus sativus* L.		兰州大学	埃塞俄比亚	2014	1	引进资源
2741	LzuLaSa0011	山黧豆属	家山黧豆	*Lathyrus sativus* L.		兰州大学	埃塞俄比亚	2014	1	引进资源
2742	LzuLaSa0012	山黧豆属	家山黧豆	*Lathyrus sativus* L.		兰州大学	埃塞俄比亚	2014	1	引进资源
2743	LzuLaSa0013	山黧豆属	家山黧豆	*Lathyrus sativus* L.		兰州大学	埃塞俄比亚	2014	1	引进资源
2744	LzuLaSa0014	山黧豆属	家山黧豆	*Lathyrus sativus* L.		兰州大学	埃塞俄比亚	2014	1	引进资源
2745	LzuLaSa0015	山黧豆属	家山黧豆	*Lathyrus sativus* L.		兰州大学	埃塞俄比亚	2014	1	引进资源
2746	LzuLaSa0016	山黧豆属	家山黧豆	*Lathyrus sativus* L.		兰州大学	埃塞俄比亚	2014	1	引进资源
2747	LzuLaSa0017	山黧豆属	家山黧豆	*Lathyrus sativus* L.		兰州大学	埃塞俄比亚	2014	1	引进资源
2748	LzuLaSa0018	山黧豆属	家山黧豆	*Lathyrus sativus* L.		兰州大学	埃塞俄比亚	2014	1	引进资源
2749	LzuLaSa0019	山黧豆属	家山黧豆	*Lathyrus sativus* L.		兰州大学	埃塞俄比亚	2014	1	引进资源
2750	LzuLaSa0020	山黧豆属	家山黧豆	*Lathyrus sativus* L.		兰州大学	埃塞俄比亚	2014	1	引进资源
2751	LzuLaSa0021	山黧豆属	家山黧豆	*Lathyrus sativus* L.		兰州大学	埃塞俄比亚	2014	1	引进资源
2752	LzuLaSa0023	山黧豆属	家山黧豆	*Lathyrus sativus* L.		兰州大学	埃塞俄比亚	2014	1	引进资源
2753	LzuLaSa0024	山黧豆属	家山黧豆	*Lathyrus sativus* L.		兰州大学	埃塞俄比亚	2014	1	引进资源
2754	LzuLaSa0025	山黧豆属	家山黧豆	*Lathyrus sativus* L.		兰州大学	埃塞俄比亚	2014	1	引进资源
2755	LzuLaSa0026	山黧豆属	家山黧豆	*Lathyrus sativus* L.		兰州大学	埃塞俄比亚	2014	1	引进资源
2756	LzuLaSa0027	山黧豆属	家山黧豆	*Lathyrus sativus* L.		兰州大学	埃塞俄比亚	2014	1	引进资源
2757	LzuLaSa0028	山黧豆属	家山黧豆	*Lathyrus sativus* L.		兰州大学	埃塞俄比亚	2014	1	引进资源
2758	LzuLaSa0029	山黧豆属	家山黧豆	*Lathyrus sativus* L.		兰州大学	埃塞俄比亚	2014	1	引进资源
2759	LzuLaSa0030	山黧豆属	家山黧豆	*Lathyrus sativus* L.		兰州大学	埃塞俄比亚	2014	1	引进资源
2760	LzuLaSa0031	山黧豆属	家山黧豆	*Lathyrus sativus* L.		兰州大学	埃塞俄比亚	2014	1	引进资源
2761	LzuLaSa0032	山黧豆属	家山黧豆	*Lathyrus sativus* L.		兰州大学	埃塞俄比亚	2014	1	引进资源
2762	LzuLaSa0033	山黧豆属	家山黧豆	*Lathyrus sativus* L.		兰州大学	埃塞俄比亚	2014	1	引进资源

（续）

序号	送种单位编号	属名	种名	学名	品种名（原文名）	材料来源	材料原产地	收种时间（年份）	保存地点	类型
2763	LzuLaSa0034	山黧豆属	家山黧豆	*Lathyrus sativus* L.		兰州大学	埃塞俄比亚	2014	1	引进资源
2764	LzuLaSa0035	山黧豆属	家山黧豆	*Lathyrus sativus* L.		兰州大学	埃塞俄比亚	2014	1	引进资源
2765	LzuLaSa0036	山黧豆属	家山黧豆	*Lathyrus sativus* L.		兰州大学	埃塞俄比亚	2014	1	引进资源
2766	LzuLaSa0037	山黧豆属	家山黧豆	*Lathyrus sativus* L.		兰州大学	埃塞俄比亚	2014	1	引进资源
2767	LzuLaSa0038	山黧豆属	家山黧豆	*Lathyrus sativus* L.		兰州大学	埃塞俄比亚	2014	1	引进资源
2768	LzuLaSa0039	山黧豆属	家山黧豆	*Lathyrus sativus* L.		兰州大学	埃塞俄比亚	2014	1	引进资源
2769	LzuLaSa0040	山黧豆属	家山黧豆	*Lathyrus sativus* L.		兰州大学	埃塞俄比亚	2014	1	引进资源
2770	LzuLaSa0041	山黧豆属	家山黧豆	*Lathyrus sativus* L.		兰州大学	埃塞俄比亚	2014	1	引进资源
2771	LzuLaSa0042	山黧豆属	家山黧豆	*Lathyrus sativus* L.		兰州大学	埃塞俄比亚	2014	1	引进资源
2772	LzuLaSa0043	山黧豆属	家山黧豆	*Lathyrus sativus* L.		兰州大学	埃塞俄比亚	2014	1	引进资源
2773	LzuLaSa0044	山黧豆属	家山黧豆	*Lathyrus sativus* L.		兰州大学	埃塞俄比亚	2014	1	引进资源
2774	LzuLaSa0045	山黧豆属	家山黧豆	*Lathyrus sativus* L.		兰州大学	埃塞俄比亚	2014	1	引进资源
2775	LzuLaSa0046	山黧豆属	家山黧豆	*Lathyrus sativus* L.		兰州大学	埃塞俄比亚	2014	1	引进资源
2776	LzuLaSa0047	山黧豆属	家山黧豆	*Lathyrus sativus* L.		兰州大学	埃塞俄比亚	2014	1	引进资源
2777	LzuLaSa0048	山黧豆属	家山黧豆	*Lathyrus sativus* L.		兰州大学	埃塞俄比亚	2014	1	引进资源
2778	LzuLaSa0049	山黧豆属	家山黧豆	*Lathyrus sativus* L.		兰州大学	埃塞俄比亚	2014	1	引进资源
2779	LzuLaSa0050	山黧豆属	家山黧豆	*Lathyrus sativus* L.		兰州大学	埃塞俄比亚	2014	1	引进资源
2780	LzuLaSa0051	山黧豆属	家山黧豆	*Lathyrus sativus* L.		兰州大学	埃塞俄比亚	2014	1	引进资源
2781	LzuLaSa0052	山黧豆属	家山黧豆	*Lathyrus sativus* L.		兰州大学	埃塞俄比亚	2014	1	引进资源
2782	LzuLaSa0053	山黧豆属	家山黧豆	*Lathyrus sativus* L.		兰州大学	埃塞俄比亚	2014	1	引进资源
2783	LzuLaSa0054	山黧豆属	家山黧豆	*Lathyrus sativus* L.		兰州大学	埃塞俄比亚	2014	1	引进资源
2784	LzuLaSa0055	山黧豆属	家山黧豆	*Lathyrus sativus* L.		兰州大学	埃塞俄比亚	2014	1	引进资源
2785	LzuLaSa0056	山黧豆属	家山黧豆	*Lathyrus sativus* L.		兰州大学	埃塞俄比亚	2014	1	引进资源
2786	LzuLaSa0057	山黧豆属	家山黧豆	*Lathyrus sativus* L.		兰州大学	埃塞俄比亚	2014	1	引进资源
2787	LzuLaSa0058	山黧豆属	家山黧豆	*Lathyrus sativus* L.		兰州大学	埃塞俄比亚	2014	1	引进资源

（续）

序号	送种单位编号	属 名	种 名	学 名	品种名（原文名）	材料来源	材料原产地	收种时间（年份）	保存地点	类型
2788	LzuLaSa0059	山黧豆属	家山黧豆	*Lathyrus sativus* L.		兰州大学	埃塞俄比亚	2014	1	引进资源
2789	LzuLaSa0060	山黧豆属	家山黧豆	*Lathyrus sativus* L.		兰州大学	埃塞俄比亚	2014	1	引进资源
2790	LzuLaSa0022	山黧豆属	家山黧豆	*Lathyrus sativus* L.		兰州大学	埃塞俄比亚	2014	1	引进资源
2791	GS1471	兵豆属	兵豆	*Lens culinaris* Medic.			宁夏盐池	2007	3	栽培资源
2792	SC2006-094	兵豆属	兵豆	*Lens culinaris* Medic.			四川九寨沟	2008	3	栽培资源
2793	YN2009-034	兵豆属	兵豆	*Lens culinaris* Medic.			云南昆明	2010	3	栽培资源
2794	YN2009-036	兵豆属	兵豆	*Lens culinaris* Medic.			云南昆明	2010	3	野生资源
2795	YN2010-270	胡枝子属	二色胡枝子	*Lespedeza bicolor* Turcz			云南昆明	2009	3	野生资源
2796	JL11-011	胡枝子属	二色胡枝子	*Lespedeza bicolor* Turcz			吉林延边	2014	3	野生资源
2797	中畜-660	胡枝子属	二色胡枝子	*Lespedeza bicolor* Turcz			北京妙峰山	2005	3	野生资源
2798	JL06-194	胡枝子属	二色胡枝子	*Lespedeza bicolor* Turcz			吉林龙井	2006	3	野生资源
2799	NM05-034	胡枝子属	二色胡枝子	*Lespedeza bicolor* Turcz			内蒙古多伦	2005	3	野生资源
2800	NM05-172	胡枝子属	二色胡枝子	*Lespedeza bicolor* Turcz			内蒙古正蓝旗	2005	3	野生资源
2801	中畜-767	胡枝子属	二色胡枝子	*Lespedeza bicolor* Turcz			北京阳台山	2007	3	野生资源
2802	中畜-772	胡枝子属	二色胡枝子	*Lespedeza bicolor* Turcz			北京雾灵山	2007	3	野生资源
2803	JL09064	胡枝子属	二色胡枝子	*Lespedeza bicolor* Turcz			吉林永吉	2010	3	野生资源
2804	JL10-043	胡枝子属	二色胡枝子	*Lespedeza bicolor* Turcz			吉林永吉旺起	2009	3	野生资源
2805	中畜-1938	胡枝子属	二色胡枝子	*Lespedeza bicolor* Turcz			河北涞源	2010	3	野生资源
2806	B5126	胡枝子属	二色胡枝子	*Lespedeza bicolor* Turcz			山西	2008	3	野生资源
2807	081215048	胡枝子属	二色胡枝子	*Lespedeza bicolor* Turcz			江西新干	2008	2	野生资源
2808	081118044	胡枝子属	二色胡枝子	*Lespedeza bicolor* Turcz			福建福州	2008	2	野生资源
2809	081118033	胡枝子属	二色胡枝子	*Lespedeza bicolor* Turcz			福建武夷山	2008	2	野生资源
2810	071224058	胡枝子属	二色胡枝子	*Lespedeza bicolor* Turcz			福建长汀	2007	2	野生资源
2811	060402032	胡枝子属	二色胡枝子	*Lespedeza bicolor* Turcz			云南普洱	2006	2	野生资源
2812	060326002	胡枝子属	二色胡枝子	*Lespedeza bicolor* Turcz			云南思茅	2006	2	野生资源

（续）

序号	送种单位编号	属 名	种 名	学 名	品种名（原文名）	材料来源	材料原产地	收种时间（年份）	保存地点	类型
2813	050227334	胡枝子属	二色胡枝子	*Lespedeza bicolor* Turcz			云南勐海	2005	2	野生资源
2814	080115008	胡枝子属	二色胡枝子	*Lespedeza bicolor* Turcz			云南泸水	2008	2	野生资源
2815	071224025	胡枝子属	二色胡枝子	*Lespedeza bicolor* Turcz			福建上杭	2007	2	野生资源
2816	071225037	胡枝子属	二色胡枝子	*Lespedeza bicolor* Turcz			江西于都	2007	2	野生资源
2817	050302425	胡枝子属	二色胡枝子	*Lespedeza bicolor* Turcz			云南思茅	2005	2	野生资源
2818	050217028	胡枝子属	二色胡枝子	*Lespedeza bicolor* Turcz			云南保山	2005	2	野生资源
2819	060326020	胡枝子属	二色胡枝子	*Lespedeza bicolor* Turcz			云南思茅	2006	2	野生资源
2820	060330049	胡枝子属	二色胡枝子	*Lespedeza bicolor* Turcz			云南勐腊	2006	2	野生资源
2821	081214036	胡枝子属	二色胡枝子	*Lespedeza bicolor* Turcz			江西遂川	2008	2	野生资源
2822	081216034	胡枝子属	二色胡枝子	*Lespedeza bicolor* Turcz			江西永修	2008	2	野生资源
2823	050303452	胡枝子属	二色胡枝子	*Lespedeza bicolor* Turcz			云南玉元高速	2005	2	野生资源
2824	131128005	胡枝子属	二色胡枝子	*Lespedeza bicolor* Turcz			福建建瓯	2013	2	野生资源
2825	131203040	胡枝子属	二色胡枝子	*Lespedeza bicolor* Turcz			福建屏南	2013	2	野生资源
2826	131122028	胡枝子属	二色胡枝子	*Lespedeza bicolor* Turcz			福建蒲城	2013	2	野生资源
2827	131108023	胡枝子属	二色胡枝子	*Lespedeza bicolor* Turcz			江西都昌	2013	2	野生资源
2828	131121009	胡枝子属	二色胡枝子	*Lespedeza bicolor* Turcz			福建建阳	2013	2	野生资源
2829	131202003	胡枝子属	二色胡枝子	*Lespedeza bicolor* Turcz			福建闽清	2013	2	野生资源
2830	131105007	胡枝子属	二色胡枝子	*Lespedeza bicolor* Turcz			江西彭泽	2013	2	野生资源
2831	131204007	胡枝子属	二色胡枝子	*Lespedeza bicolor* Turcz			福建莆田	2013	2	野生资源
2832	131129007	胡枝子属	二色胡枝子	*Lespedeza bicolor* Turcz			福建屏南	2013	2	野生资源
2833	IA099	胡枝子属	二色胡枝子	*Lespedeza bicolor* Turcz			内蒙古大青山	1990	1	野生资源
2834	IA09y	胡枝子属	二色胡枝子	*Lespedeza bicolor* Turcz			黄土高原	1989	1	野生资源
2835	86-32	胡枝子属	二色胡枝子	*Lespedeza bicolor* Turcz			内蒙古	1989	1	野生资源
2836	01003002-CHFHZHZ	胡枝子属	二色胡枝子	*Lespedeza bicolor* Turcz			内蒙古赤峰	2010	1	野生资源
2837	200702197	胡枝子属	二色胡枝子	*Lespedeza bicolor* Turcz			甘肃兰州安宁	2010	1	野生资源

（续）

序号	送种单位编号	属　名	种　名	学　名	品种名（原文名）	材料来源	材料原产地	收种时间（年份）	保存地点	类型
2838	BL00144	胡枝子属	二色胡枝子	*Lespedeza bicolor* Turcz			内蒙古鄂尔多斯	2010	1	野生资源
2839	050302423	胡枝子属	二色胡枝子	*Lespedeza bicolor* Turcz			云南思茅	2005	2	野生资源
2840	中畜-1273	胡枝子属	长叶胡枝子	*Lespedeza caraganae* Bunge			河北承德	2009	3	野生资源
2841	中畜-1276	胡枝子属	长叶胡枝子	*Lespedeza caraganae* Bunge			北京延庆	2009	3	野生资源
2842	中畜-1552	胡枝子属	长叶胡枝子	*Lespedeza caraganae* Bunge			河北涿鹿	2011	3	野生资源
2843	中畜-1999	胡枝子属	长叶胡枝子	*Lespedeza caraganae* Bunge			北京延庆	2012	3	野生资源
2844	中畜-2002	胡枝子属	长叶胡枝子	*Lespedeza caraganae* Bunge			内蒙古巴林左旗	2012	3	野生资源
2845	中畜-2003	胡枝子属	长叶胡枝子	*Lespedeza caraganae* Bunge			河北隆化	2012	3	野生资源
2846	中畜-2004	胡枝子属	长叶胡枝子	*Lespedeza caraganae* Bunge			河北围场	2012	3	野生资源
2847	中畜-184	胡枝子属	长叶胡枝子	*Lespedeza caraganae* Bunge			北京阳台山	2008	3	野生资源
2848	中畜-811	胡枝子属	长叶胡枝子	*Lespedeza caraganae* Bunge			山西平定冠山	2006	3	野生资源
2849	中畜-858	胡枝子属	长叶胡枝子	*Lespedeza caraganae* Bunge			山西	2007	3	野生资源
2850	中畜-949	胡枝子属	长叶胡枝子	*Lespedeza caraganae* Bunge			北京小龙门	2008	3	野生资源
2851	中畜-1258	胡枝子属	长叶胡枝子	*Lespedeza caraganae* Bunge			北京香山	2009	3	野生资源
2852	中畜-1261	胡枝子属	长叶胡枝子	*Lespedeza caraganae* Bunge			河北承德	2009	3	野生资源
2853	中畜-1385	胡枝子属	长叶胡枝子	*Lespedeza caraganae* Bunge			北京门头沟	2010	3	野生资源
2854	中畜-1386	胡枝子属	长叶胡枝子	*Lespedeza caraganae* Bunge			北京昌平	2010	3	野生资源
2855	中畜-1389	胡枝子属	长叶胡枝子	*Lespedeza caraganae* Bunge			河北易县	2010	3	野生资源
2856	中畜-1390	胡枝子属	长叶胡枝子	*Lespedeza caraganae* Bunge			河北怀来	2010	3	野生资源
2857	中畜-1391	胡枝子属	长叶胡枝子	*Lespedeza caraganae* Bunge			河北涞源	2010	3	野生资源
2858	中畜-1582	胡枝子属	长叶胡枝子	*Lespedeza caraganae* Bunge			河北赤城	2010	3	野生资源
2859	中畜-1623	胡枝子属	长叶胡枝子	*Lespedeza caraganae* Bunge			北京延庆	2010	3	野生资源
2860	中畜-1717	胡枝子属	长叶胡枝子	*Lespedeza caraganae* Bunge			北京海淀	2010	3	野生资源
2861	中畜-1723	胡枝子属	长叶胡枝子	*Lespedeza caraganae* Bunge			北京延庆	2010	3	野生资源
2862	中畜-1860	胡枝子属	长叶胡枝子	*Lespedeza caraganae* Bunge			河北赤城	2011	3	野生资源

（续）

序号	送种单位编号	属　名	种　名	学　名	品种名（原文名）	材料来源	材料原产地	收种时间（年份）	保存地点	类型
2863	中畜-1863	胡枝子属	长叶胡枝子	*Lespedeza caraganae* Bunge			河北蔚县	2011	3	野生资源
2864	中畜-327	胡枝子属	长叶胡枝子	*Lespedeza caraganae* Bunge			北京凤凰岭	2000	1	野生资源
2865	中畜-550	胡枝子属	长叶胡枝子	*Lespedeza caraganae* Bunge			山西陈家窑	2005	1	野生资源
2866	E1274	胡枝子属	中华胡枝子	*Lespedeza chinensis* G. Don			湖北神农架	2008	3	野生资源
2867	87-21	胡枝子属	截叶铁扫帚	*Lespedeza cuneata* (Dum. de Cours) G. Don	州际(Interstate)	美国	美国	1999	3	引进资源
2868	87-23	胡枝子属	截叶铁扫帚	*Lespedeza cuneata* (Dum. de Cours) G. Don	奥罗坦(Au-lotan)	美国		1999	3	引进资源
2869	中畜-959	胡枝子属	截叶铁扫帚	*Lespedeza cuneata* (Dum. de Cours) G. Don			甘肃	2008	3	野生资源
2870	E1264	胡枝子属	截叶铁扫帚	*Lespedeza cuneata* (Dum. de Cours) G. Don			湖北神农架	2008	3	野生资源
2871	SC11-285	胡枝子属	截叶铁扫帚	*Lespedeza cuneata* (Dum. de Cours) G. Don			云南永仁	2010	3	野生资源
2872	中畜-1277	胡枝子属	截叶铁扫帚	*Lespedeza cuneata* (Dum. de Cours) G. Don			河北廊坊	2009	3	野生资源
2873	HB2010-137	胡枝子属	截叶铁扫帚	*Lespedeza cuneata* (Dum. de Cours) G. Don			湖北神农架	2014	3	野生资源
2874	中畜-1737	胡枝子属	截叶铁扫帚	*Lespedeza cuneata* (Dum. de Cours) G. Don			北京昌平	2010	3	野生资源
2875	中畜-1739	胡枝子属	截叶铁扫帚	*Lespedeza cuneata* (Dum. de Cours) G. Don			北京延庆	2010	3	野生资源
2876	中畜-1740	胡枝子属	截叶铁扫帚	*Lespedeza cuneata* (Dum. de Cours) G. Don			河北涞源	2010	3	野生资源
2877	中畜-1741	胡枝子属	截叶铁扫帚	*Lespedeza cuneata* (Dum. de Cours) G. Don			北京门头沟	2010	3	野生资源
2878	JL14-143	胡枝子属	截叶铁扫帚	*Lespedeza cuneata* (Dum. de Cours) G. Don			广西田林	2010	3	野生资源
2879	中畜-1856	胡枝子属	截叶铁扫帚	*Lespedeza cuneata* (Dum. de Cours) G. Don			北京房山	2010	3	野生资源
2880	中畜-2010	胡枝子属	截叶铁扫帚	*Lespedeza cuneata* (Dum. de Cours) G. Don			内蒙古赤峰松山	2012	3	野生资源
2881	hn2888	胡枝子属	截叶铁扫帚	*Lespedeza cuneata* (Dum. de Cours) G. Don			广西百色	2011	3	野生资源
2882	hn2568	胡枝子属	截叶铁扫帚	*Lespedeza cuneata* (Dum. de Cours) G. Don			云南西畴	2008	3	野生资源
2883	hn3129	胡枝子属	截叶铁扫帚	*Lespedeza cuneata* (Dum. de Cours) G. Don			福建漳浦	2007	3	野生资源
2884	hn3002	胡枝子属	截叶铁扫帚	*Lespedeza cuneata* (Dum. de Cours) G. Don			福建云霄	2012	3	野生资源
2885	hn2561	胡枝子属	截叶铁扫帚	*Lespedeza cuneata* (Dum. de Cours) G. Don			江西泰和	2008	3	野生资源
2886	hn2563	胡枝子属	截叶铁扫帚	*Lespedeza cuneata* (Dum. de Cours) G. Don			江西吉水	2008	3	野生资源
2887	hn2564	胡枝子属	截叶铁扫帚	*Lespedeza cuneata* (Dum. de Cours) G. Don			广西贺县	2008	3	野生资源

（续）

序号	送种单位编号	属 名	种 名	学 名	品种名（原文名）	材料来源	材料原产地	收种时间（年份）	保存地点	类型
2888	hn2565	胡枝子属	截叶铁扫帚	*Lespedeza cuneata*（Dum. de Cours）G. Don			云南石林	2007	3	野生资源
2889	hn2566	胡枝子属	截叶铁扫帚	*Lespedeza cuneata*（Dum. de Cours）G. Don			广东英德	2007	3	野生资源
2890	hn2569	胡枝子属	截叶铁扫帚	*Lespedeza cuneata*（Dum. de Cours）G. Don			广西东兰	2012	3	野生资源
2891	hn2774	胡枝子属	截叶铁扫帚	*Lespedeza cuneata*（Dum. de Cours）G. Don			云南泸水	2008	3	野生资源
2892	hn2775	胡枝子属	截叶铁扫帚	*Lespedeza cuneata*（Dum. de Cours）G. Don			云南保山	2008	3	野生资源
2893	hn2778	胡枝子属	截叶铁扫帚	*Lespedeza cuneata*（Dum. de Cours）G. Don			云南泸水	2008	3	野生资源
2894	hn2776	胡枝子属	截叶铁扫帚	*Lespedeza cuneata*（Dum. de Cours）G. Don			广东英德	2007	3	野生资源
2895	hn2771	胡枝子属	截叶铁扫帚	*Lespedeza cuneata*（Dum. de Cours）G. Don			福建永定	2007	3	野生资源
2896	hn2779	胡枝子属	截叶铁扫帚	*Lespedeza cuneata*（Dum. de Cours）G. Don			江西丰城	2008	3	野生资源
2897	hn2780	胡枝子属	截叶铁扫帚	*Lespedeza cuneata*（Dum. de Cours）G. Don			广东东源	2008	3	野生资源
2898	hn2781	胡枝子属	截叶铁扫帚	*Lespedeza cuneata*（Dum. de Cours）G. Don			江西新干	2008	3	野生资源
2899	YN13-110	胡枝子属	截叶铁扫帚	*Lespedeza cuneata*（Dum. de Cours）G. Don			云南嵩明	2012	3	野生资源
2900	121026003	胡枝子属	截叶铁扫帚	*Lespedeza cuneata*（Dum. de Cours）G. Don			贵州镇远	2012	2	野生资源
2901	GX111209001	胡枝子属	截叶铁扫帚	*Lespedeza cuneata*（Dum. de Cours）G. Don			广西	2011	2	野生资源
2902	110114001	胡枝子属	截叶铁扫帚	*Lespedeza cuneata*（Dum. de Cours）G. Don			福建同安	2011	2	野生资源
2903	101114017	胡枝子属	截叶铁扫帚	*Lespedeza cuneata*（Dum. de Cours）G. Don			广西龙州	2010	2	野生资源
2904	101116029	胡枝子属	截叶铁扫帚	*Lespedeza cuneata*（Dum. de Cours）G. Don			广西大新	2010	2	野生资源
2905	101109027	胡枝子属	截叶铁扫帚	*Lespedeza cuneata*（Dum. de Cours）G. Don			广西崇左	2010	2	野生资源
2906	080110009	胡枝子属	截叶铁扫帚	*Lespedeza cuneata*（Dum. de Cours）G. Don			福建泉州	2008	2	野生资源
2907	071226043	胡枝子属	截叶铁扫帚	*Lespedeza cuneata*（Dum. de Cours）G. Don			江西大余	2007	2	野生资源
2908	110116003	胡枝子属	截叶铁扫帚	*Lespedeza cuneata*（Dum. de Cours）G. Don			福建泉州	2011	2	野生资源
2909	110112021	胡枝子属	截叶铁扫帚	*Lespedeza cuneata*（Dum. de Cours）G. Don			福建漳州	2011	2	野生资源
2910	110113024	胡枝子属	截叶铁扫帚	*Lespedeza cuneata*（Dum. de Cours）G. Don			福建厦门	2011	2	野生资源
2911	110110003	胡枝子属	截叶铁扫帚	*Lespedeza cuneata*（Dum. de Cours）G. Don			福建漳浦	2011	2	野生资源
2912	110111022	胡枝子属	截叶铁扫帚	*Lespedeza cuneata*（Dum. de Cours）G. Don			福建漳浦	2011	2	野生资源

（续）

序号	送种单位编号	属　名	种　名	学　名	品种名（原文名）	材料来源	材料原产地	收种时间（年份）	保存地点	类型
2913	080116011	胡枝子属	截叶铁扫帚	*Lespedeza cuneata*（Dum. de Cours）G. Don			云南贡山	2008	2	野生资源
2914	080118004	胡枝子属	截叶铁扫帚	*Lespedeza cuneata*（Dum. de Cours）G. Don			云南泸水	2008	2	野生资源
2915	101118020	胡枝子属	截叶铁扫帚	*Lespedeza cuneata*（Dum. de Cours）G. Don			广西大新	2010	2	野生资源
2916	071227039	胡枝子属	截叶铁扫帚	*Lespedeza cuneata*（Dum. de Cours）G. Don			广东英德	2007	2	野生资源
2917	071222010	胡枝子属	截叶铁扫帚	*Lespedeza cuneata*（Dum. de Cours）G. Don			福建永定	2007	2	野生资源
2918	071217064	胡枝子属	截叶铁扫帚	*Lespedeza cuneata*（Dum. de Cours）G. Don			福建漳浦	2007	2	野生资源
2919	071227054	胡枝子属	截叶铁扫帚	*Lespedeza cuneata*（Dum. de Cours）G. Don			广东清远	2007	2	野生资源
2920	081215056	胡枝子属	截叶铁扫帚	*Lespedeza cuneata*（Dum. de Cours）G. Don			江西丰城	2008	2	野生资源
2921	080112128	胡枝子属	截叶铁扫帚	*Lespedeza cuneata*（Dum. de Cours）G. Don			云南西畴	2008	2	野生资源
2922	081213037	胡枝子属	截叶铁扫帚	*Lespedeza cuneata*（Dum. de Cours）G. Don			广东东源	2008	2	野生资源
2923	070305028	胡枝子属	截叶铁扫帚	*Lespedeza cuneata*（Dum. de Cours）G. Don			云南文山	2007	2	野生资源
2924	081215044	胡枝子属	截叶铁扫帚	*Lespedeza cuneata*（Dum. de Cours）G. Don			江西新干	2008	2	野生资源
2925	070317007	胡枝子属	截叶铁扫帚	*Lespedeza cuneata*（Dum. de Cours）G. Don			广西桂林	2007	2	野生资源
2926	070314037	胡枝子属	截叶铁扫帚	*Lespedeza cuneata*（Dum. de Cours）G. Don			广西河池	2007	2	野生资源
2927	141020008	胡枝子属	截叶铁扫帚	*Lespedeza cuneata*（Dum. de Cours）G. Don			江西铜鼓	2014	2	野生资源
2928	141022005	胡枝子属	截叶铁扫帚	*Lespedeza cuneata*（Dum. de Cours）G. Don			江西彭泽	2014	2	野生资源
2929	131202002	胡枝子属	截叶铁扫帚	*Lespedeza cuneata*（Dum. de Cours）G. Don			福建闽清	2013	2	野生资源
2930	131201008	胡枝子属	截叶铁扫帚	*Lespedeza cuneata*（Dum. de Cours）G. Don			福建古田	2013	2	野生资源
2931	121124008	胡枝子属	截叶铁扫帚	*Lespedeza cuneata*（Dum. de Cours）G. Don			福建云霄	2012	2	野生资源
2932	151117016	胡枝子属	截叶铁扫帚	*Lespedeza cuneata*（Dum. de Cours）G. Don			云南武定	2015	2	野生资源
2933	151119002	胡枝子属	截叶铁扫帚	*Lespedeza cuneata*（Dum. de Cours）G. Don			云南元谋	2015	2	野生资源
2934	151117034	胡枝子属	截叶铁扫帚	*Lespedeza cuneata*（Dum. de Cours）G. Don			云南武定	2015	2	野生资源
2935	081214046	胡枝子属	截叶铁扫帚	*Lespedeza cuneata*（Dum. de Cours）G. Don			江西泰和	2008	2	野生资源
2936	081215012	胡枝子属	截叶铁扫帚	*Lespedeza cuneata*（Dum. de Cours）G. Don			江西吉水	2008	2	野生资源
2937	081228013	胡枝子属	截叶铁扫帚	*Lespedeza cuneata*（Dum. de Cours）G. Don			广西贺县	2008	2	野生资源

（续）

序号	送种单位编号	属名	种名	学名	品种名（原文名）	材料来源	材料原产地	收种时间（年份）	保存地点	类型
2938	070226015	胡枝子属	截叶铁扫帚	*Lespedeza cuneata*（Dum. de Cours）G. Don			云南石林	2007	2	野生资源
2939	071227027	胡枝子属	截叶铁扫帚	*Lespedeza cuneata*（Dum. de Cours）G. Don			广东英德	2007	2	野生资源
2940	GX12110502	胡枝子属	截叶铁扫帚	*Lespedeza cuneata*（Dum. de Cours）G. Don			广西马山	2012	2	野生资源
2941	GX12111501	胡枝子属	截叶铁扫帚	*Lespedeza cuneata*（Dum. de Cours）G. Don			广西东兰	2012	2	野生资源
2942	87-21	胡枝子属	截叶铁扫帚	*Lespedeza cuneata*（Dum. de Cours）G. Don	州际		美国	1992	1	引进资源
2943	87-22	胡枝子属	截叶铁扫帚	*Lespedeza cuneata*（Dum. de Cours）G. Don	州际 76		美国	1992	1	引进资源
2944	87-23	胡枝子属	截叶铁扫帚	*Lespedeza cuneata*（Dum. de Cours）G. Don	奥罗坦		美国	1992	1	引进资源
2945	84-709	胡枝子属	截叶铁扫帚	*Lespedeza cuneata*（Dum. de Cours）G. Don	阿帕罗		苏联	1992	1	引进资源
2946	LM-D403	胡枝子属	达乌里胡枝子	*Lespedeza davurica*（Laxm.）Schindl.			甘肃兰州	2014	1	野生资源
2947	PT-182	胡枝子属	达乌里胡枝子	*Lespedeza davurica*（Laxm.）Schindl.			内蒙古正蓝旗	2010	1	野生资源
2948	B5138	胡枝子属	达乌里胡枝子	*Lespedeza davurica*（Laxm.）Schindl.			山西	2010	3	野生资源
2949	B5147	胡枝子属	达乌里胡枝子	*Lespedeza davurica*（Laxm.）Schindl.			内蒙古	2010	3	野生资源
2950	中畜-011	胡枝子属	达乌里胡枝子	*Lespedeza davurica*（Laxm.）Schindl.			甘肃灵台	2000	1	野生资源
2951	L378	胡枝子属	达乌里胡枝子	*Lespedeza davurica*（Laxm.）Schindl.			内蒙古扎赉特旗	2002	1	野生资源
2952	中畜-1885	胡枝子属	达乌里胡枝子	*Lespedeza davurica*（Laxm.）Schindl.			北京房山	2011	3	野生资源
2953	中畜-1886	胡枝子属	达乌里胡枝子	*Lespedeza davurica*（Laxm.）Schindl.			河北赤城	2011	3	野生资源
2954	中畜-1887	胡枝子属	达乌里胡枝子	*Lespedeza davurica*（Laxm.）Schindl.			北京房山	2011	3	野生资源
2955	中畜-1888	胡枝子属	达乌里胡枝子	*Lespedeza davurica*（Laxm.）Schindl.			河北蔚县	2011	3	野生资源
2956	中畜-1890	胡枝子属	达乌里胡枝子	*Lespedeza davurica*（Laxm.）Schindl.			河南平顶山	2011	3	野生资源
2957	中畜-1891	胡枝子属	达乌里胡枝子	*Lespedeza davurica*（Laxm.）Schindl.			河北张家口蔚县	2011	3	野生资源
2958	中畜-1892	胡枝子属	达乌里胡枝子	*Lespedeza davurica*（Laxm.）Schindl.			河北蔚县	2011	3	野生资源
2959	中畜-1895	胡枝子属	达乌里胡枝子	*Lespedeza davurica*（Laxm.）Schindl.			河北蔚县	2011	3	野生资源
2960	中畜-1897	胡枝子属	达乌里胡枝子	*Lespedeza davurica*（Laxm.）Schindl.			北京房山	2011	3	野生资源
2961	中畜-1898	胡枝子属	达乌里胡枝子	*Lespedeza davurica*（Laxm.）Schindl.			河北丰宁	2011	3	野生资源
2962	中畜-1899	胡枝子属	达乌里胡枝子	*Lespedeza davurica*（Laxm.）Schindl.			河北涞水	2011	3	野生资源

（续）

序号	送种单位编号	属　名	种　名	学　名	品种名（原文名）	材料来源	材料原产地	收种时间（年份）	保存地点	类型
2963	中畜-1902	胡枝子属	达乌里胡枝子	*Lespedeza davurica*（Laxm.）Schindl.			河北蔚县	2011	3	野生资源
2964	中畜-1905	胡枝子属	达乌里胡枝子	*Lespedeza davurica*（Laxm.）Schindl.			河北怀来	2011	3	野生资源
2965	中畜-1906	胡枝子属	达乌里胡枝子	*Lespedeza davurica*（Laxm.）Schindl.			河北赤城	2011	3	野生资源
2966	中畜-1907	胡枝子属	达乌里胡枝子	*Lespedeza davurica*（Laxm.）Schindl.			河南平顶山	2011	3	野生资源
2967	中畜-1908	胡枝子属	达乌里胡枝子	*Lespedeza davurica*（Laxm.）Schindl.			北京香山	2010	3	野生资源
2968	中畜-1966	胡枝子属	达乌里胡枝子	*Lespedeza davurica*（Laxm.）Schindl.			河北围场	2012	3	野生资源
2969	中畜-1968	胡枝子属	达乌里胡枝子	*Lespedeza davurica*（Laxm.）Schindl.			内蒙古巴林左旗	2012	3	野生资源
2970	中畜-1970	胡枝子属	达乌里胡枝子	*Lespedeza davurica*（Laxm.）Schindl.			内蒙古翁牛特旗	2012	3	野生资源
2971	中畜-1971	胡枝子属	达乌里胡枝子	*Lespedeza davurica*（Laxm.）Schindl.			河北围场	2012	3	野生资源
2972	中畜-1974	胡枝子属	达乌里胡枝子	*Lespedeza davurica*（Laxm.）Schindl.			北京延庆	2012	3	野生资源
2973	中畜-1975	胡枝子属	达乌里胡枝子	*Lespedeza davurica*（Laxm.）Schindl.			内蒙古松山	2012	3	野生资源
2974	中畜-1981	胡枝子属	达乌里胡枝子	*Lespedeza davurica*（Laxm.）Schindl.			内蒙古翁牛特旗	2012	3	野生资源
2975	中畜-1982	胡枝子属	达乌里胡枝子	*Lespedeza davurica*（Laxm.）Schindl.			河北承德	2012	3	野生资源
2976	中畜-1986	胡枝子属	达乌里胡枝子	*Lespedeza davurica*（Laxm.）Schindl.			内蒙古松山区	2012	3	野生资源
2977	2015187	胡枝子属	达乌里胡枝子	*Lespedeza davurica*（Laxm.）Schindl.			内蒙古通辽巴彦敖包	2015	1	野生资源
2978	中畜-325	胡枝子属	达乌里胡枝子	*Lespedeza davurica*（Laxm.）Schindl.			北京香山	2003	3	野生资源
2979	GS200012	胡枝子属	达乌里胡枝子	*Lespedeza davurica*（Laxm.）Schindl.			甘肃兰州	2000	3	野生资源
2980	中畜-542	胡枝子属	达乌里胡枝子	*Lespedeza davurica*（Laxm.）Schindl.			山西郭家山	2004	3	野生资源
2981	中畜-556	胡枝子属	达乌里胡枝子	*Lespedeza davurica*（Laxm.）Schindl.			山西立石村	2004	3	野生资源
2982	蒙 164	胡枝子属	达乌里胡枝子	*Lespedeza davurica*（Laxm.）Schindl.			内蒙古鄂尔多斯	2001	3	野生资源
2983	JL06-042	胡枝子属	达乌里胡枝子	*Lespedeza davurica*（Laxm.）Schindl.			吉林长岭	2006	3	野生资源
2984	NM05-005	胡枝子属	达乌里胡枝子	*Lespedeza davurica*（Laxm.）Schindl.			内蒙古翁牛特旗	2005	3	野生资源
2985	蒙 168	胡枝子属	达乌里胡枝子	*Lespedeza davurica*（Laxm.）Schindl.			内蒙古鄂尔多斯	2001	3	野生资源
2986	中畜-749	胡枝子属	达乌里胡枝子	*Lespedeza davurica*（Laxm.）Schindl.			内蒙古赤峰高家梁	2006	3	野生资源
2987	中畜-757	胡枝子属	达乌里胡枝子	*Lespedeza davurica*（Laxm.）Schindl.			内蒙古赤峰毛山东	2006	3	野生资源

（续）

序号	送种单位编号	属　名	种　名	学　名	品种名（原文名）	材料来源	材料原产地	收种时间（年份）	保存地点	类型
2988	中畜-838	胡枝子属	达乌里胡枝子	*Lespedeza davurica*（Laxm.）Schindl.			山西	2006	3	野生资源
2989	中畜-785	胡枝子属	达乌里胡枝子	*Lespedeza davurica*（Laxm.）Schindl.			山西沁源	2007	3	野生资源
2990	中畜-845	胡枝子属	达乌里胡枝子	*Lespedeza davurica*（Laxm.）Schindl.			北京阳台山	2007	3	野生资源
2991	中畜-848	胡枝子属	达乌里胡枝子	*Lespedeza davurica*（Laxm.）Schindl.			北京门头沟	2007	3	野生资源
2992	中畜-893	胡枝子属	达乌里胡枝子	*Lespedeza davurica*（Laxm.）Schindl.			北京延庆	2008	3	野生资源
2993	中畜-896	胡枝子属	达乌里胡枝子	*Lespedeza davurica*（Laxm.）Schindl.			北京	2008	3	野生资源
2994	中畜-935	胡枝子属	达乌里胡枝子	*Lespedeza davurica*（Laxm.）Schindl.			北京云蒙山	2008	3	野生资源
2995	中畜-940	胡枝子属	达乌里胡枝子	*Lespedeza davurica*（Laxm.）Schindl.			北京延庆	2008	3	野生资源
2996	中畜-941	胡枝子属	达乌里胡枝子	*Lespedeza davurica*（Laxm.）Schindl.			北京 109 国道	2008	3	野生资源
2997	中畜-953	胡枝子属	达乌里胡枝子	*Lespedeza davurica*（Laxm.）Schindl.			北京	2008	3	野生资源
2998	中畜-960	胡枝子属	达乌里胡枝子	*Lespedeza davurica*（Laxm.）Schindl.			北京 109 国道	2008	3	野生资源
2999	中畜-961	胡枝子属	达乌里胡枝子	*Lespedeza davurica*（Laxm.）Schindl.			北京小龙门	2008	3	野生资源
3000	GS1680	胡枝子属	达乌里胡枝子	*Lespedeza davurica*（Laxm.）Schindl.			甘肃会宁会师镇	2007	3	野生资源
3001	GS2921	胡枝子属	达乌里胡枝子	*Lespedeza davurica*（Laxm.）Schindl.			陕西千阳	2011	3	野生资源
3002	中畜-1295	胡枝子属	达乌里胡枝子	*Lespedeza davurica*（Laxm.）Schindl.			河北承德	2009	3	野生资源
3003	中畜-1300	胡枝子属	达乌里胡枝子	*Lespedeza davurica*（Laxm.）Schindl.			北京香山	2009	3	野生资源
3004	中畜-1301	胡枝子属	达乌里胡枝子	*Lespedeza davurica*（Laxm.）Schindl.			北京延庆	2009	3	野生资源
3005	中畜-1305	胡枝子属	达乌里胡枝子	*Lespedeza davurica*（Laxm.）Schindl.			河北廊坊	2009	3	野生资源
3006	中畜-1306	胡枝子属	达乌里胡枝子	*Lespedeza davurica*（Laxm.）Schindl.			北京昌平	2009	3	野生资源
3007	中畜-1307	胡枝子属	达乌里胡枝子	*Lespedeza davurica*（Laxm.）Schindl.			北京延庆	2009	3	野生资源
3008	中畜-1310	胡枝子属	达乌里胡枝子	*Lespedeza davurica*（Laxm.）Schindl.			河北承德	2009	3	野生资源
3009	中畜-1432	胡枝子属	达乌里胡枝子	*Lespedeza davurica*（Laxm.）Schindl.			北京延庆	2010	3	野生资源
3010	中畜-1433	胡枝子属	达乌里胡枝子	*Lespedeza davurica*（Laxm.）Schindl.			北京昌平	2010	3	野生资源
3011	中畜-1434	胡枝子属	达乌里胡枝子	*Lespedeza davurica*（Laxm.）Schindl.			河北怀来	2010	3	野生资源
3012	中畜-1438	胡枝子属	达乌里胡枝子	*Lespedeza davurica*（Laxm.）Schindl.			北京延庆	2010	3	野生资源

（续）

序号	送种单位编号	属　名	种　名	学　名	品种名（原文名）	材料来源	材料原产地	收种时间（年份）	保存地点	类型
3013	中畜-1520	胡枝子属	达乌里胡枝子	*Lespedeza davurica* (Laxm.) Schindl.			河北蔚县	2011	3	野生资源
3014	中畜-1521	胡枝子属	达乌里胡枝子	*Lespedeza davurica* (Laxm.) Schindl.			河北涿鹿	2011	3	野生资源
3015	中畜-1522	胡枝子属	达乌里胡枝子	*Lespedeza davurica* (Laxm.) Schindl.			河北怀来	2011	3	野生资源
3016	中畜-1523	胡枝子属	达乌里胡枝子	*Lespedeza davurica* (Laxm.) Schindl.			河北张家口	2011	3	野生资源
3017	中畜-1524	胡枝子属	达乌里胡枝子	*Lespedeza davurica* (Laxm.) Schindl.			河北廊坊	2011	3	野生资源
3018	中畜-1525	胡枝子属	达乌里胡枝子	*Lespedeza davurica* (Laxm.) Schindl.			河北蔚县	2011	3	野生资源
3019	中畜-1527	胡枝子属	达乌里胡枝子	*Lespedeza davurica* (Laxm.) Schindl.			河北蔚县	2011	3	野生资源
3020	中畜-1531	胡枝子属	达乌里胡枝子	*Lespedeza davurica* (Laxm.) Schindl.			河北赤城	2011	3	野生资源
3021	中畜-1686	胡枝子属	达乌里胡枝子	*Lespedeza davurica* (Laxm.) Schindl.			北京房山	2010	3	野生资源
3022	中畜-1687	胡枝子属	达乌里胡枝子	*Lespedeza davurica* (Laxm.) Schindl.			河北易县	2010	3	野生资源
3023	中畜-1688	胡枝子属	达乌里胡枝子	*Lespedeza davurica* (Laxm.) Schindl.			河北涞源	2010	3	野生资源
3024	中畜-1689	胡枝子属	达乌里胡枝子	*Lespedeza davurica* (Laxm.) Schindl.			北京门头沟	2010	3	野生资源
3025	中畜-1692	胡枝子属	达乌里胡枝子	*Lespedeza davurica* (Laxm.) Schindl.			北京房山	2010	3	野生资源
3026	中畜-1304	胡枝子属	达乌里胡枝子	*Lespedeza davurica* (Laxm.) Schindl.		河北	河北巴克代营	2009	3	野生资源
3027	中畜-1312	胡枝子属	达乌里胡枝子	*Lespedeza davurica* (Laxm.) Schindl.			河北承德	2009	3	野生资源
3028	中畜-1442	胡枝子属	达乌里胡枝子	*Lespedeza davurica* (Laxm.) Schindl.			北京昌平	2010	3	野生资源
3029	中畜-1532	胡枝子属	达乌里胡枝子	*Lespedeza davurica* (Laxm.) Schindl.			河北赤城	2011	3	野生资源
3030	中畜-1533	胡枝子属	达乌里胡枝子	*Lespedeza davurica* (Laxm.) Schindl.			河北赤城	2011	3	野生资源
3031	中畜-1703	胡枝子属	达乌里胡枝子	*Lespedeza davurica* (Laxm.) Schindl.			北京门头沟	2010	3	野生资源
3032	中畜-1705	胡枝子属	达乌里胡枝子	*Lespedeza davurica* (Laxm.) Schindl.			河北怀来	2010	3	野生资源
3033	中畜-1707	胡枝子属	达乌里胡枝子	*Lespedeza davurica* (Laxm.) Schindl.			北京门头沟	2010	3	野生资源
3034	JL11-199	胡枝子属	达乌里胡枝子	*Lespedeza davurica* (Laxm.) Schindl.			吉林白城桃北	2010	3	野生资源
3035	070315017	胡枝子属	多花胡枝子	*Lespedeza floribunda* Bunge			广西河池	2007	2	野生资源
3036	070315017	胡枝子属	多花胡枝子	*Lespedeza floribunda* Bunge			福建平和	2007	2	野生资源
3037	中畜-188	胡枝子属	多花胡枝子	*Lespedeza floribunda* Bunge			山西大西庄	2008	3	野生资源

（续）

序号	送种单位编号	属　名	种　名	学　名	品种名（原文名）	材料来源	材料原产地	收种时间（年份）	保存地点	类型
3038	E307	胡枝子属	多花胡枝子	*Lespedeza floribunda* Bunge			北京百望山	2003	3	野生资源
3039	中畜-853	胡枝子属	多花胡枝子	*Lespedeza floribunda* Bunge			北京涧沟村	2007	3	野生资源
3040	中畜-854	胡枝子属	多花胡枝子	*Lespedeza floribunda* Bunge			北京阳台山	2007	3	野生资源
3041	中畜-1283	胡枝子属	多花胡枝子	*Lespedeza floribunda* Bunge			北京延庆	2009	3	野生资源
3042	中畜-1288	胡枝子属	多花胡枝子	*Lespedeza floribunda* Bunge			北京平谷	2009	3	野生资源
3043	中畜-1291	胡枝子属	多花胡枝子	*Lespedeza floribunda* Bunge			河北廊坊	2009	3	野生资源
3044	中畜-1292	胡枝子属	多花胡枝子	*Lespedeza floribunda* Bunge			北京香山	2009	3	野生资源
3045	中畜-1294	胡枝子属	多花胡枝子	*Lespedeza floribunda* Bunge			北京怀柔	2009	3	野生资源
3046	中畜-1534	胡枝子属	多花胡枝子	*Lespedeza floribunda* Bunge			河北怀来	2010	3	野生资源
3047	中畜-1536	胡枝子属	多花胡枝子	*Lespedeza floribunda* Bunge			北京昌平	2010	3	野生资源
3048	中畜-1542	胡枝子属	多花胡枝子	*Lespedeza floribunda* Bunge			北京延庆	2010	3	野生资源
3049	中畜-1545	胡枝子属	多花胡枝子	*Lespedeza floribunda* Bunge			北京	2007	3	野生资源
3050	中畜-1546	胡枝子属	多花胡枝子	*Lespedeza floribunda* Bunge			北京	2008	3	野生资源
3051	中畜-1547	胡枝子属	多花胡枝子	*Lespedeza floribunda* Bunge			北京	2009	3	野生资源
3052	中畜-1926	胡枝子属	多花胡枝子	*Lespedeza floribunda* Bunge			北京房山	2011	3	野生资源
3053	中畜-1927	胡枝子属	多花胡枝子	*Lespedeza floribunda* Bunge			河北涞水	2011	3	野生资源
3054	中畜-1931	胡枝子属	多花胡枝子	*Lespedeza floribunda* Bunge			北京延庆	2010	3	野生资源
3055	中畜-1934	胡枝子属	多花胡枝子	*Lespedeza floribunda* Bunge			河北涞水	2011	3	野生资源
3056	中畜-2020	胡枝子属	多花胡枝子	*Lespedeza floribunda* Bunge			北京延庆	2012	3	野生资源
3057	中畜-331	胡枝子属	多花胡枝子	*Lespedeza floribunda* Bunge			北京百望山	2000	1	野生资源
3058	中畜-333	胡枝子属	多花胡枝子	*Lespedeza floribunda* Bunge			北京八大处	2000	1	野生资源
3059	110118026	胡枝子属	美丽胡枝子	*Lespedeza formosa* (Vog.) Koehne			福建长泰	2011	2	野生资源
3060	E309	胡枝子属	美丽胡枝子	*Lespedeza formosa* (Vog.) Koehne			湖北武汉	2003	3	野生资源
3061	中畜-1865	胡枝子属	阴山胡枝子	*Lespedeza inschanica* (Maxim.) Schindl.			北京昌平	2010	3	野生资源
3062	中畜-1866	胡枝子属	阴山胡枝子	*Lespedeza inschanica* (Maxim.) Schindl.			北京房山	2011	3	野生资源

（续）

序号	送种单位编号	属　名	种　名	学　名	品种名（原文名）	材料来源	材料原产地	收种时间（年份）	保存地点	类型
3063	中畜-1867	胡枝子属	阴山胡枝子	*Lespedeza inschanica*（Maxim.）Schindl.			河北涞水	2011	3	野生资源
3064	中畜-1871	胡枝子属	阴山胡枝子	*Lespedeza inschanica*（Maxim.）Schindl.			北京门头沟	2011	3	野生资源
3065	中畜-1873	胡枝子属	阴山胡枝子	*Lespedeza inschanica*（Maxim.）Schindl.			北京房山青圈	2011	3	野生资源
3066	中畜-1874	胡枝子属	阴山胡枝子	*Lespedeza inschanica*（Maxim.）Schindl.			北京房山	2011	3	野生资源
3067	中畜-1875	胡枝子属	阴山胡枝子	*Lespedeza inschanica*（Maxim.）Schindl.			河南平顶山	2011	3	野生资源
3068	SC2007-002	胡枝子属	阴山胡枝子	*Lespedeza inschanica*（Maxim.）Schindl.			四川广元	2008	3	野生资源
3069	中畜-1026	胡枝子属	阴山胡枝子	*Lespedeza inschanica*（Maxim.）Schindl.			北京	2008	3	野生资源
3070	中畜-1027	胡枝子属	阴山胡枝子	*Lespedeza inschanica*（Maxim.）Schindl.			北京阳台山	2008	3	野生资源
3071	JL09062	胡枝子属	阴山胡枝子	*Lespedeza inschanica*（Maxim.）Schindl.			吉林永吉旺起	2010	3	野生资源
3072	HB2009-278	胡枝子属	阴山胡枝子	*Lespedeza inschanica*（Maxim.）Schindl.			河南信阳	2010	3	野生资源
3073	JL10-089	胡枝子属	阴山胡枝子	*Lespedeza inschanica*（Maxim.）Schindl.			吉林昌邑桦皮厂	2009	3	野生资源
3074	中畜-1263	胡枝子属	阴山胡枝子	*Lespedeza inschanica*（Maxim.）Schindl.			北京昌平	2009	3	野生资源
3075	中畜-1264	胡枝子属	阴山胡枝子	*Lespedeza inschanica*（Maxim.）Schindl.			北京平谷	2009	3	野生资源
3076	中畜-1265	胡枝子属	阴山胡枝子	*Lespedeza inschanica*（Maxim.）Schindl.			北京延庆	2009	3	野生资源
3077	中畜-1266	胡枝子属	阴山胡枝子	*Lespedeza inschanica*（Maxim.）Schindl.			河北廊坊	2009	3	野生资源
3078	中畜-1267	胡枝子属	阴山胡枝子	*Lespedeza inschanica*（Maxim.）Schindl.			北京香山	2009	3	野生资源
3079	中畜-1553	胡枝子属	阴山胡枝子	*Lespedeza inschanica*（Maxim.）Schindl.			北京房山	2011	3	野生资源
3080	中畜-1708	胡枝子属	阴山胡枝子	*Lespedeza inschanica*（Maxim.）Schindl.			北京延庆	2011	3	野生资源
3081	中畜-1709	胡枝子属	阴山胡枝子	*Lespedeza inschanica*（Maxim.）Schindl.			北京昌平	2010	3	野生资源
3082	中畜-1710	胡枝子属	阴山胡枝子	*Lespedeza inschanica*（Maxim.）Schindl.			河北涞源	2010	3	野生资源
3083	中畜-1711	胡枝子属	阴山胡枝子	*Lespedeza inschanica*（Maxim.）Schindl.			北京延庆	2010	3	野生资源
3084	中畜-1712	胡枝子属	阴山胡枝子	*Lespedeza inschanica*（Maxim.）Schindl.			北京海淀	2010	3	野生资源
3085	中畜-1713	胡枝子属	阴山胡枝子	*Lespedeza inschanica*（Maxim.）Schindl.			中国	2010	3	野生资源
3086	中畜-1714	胡枝子属	阴山胡枝子	*Lespedeza inschanica*（Maxim.）Schindl.			中国	2009	3	野生资源

（续）

序号	送种单位编号	属　名	种　名	学　名	品种名（原文名）	材料来源	材料原产地	收种时间（年份）	保存地点	类型
3087	中畜-1715	胡枝子属	阴山胡枝子	*Lespedeza inschanica* (Maxim.) Schindl.			山东	2008	3	野生资源
3088	中畜-185	胡枝子属	尖叶铁扫帚	*Lespedeza juncea* (L. f.) Pers.			北京双峪路	2008	3	野生资源
3089	GS946	胡枝子属	尖叶铁扫帚	*Lespedeza juncea* (L. f.) Pers.			宁夏泾源	2005	3	野生资源
3090	中畜-885	胡枝子属	尖叶铁扫帚	*Lespedeza juncea* (L. f.) Pers.			辽宁南杂木	2008	3	野生资源
3091	中畜-890	胡枝子属	尖叶铁扫帚	*Lespedeza juncea* (L. f.) Pers.			北京	2008	3	野生资源
3092	中畜-891	胡枝子属	尖叶铁扫帚	*Lespedeza juncea* (L. f.) Pers.			内蒙古松山	2008	3	野生资源
3093	中畜-944	胡枝子属	尖叶铁扫帚	*Lespedeza juncea* (L. f.) Pers.			北京王平镇	2008	3	野生资源
3094	中畜-1728	胡枝子属	尖叶铁扫帚	*Lespedeza juncea* (L. f.) Pers.			北京昌平	2010	3	野生资源
3095	中畜-1730	胡枝子属	尖叶铁扫帚	*Lespedeza juncea* (L. f.) Pers.			北京门头沟	2010	3	野生资源
3096	中畜-1733	胡枝子属	尖叶铁扫帚	*Lespedeza juncea* (L. f.) Pers.			北京延庆	2010	3	野生资源
3097	中畜-1734	胡枝子属	尖叶铁扫帚	*Lespedeza juncea* (L. f.) Pers.			北京昌平	2010	3	野生资源
3098	JL11-200	胡枝子属	尖叶铁扫帚	*Lespedeza juncea* (L. f.) Pers.			吉林白城	2010	3	野生资源
3099	150126001	胡枝子属	铁马鞭	*Lespedeza pilosa* (Thunb.) Sieb. et Zucc.			福建大田	2015	2	野生资源
3100	SCH2004-65	胡枝子属	铁马鞭	*Lespedeza pilosa* (Thunb.) Sieb. et Zucc.			四川石棉	2003	3	野生资源
3101	蒙 99-74	胡枝子属	牛枝子	*Lespedeza potaninii* Vass.			内蒙古东胜	1998	3	野生资源
3102	GS565	胡枝子属	牛枝子	*Lespedeza potaninii* Vass.			宁夏盐池	2004	3	野生资源
3103	B493	胡枝子属	牛枝子	*Lespedeza potaninii* Vass.			内蒙古太格斗	2004	3	野生资源
3104	B495	胡枝子属	牛枝子	*Lespedeza potaninii* Vass.			北京太师屯	2004	3	野生资源
3105	中畜-334	胡枝子属	绒毛胡枝子	*Lespedeza tomentosa* (Thunb.) Sieb.			北京天坛公园	2000	1	野生资源
3106	中畜-441	胡枝子属	绒毛胡枝子	*Lespedeza tomentosa* (Thunb.) Sieb.			内蒙古贡布板	2003	3	野生资源
3107	中畜-1271	胡枝子属	绒毛胡枝子	*Lespedeza tomentosa* (Thunb.) Sieb.			北京香山	2009	3	野生资源
3108	中畜-1272	胡枝子属	绒毛胡枝子	*Lespedeza tomentosa* (Thunb.) Sieb.			河北廊坊	2009	3	野生资源
3109	HB2010-115	胡枝子属	绒毛胡枝子	*Lespedeza tomentosa* (Thunb.) Sieb.			河南浉河	2010	3	野生资源
3110	121018005	胡枝子属	绒毛胡枝子	*Lespedeza tomentosa* (Thunb.) Sieb.			贵州晴隆	2012	2	野生资源

（续）

序号	送种单位编号	属　名	种　名	学　　名	品种名（原文名）	材料来源	材料原产地	收种时间（年份）	保存地点	类型
3111	130619003	银合欢属	银合欢	*Leucaena leucocephala* (Lam.) de Wit			海南五指山	2013	2	野生资源
3112	041117004	银合欢属	银合欢	*Leucaena leucocephala* (Lam.) de Wit			海南三亚	2004	2	野生资源
3113	041130001	银合欢属	银合欢	*Leucaena leucocephala* (Lam.) de Wit			海南儋州两院	2004	2	野生资源
3114	041130046	银合欢属	银合欢	*Leucaena leucocephala* (Lam.) de Wit			海南东方	2004	2	野生资源
3115	041130325	银合欢属	银合欢	*Leucaena leucocephala* (Lam.) de Wit			海南海口	2004	2	野生资源
3116	041130339	银合欢属	银合欢	*Leucaena leucocephala* (Lam.) de Wit			海南澄迈白莲	2004	2	野生资源
3117	050217064	银合欢属	银合欢	*Leucaena leucocephala* (Lam.) de Wit			云南潞江坝	2005	2	野生资源
3118	050223206	银合欢属	银合欢	*Leucaena leucocephala* (Lam.) de Wit			云南龙陵	2005	2	野生资源
3119	050227349	银合欢属	银合欢	*Leucaena leucocephala* (Lam.) de Wit			云南勐海	2005	2	野生资源
3120	050301413	银合欢属	银合欢	*Leucaena leucocephala* (Lam.) de Wit			云南勐腊	2005	2	野生资源
3121	050307485	银合欢属	银合欢	*Leucaena leucocephala* (Lam.) de Wit			广西隆林	2005	2	野生资源
3122	050307486	银合欢属	银合欢	*Leucaena leucocephala* (Lam.) de Wit			广西合浦	2005	2	野生资源
3123	050307487	银合欢属	银合欢	*Leucaena leucocephala* (Lam.) de Wit			广西隆林	2005	2	野生资源
3124	050307503	银合欢属	银合欢	*Leucaena leucocephala* (Lam.) de Wit			广西田林	2005	2	野生资源
3125	050308526	银合欢属	银合欢	*Leucaena leucocephala* (Lam.) de Wit			广西德保	2005	2	野生资源
3126	050309532	银合欢属	银合欢	*Leucaena leucocephala* (Lam.) de Wit			广西靖西	2005	2	野生资源
3127	050311570	银合欢属	银合欢	*Leucaena leucocephala* (Lam.) de Wit			广西钦州	2005	2	野生资源
3128	050311588	银合欢属	银合欢	*Leucaena leucocephala* (Lam.) de Wit			广西北海	2005	2	野生资源
3129	050312613	银合欢属	银合欢	*Leucaena leucocephala* (Lam.) de Wit			广东遂溪	2005	2	野生资源
3130	050322059	银合欢属	银合欢	*Leucaena leucocephala* (Lam.) de Wit			海南儋州	2005	2	野生资源
3131	041130208	银合欢属	银合欢	*Leucaena leucocephala* (Lam.) de Wit			海南琼海	2004	2	野生资源
3132	060228001	银合欢属	银合欢	*Leucaena leucocephala* (Lam.) de Wit			北京大岭	2006	2	野生资源
3133	060219002	银合欢属	银合欢	*Leucaena leucocephala* (Lam.) de Wit			海南江县	2006	2	野生资源
3134	060228008	银合欢属	银合欢	*Leucaena leucocephala* (Lam.) de Wit			海南昌江	2006	2	野生资源

（续）

序号	送种单位编号	属　名	种　名	学　　名	品种名（原文名）	材料来源	材料原产地	收种时间（年份）	保存地点	类型
3135	041130137	银合欢属	银合欢	*Leucaena leucocephala* (Lam.) de Wit			广西梧州	2004	2	野生资源
3136	041130130	银合欢属	银合欢	*Leucaena leucocephala* (Lam.) de Wit			海南三亚	2004	2	野生资源
3137	041130014	银合欢属	银合欢	*Leucaena leucocephala* (Lam.) de Wit			海南白沙	2004	2	野生资源
3138	041130036	银合欢属	银合欢	*Leucaena leucocephala* (Lam.) de Wit			海南昌江	2004	2	野生资源
3139	041130063	银合欢属	银合欢	*Leucaena leucocephala* (Lam.) de Wit			海南东方	2004	2	野生资源
3140	050106053	银合欢属	银合欢	*Leucaena leucocephala* (Lam.) de Wit			海南儋州	2005	2	野生资源
3141	041117002	银合欢属	银合欢	*Leucaena leucocephala* (Lam.) de Wit			海南乐东	2004	2	野生资源
3142	041130042	银合欢属	银合欢	*Leucaena leucocephala* (Lam.) de Wit			海南东方	2004	2	野生资源
3143	070316005	银合欢属	银合欢	*Leucaena leucocephala* (Lam.) de Wit			广西柳州官塘	2007	2	野生资源
3144	070103017	银合欢属	银合欢	*Leucaena leucocephala* (Lam.) de Wit			广东茂名电白	2007	2	野生资源
3145	021238989	银合欢属	银合欢	*Leucaena leucocephala* (Lam.) de Wit			海南儋州三都	2006.7	2	野生资源
3146	070315004	银合欢属	银合欢	*Leucaena leucocephala* (Lam.) de Wit			广西河池	2007	2	野生资源
3147	070110042	银合欢属	银合欢	*Leucaena leucocephala* (Lam.) de Wit			广东陆丰	2007	2	野生资源
3148	070319038	银合欢属	银合欢	*Leucaena leucocephala* (Lam.) de Wit			广西北流	2007	2	野生资源
3149	070112007	银合欢属	银合欢	*Leucaena leucocephala* (Lam.) de Wit			福建厦门	2007	2	野生资源
3150	061003001	银合欢属	银合欢	*Leucaena leucocephala* (Lam.) de Wit			海南蜈支洲岛	2006	2	野生资源
3151	070108001	银合欢属	银合欢	*Leucaena leucocephala* (Lam.) de Wit			广东深圳	2007	2	野生资源
3152	070116011	银合欢属	银合欢	*Leucaena leucocephala* (Lam.) de Wit			福建永安	2007	2	野生资源
3153	061118031	银合欢属	银合欢	*Leucaena leucocephala* (Lam.) de Wit			海南儋州	2006	2	野生资源
3154	060612002	银合欢属	银合欢	*Leucaena leucocephala* (Lam.) de Wit			四川攀枝花仁和	2006	2	野生资源
3155	061127029	银合欢属	银合欢	*Leucaena leucocephala* (Lam.) de Wit			海南东方	2006	2	野生资源
3156	070111026	银合欢属	银合欢	*Leucaena leucocephala* (Lam.) de Wit			广东潮州	2007	2	野生资源
3157	070110015	银合欢属	银合欢	*Leucaena leucocephala* (Lam.) de Wit			广东汕尾	2007	2	野生资源
3158	070113025	银合欢属	银合欢	*Leucaena leucocephala* (Lam.) de Wit			福建晋江	2007	2	野生资源

（续）

序号	送种单位编号	属　名	种　名	学　名	品种名（原文名）	材料来源	材料原产地	收种时间（年份）	保存地点	类型
3159	070120039	银合欢属	银合欢	*Leucaena leucocephala* (Lam.) de Wit			广东信宜	2007	2	野生资源
3160	070312022	银合欢属	银合欢	*Leucaena leucocephala* (Lam.) de Wit			贵州天生桥	2007	2	野生资源
3161	070118001	银合欢属	银合欢	*Leucaena leucocephala* (Lam.) de Wit			广东惠州	2007	2	野生资源
3162	细叶	银合欢属	银合欢	*Leucaena leucocephala* (Lam.) de Wit			海南儋州两院	2002	2	野生资源
3163	070117001	银合欢属	银合欢	*Leucaena leucocephala* (Lam.) de Wit			广东梅州	2007	2	野生资源
3164	061129058	银合欢属	银合欢	*Leucaena leucocephala* (Lam.) de Wit			海南亚龙湾	2006	2	野生资源
3165	070113002	银合欢属	银合欢	*Leucaena leucocephala* (Lam.) de Wit			福建厦门	2007	2	野生资源
3166	070111001	银合欢属	银合欢	*Leucaena leucocephala* (Lam.) de Wit			广东汕头	2007	2	野生资源
3167	070312035	银合欢属	银合欢	*Leucaena leucocephala* (Lam.) de Wit			广西隆林	2007	2	野生资源
3168	070302021	银合欢属	银合欢	*Leucaena leucocephala* (Lam.) de Wit			云南河口	2007	2	野生资源
3169	070109003	银合欢属	银合欢	*Leucaena leucocephala* (Lam.) de Wit			广东深圳	2007	2	野生资源
3170	070109039	银合欢属	银合欢	*Leucaena leucocephala* (Lam.) de Wit			广东惠东	2007	2	野生资源
3171	070111034	银合欢属	银合欢	*Leucaena leucocephala* (Lam.) de Wit			福建诏安	2007	2	野生资源
3172	070319024	银合欢属	银合欢	*Leucaena leucocephala* (Lam.) de Wit			广西岑溪	2007	2	野生资源
3173	070104017	银合欢属	银合欢	*Leucaena leucocephala* (Lam.) de Wit			广东阳江	2007	2	野生资源
3174	061115006	银合欢属	银合欢	*Leucaena leucocephala* (Lam.) de Wit			海南儋州	2006	2	野生资源
3175	070103004	银合欢属	银合欢	*Leucaena leucocephala* (Lam.) de Wit			广东湛江	2007	2	野生资源
3176	CIAT17482	银合欢属	银合欢	*Leucaena leucocephala* (Lam.) de Wit		美国夏威夷大学		2002	2	引进资源
3177	040308001	银合欢属	银合欢	*Leucaena leucocephala* (Lam.) de Wit			广西百色	2004	2	野生资源
3178	040308002	银合欢属	银合欢	*Leucaena leucocephala* (Lam.) de Wit			云南元谋	2004	2	野生资源
3179	040308003	银合欢属	银合欢	*Leucaena leucocephala* (Lam.) de Wit			广西梧州	2004	2	野生资源
3180	040308004	银合欢属	银合欢	*Leucaena leucocephala* (Lam.) de Wit			广西田东	2004	2	野生资源
3181	040308005	银合欢属	银合欢	*Leucaena leucocephala* (Lam.) de Wit			广西田林板桃	2004	2	野生资源
3182	040308007	银合欢属	银合欢	*Leucaena leucocephala* (Lam.) de Wit			广西田林	2004	2	野生资源

（续）

序号	送种单位编号	属　名	种　名	学　名	品种名（原文名）	材料来源	材料原产地	收种时间（年份）	保存地点	类型
3183	040308008	银合欢属	银合欢	*Leucaena leucocephala* (Lam.) de Wit			广西灵山镇	2004	2	野生资源
3184	040308009	银合欢属	银合欢	*Leucaena leucocephala* (Lam.) de Wit			云南保山龙陵	2004	2	野生资源
3185	040308011	银合欢属	银合欢	*Leucaena leucocephala* (Lam.) de Wit			广西扶绥	2004	2	野生资源
3186	040308013	银合欢属	银合欢	*Leucaena leucocephala* (Lam.) de Wit				2004	2	野生资源
3187	040308014	银合欢属	银合欢	*Leucaena leucocephala* (Lam.) de Wit			广西平果	2004	2	野生资源
3188	040412001	银合欢属	银合欢	*Leucaena leucocephala* (Lam.) de Wit			广东湛江	2004	2	野生资源
3189	060219016	银合欢属	银合欢	*Leucaena leucocephala* (Lam.) de Wit			海南霸王岭	2006	2	野生资源
3190	060219031	银合欢属	银合欢	*Leucaena leucocephala* (Lam.) de Wit			云南勐腊	2006	2	野生资源
3191	060306006	银合欢属	银合欢	*Leucaena leucocephala* (Lam.) de Wit			海南白沙	2006	2	野生资源
3192	060331011	银合欢属	银合欢	*Leucaena leucocephala* (Lam.) de Wit			云南景洪	2006	2	野生资源
3193	061023021	银合欢属	银合欢	*Leucaena leucocephala* (Lam.) de Wit			哥斯达黎加	2006	2	引进资源
3194	061129048	银合欢属	银合欢	*Leucaena leucocephala* (Lam.) de Wit			海南三亚安游	2006	2	野生资源
3195	070116049	银合欢属	银合欢	*Leucaena leucocephala* (Lam.) de Wit			福建上杭	2007	2	野生资源
3196	070117084	银合欢属	银合欢	*Leucaena leucocephala* (Lam.) de Wit			广东龙川	2007	2	野生资源
3197	070227056	银合欢属	银合欢	*Leucaena leucocephala* (Lam.) de Wit			云南红河	2007	2	野生资源
3198	070302016	银合欢属	银合欢	*Leucaena leucocephala* (Lam.) de Wit			云南屏边	2007	2	野生资源
3199	070621001	银合欢属	银合欢	*Leucaena leucocephala* (Lam.) de Wit			四川南充	2007	2	野生资源
3200	071222028	银合欢属	银合欢	*Leucaena leucocephala* (Lam.) de Wit			福建永定	2004	2	野生资源
3201	110114007	银合欢属	银合欢	*Leucaena leucocephala* (Lam.) de Wit			福建同安	2011	2	野生资源
3202	110118006	银合欢属	银合欢	*Leucaena leucocephala* (Lam.) de Wit			福建安溪	2011	2	野生资源
3203	101214014	银合欢属	银合欢	*Leucaena leucocephala* (Lam.) de Wit			巴西	2010	2	引进资源
3204	071015002	银合欢属	银合欢	*Leucaena leucocephala* (Lam.) de Wit			美国华盛顿	2007	2	引进资源
3205	071015003	银合欢属	银合欢	*Leucaena leucocephala* (Lam.) de Wit			海南东方	2007	2	野生资源
3206	051210059	银合欢属	银合欢	*Leucaena leucocephala* (Lam.) de Wit			福建闽清	2005	2	野生资源

（续）

序号	送种单位编号	属　名	种　名	学　名	品种名（原文名）	材料来源	材料原产地	收种时间（年份）	保存地点	类型
3207	南 00985	银合欢属	银合欢	*Leucaena leucocephala* (Lam.) de Wit		海南南繁基地		2001	2	野生资源
3208	071015006	银合欢属	银合欢	*Leucaena leucocephala* (Lam.) de Wit			海南三亚鹿回头	2007	2	野生资源
3209	台湾	银合欢属	银合欢	*Leucaena leucocephala* (Lam.) de Wit			中国台湾	2006	2	野生资源
3210	印度尼西亚	银合欢属	银合欢	*Leucaena leucocephala* (Lam.) de Wit			印度尼西亚	2006	2	引进资源
3211	071015004	银合欢属	银合欢	*Leucaena leucocephala* (Lam.) de Wit			美国洛杉矶	2007	2	引进资源
3212	110116001	银合欢属	银合欢	*Leucaena leucocephala* (Lam.) de Wit			福建泉州	2011	2	野生资源
3213	101115023	银合欢属	银合欢	*Leucaena leucocephala* (Lam.) de Wit			广西大新	2010	2	野生资源
3214	101113006	银合欢属	银合欢	*Leucaena leucocephala* (Lam.) de Wit			广西龙州	2010	2	野生资源
3215	140922002	银合欢属	银合欢	*Leucaena leucocephala* (Lam.) de Wit			广东阳山	2014	2	野生资源
3216	110906015	银合欢属	银合欢	*Leucaena leucocephala* (Lam.) de Wit			江西宜丰	2011	2	野生资源
3217	121009001	银合欢属	银合欢	*Leucaena leucocephala* (Lam.) de Wit			海南白沙	2012	2	野生资源
3218	GX10111702	银合欢属	银合欢	*Leucaena leucocephala* (Lam.) de Wit			广西桂林	2010	2	野生资源
3219	071226069	银合欢属	银合欢	*Leucaena leucocephala* (Lam.) de Wit			广东南雄	2007	2	野生资源
3220	110109005	银合欢属	银合欢	*Leucaena leucocephala* (Lam.) de Wit			福建诏安	2011	2	野生资源
3221	050217031	银合欢属	银合欢	*Leucaena leucocephala* (Lam.) de Wit			海南霸王岭	2005	2	野生资源
3222	001347965	银合欢属	银合欢	*Leucaena leucocephala* (Lam.) de Wit			海南白沙	2006	2	野生资源
3223	050228395	银合欢属	银合欢	*Leucaena leucocephala* (Lam.) de Wit			广西百色	2005	2	野生资源
3224	071015001	银合欢属	银合欢	*Leucaena leucocephala* (Lam.) de Wit			云南龙陵	2007	2	野生资源
3225	CIAT17478	银合欢属	银合欢	*Leucaena leucocephala* (Lam.) de Wit		美国夏威夷大学		2002	2	引进资源
3226	CIAT17480	银合欢属	银合欢	*Leucaena leucocephala* (Lam.) de Wit		美国夏威夷大学		2002	2	引进资源
3227	CIAT17481	银合欢属	银合欢	*Leucaena leucocephala* (Lam.) de Wit		美国夏威夷大学		2002	2	引进资源
3228	CIAT17486	银合欢属	银合欢	*Leucaena leucocephala* (Lam.) de Wit		美国夏威夷大学		2002	2	引进资源
3229	CIAT17488	银合欢属	银合欢	*Leucaena leucocephala* (Lam.) de Wit		美国夏威夷大学		2002	2	引进资源
3230	CIAT17489	银合欢属	银合欢	*Leucaena leucocephala* (Lam.) de Wit		美国夏威夷大学		2002	2	引进资源
3231	CIAT17491	银合欢属	银合欢	*Leucaena leucocephala* (Lam.) de Wit		美国夏威夷大学		2002	2	引进资源

（续）

序号	送种单位编号	属　名	种　名	学　名	品种名（原文名）	材料来源	材料原产地	收种时间（年份）	保存地点	类型
3232	CIAT17492	银合欢属	银合欢	*Leucaena leucocephala* (Lam.) de Wit		美国夏威夷大学		2003	2	引进资源
3233	CIAT17493	银合欢属	银合欢	*Leucaena leucocephala* (Lam.) de Wit		美国夏威夷大学		2003	2	引进资源
3234	CIAT17498	银合欢属	银合欢	*Leucaena leucocephala* (Lam.) de Wit		美国夏威夷大学		2002	2	引进资源
3235	CIAT17502	银合欢属	银合欢	*Leucaena leucocephala* (Lam.) de Wit		美国夏威夷大学		2003	2	引进资源
3236	CIAT18478	银合欢属	银合欢	*Leucaena leucocephala* (Lam.) de Wit		美国夏威夷大学		2002	2	引进资源
3237	CIAT18479	银合欢属	银合欢	*Leucaena leucocephala* (Lam.) de Wit		美国夏威夷大学		2002	2	引进资源
3238	CIAT18480	银合欢属	银合欢	*Leucaena leucocephala* (Lam.) de Wit		美国夏威夷大学		2002	2	引进资源
3239	CIAT7384	银合欢属	银合欢	*Leucaena leucocephala* (Lam.) de Wit		美国夏威夷大学		2002	2	引进资源
3240	CIAT7385	银合欢属	银合欢	*Leucaena leucocephala* (Lam.) de Wit		美国夏威夷大学		2002	2	引进资源
3241	CIAT7452	银合欢属	银合欢	*Leucaena leucocephala* (Lam.) de Wit		美国夏威夷大学		2002	2	引进资源
3242	CIAT27074	银合欢属	银合欢	*Leucaena leucocephala* (Lam.) de Wit		美国夏威夷大学		2006	2	引进资源
3243	CIAT7929	银合欢属	银合欢	*Leucaena leucocephala* (Lam.) de Wit		美国夏威夷大学		2002	2	引进资源
3244	CIAT7930	银合欢属	银合欢	*Leucaena leucocephala* (Lam.) de Wit		美国夏威夷大学		2002	2	引进资源
3245	CIAT9377	银合欢属	银合欢	*Leucaena leucocephala* (Lam.) de Wit		美国夏威夷大学		2002	2	引进资源
3246	CIAT9379	银合欢属	银合欢	*Leucaena leucocephala* (Lam.) de Wit		美国夏威夷大学		2003	2	引进资源
3247	CIAT9438	银合欢属	银合欢	*Leucaena leucocephala* (Lam.) de Wit		美国夏威夷大学		2002	2	引进资源
3248	CIAT9442	银合欢属	银合欢	*Leucaena leucocephala* (Lam.) de Wit		美国夏威夷大学		2002	2	引进资源
3249	CIAT9464	银合欢属	银合欢	*Leucaena leucocephala* (Lam.) de Wit		美国夏威夷大学		2006	2	引进资源
3250	CIAT9993	银合欢属	银合欢	*Leucaena leucocephala* (Lam.) de Wit		美国夏威夷大学		2002	2	引进资源
3251	CIAT9994	银合欢属	银合欢	*Leucaena leucocephala* (Lam.) de Wit		美国夏威夷大学		2006	2	引进资源
3252	CIAT18483	银合欢属	银合欢	*Leucaena leucocephala* (Lam.) de Wit		美国夏威夷大学		2002	2	引进资源
3253	CIAT9133	银合欢属	银合欢	*Leucaena leucocephala* (Lam.) de Wit		美国夏威夷大学		2002	2	引进资源
3254	CIAT9421	银合欢属	银合欢	*Leucaena leucocephala* (Lam.) de Wit		美国夏威夷大学		2002	2	引进资源
3255	K132	银合欢属	银合欢	*Leucaena leucocephala* (Lam.) de Wit		美国夏威夷大学		2002	2	引进资源
3256	K28	银合欢属	银合欢	*Leucaena leucocephala* (Lam.) de Wit		美国夏威夷大学		2002	2	引进资源

（续）

序号	送种单位编号	属　名	种　名	学　名	品种名（原文名）	材料来源	材料原产地	收种时间（年份）	保存地点	类型
3257	K29	银合欢属	银合欢	*Leucaena leucocephala* (Lam.) de Wit		美国夏威夷大学		2002	2	引进资源
3258	K584	银合欢属	银合欢	*Leucaena leucocephala* (Lam.) de Wit		美国夏威夷大学		2002	2	引进资源
3259	K62	银合欢属	银合欢	*Leucaena leucocephala* (Lam.) de Wit		美国夏威夷大学		2002	2	引进资源
3260	K63	银合欢属	银合欢	*Leucaena leucocephala* (Lam.) de Wit		美国夏威夷大学		2006	2	引进资源
3261	K636	银合欢属	银合欢	*Leucaena leucocephala* (Lam.) de Wit		美国夏威夷大学		2002	2	引进资源
3262	K67	银合欢属	银合欢	*Leucaena leucocephala* (Lam.) de Wit		美国夏威夷大学		2002	2	引进资源
3263	K784(大粒)	银合欢属	银合欢	*Leucaena leucocephala* (Lam.) de Wit		美国夏威夷大学		2002	2	引进资源
3264	K8	银合欢属	银合欢	*Leucaena leucocephala* (Lam.) de Wit		美国夏威夷大学		2002	2	引进资源
3265	L319	银合欢属	银合欢	*Leucaena leucocephala* (Lam.) de Wit		美国夏威夷大学		2002	2	引进资源
3266	L320	银合欢属	银合欢	*Leucaena leucocephala* (Lam.) de Wit		美国夏威夷大学		2006	2	引进资源
3267	levew 584(大粒)	银合欢属	银合欢	*Leucaena leucocephala* (Lam.) de Wit		美国夏威夷大学		2002	2	引进资源
3268	SC11-284	银合欢属	银合欢	*Leucaena leucocephala* (Lam.) de Wit			四川广元苍溪	2010	3	野生资源
3269	hn2583	银合欢属	银合欢	*Leucaena leucocephala* (Lam.) de Wit			四川南充	2007	3	野生资源
3270	SC11-267	银合欢属	银合欢	*Leucaena leucocephala* (Lam.) de Wit			四川西昌	2010	3	栽培资源
3271	hn2467	银合欢属	银合欢	*Leucaena leucocephala* (Lam.) de Wit			福建大田	2012	3	野生资源
3272	hn3100	银合欢属	银合欢	*Leucaena leucocephala* (Lam.) de Wit			广西大新	2010	3	野生资源
3273	HN2011-1936	银合欢属	银合欢	*Leucaena leucocephala* (Lam.) de Wit			广西容县	2010	3	野生资源
3274	hn2917	银合欢属	银合欢	*Leucaena leucocephala* (Lam.) de Wit			广西上思	2014	3	野生资源
3275	hn3000	银合欢属	银合欢	*Leucaena leucocephala* (Lam.) de Wit			广东阳山	2014	3	栽培资源
3276	HN2011-1833	银合欢属	银合欢	*Leucaena leucocephala* (Lam.) de Wit			广西七里店	2010	3	野生资源
3277	hn2486	银合欢属	银合欢	*Leucaena leucocephala* (Lam.) de Wit			广东南雄	2007	3	野生资源
3278	hn2490	银合欢属	银合欢	*Leucaena leucocephala* (Lam.) de Wit			福建诏安	2011	3	野生资源
3279	hn2588	银合欢属	银合欢	*Leucaena leucocephala* (Lam.) de Wit			海南霸王岭	2005	3	野生资源
3280	HN186	银合欢属	银合欢	*Leucaena leucocephala* (Lam.) de Wit			广西百色	2005	3	野生资源
3281	121117001	银合欢属	银合欢	*Leucaena leucocephala* (Lam.) de Wit			福建大田	2012	2	野生资源

（续）

序号	送种单位编号	属　名	种　名	学　名	品种名（原文名）	材料来源	材料原产地	收种时间（年份）	保存地点	类型
3282	GX141226003	银合欢属	银合欢	*Leucaena leucocephala*（Lam.）de Wit			广西上思	2014	2	野生资源
3283	2012FJ010	银合欢属	银合欢	*Leucaena leucocephala*（Lam.）de Wit			福建大田	2012	2	野生资源
3284	Sau200306	银合欢属	银合欢	*Leucaena leucocephala*（Lam.）de Wit		四川农业大学	四川雅安	2003	1	野生资源
3285	HN125	银合欢属	银合欢	*Leucaena leucocephala*（Lam.）de Wit			菲律宾	1999	3	引进资源
3286	HN128	银合欢属	银合欢	*Leucaena leucocephala*（Lam.）de Wit		夏威夷大学		1999	3	引进资源
3287	HN129	银合欢属	银合欢	*Leucaena leucocephala*（Lam.）de Wit			菲律宾	1999	3	引进资源
3288	HN130	银合欢属	银合欢	*Leucaena leucocephala*（Lam.）de Wit			菲律宾	1999	3	引进资源
3289	HN132	银合欢属	银合欢	*Leucaena leucocephala*（Lam.）de Wit		CIAT		1999	3	引进资源
3290	HN133	银合欢属	银合欢	*Leucaena leucocephala*（Lam.）de Wit		CIAT		1999	3	引进资源
3291	HN135	银合欢属	银合欢	*Leucaena leucocephala*（Lam.）de Wit		夏威夷大学		1999	3	引进资源
3292	HN142	银合欢属	银合欢	*Leucaena leucocephala*（Lam.）de Wit	太空(Space)	中美洲	墨西哥	1999	3	引进资源
3293	HN143	银合欢属	银合欢	*Leucaena leucocephala*（Lam.）de Wit	肯宁(Cunningham)	中美洲	澳大利亚	1999	3	引进资源
3294	HN188	银合欢属	银合欢	*Leucaena leucocephala*（Lam.）de Wit	埃握雷克斯		泰国	1999	3	引进资源
3295	HN314	银合欢属	银合欢	*Leucaena leucocephala*（Lam.）de Wit		中、南美洲	菲律宾	2002	3	引进资源
3296	HN315	银合欢属	银合欢	*Leucaena leucocephala*（Lam.）de Wit		中、南美洲	菲律宾	2002	3	引进资源
3297	HN316	银合欢属	银合欢	*Leucaena leucocephala*（Lam.）de Wit		CIAT	中、南美洲	2002	3	引进资源
3298	HN317	银合欢属	银合欢	*Leucaena leucocephala*（Lam.）de Wit		夏威夷大学	中、南美洲	2002	3	引进资源
3299	HN318	银合欢属	银合欢	*Leucaena leucocephala*（Lam.）de Wit		夏威夷大学	中、南美洲	2002	3	引进资源
3300	HN319	银合欢属	银合欢	*Leucaena leucocephala*（Lam.）de Wit		CIAT	中、南美洲	2002	3	引进资源
3301	HN320	银合欢属	银合欢	*Leucaena leucocephala*（Lam.）de Wit		CIAT	中、南美洲	2002	3	引进资源
3302	HN321	银合欢属	银合欢	*Leucaena leucocephala*（Lam.）de Wit		CIAT	中、南美洲	2002	3	引进资源
3303	HN322	银合欢属	银合欢	*Leucaena leucocephala*（Lam.）de Wit		CIAT	中、南美洲	2002	3	引进资源
3304	HN323	银合欢属	银合欢	*Leucaena leucocephala*（Lam.）de Wit		中、南美洲	中、南美洲	2002	3	引进资源
3305	HN324	银合欢属	银合欢	*Leucaena leucocephala*（Lam.）de Wit		中、南美洲	中、南美洲	2003	3	引进资源
3306	HN325	银合欢属	银合欢	*Leucaena leucocephala*（Lam.）de Wit		中、南美洲	中、南美洲	2003	3	引进资源

（续）

序号	送种单位编号	属　名	种　名	学　名	品种名（原文名）	材料来源	材料原产地	收种时间（年份）	保存地点	类型
3307	HN327	银合欢属	银合欢	*Leucaena leucocephala* (Lam.) de Wit		中、南美洲	中、南美洲	2003	3	引进资源
3308	HN328	银合欢属	银合欢	*Leucaena leucocephala* (Lam.) de Wit		中、南美洲	中、南美洲	2003	3	引进资源
3309	HN329	银合欢属	银合欢	*Leucaena leucocephala* (Lam.) de Wit		中、南美洲	中、南美洲	2003	3	引进资源
3310	HN330	银合欢属	银合欢	*Leucaena leucocephala* (Lam.) de Wit		中、南美洲	中、南美洲	2003	3	引进资源
3311	HN331	银合欢属	银合欢	*Leucaena leucocephala* (Lam.) de Wit		中、南美洲	中、南美洲	2003	3	引进资源
3312	HN332	银合欢属	银合欢	*Leucaena leucocephala* (Lam.) de Wit		中、南美洲	中、南美洲	2003	3	引进资源
3313	HN333	银合欢属	银合欢	*Leucaena leucocephala* (Lam.) de Wit		中、南美洲	中、南美洲	2003	3	引进资源
3314	HN334	银合欢属	银合欢	*Leucaena leucocephala* (Lam.) de Wit		中、南美洲	中、南美洲	2003	3	引进资源
3315	HN335	银合欢属	银合欢	*Leucaena leucocephala* (Lam.) de Wit		中、南美洲	中、南美洲	2003	3	引进资源
3316	HN336	银合欢属	银合欢	*Leucaena leucocephala* (Lam.) de Wit		中、南美洲	中、南美洲	2003	3	引进资源
3317	HN337	银合欢属	银合欢	*Leucaena leucocephala* (Lam.) de Wit		中、南美洲	中、南美洲	2003	3	引进资源
3318	HN338	银合欢属	银合欢	*Leucaena leucocephala* (Lam.) de Wit		中、南美洲	中、南美洲	2003	3	引进资源
3319	HN464	银合欢属	银合欢	*Leucaena leucocephala* (Lam.) de Wit			海南三亚	2004	3	野生资源
3320	HN478	银合欢属	银合欢	*Leucaena leucocephala* (Lam.) de Wit			海南白沙	2004	3	野生资源
3321	HN488	银合欢属	银合欢	*Leucaena leucocephala* (Lam.) de Wit			海南东方	2004	3	野生资源
3322	HN608	银合欢属	银合欢	*Leucaena leucocephala* (Lam.) de Wit			海南澄迈白莲	2004	3	野生资源
3323	HN723	银合欢属	银合欢	*Leucaena leucocephala* (Lam.) de Wit			云南元江	2005	3	野生资源
3324	HN724	银合欢属	银合欢	*Leucaena leucocephala* (Lam.) de Wit			广西隆林	2005	3	野生资源
3325	HN725	银合欢属	银合欢	*Leucaena leucocephala* (Lam.) de Wit			广西隆林	2005	3	野生资源
3326	HN727	银合欢属	银合欢	*Leucaena leucocephala* (Lam.) de Wit			广西田林	2005	3	野生资源
3327	HN730	银合欢属	银合欢	*Leucaena leucocephala* (Lam.) de Wit			广西德保	2005	3	野生资源
3328	HN731	银合欢属	银合欢	*Leucaena leucocephala* (Lam.) de Wit			广西靖西	2005	3	野生资源
3329	HN732	银合欢属	银合欢	*Leucaena leucocephala* (Lam.) de Wit			广西钦州	2005	3	野生资源
3330	HN733	银合欢属	银合欢	*Leucaena leucocephala* (Lam.) de Wit			广西北海	2005	3	野生资源
3331	HN737	银合欢属	银合欢	*Leucaena leucocephala* (Lam.) de Wit			广东遂溪	2005	3	野生资源

（续）

序号	送种单位编号	属 名	种 名	学 名	品种名（原文名）	材料来源	材料原产地	收种时间（年份）	保存地点	类型
3332	HN738	银合欢属	银合欢	*Leucaena leucocephala* (Lam.) de Wit			海南儋州	2005	3	野生资源
3333	HN837	银合欢属	银合欢	*Leucaena leucocephala* (Lam.) de Wit			海南琼海	2008	3	栽培资源
3334	HN838	银合欢属	银合欢	*Leucaena leucocephala* (Lam.) de Wit			海南大岭	2008	3	栽培资源
3335	HN842	银合欢属	银合欢	*Leucaena leucocephala* (Lam.) de Wit			海南三亚	2008	3	栽培资源
3336	HN843	银合欢属	银合欢	*Leucaena leucocephala* (Lam.) de Wit			海南文昌	2008	3	栽培资源
3337	HN844	银合欢属	银合欢	*Leucaena leucocephala* (Lam.) de Wit			海南白沙	2008	3	野生资源
3338	HN845	银合欢属	银合欢	*Leucaena leucocephala* (Lam.) de Wit			海南昌江	2008	3	栽培资源
3339	HN846	银合欢属	银合欢	*Leucaena leucocephala* (Lam.) de Wit			海南东方	2008	3	栽培资源
3340	HN848	银合欢属	银合欢	*Leucaena leucocephala* (Lam.) de Wit			海南儋州	2008	3	野生资源
3341	HN849	银合欢属	银合欢	*Leucaena leucocephala* (Lam.) de Wit			海南乐东	2008	3	野生资源
3342	HN850	银合欢属	银合欢	*Leucaena leucocephala* (Lam.) de Wit			海南东方	2008	3	野生资源
3343	HN906	银合欢属	银合欢	*Leucaena leucocephala* (Lam.) de Wit			海南儋州宝岛新村	2009	3	栽培资源
3344	HN985	银合欢属	银合欢	*Leucaena leucocephala* (Lam.) de Wit			广西柳州	2008	3	野生资源
3345	HN986	银合欢属	银合欢	*Leucaena leucocephala* (Lam.) de Wit			广东电白	2008	3	野生资源
3346	HN987	银合欢属	银合欢	*Leucaena leucocephala* (Lam.) de Wit			海南儋州	2008	3	栽培资源
3347	HN989	银合欢属	银合欢	*Leucaena leucocephala* (Lam.) de Wit			海南儋州三都	2008	3	野生资源
3348	HN990	银合欢属	银合欢	*Leucaena leucocephala* (Lam.) de Wit		美国夏威夷大学		2008	3	引进资源
3349	HN991	银合欢属	银合欢	*Leucaena leucocephala* (Lam.) de Wit		美国夏威夷大学		2008	3	引进资源
3350	HN992	银合欢属	银合欢	*Leucaena leucocephala* (Lam.) de Wit		美国夏威夷大学		2008	3	引进资源
3351	HN993	银合欢属	银合欢	*Leucaena leucocephala* (Lam.) de Wit			广西河池	2008	3	野生资源
3352	HN994	银合欢属	银合欢	*Leucaena leucocephala* (Lam.) de Wit			广东陆丰	2008	3	野生资源
3353	HN995	银合欢属	银合欢	*Leucaena leucocephala* (Lam.) de Wit			海南儋州	2008	3	栽培资源
3354	HN996	银合欢属	银合欢	*Leucaena leucocephala* (Lam.) de Wit			广西北流	2008	3	野生资源
3355	HN997	银合欢属	银合欢	*Leucaena leucocephala* (Lam.) de Wit			福建厦门	2008	3	野生资源
3356	HN999	银合欢属	银合欢	*Leucaena leucocephala* (Lam.) de Wit			广东深圳	2008	3	野生资源

（续）

序号	送种单位编号	属　名	种　名	学　名	品种名（原文名）	材料来源	材料原产地	收种时间（年份）	保存地点	类型
3357	HN1000	银合欢属	银合欢	*Leucaena leucocephala* (Lam.) de Wit		美国夏威夷大学		2008	3	引进资源
3358	HN1001	银合欢属	银合欢	*Leucaena leucocephala* (Lam.) de Wit		美国夏威夷大学		2008	3	引进资源
3359	HN1002	银合欢属	银合欢	*Leucaena leucocephala* (Lam.) de Wit			福建永安	2008	3	野生资源
3360	HN1003	银合欢属	银合欢	*Leucaena leucocephala* (Lam.) de Wit			海南儋州	2008	3	野生资源
3361	HN1004	银合欢属	银合欢	*Leucaena leucocephala* (Lam.) de Wit		美国夏威夷大学		2008	3	引进资源
3362	HN1005	银合欢属	银合欢	*Leucaena leucocephala* (Lam.) de Wit	热研1号			2008	3	栽培资源
3363	HN1006	银合欢属	银合欢	*Leucaena leucocephala* (Lam.) de Wit			四川攀枝花仁和	2008	3	野生资源
3364	HN1007	银合欢属	银合欢	*Leucaena leucocephala* (Lam.) de Wit			海南东方	2008	3	野生资源
3365	HN1008	银合欢属	银合欢	*Leucaena leucocephala* (Lam.) de Wit		美国夏威夷大学		2008	3	引进资源
3366	HN1012	银合欢属	银合欢	*Leucaena leucocephala* (Lam.) de Wit			广东潮州	2008	3	野生资源
3367	HN1013	银合欢属	银合欢	*Leucaena leucocephala* (Lam.) de Wit			广东汕尾	2008	3	野生资源
3368	HN1015	银合欢属	银合欢	*Leucaena leucocephala* (Lam.) de Wit			广东信宜	2008	3	野生资源
3369	HN1016	银合欢属	银合欢	*Leucaena leucocephala* (Lam.) de Wit		美国夏威夷大学		2008	3	引进资源
3370	HN1017	银合欢属	银合欢	*Leucaena leucocephala* (Lam.) de Wit			贵州天生桥	2008	3	野生资源
3371	HN1019	银合欢属	银合欢	*Leucaena leucocephala* (Lam.) de Wit		美国夏威夷大学		2008	3	引进资源
3372	HN1020	银合欢属	银合欢	*Leucaena leucocephala* (Lam.) de Wit			广东梅州	2008	3	野生资源
3373	HN1021	银合欢属	银合欢	*Leucaena leucocephala* (Lam.) de Wit			海南亚龙湾	2008	3	野生资源
3374	HN1022	银合欢属	银合欢	*Leucaena leucocephala* (Lam.) de Wit			福建厦门	2008	3	野生资源
3375	HN1023	银合欢属	银合欢	*Leucaena leucocephala* (Lam.) de Wit		美国夏威夷大学		2008	3	引进资源
3376	HN1028	银合欢属	银合欢	*Leucaena leucocephala* (Lam.) de Wit			海南儋州	2008	3	野生资源
3377	HN1029	银合欢属	银合欢	*Leucaena leucocephala* (Lam.) de Wit		美国夏威夷大学		2008	3	引进资源
3378	HN1030	银合欢属	银合欢	*Leucaena leucocephala* (Lam.) de Wit			广东汕头	2008	3	野生资源
3379	HN1031	银合欢属	银合欢	*Leucaena leucocephala* (Lam.) de Wit			广西隆林	2008	3	野生资源
3380	HN1032	银合欢属	银合欢	*Leucaena leucocephala* (Lam.) de Wit			云南河口	2008	3	野生资源
3381	HN1033	银合欢属	银合欢	*Leucaena leucocephala* (Lam.) de Wit		美国夏威夷大学		2008	3	引进资源

（续）

序号	送种单位编号	属　名	种　名	学　名	品种名（原文名）	材料来源	材料原产地	收种时间（年份）	保存地点	类型
3382	HN1034	银合欢属	银合欢	*Leucaena leucocephala*（Lam.）de Wit		美国夏威夷大学		2008	3	引进资源
3383	HN1035	银合欢属	银合欢	*Leucaena leucocephala*（Lam.）de Wit			广东深圳	2008	3	野生资源
3384	HN1036	银合欢属	银合欢	*Leucaena leucocephala*（Lam.）de Wit			广东惠东	2008	3	野生资源
3385	HN1037	银合欢属	银合欢	*Leucaena leucocephala*（Lam.）de Wit		美国夏威夷大学		2010	3	引进资源
3386	HN1038	银合欢属	银合欢	*Leucaena leucocephala*（Lam.）de Wit			海南儋州宝岛新村	2008	3	野生资源
3387	HN1039	银合欢属	银合欢	*Leucaena leucocephala*（Lam.）de Wit			福建诏安	2008	3	野生资源
3388	HN1040	银合欢属	银合欢	*Leucaena leucocephala*（Lam.）de Wit			广西岑溪	2008	3	野生资源
3389	HN1041	银合欢属	银合欢	*Leucaena leucocephala*（Lam.）de Wit			福建三明	2008	3	野生资源
3390	HN1042	银合欢属	银合欢	*Leucaena leucocephala*（Lam.）de Wit			广东阳江	2008	3	野生资源
3391	HN1044	银合欢属	银合欢	*Leucaena leucocephala*（Lam.）de Wit		美国夏威夷大学		2014	3	引进资源
3392	HN1045	银合欢属	银合欢	*Leucaena leucocephala*（Lam.）de Wit			海南儋州	2008	3	野生资源
3393	HN1046	银合欢属	银合欢	*Leucaena leucocephala*（Lam.）de Wit			广东湛江	2008	3	野生资源
3394	HN1050	银合欢属	银合欢	*Leucaena leucocephala*（Lam.）de Wit		美国夏威夷大学		2008	3	引进资源
3395	HN1051	银合欢属	银合欢	*Leucaena leucocephala*（Lam.）de Wit		美国夏威夷大学		2008	3	引进资源
3396	HN1052	银合欢属	银合欢	*Leucaena leucocephala*（Lam.）de Wit		美国夏威夷大学		2008	3	引进资源
3397	HN1053	银合欢属	银合欢	*Leucaena leucocephala*（Lam.）de Wit			福建江萍	2008	3	野生资源
3398	HN138	银合欢属	银合欢	*Leucaena leucocephala*（Lam.）de Wit		CIAT		2002	3	引进资源
3399	SC2008-103	银合欢属	银合欢	*Leucaena leucocephala*（Lam.）de Wit			云南玉溪	2009	3	野生资源
3400	YN2008-090	银合欢属	银合欢	*Leucaena leucocephala*（Lam.）de Wit			云南元阳	2009	3	野生资源
3401	SCH02-1	银合欢属	银合欢	*Leucaena leucocephala*（Lam.）de Wit			四川凉山南县	2002	3	野生资源
3402	JS2005-22	银合欢属	银合欢	*Leucaena leucocephala*（Lam.）de Wit			云南路西	2005	3	野生资源
3403	CHQ2005-191	银合欢属	银合欢	*Leucaena leucocephala*（Lam.）de Wit			重庆秀山	2006	3	野生资源
3404	CHQ2005-223	银合欢属	银合欢	*Leucaena leucocephala*（Lam.）de Wit			重庆南川	2006	3	野生资源
3405	YN2007-130	银合欢属	银合欢	*Leucaena leucocephala*（Lam.）de Wit			云南东川	2008	3	野生资源

（续）

序号	送种单位编号	属　名	种　名	学　名	品种名（原文名）	材料来源	材料原产地	收种时间（年份）	保存地点	类型
3406	SCH2004-490	银合欢属	银合欢	*Leucaena leucocephala* (Lam.) de Wit			四川宁南	2004	3	野生资源
3407	HN1325	银合欢属	银合欢	*Leucaena leucocephala* (Lam.) de Wit			海南乐东	2010	3	野生资源
3408	HN1442	银合欢属	银合欢	*Leucaena leucocephala* (Lam.) de Wit		美国夏威夷大学		2010	3	引进资源
3409	HN1444	银合欢属	银合欢	*Leucaena leucocephala* (Lam.) de Wit		美国夏威夷大学		2010	3	引进资源
3410	HN1441	银合欢属	银合欢	*Leucaena leucocephala* (Lam.) de Wit		美国夏威夷大学		2002	3	引进资源
3411	HN127	银合欢属	银合欢	*Leucaena leucocephala* (Lam.) de Wit		美国夏威夷大学		2010	3	引进资源
3412	HN1440	银合欢属	银合欢	*Leucaena leucocephala* (Lam.) de Wit		CIAT		1999	3	引进资源
3413	HN120	银合欢属	银合欢	*Leucaena leucocephala* (Lam.) de Wit		美国夏威夷大学		2009	3	引进资源
3414	HN122	银合欢属	银合欢	*Leucaena leucocephala* (Lam.) de Wit		CIAT		1999	3	引进资源
3415	HN136	银合欢属	银合欢	*Leucaena leucocephala* (Lam.) de Wit		CIAT		1999	3	引进资源
3416	HN123	银合欢属	银合欢	*Leucaena leucocephala* (Lam.) de Wit		CIAT		1999	3	引进资源
3417	HN1049	银合欢属	银合欢	*Leucaena leucocephala* (Lam.) de Wit		夏威夷大学		1999	3	引进资源
3418	HN121	银合欢属	银合欢	*Leucaena leucocephala* (Lam.) de Wit		美国夏威夷大学		2008	3	引进资源
3419	HN137	银合欢属	银合欢	*Leucaena leucocephala* (Lam.) de Wit		CIAT		1999	3	引进资源
3420	HN1443	银合欢属	银合欢	*Leucaena leucocephala* (Lam.) de Wit		CIAT		1999	3	引进资源
3421	HN1439	银合欢属	银合欢	*Leucaena leucocephala* (Lam.) de Wit		美国夏威夷大学		2010	3	引进资源
3422	HN1447	银合欢属	银合欢	*Leucaena leucocephala* (Lam.) de Wit		美国夏威夷大学		2010	3	引进资源
3423	HN140	银合欢属	银合欢	*Leucaena leucocephala* (Lam.) de Wit		美国夏威夷大学		2002	3	引进资源
3424	HN134	银合欢属	银合欢	*Leucaena leucocephala* (Lam.) de Wit		美国夏威夷大学		1999	3	引进资源
3425	HN126	银合欢属	银合欢	*Leucaena leucocephala* (Lam.) de Wit		美国夏威夷大学		1999	3	引进资源
3426	hn2584	银合欢属	银合欢	*Leucaena leucocephala* (Lam.) de Wit		美国夏威夷大学		1999	3	引进资源
3427	HN139	银合欢属	银合欢	*Leucaena leucocephala* (Lam.) de Wit		CIAT		1999	3	引进资源
3428	HN1445	银合欢属	银合欢	*Leucaena leucocephala* (Lam.) de Wit		CIAT		1999	3	引进资源
3429	hn1620	银合欢属	银合欢	*Leucaena leucocephala* (Lam.) de Wit		美国夏威夷大学		2010	3	引进资源

（续）

序号	送种单位编号	属　名	种　名	学　　名	品种名（原文名）	材料来源	材料原产地	收种时间（年份）	保存地点	类型
3430	ZXY03P-162	百脉根属	百脉根	*Lotus corniculatus* L.	35359 Rereskedelmi		匈牙利	2014	3	引进资源
3431	SC2010-056	百脉根属	百脉根	*Lotus corniculatus* L.	(BULL ZS)	四川洪雅	德国	2009	3	引进资源
3432	ZXY08P-4693	百脉根属	百脉根	*Lotus corniculatus* L.			阿塞拜疆	2014	3	引进资源
3433	ZXY08P-5193	百脉根属	百脉根	*Lotus corniculatus* L.	603094		哈萨克斯坦	2014	3	引进资源
3434	83-132	百脉根属	百脉根	*Lotus corniculatus* L.	维金(VikingG3780)	加拿大	加拿大	1999	3	引进资源
3435	ZXY-585	百脉根属	百脉根	*Lotus corniculatus* L.			加拿大	2005	3	引进资源
3436	ZXY-814	百脉根属	百脉根	*Lotus corniculatus* L.			格鲁吉亚	2005	3	引进资源
3437	ZXY-834	百脉根属	百脉根	*Lotus corniculatus* L.			南斯拉夫	2005	3	引进资源
3438	ZXY-893	百脉根属	百脉根	*Lotus corniculatus* L.			南斯拉夫	2005	3	引进资源
3439	ZXY-43	百脉根属	百脉根	*Lotus corniculatus* L.			南斯拉夫	2005	3	引进资源
3440	ZXY04P--474	百脉根属	百脉根	*Lotus corniculatus* L.		俄罗斯	美国	2008	3	引进资源
3441	ZXY04P--9	百脉根属	百脉根	*Lotus corniculatus* L.		俄罗斯	意大利	2008	3	引进资源
3442	ZXY04P--43	百脉根属	百脉根	*Lotus corniculatus* L.		俄罗斯	意大利	2008	3	引进资源
3443	ZXY04P--309	百脉根属	百脉根	*Lotus corniculatus* L.		俄罗斯	格鲁吉亚	2008	3	引进资源
3444	ZXY04P--423	百脉根属	百脉根	*Lotus corniculatus* L.		俄罗斯	俄罗斯	2008	3	引进资源
3445	ZXY04P--449	百脉根属	百脉根	*Lotus corniculatus* L.		俄罗斯	美国	2008	3	引进资源
3446	ZXY05P--725	百脉根属	百脉根	*Lotus corniculatus* L.		俄罗斯	意大利	2008	3	引进资源
3447	ZXY05P--757	百脉根属	百脉根	*Lotus corniculatus* L.		俄罗斯	意大利	2008	3	引进资源
3448	ZXY05P--768	百脉根属	百脉根	*Lotus corniculatus* L.		俄罗斯	意大利	2008	3	引进资源
3449	ZXY05P--775	百脉根属	百脉根	*Lotus corniculatus* L.		俄罗斯	意大利	2008	3	引进资源
3450	ZXY05P--831	百脉根属	百脉根	*Lotus corniculatus* L.		俄罗斯	俄罗斯	2008	3	引进资源
3451	ZXY05P--856	百脉根属	百脉根	*Lotus corniculatus* L.		俄罗斯	俄罗斯	2008	3	引进资源
3452	ZXY05P--892	百脉根属	百脉根	*Lotus corniculatus* L.		俄罗斯	俄罗斯	2008	3	引进资源
3453	ZXY05P--1251	百脉根属	百脉根	*Lotus corniculatus* L.		俄罗斯		2008	3	引进资源

（续）

序号	送种单位编号	属　名	种　名	学　　名	品种名（原文名）	材料来源	材料原产地	收种时间（年份）	保存地点	类型
3454	ZXY05P--1265	百脉根属	百脉根	*Lotus corniculatus* L.		俄罗斯	德国	2008	3	引进资源
3455	ZXY05P--1452	百脉根属	百脉根	*Lotus corniculatus* L.		俄罗斯	拉脱维亚	2008	3	引进资源
3456	ZXY05P--1477	百脉根属	百脉根	*Lotus corniculatus* L.		俄罗斯	俄罗斯	2008	3	引进资源
3457	ZXY05P--1485	百脉根属	百脉根	*Lotus corniculatus* L.		俄罗斯	摩尔多瓦	2008	3	引进资源
3458	ZXY05P--1518	百脉根属	百脉根	*Lotus corniculatus* L.		俄罗斯	俄罗斯	2008	3	引进资源
3459	ZXY06P-1608	百脉根属	百脉根	*Lotus corniculatus* L.		俄罗斯	俄罗斯	2008	3	引进资源
3460	ZXY06P-1707	百脉根属	百脉根	*Lotus corniculatus* L.		俄罗斯	俄罗斯	2008	3	引进资源
3461	ZXY06P-1748	百脉根属	百脉根	*Lotus corniculatus* L.		俄罗斯	俄罗斯	2008	3	引进资源
3462	ZXY06P-1775	百脉根属	百脉根	*Lotus corniculatus* L.		俄罗斯	俄罗斯	2008	3	引进资源
3463	ZXY06P-1785	百脉根属	百脉根	*Lotus corniculatus* L.		俄罗斯	俄罗斯	2008	3	引进资源
3464	ZXY06P-1813	百脉根属	百脉根	*Lotus corniculatus* L.		俄罗斯	俄罗斯	2008	3	引进资源
3465	ZXY06P-1834	百脉根属	百脉根	*Lotus corniculatus* L.		俄罗斯	俄罗斯	2008	3	引进资源
3466	ZXY06P-2066	百脉根属	百脉根	*Lotus corniculatus* L.		俄罗斯	俄罗斯	2008	3	引进资源
3467	ZXY06P-2110	百脉根属	百脉根	*Lotus corniculatus* L.		俄罗斯	格鲁吉亚	2008	3	引进资源
3468	ZXY06P-2153	百脉根属	百脉根	*Lotus corniculatus* L.		俄罗斯	格鲁吉亚	2008	3	引进资源
3469	ZXY06P-2376	百脉根属	百脉根	*Lotus corniculatus* L.		俄罗斯	匈牙利	2008	3	引进资源
3470	ZXY06P-2663	百脉根属	百脉根	*Lotus corniculatus* L.		俄罗斯	俄罗斯	2008	3	引进资源
3471	ZXY06P-2666	百脉根属	百脉根	*Lotus corniculatus* L.		俄罗斯	俄罗斯	2008	3	引进资源
3472	GS1496	百脉根属	百脉根	*Lotus corniculatus* L.		甘肃肃南县		2007	3	野生资源
3473	ZXY07P-3312	百脉根属	百脉根	*Lotus corniculatus* L.			德国	2010	3	引进资源
3474	ZXY07P-3445	百脉根属	百脉根	*Lotus corniculatus* L.			丹麦	2010	3	引进资源
3475	ZXY07P-3465	百脉根属	百脉根	*Lotus corniculatus* L.			意大利	2010	3	引进资源
3476	ZXY07P-3474	百脉根属	百脉根	*Lotus corniculatus* L.			意大利	2010	3	引进资源
3477	ZXY07P-3497	百脉根属	百脉根	*Lotus corniculatus* L.			意大利	2010	3	引进资源

（续）

序号	送种单位编号	属　名	种　名	学　名	品种名（原文名）	材料来源	材料原产地	收种时间（年份）	保存地点	类型
3478	ZXY07P-3616	百脉根属	百脉根	*Lotus corniculatus* L.			俄罗斯	2010	3	引进资源
3479	ZXY07P-3711	百脉根属	百脉根	*Lotus corniculatus* L.			俄罗斯	2010	3	引进资源
3480	ZXY07P-3767	百脉根属	百脉根	*Lotus corniculatus* L.			波兰	2010	3	引进资源
3481	ZXY07P-4027	百脉根属	百脉根	*Lotus corniculatus* L.			乌克兰	2010	3	引进资源
3482	ZXY07P-4164	百脉根属	百脉根	*Lotus corniculatus* L.			南斯拉夫	2010	3	引进资源
3483	ZXY07P-4180	百脉根属	百脉根	*Lotus corniculatus* L.			南斯拉夫	2010	3	引进资源
3484	ZXY07P-4194	百脉根属	百脉根	*Lotus corniculatus* L.			南斯拉夫	2010	3	引进资源
3485	ZXY07P-4203	百脉根属	百脉根	*Lotus corniculatus* L.			南斯拉夫	2010	3	引进资源
3486	SC2009-228	百脉根属	百脉根	*Lotus corniculatus* L.			四川中江	2010	3	野生资源
3487	SC2009-236	百脉根属	百脉根	*Lotus corniculatus* L.			四川旺苍	2010	3	野生资源
3488	ZXY06P-1910	百脉根属	百脉根	*Lotus corniculatus* L.			俄罗斯	2010	3	引进资源
3489	ZXY06P-1934	百脉根属	百脉根	*Lotus corniculatus* L.			俄罗斯	2010	3	引进资源
3490	ZXY06P-1957	百脉根属	百脉根	*Lotus corniculatus* L.			俄罗斯	2010	3	引进资源
3491	ZXY06P-1974	百脉根属	百脉根	*Lotus corniculatus* L.			俄罗斯	2010	3	引进资源
3492	ZXY06P-1985	百脉根属	百脉根	*Lotus corniculatus* L.			俄罗斯	2010	3	引进资源
3493	ZXY06P-2047	百脉根属	百脉根	*Lotus corniculatus* L.			俄罗斯	2010	3	引进资源
3494	ZXY06P-2100	百脉根属	百脉根	*Lotus corniculatus* L.			俄罗斯	2010	3	引进资源
3495	ZXY06P-2143	百脉根属	百脉根	*Lotus corniculatus* L.			俄罗斯	2010	3	引进资源
3496	ZXY06P-2191	百脉根属	百脉根	*Lotus corniculatus* L.			俄罗斯	2010	3	引进资源
3497	ZXY06P-2205	百脉根属	百脉根	*Lotus corniculatus* L.			俄罗斯	2010	3	引进资源
3498	ZXY06P-2228	百脉根属	百脉根	*Lotus corniculatus* L.			俄罗斯	2010	3	引进资源
3499	ZXY06P-2251	百脉根属	百脉根	*Lotus corniculatus* L.			俄罗斯	2010	3	引进资源
3500	ZXY06P-2258	百脉根属	百脉根	*Lotus corniculatus* L.			俄罗斯	2010	3	引进资源
3501	ZXY06P-2273	百脉根属	百脉根	*Lotus corniculatus* L.			俄罗斯	2010	3	引进资源

（续）

序号	送种单位编号	属　名	种　名	学　名	品种名（原文名）	材料来源	材料原产地	收种时间（年份）	保存地点	类型
3502	ZXY06P-2299	百脉根属	百脉根	*Lotus corniculatus* L.			俄罗斯	2010	3	引进资源
3503	ZXY06P-2310	百脉根属	百脉根	*Lotus corniculatus* L.			俄罗斯	2010	3	引进资源
3504	ZXY06P-2354	百脉根属	百脉根	*Lotus corniculatus* L.			俄罗斯	2010	3	引进资源
3505	ZXY06P-2410	百脉根属	百脉根	*Lotus corniculatus* L.			俄罗斯	2010	3	引进资源
3506	ZXY06P-2424	百脉根属	百脉根	*Lotus corniculatus* L.			俄罗斯	2010	3	引进资源
3507	ZXY06P-2459	百脉根属	百脉根	*Lotus corniculatus* L.			俄罗斯	2010	3	引进资源
3508	ZXY06P-2474	百脉根属	百脉根	*Lotus corniculatus* L.			俄罗斯	2010	3	引进资源
3509	ZXY06P-2511	百脉根属	百脉根	*Lotus corniculatus* L.			俄罗斯	2010	3	引进资源
3510	ZXY06P-2565	百脉根属	百脉根	*Lotus corniculatus* L.			俄罗斯	2010	3	引进资源
3511	ZXY06P-2593	百脉根属	百脉根	*Lotus corniculatus* L.			俄罗斯	2010	3	引进资源
3512	ZXY06P-2671	百脉根属	百脉根	*Lotus corniculatus* L.			俄罗斯	2010	3	引进资源
3513	ZXY2005P-614	百脉根属	百脉根	*Lotus corniculatus* L.			俄罗斯	2010	3	引进资源
3514	ZXY2005P-700	百脉根属	百脉根	*Lotus corniculatus* L.			俄罗斯	2010	3	引进资源
3515	ZXY2005P-711	百脉根属	百脉根	*Lotus corniculatus* L.			俄罗斯	2010	3	引进资源
3516	ZXY2005P-719	百脉根属	百脉根	*Lotus corniculatus* L.			俄罗斯	2010	3	引进资源
3517	ZXY2005P-819	百脉根属	百脉根	*Lotus corniculatus* L.			俄罗斯	2010	3	引进资源
3518	ZXY2005P-870	百脉根属	百脉根	*Lotus corniculatus* L.			俄罗斯	2010	3	引进资源
3519	ZXY2005P-881	百脉根属	百脉根	*Lotus corniculatus* L.			俄罗斯	2010	3	引进资源
3520	ZXY2005P-915	百脉根属	百脉根	*Lotus corniculatus* L.			俄罗斯	2010	3	引进资源
3521	ZXY2005P-934	百脉根属	百脉根	*Lotus corniculatus* L.			俄罗斯	2010	3	引进资源
3522	ZXY2005P-953	百脉根属	百脉根	*Lotus corniculatus* L.			俄罗斯	2010	3	引进资源
3523	ZXY2005P-1008	百脉根属	百脉根	*Lotus corniculatus* L.			俄罗斯	2010	3	引进资源
3524	ZXY2005P-1128	百脉根属	百脉根	*Lotus corniculatus* L.			俄罗斯	2010	3	引进资源
3525	ZXY2005P-1139	百脉根属	百脉根	*Lotus corniculatus* L.			俄罗斯	2010	3	引进资源

（续）

序号	送种单位编号	属　名	种　名	学　名	品种名（原文名）	材料来源	材料原产地	收种时间（年份）	保存地点	类型
3526	ZXY2005P-1152	百脉根属	百脉根	*Lotus corniculatus* L.			俄罗斯	2010	3	引进资源
3527	ZXY2005P-1174	百脉根属	百脉根	*Lotus corniculatus* L.			俄罗斯	2010	3	引进资源
3528	ZXY2005P-1186	百脉根属	百脉根	*Lotus corniculatus* L.			俄罗斯	2010	3	引进资源
3529	ZXY2005P-1220	百脉根属	百脉根	*Lotus corniculatus* L.			俄罗斯	2010	3	引进资源
3530	ZXY2005P-1336	百脉根属	百脉根	*Lotus corniculatus* L.			俄罗斯	2010	3	引进资源
3531	ZXY2005P-1368	百脉根属	百脉根	*Lotus corniculatus* L.			俄罗斯	2010	3	引进资源
3532	ZXY2005P-1441	百脉根属	百脉根	*Lotus corniculatus* L.			俄罗斯	2010	3	引进资源
3533	ZXY2005P-1465	百脉根属	百脉根	*Lotus corniculatus* L.			俄罗斯	2010	3	引进资源
3534	ZXY2005P-1497	百脉根属	百脉根	*Lotus corniculatus* L.			俄罗斯	2010	3	引进资源
3535	ZXY2005P-1507	百脉根属	百脉根	*Lotus corniculatus* L.			俄罗斯	2010	3	引进资源
3536	ZXY2005P-1039	百脉根属	百脉根	*Lotus corniculatus* L.			俄罗斯	2010	3	引进资源
3537	ZXY08P-4513	百脉根属	百脉根	*Lotus corniculatus* L.			阿塞拜疆	2014	3	引进资源
3538	ZXY08P-4538	百脉根属	百脉根	*Lotus corniculatus* L.			阿塞拜疆	2014	3	引进资源
3539	ZXY08P-4574	百脉根属	百脉根	*Lotus corniculatus* L.			阿塞拜疆	2014	3	引进资源
3540	ZXY08P-4581	百脉根属	百脉根	*Lotus corniculatus* L.			阿塞拜疆	2014	3	引进资源
3541	ZXY08P-4589	百脉根属	百脉根	*Lotus corniculatus* L.			阿塞拜疆	2014	3	引进资源
3542	ZXY08P-4645	百脉根属	百脉根	*Lotus corniculatus* L.			阿塞拜疆	2014	3	引进资源
3543	ZXY08P-4649	百脉根属	百脉根	*Lotus corniculatus* L.			阿塞拜疆	2014	3	引进资源
3544	ZXY08P-4687	百脉根属	百脉根	*Lotus corniculatus* L.			阿塞拜疆	2014	3	引进资源
3545	ZXY08P-4706	百脉根属	百脉根	*Lotus corniculatus* L.			阿塞拜疆	2014	3	引进资源
3546	ZXY08P-4719	百脉根属	百脉根	*Lotus corniculatus* L.			阿塞拜疆	2014	3	引进资源
3547	ZXY08P-4755	百脉根属	百脉根	*Lotus corniculatus* L.			阿塞拜疆	2014	3	引进资源
3548	ZXY08P-4762	百脉根属	百脉根	*Lotus corniculatus* L.			阿塞拜疆	2014	3	引进资源
3549	ZXY08P-4868	百脉根属	百脉根	*Lotus corniculatus* L.			格鲁吉亚	2014	3	引进资源

（续）

序号	送种单位编号	属名	种名	学名	品种名（原文名）	材料来源	材料原产地	收种时间（年份）	保存地点	类型
3550	ZXY08P-4892	百脉根属	百脉根	*Lotus corniculatus* L.			格鲁吉亚	2014	3	引进资源
3551	ZXY08P-4916	百脉根属	百脉根	*Lotus corniculatus* L.			格鲁吉亚	2014	3	引进资源
3552	ZXY08P-4950	百脉根属	百脉根	*Lotus corniculatus* L.			格鲁吉亚	2014	3	引进资源
3553	ZXY08P-4964	百脉根属	百脉根	*Lotus corniculatus* L.			格鲁吉亚	2014	3	引进资源
3554	ZXY08P-4982	百脉根属	百脉根	*Lotus corniculatus* L.			格鲁吉亚	2014	3	引进资源
3555	ZXY08P-4994	百脉根属	百脉根	*Lotus corniculatus* L.			格鲁吉亚	2014	3	引进资源
3556	ZXY08P-5019	百脉根属	百脉根	*Lotus corniculatus* L.			格鲁吉亚	2014	3	引进资源
3557	ZXY08P-5042	百脉根属	百脉根	*Lotus corniculatus* L.			格鲁吉亚	2014	3	引进资源
3558	ZXY08P-5053	百脉根属	百脉根	*Lotus corniculatus* L.			格鲁吉亚	2014	3	引进资源
3559	ZXY08P-5255	百脉根属	百脉根	*Lotus corniculatus* L.			哈萨克斯坦	2014	3	引进资源
3560	ZXY08P-5280	百脉根属	百脉根	*Lotus corniculatus* L.			哈萨克斯坦	2014	3	引进资源
3561	ZXY08P-5300	百脉根属	百脉根	*Lotus corniculatus* L.			哈萨克斯坦	2014	3	引进资源
3562	ZXY08P-5365	百脉根属	百脉根	*Lotus corniculatus* L.			哈萨克斯坦	2014	3	引进资源
3563	ZXY08P-5397	百脉根属	百脉根	*Lotus corniculatus* L.			哈萨克斯坦	2014	3	引进资源
3564	ZXY08P-5415	百脉根属	百脉根	*Lotus corniculatus* L.			哈萨克斯坦	2014	3	引进资源
3565	ZXY08P-5439	百脉根属	百脉根	*Lotus corniculatus* L.			哈萨克斯坦	2014	3	引进资源
3566	ZXY08P-5446	百脉根属	百脉根	*Lotus corniculatus* L.			哈萨克斯坦	2014	3	引进资源
3567	ZXY08P-5461	百脉根属	百脉根	*Lotus corniculatus* L.			哈萨克斯坦	2014	3	引进资源
3568	ZXY08P-5470	百脉根属	百脉根	*Lotus corniculatus* L.			哈萨克斯坦	2014	3	引进资源
3569	ZXY08P-5484	百脉根属	百脉根	*Lotus corniculatus* L.			哈萨克斯坦	2014	3	引进资源
3570	ZXY2009P-5558	百脉根属	百脉根	*Lotus corniculatus* L.			阿塞拜疆	2014	3	引进资源
3571	ZXY2009P-5583	百脉根属	百脉根	*Lotus corniculatus* L.			阿塞拜疆	2014	3	引进资源
3572	ZXY2009P-5591	百脉根属	百脉根	*Lotus corniculatus* L.			阿塞拜疆	2014	3	引进资源
3573	ZXY2009P-5595	百脉根属	百脉根	*Lotus corniculatus* L.			阿塞拜疆	2014	3	引进资源

（续）

序号	送种单位编号	属　名	种　名	学　　名	品种名（原文名）	材料来源	材料原产地	收种时间（年份）	保存地点	类型
3574	ZXY2009P-5602	百脉根属	百脉根	*Lotus corniculatus* L.			阿塞拜疆	2014	3	引进资源
3575	ZXY2009P-5626	百脉根属	百脉根	*Lotus corniculatus* L.			阿塞拜疆	2014	3	引进资源
3576	ZXY2009P-5642	百脉根属	百脉根	*Lotus corniculatus* L.			阿塞拜疆	2014	3	引进资源
3577	ZXY2009P-5647	百脉根属	百脉根	*Lotus corniculatus* L.			阿塞拜疆	2014	3	引进资源
3578	ZXY2009P-5670	百脉根属	百脉根	*Lotus corniculatus* L.			阿塞拜疆	2014	3	引进资源
3579	ZXY2009P-5682	百脉根属	百脉根	*Lotus corniculatus* L.			阿塞拜疆	2014	3	引进资源
3580	ZXY2009P-5694	百脉根属	百脉根	*Lotus corniculatus* L.			俄罗斯	2014	3	引进资源
3581	ZXY2009P-5697	百脉根属	百脉根	*Lotus corniculatus* L.			阿塞拜疆	2014	3	引进资源
3582	ZXY2009P-5744	百脉根属	百脉根	*Lotus corniculatus* L.			俄罗斯	2014	3	引进资源
3583	ZXY2009P-5765	百脉根属	百脉根	*Lotus corniculatus* L.			俄罗斯	2014	3	引进资源
3584	ZXY2009P-5778	百脉根属	百脉根	*Lotus corniculatus* L.			俄罗斯	2014	3	引进资源
3585	ZXY2009P-5822	百脉根属	百脉根	*Lotus corniculatus* L.			捷克	2014	3	引进资源
3586	ZXY2009P-5829	百脉根属	百脉根	*Lotus corniculatus* L.			捷克	2014	3	引进资源
3587	ZXY2009P-5858	百脉根属	百脉根	*Lotus corniculatus* L.			捷克	2014	3	引进资源
3588	ZXY2009P-5863	百脉根属	百脉根	*Lotus corniculatus* L.			俄罗斯	2014	3	引进资源
3589	ZXY2009P-6004	百脉根属	百脉根	*Lotus corniculatus* L.			德国	2014	3	引进资源
3590	ZXY2009P-6098	百脉根属	百脉根	*Lotus corniculatus* L.			格鲁吉亚	2014	3	引进资源
3591	ZXY2009P-6105	百脉根属	百脉根	*Lotus corniculatus* L.			格鲁吉亚	2014	3	引进资源
3592	ZXY2009P-6111	百脉根属	百脉根	*Lotus corniculatus* L.			格鲁吉亚	2014	3	引进资源
3593	ZXY2009P-6170	百脉根属	百脉根	*Lotus corniculatus* L.			格鲁吉亚	2014	3	引进资源
3594	ZXY2009P-6175	百脉根属	百脉根	*Lotus corniculatus* L.			格鲁吉亚	2014	3	引进资源
3595	ZXY2009P-6268	百脉根属	百脉根	*Lotus corniculatus* L.			格鲁吉亚	2014	3	引进资源
3596	ZXY2009P-6275	百脉根属	百脉根	*Lotus corniculatus* L.			格鲁吉亚	2014	3	引进资源
3597	ZXY2009P-6282	百脉根属	百脉根	*Lotus corniculatus* L.			格鲁吉亚	2014	3	引进资源
3598	ZXY2009P-6287	百脉根属	百脉根	*Lotus corniculatus* L.			格鲁吉亚	2014	3	引进资源

（续）

序号	送种单位编号	属　名	种　名	学　名	品种名（原文名）	材料来源	材料原产地	收种时间（年份）	保存地点	类型
3599	ZXY2009P-6300	百脉根属	百脉根	*Lotus corniculatus* L.			俄罗斯	2014	3	引进资源
3600	ZXY2009P-6351	百脉根属	百脉根	*Lotus corniculatus* L.			意大利	2014	3	引进资源
3601	ZXY2009P-6358	百脉根属	百脉根	*Lotus corniculatus* L.			意大利	2014	3	引进资源
3602	ZXY2009P-6365	百脉根属	百脉根	*Lotus corniculatus* L.			意大利	2014	3	引进资源
3603	ZXY2009P-6373	百脉根属	百脉根	*Lotus corniculatus* L.			意大利	2014	3	引进资源
3604	ZXY2009P-6401	百脉根属	百脉根	*Lotus corniculatus* L.			俄罗斯	2014	3	引进资源
3605	ZXY2009P-6408	百脉根属	百脉根	*Lotus corniculatus* L.			俄罗斯	2014	3	引进资源
3606	ZXY2009P-6415	百脉根属	百脉根	*Lotus corniculatus* L.			俄罗斯	2014	3	引进资源
3607	ZXY2009P-6464	百脉根属	百脉根	*Lotus corniculatus* L.			俄罗斯	2014	3	引进资源
3608	ZXY2009P-6471	百脉根属	百脉根	*Lotus corniculatus* L.			俄罗斯	2014	3	引进资源
3609	ZXY2009P-6478	百脉根属	百脉根	*Lotus corniculatus* L.			俄罗斯	2014	3	引进资源
3610	ZXY2009P-6503	百脉根属	百脉根	*Lotus corniculatus* L.			俄罗斯	2014	3	引进资源
3611	ZXY2009P-6510	百脉根属	百脉根	*Lotus corniculatus* L.			俄罗斯	2014	3	引进资源
3612	ZXY2009P-6517	百脉根属	百脉根	*Lotus corniculatus* L.			俄罗斯	2014	3	引进资源
3613	ZXY08P-4528	百脉根属	百脉根	*Lotus corniculatus* L.			阿塞拜疆	2016	3	引进资源
3614	ZXY08P-4532	百脉根属	百脉根	*Lotus corniculatus* L.			阿塞拜疆	2016	3	引进资源
3615	ZXY08P-4635	百脉根属	百脉根	*Lotus corniculatus* L.			阿塞拜疆	2016	3	引进资源
3616	ZXY08P-4809	百脉根属	百脉根	*Lotus corniculatus* L.			格鲁吉亚	2016	3	引进资源
3617	ZXY08P-4821	百脉根属	百脉根	*Lotus corniculatus* L.			格鲁吉亚	2016	3	引进资源
3618	ZXY08P-4829	百脉根属	百脉根	*Lotus corniculatus* L.			格鲁吉亚	2016	3	引进资源
3619	ZXY08P-4854	百脉根属	百脉根	*Lotus corniculatus* L.			格鲁吉亚	2016	3	引进资源
3620	ZXY08P-4906	百脉根属	百脉根	*Lotus corniculatus* L.			格鲁吉亚	2016	3	引进资源
3621	ZXY08P-4942	百脉根属	百脉根	*Lotus corniculatus* L.			格鲁吉亚	2016	3	引进资源
3622	ZXY08P-5070	百脉根属	百脉根	*Lotus corniculatus* L.			格鲁吉亚	2016	3	引进资源
3623	ZXY08P-5093	百脉根属	百脉根	*Lotus corniculatus* L.			格鲁吉亚	2016	3	引进资源

（续）

序号	送种单位编号	属　名	种　名	学　名	品种名（原文名）	材料来源	材料原产地	收种时间（年份）	保存地点	类型
3624	ZXY08P-5105	百脉根属	百脉根	*Lotus corniculatus* L.			格鲁吉亚	2016	3	引进资源
3625	ZXY08P-5267	百脉根属	百脉根	*Lotus corniculatus* L.			哈萨克斯坦	2016	3	引进资源
3626	ZXY08P-5294	百脉根属	百脉根	*Lotus corniculatus* L.			哈萨克斯坦	2016	3	引进资源
3627	ZXY03P-459	百脉根属	百脉根	*Lotus corniculatus* L.	44937 EI Brojero Mag		阿根廷	2014	3	引进资源
3628	ZXY2005P-808	百脉根属	百脉根	*Lotus corniculatus* L.	24983		俄罗斯	2014	3	引进资源
3629	ZXY03P-364	百脉根属	百脉根	*Lotus corniculatus* L.	37547 Oberhaun-stadter		德国	2014	3	引进资源
3630	ZXY03P-300	百脉根属	百脉根	*Lotus corniculatus* L.	39267 Somogyturi		匈牙利	2014	3	引进资源
3631	ZXY03P-301	百脉根属	百脉根	*Lotus corniculatus* L.	39270 Olaszfai		匈牙利	2014	3	引进资源
3632	72-15	百脉根属	百脉根	*Lotus corniculatus* L.	迈特兰		加拿大	1993	1	引进资源
3633	80-12	百脉根属	百脉根	*Lotus corniculatus* L.	科瑞		加拿大	1993	1	引进资源
3634	2001-02-01-00021	百脉根属	百脉根	*Lotus corniculatus* L.			陕西杨凌	2010	1	野生资源
3635	72-15	百脉根属	百脉根	*Lotus corniculatus* L.	Maitland	加拿大	加拿大	2010	1	引进资源
3636	zxy04p-31	百脉根属	百脉根	*Lotus corniculatus* L.		俄罗斯		2010	1	引进资源
3637	zxy04p-358	百脉根属	百脉根	*Lotus corniculatus* L.		俄罗斯		2010	1	引进资源
3638	zxy04p-494	百脉根属	百脉根	*Lotus corniculatus* L.			乌克兰外喀尔巴阡州	2010	1	引进资源
3639	zxy-548	百脉根属	百脉根	*Lotus corniculatus* L.		俄罗斯		2010	1	引进资源
3640	zxy-954	百脉根属	百脉根	*Lotus corniculatus* L.		俄罗斯		2010	1	引进资源
3641	zxy-1016	百脉根属	百脉根	*Lotus corniculatus* L.		俄罗斯		2010	1	引进资源
3642	zxy-1054	百脉根属	百脉根	*Lotus corniculatus* L.		俄罗斯		2010	1	引进资源
3643	zxy06p-1648	百脉根属	百脉根	*Lotus corniculatus* L.			俄罗斯	2010	1	引进资源
3644	zxy06p-1687	百脉根属	百脉根	*Lotus corniculatus* L.			俄罗斯	2010	1	引进资源
3645	zxy06p-1738	百脉根属	百脉根	*Lotus corniculatus* L.			俄罗斯	2010	1	引进资源
3646	zxy06p-1748	百脉根属	百脉根	*Lotus corniculatus* L.			俄罗斯	2010	1	引进资源

（续）

序号	送种单位编号	属　名	种　名	学　名	品种名（原文名）	材料来源	材料原产地	收种时间（年份）	保存地点	类型
3647	zxy06p-1848	百脉根属	百脉根	*Lotus corniculatus* L.			俄罗斯	2010	1	引进资源
3648	zxy06p-2607	百脉根属	百脉根	*Lotus corniculatus* L.			俄罗斯	2010	1	引进资源
3649	zxy06p-2663	百脉根属	百脉根	*Lotus corniculatus* L.			俄罗斯	2010	1	引进资源
3650	zxy06p-2666	百脉根属	百脉根	*Lotus corniculatus* L.			俄罗斯	2010	1	引进资源
3651	中畜-037	百脉根属	百脉根	*Lotus corniculatus* L.			云南曲靖	2000	1	野生资源
3652	JL2013-052	马鞍树属	朝鲜槐	*Maackia amurensis* Rupr. et Maxim.			黑龙江五常	2012	3	野生资源
3653	061129034	长柄荚属	长柄荚	*Mecopus nidulans* Benn.			海南乐东	2006	2	野生资源
3654	051012013	长柄荚属	长柄荚	*Mecopus nidulans* Benn.			华盛顿	2005	2	引进资源
3655	ZXY06P-1622	苜蓿属	兰花苜蓿	*Medicago coerulea* Less.		俄罗斯	俄罗斯	2008	3	引进资源
3656	ZXY06P-1631	苜蓿属	兰花苜蓿	*Medicago coerulea* Less.		俄罗斯	俄罗斯	2008	3	引进资源
3657	ZXY06P-1660	苜蓿属	兰花苜蓿	*Medicago coerulea* Less.		俄罗斯	俄罗斯	2008	3	引进资源
3658	ZXY06P-1689	苜蓿属	兰花苜蓿	*Medicago coerulea* Less.		俄罗斯	俄罗斯	2008	3	引进资源
3659	ZXY06P-1742	苜蓿属	兰花苜蓿	*Medicago coerulea* Less.		俄罗斯	俄罗斯	2008	3	引进资源
3660	ZXY06P-1786	苜蓿属	兰花苜蓿	*Medicago coerulea* Less.		俄罗斯	俄罗斯	2008	3	引进资源
3661	ZXY06P-1810	苜蓿属	兰花苜蓿	*Medicago coerulea* Less.		俄罗斯	哈萨克古里耶夫	2008	3	引进资源
3662	ZXY06P-1817	苜蓿属	兰花苜蓿	*Medicago coerulea* Less.		俄罗斯	俄罗斯	2008	3	引进资源
3663	ZXY06P-1824	苜蓿属	兰花苜蓿	*Medicago coerulea* Less.		俄罗斯	俄罗斯	2008	3	引进资源
3664	ZXY06P-1925	苜蓿属	兰花苜蓿	*Medicago coerulea* Less.		俄罗斯		2010	3	引进资源
3665	ZXY06P-2032	苜蓿属	兰花苜蓿	*Medicago coerulea* Less.		俄罗斯		2010	3	引进资源
3666	IA0113	苜蓿属	兰花苜蓿	*Medicago coerulea* Less.		俄罗斯		1990	1	引进资源
3667	0269	苜蓿属	兰花苜蓿	*Medicago coerulea* Less.			俄罗斯	1992	1	引进资源
3668	IA01122	苜蓿属	兰花苜蓿	*Medicago coerulea* Less.			俄罗斯	1993	1	引进资源
3669	XJ05-180	苜蓿属	黄花苜蓿	*Medicago falcata* L.			新疆温泉	2005	3	野生资源
3670	ZXY07P-3803	苜蓿属	黄花苜蓿	*Medicago falcata* L.			俄罗斯	2010	3	引进资源
3671	ZXY07P-3821	苜蓿属	黄花苜蓿	*Medicago falcata* L.			俄罗斯	2010	3	引进资源

（续）

序号	送种单位编号	属　名	种　名	学　名	品种名（原文名）	材料来源	材料原产地	收种时间（年份）	保存地点	类型
3672	ZXY07P-3847	苜蓿属	黄花苜蓿	*Medicago falcata* L.			俄罗斯	2010	3	引进资源
3673	ZXY07P-3855	苜蓿属	黄花苜蓿	*Medicago falcata* L.			俄罗斯	2010	3	引进资源
3674	ZXY07P-3537	苜蓿属	黄花苜蓿	*Medicago falcata* L.			俄罗斯	2010	3	引进资源
3675	ZXY08P-5117	苜蓿属	黄花苜蓿	*Medicago falcata* L.			俄罗斯	2014	3	引进资源
3676	ZXY08P-5177	苜蓿属	黄花苜蓿	*Medicago falcata* L.			俄罗斯车臣	2014	3	引进资源
3677	ZXY08P-5190	苜蓿属	黄花苜蓿	*Medicago falcata* L.			俄罗斯车臣	2014	3	引进资源
3678	ZXY08P-5342	苜蓿属	黄花苜蓿	*Medicago falcata* L.			俄罗斯	2014	3	引进资源
3679	ZXY2009P-5698	苜蓿属	黄花苜蓿	*Medicago falcata* L.			俄罗斯	2014	3	引进资源
3680	zxy2011-8004	苜蓿属	黄花苜蓿	*Medicago falcata* L.			俄罗斯阿尔泰	2016	3	引进资源
3681	zxy2011-8018	苜蓿属	黄花苜蓿	*Medicago falcata* L.			俄罗斯阿尔泰	2016	3	引进资源
3682	zxy2011-8025	苜蓿属	黄花苜蓿	*Medicago falcata* L.			俄罗斯阿尔泰	2016	3	引进资源
3683	zxy2011-8032	苜蓿属	黄花苜蓿	*Medicago falcata* L.			俄罗斯阿尔泰	2016	3	引进资源
3684	zxy2011-8038	苜蓿属	黄花苜蓿	*Medicago falcata* L.			俄罗斯阿尔泰	2016	3	引进资源
3685	zxy2011-8041	苜蓿属	黄花苜蓿	*Medicago falcata* L.			俄罗斯阿尔泰	2016	3	引进资源
3686	zxy2011-8045	苜蓿属	黄花苜蓿	*Medicago falcata* L.			俄罗斯阿尔泰	2016	3	引进资源
3687	zxy2011-8067	苜蓿属	黄花苜蓿	*Medicago falcata* L.			俄罗斯阿尔泰	2016	3	引进资源
3688	zxy2011-8071	苜蓿属	黄花苜蓿	*Medicago falcata* L.			俄罗斯阿尔泰	2016	3	引进资源
3689	zxy2011-8084	苜蓿属	黄花苜蓿	*Medicago falcata* L.			俄罗斯阿尔泰	2016	3	引进资源
3690	zxy2011-8095	苜蓿属	黄花苜蓿	*Medicago falcata* L.			俄罗斯阿尔泰	2016	3	引进资源
3691	zxy2011-8111	苜蓿属	黄花苜蓿	*Medicago falcata* L.			俄罗斯阿尔泰	2016	3	引进资源
3692	zxy2011-8117	苜蓿属	黄花苜蓿	*Medicago falcata* L.			俄罗斯阿尔泰	2016	3	引进资源
3693	zxy2011-8122	苜蓿属	黄花苜蓿	*Medicago falcata* L.			俄罗斯阿尔泰	2016	3	引进资源
3694	zxy2011-8132	苜蓿属	黄花苜蓿	*Medicago falcata* L.			俄罗斯阿尔泰	2016	3	引进资源
3695	zxy2011-8138	苜蓿属	黄花苜蓿	*Medicago falcata* L.			俄罗斯阿尔泰	2016	3	引进资源
3696	zxy2011-8148	苜蓿属	黄花苜蓿	*Medicago falcata* L.			俄罗斯阿尔泰	2016	3	引进资源

（续）

序号	送种单位编号	属　名	种　名	学　　名	品种名（原文名）	材料来源	材料原产地	收种时间（年份）	保存地点	类型
3697	zxy2011-8155	苜蓿属	黄花苜蓿	*Medicago falcata* L.			俄罗斯阿尔泰	2016	3	引进资源
3698	zxy2011-8156	苜蓿属	黄花苜蓿	*Medicago falcata* L.			巴什科尔托斯坦	2016	3	引进资源
3699	zxy2011-8179	苜蓿属	黄花苜蓿	*Medicago falcata* L.			巴什科尔托斯坦	2016	3	引进资源
3700	zxy2011-8191	苜蓿属	黄花苜蓿	*Medicago falcata* L.			巴什科尔托斯坦	2016	3	引进资源
3701	zxy2011-8194	苜蓿属	黄花苜蓿	*Medicago falcata* L.			俄罗斯阿尔泰	2016	3	引进资源
3702	zxy2011-8201	苜蓿属	黄花苜蓿	*Medicago falcata* L.			俄罗斯阿尔泰	2016	3	引进资源
3703	zxy2011-8207	苜蓿属	黄花苜蓿	*Medicago falcata* L.			俄罗斯阿尔泰	2016	3	引进资源
3704	zxy2011-8214	苜蓿属	黄花苜蓿	*Medicago falcata* L.			俄罗斯阿尔泰	2016	3	引进资源
3705	zxy2011-8225	苜蓿属	黄花苜蓿	*Medicago falcata* L.			俄罗斯阿尔泰	2016	3	引进资源
3706	zxy2011-8248	苜蓿属	黄花苜蓿	*Medicago falcata* L.			俄罗斯克拉斯诺达尔	2016	3	引进资源
3707	zxy2011-8254	苜蓿属	黄花苜蓿	*Medicago falcata* L.			俄罗斯克拉斯诺达尔	2016	3	引进资源
3708	zxy2011-8268	苜蓿属	黄花苜蓿	*Medicago falcata* L.			俄罗斯克拉斯诺达尔	2016	3	引进资源
3709	zxy2011-8304	苜蓿属	黄花苜蓿	*Medicago falcata* L.			俄罗斯克拉斯诺达尔	2016	3	引进资源
3710	zxy2011-8316	苜蓿属	黄花苜蓿	*Medicago falcata* L.			俄罗斯克拉斯诺达尔	2016	3	引进资源
3711	zxy2011-8335	苜蓿属	黄花苜蓿	*Medicago falcata* L.			俄罗斯克拉斯诺达尔	2016	3	引进资源
3712	2853	苜蓿属	黄花苜蓿	*Medicago falcata* L.	呼伦贝尔		内蒙古乌拉特前旗	2005	1	栽培资源
3713	ZXY06P-2575	苜蓿属	具腺苜蓿	*Medicago glandulosa* David.			俄罗斯	2010	3	引进资源
3714	ZXY06P-2585	苜蓿属	具腺苜蓿	*Medicago glandulosa* David.			俄罗斯	2010	3	引进资源
3715	ZXY06P-2605	苜蓿属	具腺苜蓿	*Medicago glandulosa* David.			俄罗斯	2010	3	引进资源
3716	ZXY2009P-6400	苜蓿属	半旋荚苜蓿	*Medicago hemicycla* Grossh.			亚美尼亚	2014	3	引进资源
3717	ZXY2009P-6407	苜蓿属	半旋荚苜蓿	*Medicago hemicycla* Grossh.			亚美尼亚	2014	3	引进资源
3718	ZXY2009P-6414	苜蓿属	半旋荚苜蓿	*Medicago hemicycla* Grossh.			亚美尼亚	2014	3	引进资源
3719	ZXY2009P-6430	苜蓿属	半旋荚苜蓿	*Medicago hemicycla* Grossh.			亚美尼亚	2014	3	引进资源
3720	ZXY2009P-6446	苜蓿属	半旋荚苜蓿	*Medicago hemicycla* Grossh.			亚美尼亚	2014	3	引进资源
3721	ZXY2009P-6490	苜蓿属	半旋荚苜蓿	*Medicago hemicycla* Grossh.			格鲁吉亚	2014	3	引进资源

（续）

序号	送种单位编号	属　名	种　名	学　名	品种名（原文名）	材料来源	材料原产地	收种时间（年份）	保存地点	类型
3722	SC11-219	苜蓿属	天蓝苜蓿	*Medicago lupulina* L.			四川若尔盖	2010	3	野生资源
3723	中畜-844	苜蓿属	天蓝苜蓿	*Medicago lupulina* L.			山西	2006	3	野生资源
3724	GS1501	苜蓿属	天蓝苜蓿	*Medicago lupulina* L.			甘肃肃南	2009	3	野生资源
3725	SC2008-228	苜蓿属	天蓝苜蓿	*Medicago lupulina* L.			四川红原	2010	3	野生资源
3726	GS3017	苜蓿属	天蓝苜蓿	*Medicago lupulina* L.			陕西长武	2011	3	野生资源
3727	GS3048	苜蓿属	天蓝苜蓿	*Medicago lupulina* L.			陕西彬县	2011	3	野生资源
3728	GS3276	苜蓿属	天蓝苜蓿	*Medicago lupulina* L.			甘肃肃南	2011	3	野生资源
3729	GS3682	苜蓿属	天蓝苜蓿	*Medicago lupulina* L.			陕西旬邑	2012	3	野生资源
3730	050216019	苜蓿属	天蓝苜蓿	*Medicago lupulina* L.			云南保山	2005	2	野生资源
3731	L468	苜蓿属	天蓝苜蓿	*Medicago lupulina* L.			西藏林芝	2001	1	野生资源
3732	071216004	苜蓿属	天蓝苜蓿	*Medicago lupulina* L.			福建诏安	2007	2	野生资源
3733	070226012	苜蓿属	天蓝苜蓿	*Medicago lupulina* L.			广西东兰	2007	2	野生资源
3734	070226011	苜蓿属	天蓝苜蓿	*Medicago lupulina* L.			福建永安	2007	2	野生资源
3735	070304012	苜蓿属	天蓝苜蓿	*Medicago lupulina* L.			云南文山	2007	2	野生资源
3736	070305001	苜蓿属	天蓝苜蓿	*Medicago lupulina* L.			云南文山	2007	2	野生资源
3737	中畜-031	苜蓿属	天蓝苜蓿	*Medicago lupulina* L.			北京香山	2000	1	野生资源
3738	贵 175	苜蓿属	天蓝苜蓿	*Medicago lupulina* L.			贵州都匀市	2004	1	野生资源
3739	GS3301	苜蓿属	天蓝苜蓿	*Medicago lupulina* L.			甘肃会宁	2011	3	野生资源
3740	ZXY2009P-6135	苜蓿属	复色苜蓿	*Medicago polychroa* Grossh.			格鲁吉亚	2014	3	引进资源
3741	ZXY2009P-6141	苜蓿属	复色苜蓿	*Medicago polychroa* Grossh.			格鲁吉亚	2014	3	引进资源
3742	ZXY2009P-6147	苜蓿属	复色苜蓿	*Medicago polychroa* Grossh.			格鲁吉亚	2014	3	引进资源
3743	ZXY2009P-6163	苜蓿属	复色苜蓿	*Medicago polychroa* Grossh.			格鲁吉亚	2014	3	引进资源
3744	ZXY2009P-6176	苜蓿属	复色苜蓿	*Medicago polychroa* Grossh.			格鲁吉亚	2014	3	引进资源
3745	ZXY2009P-6187	苜蓿属	复色苜蓿	*Medicago polychroa* Grossh.			格鲁吉亚	2014	3	引进资源
3746	ZXY2009P-6194	苜蓿属	复色苜蓿	*Medicago polychroa* Grossh.			格鲁吉亚	2014	3	引进资源

（续）

序号	送种单位编号	属　名	种　名	学　名	品种名（原文名）	材料来源	材料原产地	收种时间（年份）	保存地点	类型
3747	ZXY2009P-6201	苜蓿属	复色苜蓿	*Medicago polychroa* Grossh.			格鲁吉亚	2014	3	引进资源
3748	ZXY2009P-6209	苜蓿属	复色苜蓿	*Medicago polychroa* Grossh.			格鲁吉亚	2014	3	引进资源
3749	ZXY2009P-6321	苜蓿属	复色苜蓿	*Medicago polychroa* Grossh.			俄罗斯	2014	3	引进资源
3750	ZXY2009P-6326	苜蓿属	复色苜蓿	*Medicago polychroa* Grossh.			俄罗斯	2014	3	引进资源
3751	ZXY08P-4969	苜蓿属	拟野苜蓿	*Medicago quasifalcata* Sinsk.			俄罗斯	2014	3	引进资源
3752	ZXY08P-4981	苜蓿属	拟野苜蓿	*Medicago quasifalcata* Sinsk.			俄罗斯	2014	3	引进资源
3753	ZXY08P-4988	苜蓿属	拟野苜蓿	*Medicago quasifalcata* Sinsk.			俄罗斯	2014	3	引进资源
3754	ZXY08P-4999	苜蓿属	拟野苜蓿	*Medicago quasifalcata* Sinsk.			俄罗斯	2014	3	引进资源
3755	ZXY08P-5016	苜蓿属	拟野苜蓿	*Medicago quasifalcata* Sinsk.			俄罗斯	2014	3	引进资源
3756	ZXY08P-5026	苜蓿属	拟野苜蓿	*Medicago quasifalcata* Sinsk.			俄罗斯	2014	3	引进资源
3757	ZXY08P-5035	苜蓿属	拟野苜蓿	*Medicago quasifalcata* Sinsk.			俄罗斯	2014	3	引进资源
3758	ZXY08P-5046	苜蓿属	拟野苜蓿	*Medicago quasifalcata* Sinsk.			俄罗斯	2014	3	引进资源
3759	ZXY08P-5057	苜蓿属	拟野苜蓿	*Medicago quasifalcata* Sinsk.			俄罗斯	2014	3	引进资源
3760	ZXY08P-5069	苜蓿属	拟野苜蓿	*Medicago quasifalcata* Sinsk.			俄罗斯	2014	3	引进资源
3761	ZXY08P-5078	苜蓿属	拟野苜蓿	*Medicago quasifalcata* Sinsk.			俄罗斯	2014	3	引进资源
3762	ZXY08P-5088	苜蓿属	拟野苜蓿	*Medicago quasifalcata* Sinsk.			俄罗斯	2014	3	引进资源
3763	YN2014-150	苜蓿属	紫花苜蓿	*Medicago sativa* L.	5010			2013	3	引进资源
3764	YN2014-162	苜蓿属	紫花苜蓿	*Medicago sativa* L.	游客(Eure Ka)			2014	3	引进资源
3765	YN2015-150	苜蓿属	紫花苜蓿	*Medicago sativa* L.	维纳斯(VNS)			2015	3	引进资源
3766	2814	苜蓿属	紫花苜蓿	*Medicago sativa* L.	关中			1997	3	栽培资源
3767	73-17	苜蓿属	紫花苜蓿	*Medicago sativa* L.	罗默(Roamer)		加拿大	1998	3	引进资源
3768	74-35	苜蓿属	紫花苜蓿	*Medicago sativa* L.	阿尔贡奎因(Algonquin)		加拿大	1998	3	引进资源
3769	74-24	苜蓿属	紫花苜蓿	*Medicago sativa* L.	威廉斯伯格(Williamsburg)	美国	美国	1998	3	引进资源

（续）

序号	送种单位编号	属　名	种　名	学　　名	品种名（原文名）	材料来源	材料原产地	收种时间（年份）	保存地点	类型
3770	80-22	苜蓿属	紫花苜蓿	*Medicago sativa* L.	伊鲁瑰斯(Iroguais)	美国	美国	1998	3	引进资源
3771	80-23	苜蓿属	紫花苜蓿	*Medicago sativa* L.	霍纳伊(Honeoye)	美国	美国	1998	3	引进资源
3772	80-69	苜蓿属	紫花苜蓿	*Medicago sativa* L.	C/W3	美国	美国	1998	3	引进资源
3773	80-71	苜蓿属	紫花苜蓿	*Medicago sativa* L.	C/W69		美国	1998	3	引进资源
3774	81-44	苜蓿属	紫花苜蓿	*Medicago sativa* L.	特莱克(Trek)	加拿大	加拿大	1998	3	引进资源
3775	81-39	苜蓿属	紫花苜蓿	*Medicago sativa* L.	农内奥耶	加拿大	加拿大	1998	3	引进资源
3776	81-85	苜蓿属	紫花苜蓿	*Medicago sativa* L.	雷西斯(Resis)	丹麦	美国	1998	3	引进资源
3777	82-6	苜蓿属	紫花苜蓿	*Medicago sativa* L.		美国	美国	1998	3	引进资源
3778	86-386	苜蓿属	紫花苜蓿	*Medicago sativa* L.	明托(Minto)	加拿大	加拿大	1998	3	引进资源
3779	0130	苜蓿属	紫花苜蓿	*Medicago sativa* L.	保定			1998	3	栽培资源
3780	0171	苜蓿属	紫花苜蓿	*Medicago sativa* L.	秘鲁	美国	美国	1998	3	引进资源
3781	1643	苜蓿属	紫花苜蓿	*Medicago sativa* L.	埃及		埃及	1998	3	引进资源
3782	0163	苜蓿属	紫花苜蓿	*Medicago sativa* L.	印第安	美国	美国	1998	3	引进资源
3783	79-209	苜蓿属	紫花苜蓿	*Medicago sativa* L.		中畜所	英国	1998	3	引进资源
3784	81-99	苜蓿属	紫花苜蓿	*Medicago sativa* L.	格林(Grimm)	美国	美国	1998	3	引进资源
3785	0731	苜蓿属	紫花苜蓿	*Medicago sativa* L.	苏联 2 号		俄罗斯	1998	3	引进资源
3786	GS0614	苜蓿属	紫花苜蓿	*Medicago sativa* L.	喀什	甘肃景泰	新疆	2006	3	栽培资源
3787	2723	苜蓿属	紫花苜蓿	*Medicago sativa* L.	哈密		新疆	2002	3	栽培资源
3788	79-77	苜蓿属	紫花苜蓿	*Medicago sativa* L.	皮克斯塔(Picksta)	加拿大	加拿大	1998	3	引进资源
3789	79-78	苜蓿属	紫花苜蓿	*Medicago sativa* L.	兰热来恩德(Rangelandor)		加拿大	1998	3	引进资源
3790	GS0594	苜蓿属	紫花苜蓿	*Medicago sativa* L.	罗佐玛(Rhizoma)	甘肃景泰	加拿大	2006	3	引进资源
3791	73-16	苜蓿属	紫花苜蓿	*Medicago sativa* L.	安古斯(Angus)		加拿大	1998	3	引进资源
3792	74-19	苜蓿属	紫花苜蓿	*Medicago sativa* L.	索伊 H652(Soiulh652)	罗马尼亚	罗马尼亚	1998	3	引进资源

（续）

序号	送种单位编号	属　名	种　名	学　　名	品种名（原文名）	材料来源	材料原产地	收种时间（年份）	保存地点	类型
3793	78-22	苜蓿属	紫花苜蓿	*Medicago sativa* L.	安达瓦(Andava)	捷克	捷克	2006	3	引进资源
3794	78-23	苜蓿属	紫花苜蓿	*Medicago sativa* L.	普列格夫卡(Preroraka)	捷克	捷克	1998	3	引进资源
3795	78-25	苜蓿属	紫花苜蓿	*Medicago sativa* L.	塔保尔卡(Tabarka)	北京	捷克	2007	3	引进资源
3796	0648	苜蓿属	紫花苜蓿	*Medicago sativa* L.	普罗旺斯(Provence)	英国	英国	1998	3	引进资源
3797	1872	苜蓿属	紫花苜蓿	*Medicago sativa* L.			英国	2005	3	引进资源
3798	GS0514	苜蓿属	紫花苜蓿	*Medicago sativa* L.	瑞典	甘肃景泰	瑞典	2006	3	引进资源
3799	1414	苜蓿属	紫花苜蓿	*Medicago sativa* L.		苏联	俄罗斯	1998	3	引进资源
3800	71-1	苜蓿属	紫花苜蓿	*Medicago sativa* L.	爱开夏(Acacia)	美国	美国	1998	3	引进资源
3801	2325	苜蓿属	紫花苜蓿	*Medicago sativa* L.	美国1号	美国		1999	3	引进资源
3802	0994	苜蓿属	紫花苜蓿	*Medicago sativa* L.	日本		日本	2002	3	引进资源
3803	1194	苜蓿属	紫花苜蓿	*Medicago sativa* L.	日本		日本	2002	3	引进资源
3804	1892	苜蓿属	紫花苜蓿	*Medicago sativa* L.	日本		日本	2002	3	引进资源
3805	1991	苜蓿属	紫花苜蓿	*Medicago sativa* L.	日本		日本	2002	3	引进资源
3806	GS0563	苜蓿属	紫花苜蓿	*Medicago sativa* L.	日本	甘肃景泰	日本	2006	3	引进资源
3807	0469	苜蓿属	紫花苜蓿	*Medicago sativa* L.	榆次	山西榆次		1998	3	栽培资源
3808	2330	苜蓿属	紫花苜蓿	*Medicago sativa* L.	内蒙古	内蒙古		1998	3	栽培资源
3809	1149	苜蓿属	紫花苜蓿	*Medicago sativa* L.	日本	中畜所		2005	3	引进资源
3810	GS0628	苜蓿属	紫花苜蓿	*Medicago sativa* L.	日本	甘肃景泰	日本	2006	3	引进资源
3811	0822	苜蓿属	紫花苜蓿	*Medicago sativa* L.	熊岳	辽宁熊岳		1998	3	栽培资源
3812	0218	苜蓿属	紫花苜蓿	*Medicago sativa* L.	天津	天津		1998	3	栽培资源
3813	0416	苜蓿属	紫花苜蓿	*Medicago sativa* L.	沙河	北京沙河		1998	3	栽培资源
3814	0632	苜蓿属	紫花苜蓿	*Medicago sativa* L.	宝鸡	陕西宝鸡		1998	3	栽培资源
3815	208	苜蓿属	紫花苜蓿	*Medicago sativa* L.	长武	陕西长武	中国	1998	3	栽培资源
3816	2302	苜蓿属	紫花苜蓿	*Medicago sativa* L.	五字1号		中国	1998	3	栽培资源

（续）

序号	送种单位编号	属　名	种　名	学　　名	品种名（原文名）	材料来源	材料原产地	收种时间（年份）	保存地点	类型
3817	0440	苜蓿属	紫花苜蓿	*Medicago sativa* L.	运城	山西运城		1998	3	栽培资源
3818	0932	苜蓿属	紫花苜蓿	*Medicago sativa* L.	渭南	陕西渭南	陕西	1998	3	栽培资源
3819	0062	苜蓿属	紫花苜蓿	*Medicago sativa* L.	武功		陕西	1998	3	栽培资源
3820	0059	苜蓿属	紫花苜蓿	*Medicago sativa* L.	咸阳	陕西咸阳	陕西	1998	3	栽培资源
3821	0425	苜蓿属	紫花苜蓿	*Medicago sativa* L.	沧州	河北沧州		1998	3	栽培资源
3822	1193	苜蓿属	紫花苜蓿	*Medicago sativa* L.	察南		河北	2002	3	栽培资源
3823	1196	苜蓿属	紫花苜蓿	*Medicago sativa* L.	察北	河北察北		1998	3	栽培资源
3824	0467	苜蓿属	紫花苜蓿	*Medicago sativa* L.	猗氏	山西猗氏		1998	3	栽培资源
3825	2216	苜蓿属	紫花苜蓿	*Medicago sativa* L.	陕西	陕西		1998	3	栽培资源
3826	2317	苜蓿属	紫花苜蓿	*Medicago sativa* L.	西德	法国	德国	1998	3	引进资源
3827	83-384	苜蓿属	紫花苜蓿	*Medicago sativa* L.	101	北京	美国加利福尼亚	2007	3	引进资源
3828	84-782	苜蓿属	紫花苜蓿	*Medicago sativa* L.	先锋 581（Pioneer 581）	澳大利亚	澳大利亚	1998	3	引进资源
3829	84-783	苜蓿属	紫花苜蓿	*Medicago sativa* L.	先锋 572（Pioneer 572）	澳大利亚	澳大利亚	1998	3	引进资源
3830	84-789	苜蓿属	紫花苜蓿	*Medicago sativa* L.	特里菲斯塔（Trifecta）	澳大利亚	澳大利亚	1998	3	引进资源
3831	84-790	苜蓿属	紫花苜蓿	*Medicago sativa* L.	瓦克菲尔德（Wakefield）	澳大利亚	澳大利亚	1998	3	引进资源
3832	84-791	苜蓿属	紫花苜蓿	*Medicago sativa* L.	格拉纳达（Granada）	澳大利亚	澳大利亚	1998	3	引进资源
3833	84-793	苜蓿属	紫花苜蓿	*Medicago sativa* L.	西玛隆（Cimmarron）	北京	澳大利亚	2007	3	引进资源
3834	84-794	苜蓿属	紫花苜蓿	*Medicago sativa* L.	瓦拉多尔（Valador）	北京	澳大利亚	2007	3	引进资源
3835	84-796	苜蓿属	紫花苜蓿	*Medicago sativa* L.	斯里沃（Siriver）	北京	澳大利亚	2007	3	引进资源
3836	84-797	苜蓿属	紫花苜蓿	*Medicago sativa* L.	诺瓦（Nova）	北京	澳大利亚	2007	3	引进资源

（续）

序号	送种单位编号	属　名	种　名	学　名	品种名（原文名）	材料来源	材料原产地	收种时间（年份）	保存地点	类型
3837	84-798	苜蓿属	紫花苜蓿	*Medicago sativa* L.	春野(Springfield)	澳大利亚	澳大利亚	1998	3	引进资源
3838	84-802	苜蓿属	紫花苜蓿	*Medicago sativa* L.	帕拉维沃(Paravivo)	北京	澳大利亚	2007	3	引进资源
3839	85-75	苜蓿属	紫花苜蓿	*Medicago sativa* L.	费内马(Vernema)	美国	美国	1998	3	引进资源
3840	85-76	苜蓿属	紫花苜蓿	*Medicago sativa* L.	阿加特(Agate)	美国	美国	1998	3	引进资源
3841	85-77	苜蓿属	紫花苜蓿	*Medicago sativa* L.	斯普雷多2号(sprendor2)	中畜所	美国	2005	3	引进资源
3842	85-77	苜蓿属	紫花苜蓿	*Medicago sativa* L.	Spredor2	美国	美国	2006	3	引进资源
3843	86-351	苜蓿属	紫花苜蓿	*Medicago sativa* L.		加拿大	加拿大	1998	3	引进资源
3844	0129	苜蓿属	紫花苜蓿	*Medicago sativa* L.	苏联	苏联	苏联	1998	3	引进资源
3845	0134	苜蓿属	紫花苜蓿	*Medicago sativa* L.	苏联		苏联	1998	3	引进资源
3846	0220	苜蓿属	紫花苜蓿	*Medicago sativa* L.	苏联		苏联	1998	3	引进资源
3847	0269	苜蓿属	紫花苜蓿	*Medicago sativa* L.	苏联		苏联	1998	3	引进资源
3848	0060	苜蓿属	紫花苜蓿	*Medicago sativa* L.	乾县	陕西乾县	中国	1998	3	栽培资源
3849	80-76	苜蓿属	紫花苜蓿	*Medicago sativa* L.	萨兰斯	北京	日本	2007	3	引进资源
3850	GS0553	苜蓿属	紫花苜蓿	*Medicago sativa* L.	猎人河(Hunter River)	甘肃景泰	澳大利亚	2006	3	引进资源
3851	GS0555	苜蓿属	紫花苜蓿	*Medicago sativa* L.	苏联36号	甘肃景泰	苏联	2006	3	引进资源
3852	0058	苜蓿属	紫花苜蓿	*Medicago sativa* L.	沂阳	山东沂阳	中国	1998	3	栽培资源
3853	GS0528	苜蓿属	紫花苜蓿	*Medicago sativa* L.	哈氏	甘肃景泰		2006	3	栽培资源
3854	2044	苜蓿属	紫花苜蓿	*Medicago sativa* L.	和田	新疆和田		1998	3	栽培资源
3855	0064	苜蓿属	紫花苜蓿	*Medicago sativa* L.	美国		美国	1998	3	引进资源
3856	GS0625	苜蓿属	紫花苜蓿	*Medicago sativa* L.	美国	甘肃景泰	美国	2006	3	引进资源
3857	2712	苜蓿属	紫花苜蓿	*Medicago sativa* L.	新疆大叶	新疆		1998	3	栽培资源
3858	2789	苜蓿属	紫花苜蓿	*Medicago sativa* L.	阿克苏		新疆	2002	3	栽培资源
3859	2785	苜蓿属	紫花苜蓿	*Medicago sativa* L.	布尔津		新疆	2002	3	栽培资源

（续）

序号	送种单位编号	属　名	种　名	学　名	品种名（原文名）	材料来源	材料原产地	收种时间（年份）	保存地点	类型
3860	2713	苜蓿属	紫花苜蓿	*Medicago sativa* L.	北疆	北疆		1998	3	栽培资源
3861	83-4	苜蓿属	紫花苜蓿	*Medicago sativa* L.	索亚(UP)	日本		1998	3	引进资源
3862	1969	苜蓿属	紫花苜蓿	*Medicago sativa* L.	大叶	中畜所	新疆	2005	3	栽培资源
3863	GS0034	苜蓿属	紫花苜蓿	*Medicago sativa* L.	苏联1号	甘肃景泰		1999	3	引进资源
3864	2157	苜蓿属	紫花苜蓿	*Medicago sativa* L.	蔚县	河北蔚县		1998	3	栽培资源
3865	0629	苜蓿属	紫花苜蓿	*Medicago sativa* L.	西宁	青海西宁		1998	3	栽培资源
3866	2543	苜蓿属	紫花苜蓿	*Medicago sativa* L.	昌黎	中畜所	甘肃	2005	3	栽培资源
3867	2542	苜蓿属	紫花苜蓿	*Medicago sativa* L.	天水	甘肃天水		1998	3	栽培资源
3868	0131	苜蓿属	紫花苜蓿	*Medicago sativa* L.	石家庄	河北石家庄		1998	3	栽培资源
3869	2296	苜蓿属	紫花苜蓿	*Medicago sativa* L.	肇东	黑龙江肇东		1998	3	栽培资源
3870	88-6	苜蓿属	紫花苜蓿	*Medicago sativa* L.	哈萨维(Hasawi)	美国		1998	3	引进资源
3871	88-41	苜蓿属	紫花苜蓿	*Medicago sativa* L.	韦林利亚(Velaria)	美国		1998	3	引进资源
3872	92-183	苜蓿属	紫花苜蓿	*Medicago sativa* L.		美国	西班牙	1998	3	引进资源
3873	92-187	苜蓿属	紫花苜蓿	*Medicago sativa* L.	利奎恩(Liguen)	美国	智利	1998	3	引进资源
3874	92-212	苜蓿属	紫花苜蓿	*Medicago sativa* L.	班迪(Bandi)	美国	也门	1998	3	引进资源
3875	92-221	苜蓿属	紫花苜蓿	*Medicago sativa* L.	弗兰克群体(Flemishpopulation)	美国	美国	1998	3	引进资源
3876	89-63	苜蓿属	紫花苜蓿	*Medicago sativa* L.	佩里(Perry)	美国		1998	3	引进资源
3877	93-48	苜蓿属	紫花苜蓿	*Medicago sativa* L.	888	美国		1998	3	引进资源
3878	93-49	苜蓿属	紫花苜蓿	*Medicago sativa* L.	49	美国		1998	3	引进资源
3879	98-4	苜蓿属	紫花苜蓿	*Medicago sativa* L.	BC-1	美国		1999	3	引进资源
3880	98-5	苜蓿属	紫花苜蓿	*Medicago sativa* L.	BC-2	美国		1999	3	引进资源
3881	98-6	苜蓿属	紫花苜蓿	*Medicago sativa* L.	BC-3	美国		1999	3	引进资源
3882	98-7	苜蓿属	紫花苜蓿	*Medicago sativa* L.	BC-4	美国		1999	3	引进资源
3883	98-8	苜蓿属	紫花苜蓿	*Medicago sativa* L.	BC-5	美国		1999	3	引进资源

（续）

序号	送种单位编号	属　名	种　名	学　名	品种名（原文名）	材料来源	材料原产地	收种时间（年份）	保存地点	类型
3884	98-9	苜蓿属	紫花苜蓿	*Medicago sativa* L.	BC-6	美国		1999	3	引进资源
3885	98-11	苜蓿属	紫花苜蓿	*Medicago sativa* L.	BC-8	美国		1999	3	引进资源
3886	98-12	苜蓿属	紫花苜蓿	*Medicago sativa* L.	BC-9	美国		1999	3	引进资源
3887	98-13	苜蓿属	紫花苜蓿	*Medicago sativa* L.	8920	美国		1999	3	引进资源
3888	XJ-079	苜蓿属	紫花苜蓿	*Medicago sativa* L.	北疆	新疆塔城		2004	3	栽培资源
3889	92-191	苜蓿属	紫花苜蓿	*Medicago sativa* L.	瓦罗特(Waratte)	美国	法国	1998	3	引进资源
3890	92-193	苜蓿属	紫花苜蓿	*Medicago sativa* L.	圣米格里多(Snmiguelito)	美国	墨西哥	1998	3	引进资源
3891	92-199	苜蓿属	紫花苜蓿	*Medicago sativa* L.		美国	美国	1998	3	引进资源
3892	92-200	苜蓿属	紫花苜蓿	*Medicago sativa* L.		美国	美国	1998	3	引进资源
3893	92-201	苜蓿属	紫花苜蓿	*Medicago sativa* L.		美国	美国	1998	3	引进资源
3894	92-207	苜蓿属	紫花苜蓿	*Medicago sativa* L.		美国	摩洛哥	1998	3	引进资源
3895	92-209	苜蓿属	紫花苜蓿	*Medicago sativa* L.		美国	摩洛哥	1998	3	引进资源
3896	92-210	苜蓿属	紫花苜蓿	*Medicago sativa* L.	卡夫 101(Cuf101)	美国	美国	1998	3	引进资源
3897	92-213	苜蓿属	紫花苜蓿	*Medicago sativa* L.	维克菲尔德(Wakefield)	美国	澳大利亚	1998	3	引进资源
3898	2309	苜蓿属	紫花苜蓿	*Medicago sativa* L.	多叶		青海	1998	3	栽培资源
3899	2671	苜蓿属	紫花苜蓿	*Medicago sativa* L.	偏关			1998	3	栽培资源
3900	86-263	苜蓿属	紫花苜蓿	*Medicago sativa* L.	埃皮克(Epic)	美国	美国	1998	3	引进资源
3901	80-74	苜蓿属	紫花苜蓿	*Medicago sativa* L.	欧洲(Europe)	日本		1998	3	引进资源
3902	87-31	苜蓿属	紫花苜蓿	*Medicago sativa* L.	南特(Southernspecial)	澳大利亚		1998	3	引进资源
3903	87-51	苜蓿属	紫花苜蓿	*Medicago sativa* L.	Dekalb135	美国		1998	3	引进资源
3904	87-57	苜蓿属	紫花苜蓿	*Medicago sativa* L.	派克 1000(Pike1000)	美国		1998	3	引进资源

（续）

序号	送种单位编号	属名	种名	学名	品种名（原文名）	材料来源	材料原产地	收种时间（年份）	保存地点	类型
3905	88-18	苜蓿属	紫花苜蓿	*Medicago sativa* L.	内华大综合种（Nevadasyn）	美国		1998	3	引进资源
3906	88-45	苜蓿属	紫花苜蓿	*Medicago sativa* L.	马里科巴（Marcrpa）	美国		1998	3	引进资源
3907	89-121	苜蓿属	紫花苜蓿	*Medicago sativa* L.	鲁斯玛（Lucema）	匈牙利		1998	3	引进资源
3908	92-224	苜蓿属	紫花苜蓿	*Medicago sativa* L.	坦维德（Tanverde）	美国	墨西哥	1998	3	引进资源
3909	0103	苜蓿属	紫花苜蓿	*Medicago sativa* L.	普通		美国	1998	3	引进资源
3910	0419	苜蓿属	紫花苜蓿	*Medicago sativa* L.	黄花			1998	3	栽培资源
3911	0456	苜蓿属	紫花苜蓿	*Medicago sativa* L.	永济	山西永济		1998	3	栽培资源
3912	0454	苜蓿属	紫花苜蓿	*Medicago sativa* L.	定襄	中畜所	山西	2005	3	栽培资源
3913	2736	苜蓿属	紫花苜蓿	*Medicago sativa* L.	淮阴	中国	江苏	2006	3	栽培资源
3914	2199	苜蓿属	紫花苜蓿	*Medicago sativa* L.	沙湾	新疆沙湾		1998	3	栽培资源
3915	2326	苜蓿属	紫花苜蓿	*Medicago sativa* L.	美国 2 号		美国	1998	3	引进资源
3916	0215	苜蓿属	紫花苜蓿	*Medicago sativa* L.	拉达克（Ladak）	美国	印度	1998	3	引进资源
3917	0332	苜蓿属	紫花苜蓿	*Medicago sativa* L.	亚利桑那（Alizona）	美国		1998	3	引进资源
3918	2608	苜蓿属	紫花苜蓿	*Medicago sativa* L.	蔚县	北京	河北	2007	3	栽培资源
3919	0057	苜蓿属	紫花苜蓿	*Medicago sativa* L.	富平		陕西	2002	3	栽培资源
3920	JL07-56	苜蓿属	紫花苜蓿	*Medicago sativa* L.	维多利亚（Victoria）	吉林长岭	美国	2008	3	引进资源
3921	92-211	苜蓿属	紫花苜蓿	*Medicago sativa* L.	康利（Kohli）	美国	也门	1998	3	引进资源
3922	92-225	苜蓿属	紫花苜蓿	*Medicago sativa* L.	盐选号（Selectionsalta）	美国	阿根廷	1998	3	引进资源
3923	88-8	苜蓿属	紫花苜蓿	*Medicago sativa* L.	圣米格里托（Snmiguelito）	美国		1998	3	引进资源
3924	0104	苜蓿属	紫花苜蓿	*Medicago sativa* L.	格林	美国	美国	2006	3	引进资源
3925	2735	苜蓿属	紫花苜蓿	*Medicago sativa* L.	陇中	甘肃陇中		1998	3	栽培资源
3926	2734	苜蓿属	紫花苜蓿	*Medicago sativa* L.	陇东	甘肃陇东		1998	3	栽培资源

（续）

序号	送种单位编号	属 名	种 名	学 名	品种名（原文名）	材料来源	材料原产地	收种时间（年份）	保存地点	类型
3927	2732	苜蓿属	紫花苜蓿	*Medicago sativa* L.	河西		甘肃	2002	3	栽培资源
3928	GS0037	苜蓿属	紫花苜蓿	*Medicago sativa* L.	综合 3 号	甘肃景泰	甘肃武威	1999	3	栽培资源
3929	KLW021	苜蓿属	紫花苜蓿	*Medicago sativa* L.	皇后	美国		2003	3	引进资源
3930	GS0383	苜蓿属	紫花苜蓿	*Medicago sativa* L.	德福(Deel)	百绿集团	美国	2002	3	引进资源
3931	74-130	苜蓿属	紫花苜蓿	*Medicago sativa* L.	杜普梯(Dupuits)	中畜所	日本	2005	3	引进资源
3932	中畜-016	苜蓿属	紫花苜蓿	*Medicago sativa* L.	和田	中畜所	新疆民丰	2001	3	栽培资源
3933	中畜-017	苜蓿属	紫花苜蓿	*Medicago sativa* L.	伊犁	中畜所	新疆阿勒泰	2001	3	栽培资源
3934	GS-333	苜蓿属	紫花苜蓿	*Medicago sativa* L.	苜蓿王	甘肃武威	新疆乌鲁木齐	2003	3	栽培资源
3935	96-2	苜蓿属	紫花苜蓿	*Medicago sativa* L.	K4	美国		2002	3	引进资源
3936	2001-7	苜蓿属	紫花苜蓿	*Medicago sativa* L.	苜蓿王			2002	3	引进资源
3937	GS0683	苜蓿属	紫花苜蓿	*Medicago sativa* L.	苜蓿王(Emperor)			2006	3	引进资源
3938	KLW020	苜蓿属	紫花苜蓿	*Medicago sativa* L.	游客(Eureka)	澳大利亚		2003	3	引进资源
3939	GS0536	苜蓿属	紫花苜蓿	*Medicago sativa* L.	捷 26-3	甘肃景泰	捷克	2006	3	引进资源
3940	GS0538	苜蓿属	紫花苜蓿	*Medicago sativa* L.	杂 17	甘肃景泰	甘肃	2006	3	栽培资源
3941	CLF0039	苜蓿属	紫花苜蓿	*Medicago sativa* L.	Power 4. 2		美国	2007	3	引进资源
3942	89-69	苜蓿属	紫花苜蓿	*Medicago sativa* L.	DK-135	美国		1998	3	引进资源
3943	0138	苜蓿属	紫花苜蓿	*Medicago sativa* L.	102 号		苏联	1998	3	引进资源
3944	GS0678	苜蓿属	紫花苜蓿	*Medicago sativa* L.	印弟安	甘肃景泰	美国	2006	3	引进资源
3945	GS0541	苜蓿属	紫花苜蓿	*Medicago sativa* L.	捷 25-1	甘肃景泰	捷克	2006	3	引进资源
3946	0470	苜蓿属	紫花苜蓿	*Medicago sativa* L.	临汾	山西	山西临汾	1998	3	栽培资源
3947	0834	苜蓿属	紫花苜蓿	*Medicago sativa* L.		黑龙江佳木斯	黑龙江克山	1998	3	栽培资源
3948	1704	苜蓿属	紫花苜蓿	*Medicago sativa* L.		加拿大		1998	3	引进资源
3949	XJ062	苜蓿属	紫花苜蓿	*Medicago sativa* L.	和田大叶	新疆和田		2004	3	栽培资源
3950	JL04-29	苜蓿属	紫花苜蓿	*Medicago sativa* L.	多叶苜蓿(Multifoliator)			2005	3	引进资源

（续）

序号	送种单位编号	属　名	种　名	学　名	品种名（原文名）	材料来源	材料原产地	收种时间（年份）	保存地点	类型
3951	2719	苜蓿属	紫花苜蓿	*Medicago sativa* L.	甘农 3 号	甘肃农大		1999	3	栽培资源
3952	GS0039	苜蓿属	紫花苜蓿	*Medicago sativa* L.	综合 2 号	甘肃景泰	甘肃武威	1999	3	栽培资源
3953	GS0040	苜蓿属	紫花苜蓿	*Medicago sativa* L.	综 7 选 2	甘肃景泰	甘肃武威	1999	3	栽培资源
3954	GS0041	苜蓿属	紫花苜蓿	*Medicago sativa* L.	综合 1 号	甘肃景泰	甘肃武威	1999	3	栽培资源
3955	KLWA3	苜蓿属	紫花苜蓿	*Medicago sativa* L.	路宝	美国		2003	3	引进资源
3956	JS0386	苜蓿属	紫花苜蓿	*Medicago sativa* L.	射手(Archer)	美国		2002	3	引进资源
3957	JS0390	苜蓿属	紫花苜蓿	*Medicago sativa* L.	超级 13R (13R Supreme)	百绿集团		2002	3	引进资源
3958	GS0408	苜蓿属	紫花苜蓿	*Medicago sativa* L.	爱来		美国	2002	3	引进资源
3959	KLW003	苜蓿属	紫花苜蓿	*Medicago sativa* L.	四季旺	加拿大		2003	3	引进资源
3960	YN2007-137	苜蓿属	紫花苜蓿	*Medicago sativa* L.	阿尔岗金	云南昆明	加拿大	2008	3	引进资源
3961	GS-337	苜蓿属	紫花苜蓿	*Medicago sativa* L.	8925MF	甘肃武威		2003	3	引进资源
3962	GS467	苜蓿属	紫花苜蓿	*Medicago sativa* L.	巨人 201	甘肃肃南		2004	3	引进资源
3963	GS1287	苜蓿属	紫花苜蓿	*Medicago sativa* L.	德国大叶	宁夏平罗		2006	3	引进资源
3964	JL04-9	苜蓿属	紫花苜蓿	*Medicago sativa* L.	cw306			2005	3	引进资源
3965	JL04-12	苜蓿属	紫花苜蓿	*Medicago sativa* L.	WL-324			2005	3	引进资源
3966	中畜-676	苜蓿属	紫花苜蓿	*Medicago sativa* L.			美国	2005	3	引进资源
3967	0019	苜蓿属	紫花苜蓿	*Medicago sativa* L.			黑龙江	2005	3	栽培资源
3968	0468	苜蓿属	紫花苜蓿	*Medicago sativa* L.		中畜所	山西	2005	3	栽培资源
3969	2224	苜蓿属	紫花苜蓿	*Medicago sativa* L.		中畜所	陕西	2005	3	栽培资源
3970	74-25	苜蓿属	紫花苜蓿	*Medicago sativa* L.		中畜所	美国	2005	3	引进资源
3971	96-10	苜蓿属	紫花苜蓿	*Medicago sativa* L.		中畜所	美国	2005	3	引进资源
3972	96-4	苜蓿属	紫花苜蓿	*Medicago sativa* L.		中畜所	美国	2005	3	引进资源
3973	0217	苜蓿属	紫花苜蓿	*Medicago sativa* L.	哥萨克	中畜所	美国	2005	3	引进资源
3974	GS0506	苜蓿属	紫花苜蓿	*Medicago sativa* L.	抗旱 9	甘肃景泰	美国	2006	3	引进资源

（续）

序号	送种单位编号	属　名	种　名	学　名	品种名（原文名）	材料来源	材料原产地	收种时间（年份）	保存地点	类型
3975	GS0508	苜蓿属	紫花苜蓿	*Medicago sativa* L.	综合 2	甘肃景泰	甘肃	2006	3	栽培资源
3976	GS0515	苜蓿属	紫花苜蓿	*Medicago sativa* L.	杂 2	甘肃景泰	甘肃	2006	3	栽培资源
3977	GS0516	苜蓿属	紫花苜蓿	*Medicago sativa* L.	捷 23-1	甘肃景泰	捷克	2006	3	引进资源
3978	GS0517	苜蓿属	紫花苜蓿	*Medicago sativa* L.	杂 20	甘肃景泰	甘肃	2006	3	栽培资源
3979	GS0518	苜蓿属	紫花苜蓿	*Medicago sativa* L.	抗旱 15	甘肃景泰	甘肃	2006	3	栽培资源
3980	GS0520	苜蓿属	紫花苜蓿	*Medicago sativa* L.	波兰	甘肃景泰	波兰	2006	3	引进资源
3981	GS0526	苜蓿属	紫花苜蓿	*Medicago sativa* L.	抗旱 72	甘肃景泰	新疆	2006	3	栽培资源
3982	GS0533	苜蓿属	紫花苜蓿	*Medicago sativa* L.	杂 17	甘肃景泰	甘肃	2006	3	栽培资源
3983	GS0590	苜蓿属	紫花苜蓿	*Medicago sativa* L.	陕北	甘肃景泰	陕西	2006	3	栽培资源
3984	GS0535	苜蓿属	紫花苜蓿	*Medicago sativa* L.	美国 1	甘肃景泰	美国	2006	3	引进资源
3985	GS0545	苜蓿属	紫花苜蓿	*Medicago sativa* L.	Podus	甘肃景泰		2006	3	引进资源
3986	GS0547	苜蓿属	紫花苜蓿	*Medicago sativa* L.	抗旱 7	甘肃景泰	新疆	2006	3	栽培资源
3987	GS0549	苜蓿属	紫花苜蓿	*Medicago sativa* L.	抗旱 2	甘肃景泰	新疆	2006	3	栽培资源
3988	GS0552	苜蓿属	紫花苜蓿	*Medicago sativa* L.	杂 15	甘肃景泰	甘肃	2006	3	栽培资源
3989	GS0556	苜蓿属	紫花苜蓿	*Medicago sativa* L.	抗旱 10	甘肃景泰	新疆	2006	3	栽培资源
3990	GS0557	苜蓿属	紫花苜蓿	*Medicago sativa* L.	安格	甘肃景泰		2006	3	引进资源
3991	GS0564	苜蓿属	紫花苜蓿	*Medicago sativa* L.	荷兰向阳	甘肃景泰	荷兰	2006	3	引进资源
3992	GS0568	苜蓿属	紫花苜蓿	*Medicago sativa* L.	杂 27	甘肃景泰	甘肃	2006	3	栽培资源
3993	GS0572	苜蓿属	紫花苜蓿	*Medicago sativa* L.	抗旱 83	甘肃景泰	新疆	2006	3	栽培资源
3994	GS0573	苜蓿属	紫花苜蓿	*Medicago sativa* L.	抗旱 20	甘肃景泰	新疆	2006	3	栽培资源
3995	GS0599	苜蓿属	紫花苜蓿	*Medicago sativa* L.	英国	甘肃景泰	英国	2006	3	引进资源
3996	GS0577	苜蓿属	紫花苜蓿	*Medicago sativa* L.	捷 24-3	甘肃景泰	捷克	2006	3	引进资源
3997	GS0600	苜蓿属	紫花苜蓿	*Medicago sativa* L.	抗旱	甘肃景泰	新疆	2006	3	栽培资源
3998	GS0602	苜蓿属	紫花苜蓿	*Medicago sativa* L.	杂 6	甘肃景泰	甘肃	2006	3	栽培资源
3999	GS0580	苜蓿属	紫花苜蓿	*Medicago sativa* L.	综 4	甘肃景泰	甘肃	2006	3	栽培资源

（续）

序号	送种单位编号	属　名	种　名	学　名	品种名（原文名）	材料来源	材料原产地	收种时间（年份）	保存地点	类型
4000	GS0603	苜蓿属	紫花苜蓿	*Medicago sativa* L.	综合 8	甘肃景泰	甘肃	2006	3	栽培资源
4001	GS0583	苜蓿属	紫花苜蓿	*Medicago sativa* L.	综 1	甘肃景泰	甘肃	2006	3	栽培资源
4002	GS0604	苜蓿属	紫花苜蓿	*Medicago sativa* L.	杂 13	甘肃景泰	甘肃	2006	3	栽培资源
4003	0649	苜蓿属	紫花苜蓿	*Medicago sativa* L.	法国		陕西	1998	3	引进资源
4004	GS0605	苜蓿属	紫花苜蓿	*Medicago sativa* L.	法国	甘肃景泰	法国	2006	3	引进资源
4005	GS0586	苜蓿属	紫花苜蓿	*Medicago sativa* L.	捷 24-1	甘肃景泰	英国	2006	3	引进资源
4006	GS0606	苜蓿属	紫花苜蓿	*Medicago sativa* L.	捷 22-2	甘肃景泰	捷克	2006	3	引进资源
4007	GS0589	苜蓿属	紫花苜蓿	*Medicago sativa* L.	抗旱-35	甘肃景泰	新疆	2006	3	栽培资源
4008	GS0608	苜蓿属	紫花苜蓿	*Medicago sativa* L.	抗旱 6	甘肃景泰	新疆	2006	3	栽培资源
4009	GS0592	苜蓿属	紫花苜蓿	*Medicago sativa* L.	东德	甘肃景泰	德国	2006	3	引进资源
4010	GS0610	苜蓿属	紫花苜蓿	*Medicago sativa* L.	捷 27-5	甘肃景泰	捷克	2006	3	引进资源
4011	GS0611	苜蓿属	紫花苜蓿	*Medicago sativa* L.	杂 16	甘肃景泰	甘肃	2006	3	栽培资源
4012	GS0612	苜蓿属	紫花苜蓿	*Medicago sativa* L.	抗旱	甘肃景泰	新疆	2006	3	栽培资源
4013	GS0615	苜蓿属	紫花苜蓿	*Medicago sativa* L.		甘肃景泰	加拿大	2006	3	引进资源
4014	GS0617	苜蓿属	紫花苜蓿	*Medicago sativa* L.	杂 23	甘肃景泰	甘肃	2006	3	栽培资源
4015	GS0618	苜蓿属	紫花苜蓿	*Medicago sativa* L.	杂 3	甘肃景泰	甘肃	2006	3	栽培资源
4016	GS0620	苜蓿属	紫花苜蓿	*Medicago sativa* L.		甘肃景泰		2006	3	栽培资源
4017	GS0621	苜蓿属	紫花苜蓿	*Medicago sativa* L.	加拿大	甘肃景泰	加拿大	2006	3	引进资源
4018	GS0629	苜蓿属	紫花苜蓿	*Medicago sativa* L.	捷 26-2	甘肃景泰		2006	3	引进资源
4019	GS0631	苜蓿属	紫花苜蓿	*Medicago sativa* L.	阿特兰	甘肃景泰		2006	3	引进资源
4020	GS0632	苜蓿属	紫花苜蓿	*Medicago sativa* L.	抗旱 3	甘肃景泰	新疆	2006	3	栽培资源
4021	GS0637	苜蓿属	紫花苜蓿	*Medicago sativa* L.	杂 5	甘肃景泰	甘肃	2006	3	栽培资源
4022	GS0666	苜蓿属	紫花苜蓿	*Medicago sativa* L.	切姆(Team)	甘肃景泰	日本	2006	3	引进资源
4023	74-30	苜蓿属	紫花苜蓿	*Medicago sativa* L.	纳卡维卡巴	北京	美国	2007	3	引进资源
4024	GS0676	苜蓿属	紫花苜蓿	*Medicago sativa* L.	比佛	甘肃景泰		2006	3	引进资源

（续）

序号	送种单位编号	属　名	种　名	学　　名	品种名（原文名）	材料来源	材料原产地	收种时间（年份）	保存地点	类型
4025	90-15	苜蓿属	紫花苜蓿	*Medicago sativa* L.		北京	美国	2006	3	引进资源
4026	JL07-63	苜蓿属	紫花苜蓿	*Medicago sativa* L.		吉林长岭县	美国	2008	3	引进资源
4027	JL07-74	苜蓿属	紫花苜蓿	*Medicago sativa* L.		吉林长岭县	美国	2008	3	引进资源
4028	JL07-78	苜蓿属	紫花苜蓿	*Medicago sativa* L.	费那尔	吉林长岭县	美国	2008	3	引进资源
4029	JL07-145	苜蓿属	紫花苜蓿	*Medicago sativa* L.	得龙	吉林长岭县		2008	3	引进资源
4030	GS1285	苜蓿属	紫花苜蓿	*Medicago sativa* L.	绿苜1号			2008	3	栽培资源
4031	ZXY04P--91	苜蓿属	紫花苜蓿	*Medicago sativa* L.		俄罗斯	埃及	2008	3	引进资源
4032	ZXY04P--126	苜蓿属	紫花苜蓿	*Medicago sativa* L.		俄罗斯	印度	2008	3	引进资源
4033	ZXY04P--192	苜蓿属	紫花苜蓿	*Medicago sativa* L.		俄罗斯	伊拉克	2008	3	引进资源
4034	ZXY04P--214	苜蓿属	紫花苜蓿	*Medicago sativa* L.		俄罗斯	乌兹别克斯坦	2008	3	引进资源
4035	ZXY04P--330	苜蓿属	紫花苜蓿	*Medicago sativa* L.		俄罗斯	利比亚	2008	3	引进资源
4036	ZXY04P--424	苜蓿属	紫花苜蓿	*Medicago sativa* L.		俄罗斯	苏丹	2008	3	引进资源
4037	ZXY04P--475	苜蓿属	紫花苜蓿	*Medicago sativa* L.		俄罗斯	坦桑尼亚	2008	3	引进资源
4038	ZXY05P--603	苜蓿属	紫花苜蓿	*Medicago sativa* L.		俄罗斯	西班牙	2008	3	引进资源
4039	ZXY05P--620	苜蓿属	紫花苜蓿	*Medicago sativa* L.		俄罗斯	西班牙	2008	3	引进资源
4040	ZXY05P--653	苜蓿属	紫花苜蓿	*Medicago sativa* L.		俄罗斯	西班牙	2008	3	引进资源
4041	ZXY05P--674	苜蓿属	紫花苜蓿	*Medicago sativa* L.		俄罗斯	西班牙	2008	3	引进资源
4042	ZXY05P--686	苜蓿属	紫花苜蓿	*Medicago sativa* L.		俄罗斯	西班牙	2008	3	引进资源
4043	ZXY05P--721	苜蓿属	紫花苜蓿	*Medicago sativa* L.		俄罗斯	西班牙	2008	3	引进资源
4044	ZXY05P--740	苜蓿属	紫花苜蓿	*Medicago sativa* L.		俄罗斯	西班牙	2008	3	引进资源
4045	ZXY05P--758	苜蓿属	紫花苜蓿	*Medicago sativa* L.		俄罗斯	西班牙	2008	3	引进资源
4046	ZXY05P--776	苜蓿属	紫花苜蓿	*Medicago sativa* L.		俄罗斯	西班牙	2008	3	引进资源
4047	ZXY05P--785	苜蓿属	紫花苜蓿	*Medicago sativa* L.		俄罗斯	西班牙	2008	3	引进资源
4048	ZXY05P--809	苜蓿属	紫花苜蓿	*Medicago sativa* L.		俄罗斯	西班牙	2008	3	引进资源
4049	ZXY05P--820	苜蓿属	紫花苜蓿	*Medicago sativa* L.		俄罗斯	西班牙	2008	3	引进资源

（续）

序号	送种单位编号	属　名	种　名	学　名	品种名（原文名）	材料来源	材料原产地	收种时间（年份）	保存地点	类型
4050	ZXY05P--832	苜蓿属	紫花苜蓿	*Medicago sativa* L.		俄罗斯	西班牙	2008	3	引进资源
4051	ZXY05P--857	苜蓿属	紫花苜蓿	*Medicago sativa* L.		俄罗斯	西班牙	2008	3	引进资源
4052	ZXY05P--871	苜蓿属	紫花苜蓿	*Medicago sativa* L.		俄罗斯	西班牙	2008	3	引进资源
4053	ZXY05P--882	苜蓿属	紫花苜蓿	*Medicago sativa* L.		俄罗斯	西班牙	2008	3	引进资源
4054	ZXY05P--905	苜蓿属	紫花苜蓿	*Medicago sativa* L.		俄罗斯	西班牙	2008	3	引进资源
4055	ZXY05P--935	苜蓿属	紫花苜蓿	*Medicago sativa* L.		俄罗斯	西班牙	2008	3	引进资源
4056	ZXY05P--1009	苜蓿属	紫花苜蓿	*Medicago sativa* L.		俄罗斯	西班牙	2008	3	引进资源
4057	ZXY05P--1026	苜蓿属	紫花苜蓿	*Medicago sativa* L.		俄罗斯	西班牙	2008	3	引进资源
4058	ZXY05P--1040	苜蓿属	紫花苜蓿	*Medicago sativa* L.		俄罗斯	西班牙	2008	3	引进资源
4059	ZXY05P--1091	苜蓿属	紫花苜蓿	*Medicago sativa* L.		俄罗斯	西班牙	2008	3	引进资源
4060	ZXY05P--1104	苜蓿属	紫花苜蓿	*Medicago sativa* L.		俄罗斯	西班牙	2008	3	引进资源
4061	ZXY05P--1115	苜蓿属	紫花苜蓿	*Medicago sativa* L.		俄罗斯	西班牙	2008	3	引进资源
4062	ZXY05P--1153	苜蓿属	紫花苜蓿	*Medicago sativa* L.		俄罗斯	西班牙	2008	3	引进资源
4063	ZXY05P--1168	苜蓿属	紫花苜蓿	*Medicago sativa* L.		俄罗斯	西班牙	2008	3	引进资源
4064	ZXY05P--1180	苜蓿属	紫花苜蓿	*Medicago sativa* L.		俄罗斯	西班牙	2008	3	引进资源
4065	ZXY05P--1187	苜蓿属	紫花苜蓿	*Medicago sativa* L.		俄罗斯	西班牙	2008	3	引进资源
4066	ZXY05P--1215	苜蓿属	紫花苜蓿	*Medicago sativa* L.		俄罗斯	西班牙	2008	3	引进资源
4067	ZXY05P--1232	苜蓿属	紫花苜蓿	*Medicago sativa* L.		俄罗斯	西班牙	2008	3	引进资源
4068	ZXY05P--1241	苜蓿属	紫花苜蓿	*Medicago sativa* L.		俄罗斯	西班牙	2008	3	引进资源
4069	ZXY05P--1259	苜蓿属	紫花苜蓿	*Medicago sativa* L.		俄罗斯	西班牙	2008	3	引进资源
4070	ZXY05P--1266	苜蓿属	紫花苜蓿	*Medicago sativa* L.		俄罗斯	西班牙	2008	3	引进资源
4071	ZXY05P--1290	苜蓿属	紫花苜蓿	*Medicago sativa* L.		俄罗斯	西班牙	2008	3	引进资源
4072	ZXY05P--1300	苜蓿属	紫花苜蓿	*Medicago sativa* L.		俄罗斯	西班牙	2008	3	引进资源
4073	ZXY05P--1323	苜蓿属	紫花苜蓿	*Medicago sativa* L.		俄罗斯	西班牙	2008	3	引进资源
4074	ZXY05P--1337	苜蓿属	紫花苜蓿	*Medicago sativa* L.		俄罗斯	西班牙	2008	3	引进资源

（续）

序号	送种单位编号	属　名	种　名	学　名	品种名（原文名）	材料来源	材料原产地	收种时间（年份）	保存地点	类型
4075	ZXY05P--1348	苜蓿属	紫花苜蓿	*Medicago sativa* L.		俄罗斯	西班牙	2008	3	引进资源
4076	ZXY05P--1369	苜蓿属	紫花苜蓿	*Medicago sativa* L.		俄罗斯	西班牙	2008	3	引进资源
4077	ZXY05P--1380	苜蓿属	紫花苜蓿	*Medicago sativa* L.		俄罗斯	西班牙	2008	3	引进资源
4078	ZXY05P--1392	苜蓿属	紫花苜蓿	*Medicago sativa* L.		俄罗斯	西班牙	2008	3	引进资源
4079	ZXY05P--1435	苜蓿属	紫花苜蓿	*Medicago sativa* L.		俄罗斯	西班牙	2008	3	引进资源
4080	ZXY05P--1445	苜蓿属	紫花苜蓿	*Medicago sativa* L.		俄罗斯	西班牙	2008	3	引进资源
4081	ZXY05P--1457	苜蓿属	紫花苜蓿	*Medicago sativa* L.		俄罗斯	西班牙	2008	3	引进资源
4082	ZXY05P--1471	苜蓿属	紫花苜蓿	*Medicago sativa* L.		俄罗斯	西班牙	2008	3	引进资源
4083	ZXY05P--1498	苜蓿属	紫花苜蓿	*Medicago sativa* L.		俄罗斯	西班牙	2008	3	引进资源
4084	ZXY05P--1053	苜蓿属	紫花苜蓿	*Medicago sativa* L.		俄罗斯	西班牙	2008	3	引进资源
4085	ZXY05P--1064	苜蓿属	紫花苜蓿	*Medicago sativa* L.		俄罗斯	西班牙	2008	3	引进资源
4086	78-10	苜蓿属	紫花苜蓿	*Medicago sativa* L.	阿西	北京	美国	2007	3	引进资源
4087	83-379	苜蓿属	紫花苜蓿	*Medicago sativa* L.	GP52-111	北京	美国	2007	3	引进资源
4088	XJ07-97	苜蓿属	紫花苜蓿	*Medicago sativa* L.	喀什	新疆喀什	新疆	2007	3	栽培资源
4089	74-29	苜蓿属	紫花苜蓿	*Medicago sativa* L.	罗佑玛(Rhizoma)	日本	加拿大	1998	3	引进资源
4090	GS0530	苜蓿属	紫花苜蓿	*Medicago sativa* L.	埃及	甘肃景泰	埃及	2006	3	引进资源
4091	GS0561	苜蓿属	紫花苜蓿	*Medicago sativa* L.	和田	甘肃景泰	新疆	2006	3	栽培资源
4092	GS0622	苜蓿属	紫花苜蓿	*Medicago sativa* L.	阿西(ARC)	甘肃景泰	美国	2006	3	引进资源
4093	96-17	苜蓿属	紫花苜蓿	*Medicago sativa* L.	格林(Grimm)	北京	美国	2007	3	引进资源
4094	ZXY08P-4579	苜蓿属	紫花苜蓿	*Medicago sativa* L.			亚美尼亚	2014	3	引进资源
4095	ZXY08P-4587	苜蓿属	紫花苜蓿	*Medicago sativa* L.			亚美尼亚	2014	3	引进资源
4096	ZXY08P-4600	苜蓿属	紫花苜蓿	*Medicago sativa* L.			亚美尼亚	2014	3	引进资源
4097	ZXY08P-4607	苜蓿属	紫花苜蓿	*Medicago sativa* L.			亚美尼亚	2014	3	引进资源
4098	ZXY2009P-6511	苜蓿属	紫花苜蓿	*Medicago sativa* L.			亚美尼亚	2014	3	引进资源
4099	ZXY2009P-6518	苜蓿属	紫花苜蓿	*Medicago sativa* L.			亚美尼亚	2014	3	引进资源

（续）

序号	送种单位编号	属　名	种　名	学　名	品种名（原文名）	材料来源	材料原产地	收种时间（年份）	保存地点	类型
4100	ZXY2009P-6526	苜蓿属	紫花苜蓿	*Medicago sativa* L.			亚美尼亚	2014	3	引进资源
4101	ZXY2009P-6532	苜蓿属	紫花苜蓿	*Medicago sativa* L.			亚美尼亚	2014	3	引进资源
4102	zxy2010-7326	苜蓿属	紫花苜蓿	*Medicago sativa* L.			哈萨克斯坦	2014	3	引进资源
4103	zxy2010-7371	苜蓿属	紫花苜蓿	*Medicago sativa* L.			哈萨克斯坦	2014	3	引进资源
4104	zxy2010-7380	苜蓿属	紫花苜蓿	*Medicago sativa* L.			哈萨克斯坦	2014	3	引进资源
4105	zxy2010-7459	苜蓿属	紫花苜蓿	*Medicago sativa* L.			吉尔吉斯斯坦	2014	3	引进资源
4106	zxy2010-7470	苜蓿属	紫花苜蓿	*Medicago sativa* L.			吉尔吉斯斯坦	2014	3	引进资源
4107	zxy2010-7479	苜蓿属	紫花苜蓿	*Medicago sativa* L.			吉尔吉斯斯坦	2014	3	引进资源
4108	zxy2010-7490	苜蓿属	紫花苜蓿	*Medicago sativa* L.			塔吉克斯坦	2014	3	引进资源
4109	zxy2010-7500	苜蓿属	紫花苜蓿	*Medicago sativa* L.			塔吉克斯坦	2014	3	引进资源
4110	zxy2010-7511	苜蓿属	紫花苜蓿	*Medicago sativa* L.			塔吉克斯坦	2014	3	引进资源
4111	zxy2010-7524	苜蓿属	紫花苜蓿	*Medicago sativa* L.			塔吉克斯坦	2014	3	引进资源
4112	zxy2010-7633	苜蓿属	紫花苜蓿	*Medicago sativa* L.			法国	2014	3	引进资源
4113	zxy2010-7644	苜蓿属	紫花苜蓿	*Medicago sativa* L.			法国	2014	3	引进资源
4114	zxy2010-7657	苜蓿属	紫花苜蓿	*Medicago sativa* L.			法国	2014	3	引进资源
4115	zxy2010-7667	苜蓿属	紫花苜蓿	*Medicago sativa* L.			法国	2014	3	引进资源
4116	zxy2010-7679	苜蓿属	紫花苜蓿	*Medicago sativa* L.			阿富汗	2014	3	引进资源
4117	zxy2010-7715	苜蓿属	紫花苜蓿	*Medicago sativa* L.			阿富汗	2014	3	引进资源
4118	zxy2010-7823	苜蓿属	紫花苜蓿	*Medicago sativa* L.			印度	2014	3	引进资源
4119	zxy2010-7835	苜蓿属	紫花苜蓿	*Medicago sativa* L.			印度	2014	3	引进资源
4120	zxy2010-7843	苜蓿属	紫花苜蓿	*Medicago sativa* L.			印度	2014	3	引进资源
4121	ZXY2010P-7439	苜蓿属	紫花苜蓿	*Medicago sativa* L.			吉尔吉斯斯坦	2016	3	引进资源
4122	ZXY2010P-7669	苜蓿属	紫花苜蓿	*Medicago sativa* L.			阿富汗	2016	3	引进资源
4123	ZXY2010P-7691	苜蓿属	紫花苜蓿	*Medicago sativa* L.			阿富汗	2016	3	引进资源
4124	ZXY2010P-7704	苜蓿属	紫花苜蓿	*Medicago sativa* L.			阿富汗	2016	3	引进资源

（续）

序号	送种单位编号	属　名	种　名	学　名	品种名（原文名）	材料来源	材料原产地	收种时间（年份）	保存地点	类型
4125	ZXY2010P-7952	苜蓿属	紫花苜蓿	*Medicago sativa* L.			秘鲁	2016	3	引进资源
4126	B4650	苜蓿属	紫花苜蓿	*Medicago sativa* L.			加拿大	2016	3	引进资源
4127	B4654	苜蓿属	紫花苜蓿	*Medicago sativa* L.	苏联		苏联	2016	3	引进资源
4128	B4655	苜蓿属	紫花苜蓿	*Medicago sativa* L.	察北	河北	中国	2016	3	栽培资源
4129	B4656	苜蓿属	紫花苜蓿	*Medicago sativa* L.	定西	甘肃	中国	2016	3	栽培资源
4130	B4663	苜蓿属	紫花苜蓿	*Medicago sativa* L.	新疆大叶	新疆	中国	2016	3	栽培资源
4131	B4670	苜蓿属	紫花苜蓿	*Medicago sativa* L.	特里伏依斯（Travois）	辽宁		2016	3	引进资源
4132	B4673	苜蓿属	紫花苜蓿	*Medicago sativa* L.	C/W938		中国	2016	3	引进资源
4133	B4681	苜蓿属	紫花苜蓿	*Medicago sativa* L.	冰草型			2016	3	引进资源
4134	B4685	苜蓿属	紫花苜蓿	*Medicago sativa* L.			加拿大	2016	3	引进资源
4135	B4689	苜蓿属	紫花苜蓿	*Medicago sativa* L.			加拿大	2016	3	引进资源
4136	B4691	苜蓿属	紫花苜蓿	*Medicago sativa* L.			美国	2016	3	引进资源
4137	B4692	苜蓿属	紫花苜蓿	*Medicago sativa* L.			美国	2016	3	引进资源
4138	zxy2011-8374	苜蓿属	紫花苜蓿	*Medicago sativa* L.			塔吉克斯坦	2016	3	引进资源
4139	zxy2011-8381	苜蓿属	紫花苜蓿	*Medicago sativa* L.			塔吉克斯坦	2016	3	引进资源
4140	zxy2011-8394	苜蓿属	紫花苜蓿	*Medicago sativa* L.			塔吉克斯坦	2016	3	引进资源
4141	zxy2011-8399	苜蓿属	紫花苜蓿	*Medicago sativa* L.			塔吉克斯坦	2016	3	引进资源
4142	zxy2011-8410	苜蓿属	紫花苜蓿	*Medicago sativa* L.			塔吉克斯坦	2016	3	引进资源
4143	zxy2011-8417	苜蓿属	紫花苜蓿	*Medicago sativa* L.			塔吉克斯坦	2016	3	引进资源
4144	zxy2011-8423	苜蓿属	紫花苜蓿	*Medicago sativa* L.			塔吉克斯坦	2016	3	引进资源
4145	zxy2011-8430	苜蓿属	紫花苜蓿	*Medicago sativa* L.			塔吉克斯坦	2016	3	引进资源
4146	zxy2011-8439	苜蓿属	紫花苜蓿	*Medicago sativa* L.			塔吉克斯坦	2016	3	引进资源
4147	zxy2011-8446	苜蓿属	紫花苜蓿	*Medicago sativa* L.			塔吉克斯坦	2016	3	引进资源
4148	zxy2011-8458	苜蓿属	紫花苜蓿	*Medicago sativa* L.			塔吉克斯坦	2016	3	引进资源

（续）

序号	送种单位编号	属 名	种 名	学 名	品种名（原文名）	材料来源	材料原产地	收种时间（年份）	保存地点	类型
4149	zxy2011-8465	苜蓿属	紫花苜蓿	*Medicago sativa* L.			塔吉克斯坦	2016	3	引进资源
4150	zxy2011-8471	苜蓿属	紫花苜蓿	*Medicago sativa* L.			塔吉克斯坦	2016	3	引进资源
4151	zxy2011-8480	苜蓿属	紫花苜蓿	*Medicago sativa* L.			塔吉克斯坦	2016	3	引进资源
4152	zxy2011-8487	苜蓿属	紫花苜蓿	*Medicago sativa* L.			塔吉克斯坦	2016	3	引进资源
4153	zxy2011-8519	苜蓿属	紫花苜蓿	*Medicago sativa* L.			塔吉克斯坦	2016	3	引进资源
4154	IA0117	苜蓿属	紫花苜蓿	*Medicago sativa* L.	乾县	中国农科院草原所		1990	1	栽培资源
4155	IA01280	苜蓿属	紫花苜蓿	*Medicago sativa* L.	Gossak	中国农科院草原所		1990	1	引进资源
4156	075	苜蓿属	紫花苜蓿	*Medicago sativa* L.	苏联 36 号		苏联	1988	1	引进资源
4157	IA0155	苜蓿属	紫花苜蓿	*Medicago sativa* L.	冰草型		北高加索	1990	1	引进资源
4158	IA0123	苜蓿属	紫花苜蓿	*Medicago sativa* L.	阳高	中国农科院草原所		1990	1	栽培资源
4159	IA0184	苜蓿属	紫花苜蓿	*Medicago sativa* L.	日本	中国农科院草原所		1990	1	引进资源
4160	IA0197	苜蓿属	紫花苜蓿	*Medicago sativa* L.	猎人河	中国农科院草原所		1990	1	引进资源
4161	IA01120	苜蓿属	紫花苜蓿	*Medicago sativa* L.	美国		美国	1990	1	引进资源
4162	IA01123	苜蓿属	紫花苜蓿	*Medicago sativa* L.			匈牙利	1990	1	引进资源
4163	IA01151	苜蓿属	紫花苜蓿	*Medicago sativa* L.	新疆		新疆	1990	1	栽培资源
4164	IA01182	苜蓿属	紫花苜蓿	*Medicago sativa* L.	印第安		美国	1990	1	引进资源
4165	IA01205	苜蓿属	紫花苜蓿	*Medicago sativa* L.	多叶		辽宁	1990	1	栽培资源
4166	IA01218	苜蓿属	紫花苜蓿	*Medicago sativa* L.	扶风		陕西	1990	1	栽培资源
4167	IA0120	苜蓿属	紫花苜蓿	*Medicago sativa* L.	沂阳	中国农科院草原所		1990	1	栽培资源

（续）

序号	送种单位编号	属　名	种　名	学　名	品种名（原文名）	材料来源	材料原产地	收种时间（年份）	保存地点	类型
4168	IA01224	苜蓿属	紫花苜蓿	*Medicago sativa* L.	淳化		陕西	1990	1	栽培资源
4169	IA01226	苜蓿属	紫花苜蓿	*Medicago sativa* L.	哈氏	中国农科院草原所		1990	1	栽培资源
4170	IA01227	苜蓿属	紫花苜蓿	*Medicago sativa* L.	奴氏	中国农科院草原所		1990	1	栽培资源
4171	IA01243	苜蓿属	紫花苜蓿	*Medicago sativa* L.	龙牧 1 号	中国农科院草原所		1990	1	栽培资源
4172	IA01244	苜蓿属	紫花苜蓿	*Medicago sativa* L.	公农 2 号		吉林	1990	1	栽培资源
4173	IA01247	苜蓿属	紫花苜蓿	*Medicago sativa* L.	熊岳		辽宁熊岳	1990	1	栽培资源
4174	IA01268	苜蓿属	紫花苜蓿	*Medicago sativa* L.	印第安 2 号		英国	1990	1	引进资源
4175	IA01272	苜蓿属	紫花苜蓿	*Medicago sativa* L.	秘鲁		秘鲁	1990	1	引进资源
4176	IA01274	苜蓿属	紫花苜蓿	*Medicago sativa* L.	K26693		苏联	1988	1	引进资源
4177	IA01276	苜蓿属	紫花苜蓿	*Medicago sativa* L.			陕西关中	1990	1	栽培资源
4178	IA01263	苜蓿属	紫花苜蓿	*Medicago sativa* L.	特氏	中国农科院草原所		1990	1	栽培资源
4179	008	苜蓿属	紫花苜蓿	*Medicago sativa* L.			吉林	1988	1	栽培资源
4180	011	苜蓿属	紫花苜蓿	*Medicago sativa* L.			新疆	1988	1	栽培资源
4181	013	苜蓿属	紫花苜蓿	*Medicago sativa* L.	巩乃斯		新疆巩乃斯	1988	1	栽培资源
4182	017	苜蓿属	紫花苜蓿	*Medicago sativa* L.			新疆	1989	1	栽培资源
4183	019	苜蓿属	紫花苜蓿	*Medicago sativa* L.			新疆	1989	1	栽培资源
4184	037	苜蓿属	紫花苜蓿	*Medicago sativa* L.			美国	1989	1	引进资源
4185	041	苜蓿属	紫花苜蓿	*Medicago sativa* L.	亚洲	中国农科院草原所		1988	1	引进资源
4186	053	苜蓿属	紫花苜蓿	*Medicago sativa* L.	定西		甘肃	1988	1	栽培资源
4187	057	苜蓿属	紫花苜蓿	*Medicago sativa* L.	新疆大叶		新疆兵团 27 团	1988	1	栽培资源

（续）

序号	送种单位编号	属　名	种　名	学　名	品种名（原文名）	材料来源	材料原产地	收种时间（年份）	保存地点	类型
4188	080	苜蓿属	紫花苜蓿	*Medicago sativa* L.			加拿大	1988	1	引进资源
4189	096	苜蓿属	紫花苜蓿	*Medicago sativa* L.	杜普梯		法国	1989	1	引进资源
4190	100	苜蓿属	紫花苜蓿	*Medicago sativa* L.	春天		黑龙江	1988	1	引进资源
4191	109	苜蓿属	紫花苜蓿	*Medicago sativa* L.			吉林	1989	1	栽培资源
4192	育 110	苜蓿属	紫花苜蓿	*Medicago sativa* L.			加拿大	1989	1	引进资源
4193	238	苜蓿属	紫花苜蓿	*Medicago sativa* L.			美国	1989	1	引进资源
4194	242	苜蓿属	紫花苜蓿	*Medicago sativa* L.			加拿大	1988	1	引进资源
4195	243	苜蓿属	紫花苜蓿	*Medicago sativa* L.			加拿大	1988	1	引进资源
4196	259	苜蓿属	紫花苜蓿	*Medicago sativa* L.			新疆	1988	1	栽培资源
4197	育 482	苜蓿属	紫花苜蓿	*Medicago sativa* L.			加拿大	1989	1	引进资源
4198	487	苜蓿属	紫花苜蓿	*Medicago sativa* L.			加拿大	1989	1	引进资源
4199	育 491	苜蓿属	紫花苜蓿	*Medicago sativa* L.	长利维 65		美国	2002	1	引进资源
4200	育 508	苜蓿属	紫花苜蓿	*Medicago sativa* L.			陕西	2002	1	栽培资源
4201	509	苜蓿属	紫花苜蓿	*Medicago sativa* L.	美国		美国	1988	1	引进资源
4202	512	苜蓿属	紫花苜蓿	*Medicago sativa* L.			加拿大	1988	1	引进资源
4203	IA014	苜蓿属	紫花苜蓿	*Medicago sativa* L.	大叶	中国农科院草原所		1990	1	栽培资源
4204	IA017	苜蓿属	紫花苜蓿	*Medicago sativa* L.	希里沟	中国农科院草原所		1990	1	栽培资源
4205	IA0111	苜蓿属	紫花苜蓿	*Medicago sativa* L.	蔚县	中国农科院草原所		1990	1	栽培资源
4206	IA0114	苜蓿属	紫花苜蓿	*Medicago sativa* L.	佳木斯	中国农科院草原所		1990	1	栽培资源
4207	IA0131	苜蓿属	紫花苜蓿	*Medicago sativa* L.	西宁	中国农科院草原所		1990	1	栽培资源

（续）

序号	送种单位编号	属　名	种　名	学　名	品种名（原文名）	材料来源	材料原产地	收种时间（年份）	保存地点	类型
4208	IA0133	苜蓿属	紫花苜蓿	*Medicago sativa* L.	香苜蓿	中国农科院草原所		1990	1	栽培资源
4209	IA0144	苜蓿属	紫花苜蓿	*Medicago sativa* L.	库尔勒	中国农科院草原所		1990	1	栽培资源
4210	IA01103	苜蓿属	紫花苜蓿	*Medicago sativa* L.	瑞典		瑞典	1990	1	引进资源
4211	IA0119	苜蓿属	紫花苜蓿	*Medicago sativa* L.	乌鲁木齐	中国农科院草原所		1990	1	栽培资源
4212	IA0190	苜蓿属	紫花苜蓿	*Medicago sativa* L.	府谷	中国农科院草原所		1988	1	栽培资源
4213	IA018	苜蓿属	紫花苜蓿	*Medicago sativa* L.	苏联 0130	中国农科院草原所		1990	1	引进资源
4214	IA01110	苜蓿属	紫花苜蓿	*Medicago sativa* L.	定襄		山西	1990	1	栽培资源
4215	苜 4	苜蓿属	紫花苜蓿	*Medicago sativa* L.	阿尔泰	中国农科院草原所		1990	1	栽培资源
4216	育 031	苜蓿属	紫花苜蓿	*Medicago sativa* L.			陕西	1990	1	栽培资源
4217	88-159	苜蓿属	紫花苜蓿	*Medicago sativa* L.	塔里木	新疆八一农学院		1990	1	栽培资源
4218	中畜-016	苜蓿属	紫花苜蓿	*Medicago sativa* L.	和田		新疆民丰	2000	1	栽培资源
4219	L11	苜蓿属	紫花苜蓿	*Medicago sativa* L.	无棣		山东惠民	1998	1	栽培资源
4220	L12	苜蓿属	紫花苜蓿	*Medicago sativa* L.	猎人河		澳大利亚	1998	1	引进资源
4221	L105	苜蓿属	紫花苜蓿	*Medicago sativa* L.	三德利	北京		2003	1	引进资源
4222	L107	苜蓿属	紫花苜蓿	*Medicago sativa* L.	阿贵奎因（Algonguiin）		加拿大	2002	1	引进资源
4223	L65	苜蓿属	紫花苜蓿	*Medicago sativa* L.	安斯塔	中国农科院草原所		1999	1	引进资源
4224	L69	苜蓿属	紫花苜蓿	*Medicago sativa* L.	杂型	内蒙古畜牧厅		1999	1	栽培资源

（续）

序号	送种单位编号	属　名	种　名	学　名	品种名（原文名）	材料来源	材料原产地	收种时间（年份）	保存地点	类型
4225	L98	苜蓿属	紫花苜蓿	*Medicago sativa* L.	多叶	内蒙古巴彦淖尔		2000	1	栽培资源
4226	L101	苜蓿属	紫花苜蓿	*Medicago sativa* L.	蔚县	中国农科院草原所		2000	1	栽培资源
4227	L103	苜蓿属	紫花苜蓿	*Medicago sativa* L.	庆阳		甘肃庆阳	2000	1	栽培资源
4228	L109	苜蓿属	紫花苜蓿	*Medicago sativa* L.	斯普雷德 2 号（Spredor-2）	陕西榆林		2002	1	引进资源
4229	L113	苜蓿属	紫花苜蓿	*Medicago sativa* L.	陇中		甘肃会宁	1999	1	栽培资源
4230	L114	苜蓿属	紫花苜蓿	*Medicago sativa* L.	新疆	内蒙古农大		1999	1	栽培资源
4231	L118	苜蓿属	紫花苜蓿	*Medicago sativa* L.	苏联 36		苏联	1999	1	引进资源
4232	L126	苜蓿属	紫花苜蓿	*Medicago sativa* L.	佳木斯		黑龙江佳木斯	1999	1	栽培资源
4233	L130	苜蓿属	紫花苜蓿	*Medicago sativa* L.			美国	1999	1	引进资源
4234	L134	苜蓿属	紫花苜蓿	*Medicago sativa* L.	苏联 36		苏联	1999	1	引进资源
4235	L137	苜蓿属	紫花苜蓿	*Medicago sativa* L.	公农 2 号		吉林	1999	1	栽培资源
4236	L143	苜蓿属	紫花苜蓿	*Medicago sativa* L.	赤峰		内蒙古赤峰	1999	1	栽培资源
4237	L170	苜蓿属	紫花苜蓿	*Medicago sativa* L.	瓦加	和林草原站		1999	1	引进资源
4238	L179	苜蓿属	紫花苜蓿	*Medicago sativa* L.	新疆大叶		新疆	1999	1	栽培资源
4239	L189	苜蓿属	紫花苜蓿	*Medicago sativa* L.	Vertus			1999	1	引进资源
4240	L194	苜蓿属	紫花苜蓿	*Medicago sativa* L.	Euver	内蒙古乌兰察布		1999	1	引进资源
4241	L199	苜蓿属	紫花苜蓿	*Medicago sativa* L.	伊鲁瑰斯	内蒙古草原站	美国	1999	1	引进资源
4242	L225	苜蓿属	紫花苜蓿	*Medicago sativa* L.	特里伏依斯（Travois）	辽宁		2002	1	引进资源
4243	L215	苜蓿属	紫花苜蓿	*Medicago sativa* L.	C/W938	内蒙古农大		1999	1	引进资源
4244	L367	苜蓿属	紫花苜蓿	*Medicago sativa* L.	C14V1CP	中国农科院草原所		2002	1	引进资源
4245	L371	苜蓿属	紫花苜蓿	*Medicago sativa* L.	C42V2CA	中国农科院草原所		2002	1	引进资源

（续）

序号	送种单位编号	属　名	种　名	学　名	品种名（原文名）	材料来源	材料原产地	收种时间（年份）	保存地点	类型
4246	L375	苜蓿属	紫花苜蓿	*Medicago sativa* L.	ALFALFA	中国农科院草原所		2002	1	引进资源
4247	L379	苜蓿属	紫花苜蓿	*Medicago sativa* L.	Profit	中国农科院草原所		2002	1	引进资源
4248	L380	苜蓿属	紫花苜蓿	*Medicago sativa* L.	Sitel	内蒙古呼伦贝尔		2002	1	引进资源
4249	L382	苜蓿属	紫花苜蓿	*Medicago sativa* L.	C42V9CA	中国农科院草原所		2002	1	引进资源
4250	L383	苜蓿属	紫花苜蓿	*Medicago sativa* L.	8920mf	内蒙古呼伦贝尔		2002	1	引进资源
4251	L385	苜蓿属	紫花苜蓿	*Medicago sativa* L.	WL323	内蒙古呼伦贝尔		2002	1	引进资源
4252	L387	苜蓿属	紫花苜蓿	*Medicago sativa* L.	Algonqin	内蒙古呼伦贝尔		2002	1	引进资源
4253	L393	苜蓿属	紫花苜蓿	*Medicago sativa* L.	WL232	内蒙古十二连城		2002	1	引进资源
4254	L402	苜蓿属	紫花苜蓿	*Medicago sativa* L.	Syn3	内蒙古正蓝旗黑城子		2002	1	引进资源
4255	L417	苜蓿属	紫花苜蓿	*Medicago sativa* L.	ACA19	中国农科院草原所		2002	1	引进资源
4256	L418	苜蓿属	紫花苜蓿	*Medicago sativa* L.	ACA13	澳大利亚		2002	1	引进资源
4257	L419	苜蓿属	紫花苜蓿	*Medicago sativa* L.	ACA18	澳大利亚		2002	1	引进资源
4258	L420	苜蓿属	紫花苜蓿	*Medicago sativa* L.	ACA 对照	澳大利亚		2002	1	引进资源
4259	L421	苜蓿属	紫花苜蓿	*Medicago sativa* L.	ACA9	澳大利亚		2002	1	引进资源
4260	L422	苜蓿属	紫花苜蓿	*Medicago sativa* L.	ACA50	澳大利亚		2002	1	引进资源
4261	L423	苜蓿属	紫花苜蓿	*Medicago sativa* L.	ACA2	澳大利亚		2002	1	引进资源
4262	L426	苜蓿属	紫花苜蓿	*Medicago sativa* L.	ACA16	澳大利亚		2002	1	引进资源
4263	L427	苜蓿属	紫花苜蓿	*Medicago sativa* L.	ACA58	澳大利亚		2002	1	引进资源
4264	L428	苜蓿属	紫花苜蓿	*Medicago sativa* L.	ACA53	澳大利亚		2002	1	引进资源
4265	L429	苜蓿属	紫花苜蓿	*Medicago sativa* L.	ACA56	澳大利亚		2002	1	引进资源
4266	L431	苜蓿属	紫花苜蓿	*Medicago sativa* L.	ACA47	澳大利亚		2002	1	引进资源

（续）

序号	送种单位编号	属　名	种　名	学　名	品种名（原文名）	材料来源	材料原产地	收种时间（年份）	保存地点	类型
4267	L432	苜蓿属	紫花苜蓿	*Medicago sativa* L.	ACA28	澳大利亚		2002	1	引进资源
4268	L433	苜蓿属	紫花苜蓿	*Medicago sativa* L.	ACA3	澳大利亚		2002	1	引进资源
4269	L434	苜蓿属	紫花苜蓿	*Medicago sativa* L.	ACA26	澳大利亚		2002	1	引进资源
4270	L435	苜蓿属	紫花苜蓿	*Medicago sativa* L.	ACA59	澳大利亚		2002	1	引进资源
4271	L436	苜蓿属	紫花苜蓿	*Medicago sativa* L.	ACA57	澳大利亚		2002	1	引进资源
4272	L438	苜蓿属	紫花苜蓿	*Medicago sativa* L.	ACA14	澳大利亚		2002	1	引进资源
4273	L441	苜蓿属	紫花苜蓿	*Medicago sativa* L.	ACA46	澳大利亚		2002	1	引进资源
4274	L442	苜蓿属	紫花苜蓿	*Medicago sativa* L.	ACA55	澳大利亚		2002	1	引进资源
4275	L443	苜蓿属	紫花苜蓿	*Medicago sativa* L.	ACA5	澳大利亚		2002	1	引进资源
4276	L445	苜蓿属	紫花苜蓿	*Medicago sativa* L.	ACA23	澳大利亚		2002	1	引进资源
4277	L446	苜蓿属	紫花苜蓿	*Medicago sativa* L.	ACA150	澳大利亚		2002	1	引进资源
4278	L447	苜蓿属	紫花苜蓿	*Medicago sativa* L.	ACA48	澳大利亚		2002	1	引进资源
4279	L448	苜蓿属	紫花苜蓿	*Medicago sativa* L.	ACA138	澳大利亚		2002	1	引进资源
4280	L449	苜蓿属	紫花苜蓿	*Medicago sativa* L.	ACA49	澳大利亚		2002	1	引进资源
4281	L450	苜蓿属	紫花苜蓿	*Medicago sativa* L.	ACA149	澳大利亚		2002	1	引进资源
4282	L465	苜蓿属	紫花苜蓿	*Medicago sativa* L.	中苜1号	内蒙古正蓝旗		2000	1	栽培资源
4283	L472	苜蓿属	紫花苜蓿	*Medicago sativa* L.		中国农科院草原所		2001	1	栽培资源
4284	L478	苜蓿属	紫花苜蓿	*Medicago sativa* L.		新疆民丰		2001	1	栽培资源
4285	L479	苜蓿属	紫花苜蓿	*Medicago sativa* L.		新疆民丰		2001	1	栽培资源
4286	L480	苜蓿属	紫花苜蓿	*Medicago sativa* L.		新疆民丰		2001	1	栽培资源
4287	L481	苜蓿属	紫花苜蓿	*Medicago sativa* L.		新疆民丰		2001	1	栽培资源
4288	L482	苜蓿属	紫花苜蓿	*Medicago sativa* L.		新疆民丰		2001	1	栽培资源
4289	L483	苜蓿属	紫花苜蓿	*Medicago sativa* L.		新疆策勒		2001	1	栽培资源
4290	L484	苜蓿属	紫花苜蓿	*Medicago sativa* L.		新疆策勒		2001	1	栽培资源
4291	L485	苜蓿属	紫花苜蓿	*Medicago sativa* L.		新疆策勒		2001	1	栽培资源

（续）

序号	送种单位编号	属　名	种　名	学　名	品种名（原文名）	材料来源	材料原产地	收种时间（年份）	保存地点	类型
4292	L486	苜蓿属	紫花苜蓿	*Medicago sativa* L.		新疆策勒		2001	1	栽培资源
4293	L487	苜蓿属	紫花苜蓿	*Medicago sativa* L.		新疆策勒		2001	1	栽培资源
4294	L488	苜蓿属	紫花苜蓿	*Medicago sativa* L.		新疆策勒		2001	1	栽培资源
4295	L493	苜蓿属	紫花苜蓿	*Medicago sativa* L.		山西离石		2001	1	栽培资源
4296	L494	苜蓿属	紫花苜蓿	*Medicago sativa* L.		山西离石		2001	1	栽培资源
4297	L495	苜蓿属	紫花苜蓿	*Medicago sativa* L.		山西离石		2001	1	栽培资源
4298	L496	苜蓿属	紫花苜蓿	*Medicago sativa* L.		山西离石		2001	1	栽培资源
4299	L498	苜蓿属	紫花苜蓿	*Medicago sativa* L.		陕西志丹		2001	1	栽培资源
4300	L502	苜蓿属	紫花苜蓿	*Medicago sativa* L.		北京克劳沃草业中心		2001	1	栽培资源
4301	L506	苜蓿属	紫花苜蓿	*Medicago sativa* L.		内蒙古阿荣旗		2001	1	栽培资源
4302	L507	苜蓿属	紫花苜蓿	*Medicago sativa* L.		内蒙古阿荣旗		2001	1	栽培资源
4303	L508	苜蓿属	紫花苜蓿	*Medicago sativa* L.		内蒙古阿荣旗		2001	1	栽培资源
4304	L509	苜蓿属	紫花苜蓿	*Medicago sativa* L.		内蒙古阿荣旗		2001	1	栽培资源
4305	L510	苜蓿属	紫花苜蓿	*Medicago sativa* L.		内蒙古阿荣旗		2001	1	栽培资源
4306	L511	苜蓿属	紫花苜蓿	*Medicago sativa* L.		内蒙古阿荣旗		2001	1	栽培资源
4307	L512	苜蓿属	紫花苜蓿	*Medicago sativa* L.		内蒙古阿荣旗		2001	1	栽培资源
4308	L513	苜蓿属	紫花苜蓿	*Medicago sativa* L.		内蒙古阿荣旗		2001	1	栽培资源
4309	BL0054	苜蓿属	紫花苜蓿	*Medicago sativa* L.	维多利亚(Victory)	艾奥瓦州		2010	1	引进资源
4310	01003002-GN4HMX	苜蓿属	紫花苜蓿	*Medicago sativa* L.	甘农 4 号			2010	1	栽培资源
4311	LzuMeSa0097	苜蓿属	紫花苜蓿	*Medicago sativa* L.	Defi	荷兰		2010	1	引进资源
4312	LzuMeSa0100	苜蓿属	紫花苜蓿	*Medicago sativa* L.	甘农 3 号	甘肃		2010	1	栽培资源
4313	LzuMeSa0102	苜蓿属	紫花苜蓿	*Medicago sativa* L.	公农 2 号	中国		2010	1	栽培资源
4314	LzuMeSa0105	苜蓿属	紫花苜蓿	*Medicago sativa* L.	河西		甘肃武威	2010	1	栽培资源
4315	LzuMeSa0107	苜蓿属	紫花苜蓿	*Medicago sativa* L.	陇中		甘肃定西	2010	1	栽培资源

（续）

序号	送种单位编号	属　名	种　名	学　名	品种名（原文名）	材料来源	材料原产地	收种时间（年份）	保存地点	类型
4316	LzuMeSa0111	苜蓿属	紫花苜蓿	*Medicago sativa* L.	陕北	陕西		2010	1	栽培资源
4317	LzuMeSa0122	苜蓿属	紫花苜蓿	*Medicago sativa* L.	渭南	陕西渭南	陕西渭南	2010	1	栽培资源
4318	LzuMeSa0123	苜蓿属	紫花苜蓿	*Medicago sativa* L.	蔚县	河北		2010	1	栽培资源
4319	LzuMeSa0126	苜蓿属	紫花苜蓿	*Medicago sativa* L.	WL323	美国		2010	1	引进资源
4320	LzuMeSa0127	苜蓿属	紫花苜蓿	*Medicago sativa* L.	WL414	南澳阿德莱德		2010	1	引进资源
4321	LzuMeSa0128	苜蓿属	紫花苜蓿	*Medicago sativa* L.	无棣	山东无棣	山东无棣	2010	1	栽培资源
4322	LzuMeSa0130	苜蓿属	紫花苜蓿	*Medicago sativa* L.	武功	陕西武功	陕西武功	2010	1	栽培资源
4323	LzuMeSa0132	苜蓿属	紫花苜蓿	*Medicago sativa* L.	新疆大叶	新疆南疆	新疆南疆	2010	1	栽培资源
4324	LzuMeSa0137	苜蓿属	紫花苜蓿	*Medicago sativa* L.	朝阳(Jacklin)	加拿大		2010	1	引进资源
4325	LzuMeSa0138	苜蓿属	紫花苜蓿	*Medicago sativa* L.	中兰 1 号	中国		2010	1	栽培资源
4326	LzuMeSa0139	苜蓿属	紫花苜蓿	*Medicago sativa* L.	准格尔	陕北	陕北	2010	1	栽培资源
4327	MX008	苜蓿属	紫花苜蓿	*Medicago sativa* L.	ABD	MONSANTO co. Ltd		2010	1	引进资源
4328	GSS160	苜蓿属	紫花苜蓿	*Medicago sativa* L.	陇东		甘肃兰州	2010	1	栽培资源
4329	GSS136	苜蓿属	紫花苜蓿	*Medicago sativa* L.	阿克兰(Akelan)			2010	1	引进资源
4330	GSS135	苜蓿属	紫花苜蓿	*Medicago sativa* L.	阿根廷(Argentina)	甘肃农业大学		2010	1	引进资源
4331	GSS137	苜蓿属	紫花苜蓿	*Medicago sativa* L.	博来雅	甘肃农业大学		2010	1	引进资源
4332	GSS138	苜蓿属	紫花苜蓿	*Medicago sativa* L.	察北	甘肃农业大学		2010	1	栽培资源
4333	GSS139	苜蓿属	紫花苜蓿	*Medicago sativa* L.	昌黎	甘肃农业大学		2010	1	栽培资源
4334	GSS140	苜蓿属	紫花苜蓿	*Medicago sativa* L.	大西洋(Atlantic)	甘肃农业大学		2010	1	引进资源
4335	GSS141	苜蓿属	紫花苜蓿	*Medicago sativa* L.	单选 1 号	甘肃农业大学		2010	1	栽培资源
4336	GSS142	苜蓿属	紫花苜蓿	*Medicago sativa* L.	单选 2 号	甘肃农业大学		2010	1	栽培资源
4337	GSS143	苜蓿属	紫花苜蓿	*Medicago sativa* L.	单选 3 号	甘肃农业大学		2010	1	栽培资源
4338	GSS144	苜蓿属	紫花苜蓿	*Medicago sativa* L.	单选 4 号	甘肃农业大学		2010	1	栽培资源
4339	GSS146	苜蓿属	紫花苜蓿	*Medicago sativa* L.	定西	甘肃农业大学		2010	1	栽培资源
4340	GSS147	苜蓿属	紫花苜蓿	*Medicago sativa* L.	杜普梯(Dupuits)	甘肃农业大学		2010	1	引进资源

（续）

序号	送种单位编号	属　名	种　名	学　名	品种名（原文名）	材料来源	材料原产地	收种时间（年份）	保存地点	类型
4341	GSS148	苜蓿属	紫花苜蓿	*Medicago sativa* L.	甘谷	甘肃农业大学		2010	1	栽培资源
4342	GSS150	苜蓿属	紫花苜蓿	*Medicago sativa* L.	甘农 3 号	甘肃农业大学		2010	1	栽培资源
4343	GSS151	苜蓿属	紫花苜蓿	*Medicago sativa* L.	格林(Green)	甘肃农业大学		2010	1	引进资源
4344	GSS173	苜蓿属	紫花苜蓿	*Medicago sativa* L.	杂 12 号	甘肃农业大学		2010	1	栽培资源
4345	GSS153	苜蓿属	紫花苜蓿	*Medicago sativa* L.	河北	甘肃农业大学		2010	1	栽培资源
4346	GSS154	苜蓿属	紫花苜蓿	*Medicago sativa* L.	Netherlands	甘肃农业大学		2010	1	引进资源
4347	GSS155	苜蓿属	紫花苜蓿	*Medicago sativa* L.	皇后(Empress)	甘肃农业大学		2010	1	引进资源
4348	GSS156	苜蓿属	紫花苜蓿	*Medicago sativa* L.	佳木斯	甘肃农业大学		2010	1	栽培资源
4349	GSS159	苜蓿属	紫花苜蓿	*Medicago sativa* L.	雷西斯(Resis)	甘肃农业大学		2010	1	引进资源
4350	GSS170	苜蓿属	紫花苜蓿	*Medicago sativa* L.	游客	甘肃农业大学		2010	1	引进资源
4351	GSS174	苜蓿属	紫花苜蓿	*Medicago sativa* L.	杂 20 号	甘肃农业大学		2010	1	栽培资源
4352	GSS162	苜蓿属	紫花苜蓿	*Medicago sativa* L.	苜蓿王(Alfaking)	甘肃农业大学		2010	1	引进资源
4353	GSS163	苜蓿属	紫花苜蓿	*Medicago sativa* L.	宁县	甘肃农业大学		2010	1	栽培资源
4354	GSS164	苜蓿属	紫花苜蓿	*Medicago sativa* L.	前郭	甘肃农业大学		2010	1	栽培资源
4355	GSS165	苜蓿属	紫花苜蓿	*Medicago sativa* L.	萨尔图	甘肃农业大学		2010	1	栽培资源
4356	GSS167	苜蓿属	紫花苜蓿	*Medicago sativa* L.	天祝	甘肃农业大学		2010	1	栽培资源
4357	GSS168	苜蓿属	紫花苜蓿	*Medicago sativa* L.	渭南		陕西渭南	2010	1	栽培资源
4358	GSS169	苜蓿属	紫花苜蓿	*Medicago sativa* L.	新疆大叶	甘肃农业大学		2010	1	栽培资源
4359	GSS172	苜蓿属	紫花苜蓿	*Medicago sativa* L.	杂 11 号	甘肃农业大学		2010	1	栽培资源
4360	GSS171	苜蓿属	紫花苜蓿	*Medicago sativa* L.	杂 10 号	甘肃农业大学		2010	1	栽培资源
4361	200702149	苜蓿属	紫花苜蓿	*Medicago sativa* L.	爱菲尼特(Afeinet)	甘肃兰州	明尼阿波利斯	2010	1	引进资源
4362	200702150	苜蓿属	紫花苜蓿	*Medicago sativa* L.	猎人河(Hunter River)	北京	南半球	2010	1	引进资源
4363	200702151	苜蓿属	紫花苜蓿	*Medicago sativa* L.	塞特(Sate)	甘肃兰州	美国密尔沃基	2010	1	引进资源
4364	200702154	苜蓿属	紫花苜蓿	*Medicago sativa* L.	礼县	甘肃兰州	甘肃礼县	2010	1	栽培资源
4365	200702156	苜蓿属	紫花苜蓿	*Medicago sativa* L.	石家庄	河北石家庄	河北石家庄	2010	1	栽培资源

（续）

序号	送种单位编号	属　名	种　名	学　名	品种名（原文名）	材料来源	材料原产地	收种时间（年份）	保存地点	类型
4366	200702157	苜蓿属	紫花苜蓿	*Medicago sativa* L.	大有山	青海西宁	青海湟中	2010	1	栽培资源
4367	200702160	苜蓿属	紫花苜蓿	*Medicago sativa* L.	海宁塔	北京	浙江海宁	2010	1	栽培资源
4368	200702161	苜蓿属	紫花苜蓿	*Medicago sativa* L.	暖水	北京	湖南汝城	2010	1	栽培资源
4369	200702162	苜蓿属	紫花苜蓿	*Medicago sativa* L.	克山	黑龙江哈尔滨	黑龙江克山	2010	1	栽培资源
4370	200702163	苜蓿属	紫花苜蓿	*Medicago sativa* L.	河西	甘肃兰州	甘肃古浪	2010	1	栽培资源
4371	200702173	苜蓿属	紫花苜蓿	*Medicago sativa* L.	日本 90	北京	日本大阪	2010	1	引进资源
4372	200702176	苜蓿属	紫花苜蓿	*Medicago sativa* L.	苏联 1209	黑龙江哈尔滨	俄罗斯斯塔夫罗波尔	2010	1	引进资源
4373	200702178	苜蓿属	紫花苜蓿	*Medicago sativa* L.		北京	美国密尔沃基	2010	1	引进资源
4374	200702179	苜蓿属	紫花苜蓿	*Medicago sativa* L.		北京	美国密尔沃基	2010	1	引进资源
4375	200702180	苜蓿属	紫花苜蓿	*Medicago sativa* L.		北京	美国密尔沃基	2010	1	引进资源
4376	200702181	苜蓿属	紫花苜蓿	*Medicago sativa* L.		北京	美国密尔沃基	2010	1	引进资源
4377	200702182	苜蓿属	紫花苜蓿	*Medicago sativa* L.		北京	美国密尔沃基	2010	1	引进资源
4378	200702183	苜蓿属	紫花苜蓿	*Medicago sativa* L.		北京	美国密尔沃基	2010	1	引进资源
4379	712036	苜蓿属	紫花苜蓿	*Medicago sativa* L.		纽约		2010	1	引进资源
4380	712037	苜蓿属	紫花苜蓿	*Medicago sativa* L.		纽约		2010	1	引进资源
4381	712038	苜蓿属	紫花苜蓿	*Medicago sativa* L.		纽约		2010	1	引进资源
4382	712039	苜蓿属	紫花苜蓿	*Medicago sativa* L.		纽约		2010	1	引进资源
4383	712040	苜蓿属	紫花苜蓿	*Medicago sativa* L.		纽约		2010	1	引进资源
4384	712041	苜蓿属	紫花苜蓿	*Medicago sativa* L.		纽约		2010	1	引进资源
4385	712042	苜蓿属	紫花苜蓿	*Medicago sativa* L.		内蒙古敖汉	内蒙古敖汉	2010	1	栽培资源
4386	712043	苜蓿属	紫花苜蓿	*Medicago sativa* L.		内蒙古敖汉	内蒙古敖汉	2010	1	栽培资源
4387	LzuMeSa0001	苜蓿属	紫花苜蓿	*Medicago sativa* L.	Age	西部草业工程技术研究有限公司		2010	1	引进资源
4388	LzuMeSa0002	苜蓿属	紫花苜蓿	*Medicago sativa* L.	苜蓿王	西部草业工程技术研究有限公司		2010	1	引进资源

（续）

序号	送种单位编号	属　名	种　名	学　　名	品种名（原文名）	材料来源	材料原产地	收种时间（年份）	保存地点	类型
4389	LzuMeSa0003	苜蓿属	紫花苜蓿	*Medicago sativa* L.	苜蓿 32IQ	西部草业工程技术研究有限公司		2010	1	引进资源
4390	LzuMeSa0004	苜蓿属	紫花苜蓿	*Medicago sativa* L.	苜蓿 2000	西部草业工程技术研究有限公司		2010	1	引进资源
4391	LzuMeSa0005	苜蓿属	紫花苜蓿	*Medicago sativa* L.	皇后（Queen）	甘肃草原生态研究所		2010	1	引进资源
4392	LzuMeSa0006	苜蓿属	紫花苜蓿	*Medicago sativa* L.	阿尔冈金（Algonquin）	甘肃草原生态研究所		2010	1	引进资源
4393	LzuMeSa0007	苜蓿属	紫花苜蓿	*Medicago sativa* L.	Alisi	西部草业工程技术研究有限公司		2010	1	引进资源
4394	LzuMeSa0008	苜蓿属	紫花苜蓿	*Medicago sativa* L.	AmeriStand 201＋z	甘肃草原生态研究所		2010	1	引进资源
4395	LzuMeSa0009	苜蓿属	紫花苜蓿	*Medicago sativa* L.	American Daye	甘肃草原生态研究所		2010	1	引进资源
4396	LzuMeSa0011	苜蓿属	紫花苜蓿	*Medicago sativa* L.	Bear No. 1	甘肃草原生态研究所		2010	1	引进资源
4397	LzuMeSa0012	苜蓿属	紫花苜蓿	*Medicago sativa* L.	北疆	甘肃草原生态研究所		2010	1	栽培资源
4398	LzuMeSa0013	苜蓿属	紫花苜蓿	*Medicago sativa* L.	Canada	西部草业工程技术研究有限公司		2010	1	引进资源
4399	LzuMeSa0016	苜蓿属	紫花苜蓿	*Medicago sativa* L.	Corona	西部草业工程技术研究有限公司		2010	1	引进资源
4400	LzuMeSa0017	苜蓿属	紫花苜蓿	*Medicago sativa* L.	CS20W	西部草业工程技术研究有限公司		2010	1	引进资源
4401	LzuMeSa0018	苜蓿属	紫花苜蓿	*Medicago sativa* L.	CS50A	西部草业工程技术研究有限公司		2010	1	引进资源

（续）

序号	送种单位编号	属　名	种　名	学　名	品种名（原文名）	材料来源	材料原产地	收种时间（年份）	保存地点	类型
4402	LzuMeSa0019	苜蓿属	紫花苜蓿	*Medicago sativa* L.	CS60L	西部草业工程技术研究有限公司		2010	1	引进资源
4403	LzuMeSa0020	苜蓿属	紫花苜蓿	*Medicago sativa* L.	CS60W	西部草业工程技术研究有限公司		2010	1	引进资源
4404	LzuMeSa0021	苜蓿属	紫花苜蓿	*Medicago sativa* L.	CS70A	西部草业工程技术研究有限公司		2010	1	引进资源
4405	LzuMeSa0022	苜蓿属	紫花苜蓿	*Medicago sativa* L.	CS70D	西部草业工程技术研究有限公司		2010	1	引进资源
4406	LzuMeSa0023	苜蓿属	紫花苜蓿	*Medicago sativa* L.	CS80A	西部草业工程技术研究有限公司		2010	1	引进资源
4407	LzuMeSa0024	苜蓿属	紫花苜蓿	*Medicago sativa* L.	CS80B	西部草业工程技术研究有限公司		2010	1	引进资源
4408	LzuMeSa0025	苜蓿属	紫花苜蓿	*Medicago sativa* L.	CS90N	西部草业工程技术研究有限公司		2010	1	引进资源
4409	LzuMeSa0026	苜蓿属	紫花苜蓿	*Medicago sativa* L.	CS525	西部草业工程技术研究有限公司		2010	1	引进资源
4410	LzuMeSa0027	苜蓿属	紫花苜蓿	*Medicago sativa* L.	大有山	中国农业科学院草原研究所		2010	1	栽培资源
4411	LzuMeSa0028	苜蓿属	紫花苜蓿	*Medicago sativa* L.	Derby	甘肃草原生态研究所		2010	1	引进资源
4412	LzuMeSa0029	苜蓿属	紫花苜蓿	*Medicago sativa* L.	Defi	甘肃草原生态研究所		2010	1	引进资源
4413	LzuMeSa0030	苜蓿属	紫花苜蓿	*Medicago sativa* L.	定西	中国农业科学院草原研究所	甘肃定西	2010	1	栽培资源
4414	LzuMeSa0032	苜蓿属	紫花苜蓿	*Medicago sativa* L.	Eureka	南澳研究与发展研究所		2010	1	引进资源

（续）

序号	送种单位编号	属　名	种　名	学　名	品种名（原文名）	材料来源	材料原产地	收种时间（年份）	保存地点	类型
4415	LzuMeSa0033	苜蓿属	紫花苜蓿	*Medicago sativa* L.	Fields	西部草业工程技术研究有限公司		2010	1	引进资源
4416	LzuMeSa0036	苜蓿属	紫花苜蓿	*Medicago sativa* L.	甘农 3 号	甘肃草原生态研究所		2010	1	栽培资源
4417	LzuMeSa0040	苜蓿属	紫花苜蓿	*Medicago sativa* L.	AmeriGraze	甘肃草原生态研究所		2010	1	引进资源
4418	LzuMeSa0041	苜蓿属	紫花苜蓿	*Medicago sativa* L.	GN27	甘肃草原生态研究所		2010	1	引进资源
4419	LzuMeSa0042	苜蓿属	紫花苜蓿	*Medicago sativa* L.	呼盟	中国农业科学院草原研究所		2010	1	栽培资源
4420	LzuMeSa0043	苜蓿属	紫花苜蓿	*Medicago sativa* L.	河西	甘肃农业大学	甘肃武威	2010	1	栽培资源
4421	LzuMeSa0044	苜蓿属	紫花苜蓿	*Medicago sativa* L.	Hunterfield	南澳研究与发展研究所		2010	1	引进资源
4422	LzuMeSa0045	苜蓿属	紫花苜蓿	*Medicago sativa* L.	Indian	中国农业科学院草原研究所		2010	1	引进资源
4423	LzuMeSa0046	苜蓿属	紫花苜蓿	*Medicago sativa* L.	Jindera	南澳研究与发展研究所		2010	1	引进资源
4424	LzuMeSa0047	苜蓿属	紫花苜蓿	*Medicago sativa* L.		南澳研究与发展研究所		2010	1	引进资源
4425	LzuMeSa0048	苜蓿属	紫花苜蓿	*Medicago sativa* L.		南澳研究与发展研究所		2010	1	引进资源
4426	LzuMeSa0049	苜蓿属	紫花苜蓿	*Medicago sativa* L.		南澳研究与发展研究所		2010	1	引进资源
4427	LzuMeSa0050	苜蓿属	紫花苜蓿	*Medicago sativa* L.		南澳研究与发展研究所		2010	1	引进资源

（续）

序号	送种单位编号	属　名	种　名	学　　名	品种名（原文名）	材料来源	材料原产地	收种时间（年份）	保存地点	类型
4428	LzuMeSa0051	苜蓿属	紫花苜蓿	*Medicago sativa* L.		南澳研究与发展研究所		2010	1	引进资源
4429	LzuMeSa0052	苜蓿属	紫花苜蓿	*Medicago sativa* L.	Ladak	中国农业科学院草原研究所		2010	1	引进资源
4430	LzuMeSa0053	苜蓿属	紫花苜蓿	*Medicago sativa* L.	陇东	甘肃农业大学	甘肃庆阳	2010	1	栽培资源
4431	LzuMeSa0057	苜蓿属	紫花苜蓿	*Medicago sativa* L.	Peru	中国农业科学院草原研究所		2010	1	引进资源
4432	LzuMeSa0058	苜蓿属	紫花苜蓿	*Medicago sativa* L.	PL55	南澳研究与发展研究所		2010	1	引进资源
4433	LzuMeSa0060	苜蓿属	紫花苜蓿	*Medicago sativa* L.	金字塔(Pyramids)	西部草业工程技术研究有限公司		2010	1	引进资源
4434	LzuMeSa0067	苜蓿属	紫花苜蓿	*Medicago sativa* L.	SA7028	南澳研究与发展研究所		2010	1	引进资源
4435	LzuMeSa0068	苜蓿属	紫花苜蓿	*Medicago sativa* L.	SA7036	南澳研究与发展研究所		2010	1	引进资源
4436	LzuMeSa0069	苜蓿属	紫花苜蓿	*Medicago sativa* L.	SA7051	南澳研究与发展研究所		2010	1	引进资源
4437	LzuMeSa0070	苜蓿属	紫花苜蓿	*Medicago sativa* L.	SA7088	南澳研究与发展研究所		2010	1	引进资源
4438	LzuMeSa0072	苜蓿属	紫花苜蓿	*Medicago sativa* L.	SA10070	南澳研究与发展研究所		2010	1	引进资源
4439	LzuMeSa0073	苜蓿属	紫花苜蓿	*Medicago sativa* L.	SA10123	南澳研究与发展研究所		2010	1	引进资源
4440	LzuMeSa0074	苜蓿属	紫花苜蓿	*Medicago sativa* L.	SA10125	南澳研究与发展研究所		2010	1	引进资源

（续）

序号	送种单位编号	属　名	种　名	学　　名	品种名（原文名）	材料来源	材料原产地	收种时间（年份）	保存地点	类型
4441	LzuMeSa0075	苜蓿属	紫花苜蓿	*Medicago sativa* L.	SA10146	南澳研究与发展研究所		2010	1	引进资源
4442	LzuMeSa0076	苜蓿属	紫花苜蓿	*Medicago sativa* L.	SA12979	南澳研究与发展研究所		2010	1	引进资源
4443	LzuMeSa0077	苜蓿属	紫花苜蓿	*Medicago sativa* L.	SA16464	南澳研究与发展研究所		2010	1	引进资源
4444	LzuMeSa0078	苜蓿属	紫花苜蓿	*Medicago sativa* L.	SA16465	南澳研究与发展研究所		2010	1	引进资源
4445	LzuMeSa0079	苜蓿属	紫花苜蓿	*Medicago sativa* L.	SA19015	南澳研究与发展研究所		2010	1	引进资源
4446	LzuMeSa0080	苜蓿属	紫花苜蓿	*Medicago sativa* L.	SA19018	南澳研究与发展研究所		2010	1	引进资源
4447	LzuMeSa0081	苜蓿属	紫花苜蓿	*Medicago sativa* L.	SA32089	南澳研究与发展研究所		2010	1	引进资源
4448	LzuMeSa0082	苜蓿属	紫花苜蓿	*Medicago sativa* L.	SA32092	南澳研究与发展研究所		2010	1	引进资源
4449	LzuMeSa0083	苜蓿属	紫花苜蓿	*Medicago sativa* L.	SA32140	南澳研究与发展研究所		2010	1	引进资源
4450	LzuMeSa0084	苜蓿属	紫花苜蓿	*Medicago sativa* L.	SA32148	南澳研究与发展研究所		2010	1	引进资源
4451	LzuMeSa0085	苜蓿属	紫花苜蓿	*Medicago sativa* L.	SA32152	南澳研究与发展研究所		2010	1	引进资源
4452	LzuMeSa0086	苜蓿属	紫花苜蓿	*Medicago sativa* L.	SA35076	南澳研究与发展研究所		2010	1	引进资源
4453	LzuMeSa0087	苜蓿属	紫花苜蓿	*Medicago sativa* L.	SA35095	南澳研究与发展研究所		2010	1	引进资源

（续）

序号	送种单位编号	属　名	种　名	学　名	品种名（原文名）	材料来源	材料原产地	收种时间（年份）	保存地点	类型
4454	LzuMeSa0088	苜蓿属	紫花苜蓿	*Medicago sativa* L.	SA35096	南澳研究与发展研究所		2010	1	引进资源
4455	LzuMeSa0089	苜蓿属	紫花苜蓿	*Medicago sativa* L.	SA10077	南澳研究与发展研究所		2010	1	引进资源
4456	88-43	苜蓿属	紫花苜蓿	*Medicago sativa* L.	Drylonder	中畜所		2010	1	引进资源
4457	88-45	苜蓿属	紫花苜蓿	*Medicago sativa* L.	Cherokee	中畜所		2010	1	引进资源
4458	93-8	苜蓿属	紫花苜蓿	*Medicago sativa* L.	101	日本		2010	1	引进资源
4459	92-210	苜蓿属	紫花苜蓿	*Medicago sativa* L.	Nitranka	美国		2010	1	引进资源
4460	92-218	苜蓿属	紫花苜蓿	*Medicago sativa* L.	Iroquois	美国		2010	1	引进资源
4461	92-216	苜蓿属	紫花苜蓿	*Medicago sativa* L.	Falkiner	美国		2010	1	引进资源
4462	92-220	苜蓿属	紫花苜蓿	*Medicago sativa* L.	Honeoye	美国		2010	1	引进资源
4463	92-199	苜蓿属	紫花苜蓿	*Medicago sativa* L.	ARC	美国		2010	1	引进资源
4464	93-6	苜蓿属	紫花苜蓿	*Medicago sativa* L.	U5560 Zi Hua Mu Xu	美国		2010	1	引进资源
4465	93-5	苜蓿属	紫花苜蓿	*Medicago sativa* L.	BC-79 Zi Hua Mu Xu	美国		2010	1	引进资源
4466	92-211	苜蓿属	紫花苜蓿	*Medicago sativa* L.	Taborka	美国		2010	1	引进资源
4467	88-6	苜蓿属	紫花苜蓿	*Medicago sativa* L.	Williamsburg	中畜所		2010	1	引进资源
4468	92-219	苜蓿属	紫花苜蓿	*Medicago sativa* L.	C/W 3	美国		2010	1	引进资源
4469	2001-02-01-0008	苜蓿属	紫花苜蓿	*Medicago sativa* L.	爱菲尼特(Affinity)	纽约		2010	1	引进资源
4470	2001-02-01-00015	苜蓿属	紫花苜蓿	*Medicago sativa* L.	宁夏	宁夏		2010	1	栽培资源
4471	2001-02-01-00024	苜蓿属	紫花苜蓿	*Medicago sativa* L.	吉姆(Jim)	美国弗吉尼亚		2010	1	引进资源
4472	2001-02-01-00033	苜蓿属	紫花苜蓿	*Medicago sativa* L.	维多利亚(Victoria)	美国弗吉尼亚		2010	1	引进资源
4473	2001-02-01-00034	苜蓿属	紫花苜蓿	*Medicago sativa* L.	胖多(Pando)	纽约		2010	1	引进资源
4474	2001-02-01-00041	苜蓿属	紫花苜蓿	*Medicago sativa* L.	皇后 2000 (Empress 2000)	纽约		2010	1	引进资源

（续）

序号	送种单位编号	属　名	种　名	学　名	品种名（原文名）	材料来源	材料原产地	收种时间（年份）	保存地点	类型
4475	2001-02-01-00048	苜蓿属	紫花苜蓿	*Medicago sativa* L.	WL414	纽约		2010	1	引进资源
4476	2001-02-01-00043	苜蓿属	紫花苜蓿	*Medicago sativa* L.	皇冠	纽约		2010	1	引进资源
4477	2001-02-01-00042	苜蓿属	紫花苜蓿	*Medicago sativa* L.	巨人 201	纽约		2010	1	引进资源
4478	2001-02-01-00086	苜蓿属	紫花苜蓿	*Medicago sativa* L.	三得利	北京		2010	1	引进资源
4479	2001-02-01-00087	苜蓿属	紫花苜蓿	*Medicago sativa* L.	中苜 1 号	北京		2010	1	栽培资源
4480	2001-02-01-00088	苜蓿属	紫花苜蓿	*Medicago sativa* L.	赛特(Sitel)	北京		2010	1	引进资源
4481	84-788	苜蓿属	紫花苜蓿	*Medicago sativa* L.	WL451	澳大利亚	澳大利亚	2010	1	引进资源
4482	AF37	苜蓿属	紫花苜蓿	*Medicago sativa* L.	金达	美国百绿种子公司		2010	1	引进资源
4483	BL0013	苜蓿属	紫花苜蓿	*Medicago sativa* L.	新疆大叶	新疆农业大学	乌鲁木齐	2010	1	栽培资源
4484	BL0039	苜蓿属	紫花苜蓿	*Medicago sativa* L.	德福(Defi)	澳大利亚		2010	1	引进资源
4485	BL0048	苜蓿属	紫花苜蓿	*Medicago sativa* L.	超级 13R (13R Supreme)	美国亚利桑那州		2010	1	引进资源
4486	BL0050	苜蓿属	紫花苜蓿	*Medicago sativa* L.	路宝(Lobo)	美国艾奥瓦州		2010	1	引进资源
4487	BL0052	苜蓿属	紫花苜蓿	*Medicago sativa* L.	丰叶 721 (Amerileaf721)	美国加利福尼亚		2010	1	引进资源
4488	BL0055	苜蓿属	紫花苜蓿	*Medicago sativa* L.	丰宝(Powerplant)			2010	1	引进资源
4489	BL0056	苜蓿属	紫花苜蓿	*Medicago sativa* L.	盛世(Millennium)	美国明尼苏达州		2010	1	引进资源
4490	BL0058	苜蓿属	紫花苜蓿	*Medicago sativa* L.	CW502			2010	1	引进资源
4491	BL0059	苜蓿属	紫花苜蓿	*Medicago sativa* L.	CW650			2010	1	引进资源
4492	BL0060	苜蓿属	紫花苜蓿	*Medicago sativa* L.	CW680			2010	1	引进资源
4493	BL0061	苜蓿属	紫花苜蓿	*Medicago sativa* L.	CW701			2010	1	引进资源
4494	BL0063	苜蓿属	紫花苜蓿	*Medicago sativa* L.	CW9			2010	1	引进资源
4495	BL0066	苜蓿属	紫花苜蓿	*Medicago sativa* L.	塔沃斯(Travois)			2010	1	引进资源

（续）

序号	送种单位编号	属　名	种　名	学　名	品种名（原文名）	材料来源	材料原产地	收种时间（年份）	保存地点	类型
4496	BL0078	苜蓿属	紫花苜蓿	*Medicago sativa* L.	捷卡 1 号			2010	1	引进资源
4497	BL0006	苜蓿属	紫花苜蓿	*Medicago sativa* L.	和田	新疆和田	新疆和田	2010	1	栽培资源
4498	BL0014	苜蓿属	紫花苜蓿	*Medicago sativa* L.	陇东	甘肃庆阳	甘肃庆阳	2010	1	栽培资源
4499	1031	苜蓿属	紫花苜蓿	*Medicago sativa* L.	德宝(Derby)	北京绿冠草业公司	加拿大	2010	1	引进资源
4500	zxy04p-467	苜蓿属	紫花苜蓿	*Medicago sativa* L.		俄罗斯		2010	1	引进资源
4501	01003002-BLMX	苜蓿属	紫花苜蓿	*Medicago sativa* L.		秘鲁		2010	1	引进资源
4502	01003002-ZHGXJDYMX	苜蓿属	紫花苜蓿	*Medicago sativa* L.	新疆大叶	内蒙古呼和浩特		2010	1	栽培资源
4503	01003002-ZHGZHM1HMX	苜蓿属	紫花苜蓿	*Medicago sativa* L.	中苜 1 号	内蒙古呼和浩特		2010	1	栽培资源
4504	01003002-JNDZHMX	苜蓿属	紫花苜蓿	*Medicago sativa* L.		加拿大		2010	1	引进资源
4505	20030279	苜蓿属	紫花苜蓿	*Medicago sativa* L.	Phabulous	辽宁省草原工作站		2010	1	引进资源
4506	20030281	苜蓿属	紫花苜蓿	*Medicago sativa* L.	Pondus	辽宁省草原工作站		2010	1	引进资源
4507	20040285	苜蓿属	紫花苜蓿	*Medicago sativa* L.	Renge	横店草业公司		2010	1	引进资源
4508	20030284	苜蓿属	紫花苜蓿	*Medicago sativa* L.	WL323HQ	彰武草原工作站		2010	1	引进资源
4509	20040286	苜蓿属	紫花苜蓿	*Medicago sativa* L.	Culf101	横店草业公司		2010	1	引进资源
4510	200402155	苜蓿属	紫花苜蓿	*Medicago sativa* L.	陇东		甘肃庆阳	2010	1	栽培资源
4511	200402156	苜蓿属	紫花苜蓿	*Medicago sativa* L.	陇中		甘肃兰州皋兰	2010	1	栽培资源
4512	200402157	苜蓿属	紫花苜蓿	*Medicago sativa* L.	富平		陕西富平	2010	1	栽培资源
4513	200402160	苜蓿属	紫花苜蓿	*Medicago sativa* L.	蔚县		河北蔚县	2010	1	栽培资源
4514	200402163	苜蓿属	紫花苜蓿	*Medicago sativa* L.	察南		新疆察布查尔	2010	1	栽培资源
4515	200402164	苜蓿属	紫花苜蓿	*Medicago sativa* L.	察北		新疆察布查尔	2010	1	栽培资源
4516	200402166	苜蓿属	紫花苜蓿	*Medicago sativa* L.	宁夏		宁夏永宁	2010	1	栽培资源

（续）

序号	送种单位编号	属　名	种　名	学　名	品种名（原文名）	材料来源	材料原产地	收种时间（年份）	保存地点	类型
4517	200402167	苜蓿属	紫花苜蓿	*Medicago sativa* L.	晋南	山西农科院	山西泽州	2010	1	栽培资源
4518	200402168	苜蓿属	紫花苜蓿	*Medicago sativa* L.	定西	甘肃农业大学	甘肃定西	2010	1	栽培资源
4519	200402171	苜蓿属	紫花苜蓿	*Medicago sativa* L.	陕北	西北农业大学	陕西榆林	2010	1	栽培资源
4520	200402173	苜蓿属	紫花苜蓿	*Medicago sativa* L.	德福(Defi)	辽宁省草原工作站	美国法戈	2010	1	引进资源
4521	200402174	苜蓿属	紫花苜蓿	*Medicago sativa* L.	爱乐高(Alegro)	辽宁省草原工作站	美国法戈	2010	1	引进资源
4522	200502176	苜蓿属	紫花苜蓿	*Medicago sativa* L.	新西兰苜蓿	北京克劳沃草业公司	加拿大哈密尔顿西部	2010	1	引进资源
4523	200502177	苜蓿属	紫花苜蓿	*Medicago sativa* L.	新西兰苜蓿	北京克劳沃草业公司	加拿大哈密尔顿西部	2010	1	引进资源
4524	200502178	苜蓿属	紫花苜蓿	*Medicago sativa* L.	新西兰苜蓿	北京克劳沃草业公司	加拿大哈密尔顿西部	2010	1	引进资源
4525	200502179	苜蓿属	紫花苜蓿	*Medicago sativa* L.	新西兰苜蓿	北京克劳沃草业公司	加拿大哈密尔顿西部	2010	1	引进资源
4526	200502180	苜蓿属	紫花苜蓿	*Medicago sativa* L.	新西兰苜蓿	北京克劳沃草业公司	加拿大哈密尔顿西部	2010	1	引进资源
4527	200502183	苜蓿属	紫花苜蓿	*Medicago sativa* L.	赤峰	赤峰草原工作站	内蒙古赤峰元宝山	2010	1	栽培资源
4528	200502185	苜蓿属	紫花苜蓿	*Medicago sativa* L.	保定	河北省农科院	河北保定	2010	1	栽培资源
4529	200502187	苜蓿属	紫花苜蓿	*Medicago sativa* L.	柏拉图(Plato)	辽宁东亚种业公司	美国密尔沃基	2010	1	引进资源
4530	200502189	苜蓿属	紫花苜蓿	*Medicago sativa* L.	澳大利亚	澳大利亚 Seedmark 公司	南半球	2010	1	引进资源
4531	200502190	苜蓿属	紫花苜蓿	*Medicago sativa* L.	澳大利亚	澳大利亚 Seedmark 公司	南半球	2010	1	引进资源

（续）

序号	送种单位编号	属　名	种　名	学　名	品种名（原文名）	材料来源	材料原产地	收种时间（年份）	保存地点	类型
4532	200502191	苜蓿属	紫花苜蓿	*Medicago sativa* L.	澳大利亚	澳大利亚 Seed-mark 公司	南半球	2010	1	引进资源
4533	200502192	苜蓿属	紫花苜蓿	*Medicago sativa* L.	澳大利亚	澳大利亚 Seed-mark 公司	南半球	2010	1	引进资源
4534	200502193	苜蓿属	紫花苜蓿	*Medicago sativa* L.	澳大利亚	澳大利亚 Seed-mark 公司	南半球	2010	1	引进资源
4535	200502198	苜蓿属	紫花苜蓿	*Medicago sativa* L.	澳大利亚	澳大利亚 Seed-mark 公司	南半球	2010	1	引进资源
4536	200502199	苜蓿属	紫花苜蓿	*Medicago sativa* L.	澳大利亚	澳大利亚 Seed-mark 公司	南半球	2010	1	引进资源
4537	200502200	苜蓿属	紫花苜蓿	*Medicago sativa* L.	澳大利亚	澳大利亚 Seed-mark 公司	南半球	2010	1	引进资源
4538	200502201	苜蓿属	紫花苜蓿	*Medicago sativa* L.	澳大利亚	澳大利亚 Seed-mark 公司	南半球	2010	1	引进资源
4539	200502202	苜蓿属	紫花苜蓿	*Medicago sativa* L.	澳大利亚	澳大利亚 Seed-mark 公司	南半球	2010	1	引进资源
4540	MX0010	苜蓿属	紫花苜蓿	*Medicago sativa* L.	Beaver	内蒙古农业大学		2010	1	引进资源
4541	MX0012	苜蓿属	紫花苜蓿	*Medicago sativa* L.	Forager	内蒙古农业大学		2010	1	引进资源
4542	MX0013	苜蓿属	紫花苜蓿	*Medicago sativa* L.	Travois	内蒙古农业大学		2010	1	引进资源
4543	MX0014	苜蓿属	紫花苜蓿	*Medicago sativa* L.	Baker	内蒙古农业大学		2010	1	引进资源
4544	MM092	苜蓿属	紫花苜蓿	*Medicago sativa* L.	Pleven6 Mu Xu	黑龙江		2010	1	引进资源
4545	MM100	苜蓿属	紫花苜蓿	*Medicago sativa* L.	WL232	黑龙江		2010	1	引进资源
4546	MM101	苜蓿属	紫花苜蓿	*Medicago sativa* L.	WL323HQ	黑龙江		2010	1	引进资源
4547	NNDW-0039	苜蓿属	紫花苜蓿	*Medicago sativa* L.	农宝（Farmerstreasure）	内蒙古		2010	1	引进资源

（续）

序号	送种单位编号	属　名	种　名	学　名	品种名（原文名）	材料来源	材料原产地	收种时间（年份）	保存地点	类型
4548	NNDW-0045	苜蓿属	紫花苜蓿	*Medicago sativa* L.	费纳尔(Vernal)	内蒙古		2010	1	引进资源
4549	NNDW-0046	苜蓿属	紫花苜蓿	*Medicago sativa* L.	阿尔冈金(Algonquin)	内蒙古		2010	1	引进资源
4550	NNDW-0047	苜蓿属	紫花苜蓿	*Medicago sativa* L.	苜蓿王(Alfaking)	内蒙古		2010	1	引进资源
4551	NNDW-0048	苜蓿属	紫花苜蓿	*Medicago sativa* L.	大富翁(Millionaire)	内蒙古		2010	1	引进资源
4552	GX082	苜蓿属	紫花苜蓿	*Medicago sativa* L.	金皇后(Gold Empress)	宁夏		2010	1	引进资源
4553	2001-02-01-00082	苜蓿属	紫花苜蓿	*Medicago sativa* L.	阿尔冈金(Algonquin)	陕西安塞	陕西安塞	2010	1	引进资源
4554	12	苜蓿属	紫花苜蓿	*Medicago sativa* L.	亮苜 2 号	赤峰林西草原工作站		2013	1	引进资源
4555	51	苜蓿属	紫花苜蓿	*Medicago sativa* L.	爱菲尼特	赤峰林西草原工作站		2013	1	引进资源
4556	IA01248	苜蓿属	紫花苜蓿	*Medicago sativa* L.	长武		陕西长武	1990	1	栽培资源
4557	IA01225	苜蓿属	紫花苜蓿	*Medicago sativa* L.	咸阳		陕西	1990	1	栽培资源
4558	IA01107	苜蓿属	紫花苜蓿	*Medicago sativa* L.	熊岳	辽宁试验场		1990	1	栽培资源
4559	IA01112	苜蓿属	紫花苜蓿	*Medicago sativa* L.	兴平	西北农研所		1990	1	栽培资源
4560	IA0122	苜蓿属	紫花苜蓿	*Medicago sativa* L.	渭南	中国农科院草原所		1990	1	栽培资源
4561	IA01109	苜蓿属	紫花苜蓿	*Medicago sativa* L.	沙河		河北	1990	1	栽培资源
4562	IA0125	苜蓿属	紫花苜蓿	*Medicago sativa* L.	武功	中国农科院草原所		1990	1	栽培资源
4563	IA0136	苜蓿属	紫花苜蓿	*Medicago sativa* L.	呼盟	中国农科院草原所		1988	1	栽培资源

（续）

序号	送种单位编号	属　名	种　名	学　名	品种名（原文名）	材料来源	材料原产地	收种时间（年份）	保存地点	类型
4564	IA01261	苜蓿属	紫花苜蓿	*Medicago sativa* L.	长武		陕西	1990	1	栽培资源
4565	062	苜蓿属	紫花苜蓿	*Medicago sativa* L.			新疆	1988	1	栽培资源
4566	049	苜蓿属	紫花苜蓿	*Medicago sativa* L.	冰草型		苏联	1988	1	引进资源
4567	065	苜蓿属	紫花苜蓿	*Medicago sativa* L.	北疆		新疆	1988	1	栽培资源
4568	067	苜蓿属	紫花苜蓿	*Medicago sativa* L.	北疆		新疆玛纳斯	1988	1	栽培资源
4569	058	苜蓿属	紫花苜蓿	*Medicago sativa* L.	新疆 大叶		新疆和田	1988	1	栽培资源
4570	060	苜蓿属	紫花苜蓿	*Medicago sativa* L.			新疆	1988	1	栽培资源
4571	045	苜蓿属	紫花苜蓿	*Medicago sativa* L.	苏联 36 号		苏联	1988	1	引进资源
4572	061	苜蓿属	紫花苜蓿	*Medicago sativa* L.			新疆	1988	1	栽培资源
4573	489	苜蓿属	紫花苜蓿	*Medicago sativa* L.	伊鲁瑰斯		美国	1988	1	引进资源
4574	GSS134	苜蓿属	紫花苜蓿	*Medicago sativa* L.	阿尔冈金（Algonquin）	甘肃农业大学		2010	1	引进资源
4575	GSS145	苜蓿属	紫花苜蓿	*Medicago sativa* L.	德福(Defi)	甘肃农业大学		2010	1	引进资源
4576	74-33	苜蓿属	紫花苜蓿	*Medicago sativa* L.	博维		加拿大	1993	1	引进资源
4577	74-35	苜蓿属	紫花苜蓿	*Medicago sativa* L.	阿尔贡奎因		加拿大	1992	1	引进资源
4578	80-22	苜蓿属	紫花苜蓿	*Medicago sativa* L.			美国	1990	1	引进资源
4579	81-44	苜蓿属	紫花苜蓿	*Medicago sativa* L.			加拿大	1990	1	引进资源
4580	81-125	苜蓿属	紫花苜蓿	*Medicago sativa* L.			美国	1991	1	引进资源
4581	82-6	苜蓿属	紫花苜蓿	*Medicago sativa* L.			美国	1993	1	引进资源
4582	86-385	苜蓿属	紫花苜蓿	*Medicago sativa* L.	格洛里		加拿大	1993	1	引进资源
4583	0171	苜蓿属	紫花苜蓿	*Medicago sativa* L.	秘鲁		秘鲁	1992	1	引进资源
4584	80-98	苜蓿属	紫花苜蓿	*Medicago sativa* L.	坎扎(Kanza)		美国	1993	1	引进资源
4585	0731	苜蓿属	紫花苜蓿	*Medicago sativa* L.	苏联 2 号		苏联	1992	1	引进资源
4586	39-82-03	苜蓿属	紫花苜蓿	*Medicago sativa* L.		兴安图牧所		1991	1	栽培资源
4587	83-18	苜蓿属	紫花苜蓿	*Medicago sativa* L.	玛纳斯	新疆八一农学院	新疆八一农学院	1984	1	栽培资源

（续）

序号	送种单位编号	属　名	种　名	学　名	品种名（原文名）	材料来源	材料原产地	收种时间（年份）	保存地点	类型
4588	1-1-2	苜蓿属	紫花苜蓿	*Medicago sativa* L.		湖北畜牧所	江苏	1992	1	栽培资源
4589	2198	苜蓿属	紫花苜蓿	*Medicago sativa* L.	龙牧1号		黑龙江	1992	1	栽培资源
4590	80-196	苜蓿属	紫花苜蓿	*Medicago sativa* L.	不休眠		美国	1994	1	引进资源
4591	1159	苜蓿属	紫花苜蓿	*Medicago sativa* L.	土库曼		苏联	1992	1	引进资源
4592	74-36	苜蓿属	紫花苜蓿	*Medicago sativa* L.	凯恩		加拿大	1993	1	引进资源
4593	青畜 64	苜蓿属	紫花苜蓿	*Medicago sativa* L.			美国	1988	1	引进资源
4594	74-27	苜蓿属	紫花苜蓿	*Medicago sativa* L.	费纳尔		美国	1992	1	引进资源
4595	74-23	苜蓿属	紫花苜蓿	*Medicago sativa* L.	切罗克		美国	1992	1	引进资源
4596	2325	苜蓿属	紫花苜蓿	*Medicago sativa* L.	美国1号		美国	1993	1	引进资源
4597	IA0145	苜蓿属	紫花苜蓿	*Medicago sativa* L.			内蒙古鄂尔多斯	1990	1	栽培资源
4598	1149	苜蓿属	紫花苜蓿	*Medicago sativa* L.	日本		日本	1992	1	引进资源
4599	0822	苜蓿属	紫花苜蓿	*Medicago sativa* L.	熊岳		辽宁熊岳	1992	1	栽培资源
4600	苜 57	苜蓿属	紫花苜蓿	*Medicago sativa* L.	宝鸡		陕西宝鸡	1992	1	栽培资源
4601	IA0124	苜蓿属	紫花苜蓿	*Medicago sativa* L.	大有山			1993	1	栽培资源
4602	0452	苜蓿属	紫花苜蓿	*Medicago sativa* L.	定襄		山西	1993	1	栽培资源
4603	0062	苜蓿属	紫花苜蓿	*Medicago sativa* L.	武功		陕西	1993	1	栽培资源
4604	1196	苜蓿属	紫花苜蓿	*Medicago sativa* L.			河北察北牧场	1994	1	栽培资源
4605	0710	苜蓿属	紫花苜蓿	*Medicago sativa* L.	乌鲁木齐		新疆	1993	1	栽培资源
4606	1797	苜蓿属	紫花苜蓿	*Medicago sativa* L.			日本	1992	1	引进资源
4607	83-384	苜蓿属	紫花苜蓿	*Medicago sativa* L.	101		美国	1992	1	引进资源
4608	83-384	苜蓿属	紫花苜蓿	*Medicago sativa* L.	101		美国	1994	1	引进资源
4609	84-788	苜蓿属	紫花苜蓿	*Medicago sativa* L.	WL451		澳大利亚	1994	1	引进资源
4610	84-792	苜蓿属	紫花苜蓿	*Medicago sativa* L.	亨特菲尔特		澳大利亚	1992	1	引进资源
4611	0725	苜蓿属	紫花苜蓿	*Medicago sativa* L.	兴平		陕西兴平	1992	1	栽培资源
4612	0220	苜蓿属	紫花苜蓿	*Medicago sativa* L.	苏联		苏联	1992	1	引进资源

（续）

序号	送种单位编号	属　名	种　名	学　名	品种名（原文名）	材料来源	材料原产地	收种时间（年份）	保存地点	类型
4613	75-43	苜蓿属	紫花苜蓿	*Medicago sativa* L.	萨兰斯		美国	1992	1	引进资源
4614	IA0149	苜蓿属	紫花苜蓿	*Medicago sativa* L.	伊盟			1990	1	栽培资源
4615	IA0151	苜蓿属	紫花苜蓿	*Medicago sativa* L.	紫泥泉			1990	1	栽培资源
4616	IA0186	苜蓿属	紫花苜蓿	*Medicago sativa* L.	苏联 0134		苏联	1990	1	引进资源
4617	0063	苜蓿属	紫花苜蓿	*Medicago sativa* L.	公农 2 号		吉林公主岭	1992	1	栽培资源
4618	IA0189	苜蓿属	紫花苜蓿	*Medicago sativa* L.	新疆抗旱			1990	1	栽培资源
4619	IA0195	苜蓿属	紫花苜蓿	*Medicago sativa* L.	多叶			1990	1	栽培资源
4620	IA0158	苜蓿属	紫花苜蓿	*Medicago sativa* L.	苏联 36 号			1990	1	引进资源
4621	IA0135	苜蓿属	紫花苜蓿	*Medicago sativa* L.	特氏			1990	1	栽培资源
4622	IA01267	苜蓿属	紫花苜蓿	*Medicago sativa* L.	乾县			1993	1	栽培资源
4623	IA01270	苜蓿属	紫花苜蓿	*Medicago sativa* L.	山东 2 号		山东	1990	1	栽培资源
4624	IA01271	苜蓿属	紫花苜蓿	*Medicago sativa* L.	苏联		苏联	1990	1	引进资源
4625	IA01275	苜蓿属	紫花苜蓿	*Medicago sativa* L.	特氏			1990	1	栽培资源
4626	IA01278	苜蓿属	紫花苜蓿	*Medicago sativa* L.	美国		美国	1990	1	引进资源
4627	012	苜蓿属	紫花苜蓿	*Medicago sativa* L.			新疆	1989	1	栽培资源
4628	015	苜蓿属	紫花苜蓿	*Medicago sativa* L.			新疆	1989	1	栽培资源
4629	018	苜蓿属	紫花苜蓿	*Medicago sativa* L.			新疆	1989	1	栽培资源
4630	239	苜蓿属	紫花苜蓿	*Medicago sativa* L.			美国	1989	1	引进资源
4631	500	苜蓿属	紫花苜蓿	*Medicago sativa* L.			新疆	1989	1	栽培资源
4632	511	苜蓿属	紫花苜蓿	*Medicago sativa* L.			新疆	1989	1	栽培资源
4633	IA0185	苜蓿属	紫花苜蓿	*Medicago sativa* L.	苏联 1 号			1990	1	引进资源
4634	1677	苜蓿属	紫花苜蓿	*Medicago sativa* L.			新疆	1991	1	栽培资源
4635	1776	苜蓿属	紫花苜蓿	*Medicago sativa* L.			新疆	1991	1	栽培资源
4636	0627	苜蓿属	紫花苜蓿	*Medicago sativa* L.			美国	1991	1	引进资源
4637	0617	苜蓿属	紫花苜蓿	*Medicago sativa* L.			美国	1987	1	引进资源

（续）

序号	送种单位编号	属　名	种　名	学　名	品种名（原文名）	材料来源	材料原产地	收种时间（年份）	保存地点	类型
4638	0621	苜蓿属	紫花苜蓿	*Medicago sativa* L.			美国	1991	1	引进资源
4639	0626	苜蓿属	紫花苜蓿	*Medicago sativa* L.			美国	1990	1	引进资源
4640	0654	苜蓿属	紫花苜蓿	*Medicago sativa* L.			华东	1990	1	栽培资源
4641	兰 092	苜蓿属	紫花苜蓿	*Medicago sativa* L.			新疆	1988	1	栽培资源
4642	兰 1933	苜蓿属	紫花苜蓿	*Medicago sativa* L.			苏联	1990	1	引进资源
4643	兰 0173	苜蓿属	紫花苜蓿	*Medicago sativa* L.			美国	1991	1	引进资源
4644	兰 094	苜蓿属	紫花苜蓿	*Medicago sativa* L.			甘肃	1990	1	栽培资源
4645	0625	苜蓿属	紫花苜蓿	*Medicago sativa* L.			苏联	1991	1	引进资源
4646	0684	苜蓿属	紫花苜蓿	*Medicago sativa* L.			华东	1989	1	栽培资源
4647	兰 074	苜蓿属	紫花苜蓿	*Medicago sativa* L.	昌黎		河北	1993	1	栽培资源
4648	兰 076	苜蓿属	紫花苜蓿	*Medicago sativa* L.	天水		甘肃天水	1991	1	栽培资源
4649	090	苜蓿属	紫花苜蓿	*Medicago sativa* L.			新疆	1991	1	栽培资源
4650	兰 096	苜蓿属	紫花苜蓿	*Medicago sativa* L.	会宁		甘肃	1994	1	栽培资源
4651	兰 097	苜蓿属	紫花苜蓿	*Medicago sativa* L.			甘肃	1990	1	栽培资源
4652	兰 066	苜蓿属	紫花苜蓿	*Medicago sativa* L.	定西		甘肃定西	1990	1	栽培资源
4653	1939	苜蓿属	紫花苜蓿	*Medicago sativa* L.			新疆	1991	1	栽培资源
4654	兰 117	苜蓿属	紫花苜蓿	*Medicago sativa* L.	石家庄			1990	1	栽培资源
4655	IA0188	苜蓿属	紫花苜蓿	*Medicago sativa* L.			吉林	1992	1	栽培资源
4656	兰 115	苜蓿属	紫花苜蓿	*Medicago sativa* L.			加拿大	1991	1	引进资源
4657	兰 128	苜蓿属	紫花苜蓿	*Medicago sativa* L.			甘肃	1990	1	栽培资源
4658	兰 118	苜蓿属	紫花苜蓿	*Medicago sativa* L.	卡利维德 65		美国	1990	1	引进资源
4659	IA0143	苜蓿属	紫花苜蓿	*Medicago sativa* L.	肇东			1990	1	栽培资源
4660	1109	苜蓿属	紫花苜蓿	*Medicago sativa* L.			美国	1991	1	引进资源
4661	74-28	苜蓿属	紫花苜蓿	*Medicago sativa* L.			法国	1990	1	引进资源
4662	IA01254	苜蓿属	紫花苜蓿	*Medicago sativa* L.	西北 B			1990	1	栽培资源

（续）

序号	送种单位编号	属　名	种　名	学　名	品种名（原文名）	材料来源	材料原产地	收种时间（年份）	保存地点	类型
4663	IA012	苜蓿属	紫花苜蓿	*Medicago sativa* L.	庆阳			1990	1	栽培资源
4664	IA0137	苜蓿属	紫花苜蓿	*Medicago sativa* L.	混合型苜蓿			1990	1	栽培资源
4665	IA01175	苜蓿属	紫花苜蓿	*Medicago sativa* L.			苏联	1993	1	引进资源
4666	0129	苜蓿属	紫花苜蓿	*Medicago sativa* L.			苏联	1994	1	引进资源
4667	10100	苜蓿属	紫花苜蓿	*Medicago sativa* L.			苏联	1991	1	引进资源
4668	10100	苜蓿属	紫花苜蓿	*Medicago sativa* L.			苏联	1991	1	引进资源
4669	兰 261	苜蓿属	紫花苜蓿	*Medicago sativa* L.	阿皮尔			1992	1	引进资源
4670	兰 261	苜蓿属	紫花苜蓿	*Medicago sativa* L.	阿皮卡			1992	1	引进资源
4671	IA01207	苜蓿属	紫花苜蓿	*Medicago sativa* L.			新疆	1992	1	栽培资源
4672	IA01180	苜蓿属	紫花苜蓿	*Medicago sativa* L.			苏联	1992	1	引进资源
4673	IA01172	苜蓿属	紫花苜蓿	*Medicago sativa* L.			吉林	1992	1	栽培资源
4674	IA01163	苜蓿属	紫花苜蓿	*Medicago sativa* L.			新疆	1992	1	栽培资源
4675	IA01155	苜蓿属	紫花苜蓿	*Medicago sativa* L.			新疆	1992	1	栽培资源
4676	IA01181	苜蓿属	紫花苜蓿	*Medicago sativa* L.			苏联	1992	1	引进资源
4677	IA01114	苜蓿属	紫花苜蓿	*Medicago sativa* L.			美国	1992	1	引进资源
4678	兰 204	苜蓿属	紫花苜蓿	*Medicago sativa* L.			美国	1987	1	引进资源
4679	兰 205	苜蓿属	紫花苜蓿	*Medicago sativa* L.	阿克兰			1991	1	引进资源
4680	1046	苜蓿属	紫花苜蓿	*Medicago sativa* L.	苏联		苏联	1991	1	引进资源
4681	兰 203	苜蓿属	紫花苜蓿	*Medicago sativa* L.			新疆	1991	1	栽培资源
4682	兰 203	苜蓿属	紫花苜蓿	*Medicago sativa* L.			新疆	1992	1	栽培资源
4683	1077	苜蓿属	紫花苜蓿	*Medicago sativa* L.			匈牙利	1991	1	引进资源
4684	2694	苜蓿属	紫花苜蓿	*Medicago sativa* L.	无棣		山东无棣	1994	1	栽培资源
4685	92-191	苜蓿属	紫花苜蓿	*Medicago sativa* L.	瓦罗特		法国	1994	1	引进资源
4686	92-199	苜蓿属	紫花苜蓿	*Medicago sativa* L.			美国	1994	1	引进资源
4687	92-201	苜蓿属	紫花苜蓿	*Medicago sativa* L.			美国	1994	1	引进资源

（续）

序号	送种单位编号	属　名	种　名	学　　名	品种名（原文名）	材料来源	材料原产地	收种时间（年份）	保存地点	类型
4688	92-206	苜蓿属	紫花苜蓿	*Medicago sativa* L.			摩洛哥	1994	1	引进资源
4689	92-208	苜蓿属	紫花苜蓿	*Medicago sativa* L.			摩洛哥	1994	1	引进资源
4690	92-209	苜蓿属	紫花苜蓿	*Medicago sativa* L.			摩洛哥	1994	1	引进资源
4691	86-267	苜蓿属	紫花苜蓿	*Medicago sativa* L.	CW349			1994	1	引进资源
4692	86-264	苜蓿属	紫花苜蓿	*Medicago sativa* L.	桑德			1994	1	引进资源
4693	86-256	苜蓿属	紫花苜蓿	*Medicago sativa* L.	科曼德			1994	1	引进资源
4694	86-249	苜蓿属	紫花苜蓿	*Medicago sativa* L.	沙漠			1994	1	引进资源
4695	80-74	苜蓿属	紫花苜蓿	*Medicago sativa* L.			加拿大	1991	1	引进资源
4696	86-250	苜蓿属	紫花苜蓿	*Medicago sativa* L.	科迪			1994	1	引进资源
4697	87-52	苜蓿属	紫花苜蓿	*Medicago sativa* L.	先锋 555			1994	1	引进资源
4698	88-18	苜蓿属	紫花苜蓿	*Medicago sativa* L.	内华达综合种			1994	1	引进资源
4699	88-42	苜蓿属	紫花苜蓿	*Medicago sativa* L.	钻石			1994	1	引进资源
4700	89-66	苜蓿属	紫花苜蓿	*Medicago sativa* L.	瓦加			1994	1	引进资源
4701	89-67	苜蓿属	紫花苜蓿	*Medicago sativa* L.	Ds-642			1994	1	引进资源
4702	89-121	苜蓿属	紫花苜蓿	*Medicago sativa* L.	鲁斯玛			1994	1	引进资源
4703	IA01161	苜蓿属	紫花苜蓿	*Medicago sativa* L.	多叶		辽宁	1993	1	栽培资源
4704	IA01188	苜蓿属	紫花苜蓿	*Medicago sativa* L.	阿尔贡奎因		加拿大	1993	1	引进资源
4705	83-21	苜蓿属	紫花苜蓿	*Medicago sativa* L.	博乐		83 团	1984	1	栽培资源
4706	86-10	苜蓿属	紫花苜蓿	*Medicago sativa* L.	图牧 2 号			1987	1	栽培资源
4707	1944	苜蓿属	紫花苜蓿	*Medicago sativa* L.			苏联	1987	1	引进资源
4708	2287	苜蓿属	紫花苜蓿	*Medicago sativa* L.			江西	1987	1	栽培资源
4709	2287	苜蓿属	紫花苜蓿	*Medicago sativa* L.	中山 1 号		江苏	1993	1	栽培资源
4710	兰 120	苜蓿属	紫花苜蓿	*Medicago sativa* L.	猎人河		美国	1987	1	引进资源
4711	83-379	苜蓿属	紫花苜蓿	*Medicago sativa* L.			美国	1988	1	引进资源
4712	108	苜蓿属	紫花苜蓿	*Medicago sativa* L.	威廉斯伯克		美国	1989	1	引进资源

（续）

序号	送种单位编号	属　名	种　名	学　名	品种名（原文名）	材料来源	材料原产地	收种时间（年份）	保存地点	类型
4713	IA01259	苜蓿属	紫花苜蓿	*Medicago sativa* L.	永宁苜蓿		宁夏	1990	1	栽培资源
4714	苜 2	苜蓿属	紫花苜蓿	*Medicago sativa* L.	伊犁			1990	1	栽培资源
4715	苜 6	苜蓿属	紫花苜蓿	*Medicago sativa* L.	向阳 6 号			1990	1	栽培资源
4716	85-37	苜蓿属	紫花苜蓿	*Medicago sativa* L.	ASBR		新西兰	1993	1	引进资源
4717	2331	苜蓿属	紫花苜蓿	*Medicago sativa* L.	紫泥泉		新疆	1993	1	栽培资源
4718	0694	苜蓿属	紫花苜蓿	*Medicago sativa* L.			华东	1990	1	栽培资源
4719	1049	苜蓿属	紫花苜蓿	*Medicago sativa* L.			苏联	1990	1	引进资源
4720	兰 293	苜蓿属	紫花苜蓿	*Medicago sativa* L.	庆阳-13		甘肃庆阳	1990	1	栽培资源
4721	兰 294	苜蓿属	紫花苜蓿	*Medicago sativa* L.	庆阳-18		甘肃庆阳	1990	1	栽培资源
4722	兰 222	苜蓿属	紫花苜蓿	*Medicago sativa* L.	蔚县		河北蔚县	1991	1	栽培资源
4723	80-76	苜蓿属	紫花苜蓿	*Medicago sativa* L.			美国	1991	1	引进资源
4724	1034	苜蓿属	紫花苜蓿	*Medicago sativa* L.			苏联	1991	1	引进资源
4725	80-1	苜蓿属	紫花苜蓿	*Medicago sativa* L.			加拿大	1991	1	引进资源
4726	R-1017	苜蓿属	紫花苜蓿	*Medicago sativa* L.			吉林	1991	1	栽培资源
4727	0064	苜蓿属	紫花苜蓿	*Medicago sativa* L.	美国		美国	1992	1	引进资源
4728	0456	苜蓿属	紫花苜蓿	*Medicago sativa* L.	永济		山西永济	1992	1	栽培资源
4729	0629	苜蓿属	紫花苜蓿	*Medicago sativa* L.	西宁		青海	1992	1	栽培资源
4730	1969	苜蓿属	紫花苜蓿	*Medicago sativa* L.	大叶苜蓿		新疆	1992	1	栽培资源
4731	2221	苜蓿属	紫花苜蓿	*Medicago sativa* L.	大有山		青海大有山	1992	1	栽培资源
4732	2326	苜蓿属	紫花苜蓿	*Medicago sativa* L.	美国 2 号		美国	1992	1	引进资源
4733	2300	苜蓿属	紫花苜蓿	*Medicago sativa* L.	狼山		内蒙古狼山	1992	1	栽培资源
4734	青畜 0133	苜蓿属	紫花苜蓿	*Medicago sativa* L.	阳高		山西	1992	1	栽培资源
4735	兰 130	苜蓿属	紫花苜蓿	*Medicago sativa* L.	布尔津		新疆	1992	1	栽培资源
4736	74-25	苜蓿属	紫花苜蓿	*Medicago sativa* L.	大西洋		美国	1992	1	引进资源
4737	中畜 2287	苜蓿属	紫花苜蓿	*Medicago sativa* L.			江苏	1992	1	栽培资源

（续）

序号	送种单位编号	属　名	种　名	学　名	品种名（原文名）	材料来源	材料原产地	收种时间（年份）	保存地点	类型
4738	0131	苜蓿属	紫花苜蓿	*Medicago sativa* L.	石家庄		石家庄	1993	1	栽培资源
4739	0215	苜蓿属	紫花苜蓿	*Medicago sativa* L.	拉达克		印度	1993	1	引进资源
4740	0809	苜蓿属	紫花苜蓿	*Medicago sativa* L.	克山		黑龙江	1993	1	栽培资源
4741	2223	苜蓿属	紫花苜蓿	*Medicago sativa* L.	会宁		甘肃	1993	1	栽培资源
4742	2304	苜蓿属	紫花苜蓿	*Medicago sativa* L.	海字塔		内蒙古	1993	1	栽培资源
4743	2313	苜蓿属	紫花苜蓿	*Medicago sativa* L.	香苜蓿			1993	1	栽培资源
4744	2313	苜蓿属	紫花苜蓿	*Medicago sativa* L.	香苜蓿			1994	1	栽培资源
4745	2327	苜蓿属	紫花苜蓿	*Medicago sativa* L.	苏联 36 号		苏联	1993	1	引进资源
4746	IA0128	苜蓿属	紫花苜蓿	*Medicago sativa* L.	五号		内蒙古	1993	1	栽培资源
4747	IA0129	苜蓿属	紫花苜蓿	*Medicago sativa* L.	陕西			1993	1	栽培资源
4748	IA0138	苜蓿属	紫花苜蓿	*Medicago sativa* L.	新疆			1993	1	栽培资源
4749	IA0140	苜蓿属	紫花苜蓿	*Medicago sativa* L.	沙湾			1993	1	栽培资源
4750	IA0153	苜蓿属	紫花苜蓿	*Medicago sativa* L.	苏联		苏联	1993	1	引进资源
4751	IA0165	苜蓿属	紫花苜蓿	*Medicago sativa* L.	法国			1993	1	引进资源
4752	IA01139	苜蓿属	紫花苜蓿	*Medicago sativa* L.	拉达克		丹麦	1993	1	引进资源
4753	IA01124	苜蓿属	紫花苜蓿	*Medicago sativa* L.			加拿大	1993	1	引进资源
4754	IA01154	苜蓿属	紫花苜蓿	*Medicago sativa* L.	特氏			1993	1	栽培资源
4755	IA01158	苜蓿属	紫花苜蓿	*Medicago sativa* L.	北京			1993	1	栽培资源
4756	IA01169	苜蓿属	紫花苜蓿	*Medicago sativa* L.	佳木斯		黑龙江	1993	1	栽培资源
4757	IA01174	苜蓿属	紫花苜蓿	*Medicago sativa* L.	苏联		苏联	1993	1	引进资源
4758	IA01176	苜蓿属	紫花苜蓿	*Medicago sativa* L.	苏联 2 号		苏联	1993	1	引进资源
4759	IA01179	苜蓿属	紫花苜蓿	*Medicago sativa* L.	苏联亚洲		苏联	1993	1	引进资源
4760	IA01184	苜蓿属	紫花苜蓿	*Medicago sativa* L.	猎人河		澳大利亚	1993	1	引进资源
4761	IA01187	苜蓿属	紫花苜蓿	*Medicago sativa* L.	堪利甫		澳大利亚	1993	1	引进资源
4762	IA01189	苜蓿属	紫花苜蓿	*Medicago sativa* L.	亚洲			1993	1	引进资源

（续）

序号	送种单位编号	属　名	种　名	学　名	品种名（原文名）	材料来源	材料原产地	收种时间（年份）	保存地点	类型
4763	IA01201	苜蓿属	紫花苜蓿	*Medicago sativa* L.	兴平		陕西兴平	1993	1	栽培资源
4764	IA01204	苜蓿属	紫花苜蓿	*Medicago sativa* L.	佳木斯		黑龙江	1993	1	栽培资源
4765	IA01209	苜蓿属	紫花苜蓿	*Medicago sativa* L.	美国		美国	1993	1	引进资源
4766	IA01215	苜蓿属	紫花苜蓿	*Medicago sativa* L.			美国	1993	1	引进资源
4767	IA01249	苜蓿属	紫花苜蓿	*Medicago sativa* L.	咸阳		陕西武功	1993	1	栽培资源
4768	IA01253	苜蓿属	紫花苜蓿	*Medicago sativa* L.	西北 A		吉林	1993	1	栽培资源
4769	IA01269	苜蓿属	紫花苜蓿	*Medicago sativa* L.			苏联	1993	1	引进资源
4770	IA01273	苜蓿属	紫花苜蓿	*Medicago sativa* L.	泾川			1993	1	栽培资源
4771	833#	苜蓿属	紫花苜蓿	*Medicago sativa* L.	印度			1993	1	引进资源
4772	95-3	苜蓿属	紫花苜蓿	*Medicago sativa* L.	春天			1994	1	引进资源
4773	95-8	苜蓿属	紫花苜蓿	*Medicago sativa* L.	GT49R			1994	1	引进资源
4774	86-262	苜蓿属	紫花苜蓿	*Medicago sativa* L.	C/W938			1994	1	引进资源
4775	88-33	苜蓿属	紫花苜蓿	*Medicago sativa* L.	维多利亚		美国	1994	1	引进资源
4776	95-9	苜蓿属	紫花苜蓿	*Medicago sativa* L.	中等休眠			1994	1	引进资源
4777	92-218	苜蓿属	紫花苜蓿	*Medicago sativa* L.	秘鲁群体		美国	1994	1	引进资源
4778	74-130	苜蓿属	紫花苜蓿	*Medicago sativa* L.	杜普梯		日本	1992	1	引进资源
4779	IA01159	苜蓿属	紫花苜蓿	*Medicago sativa* L.	晋南		山西	1993	1	栽培资源
4780	IA01177	苜蓿属	紫花苜蓿	*Medicago sativa* L.	苏联 36 号		苏联	1993	1	引进资源
4781	IA01211	苜蓿属	紫花苜蓿	*Medicago sativa* L.	安格斯		加拿大	1993	1	引进资源
4782	IA01144	苜蓿属	紫花苜蓿	*Medicago sativa* L.	特莱克		加拿大	1993	1	引进资源
4783	IA01213	苜蓿属	紫花苜蓿	*Medicago sativa* L.	雷西斯		丹麦	1993	1	引进资源
4784	IA01170	苜蓿属	紫花苜蓿	*Medicago sativa* L.	公农 2 号		吉林公主岭	1993	1	栽培资源
4785	IA01136	苜蓿属	紫花苜蓿	*Medicago sativa* L.	兰热来恩德		加拿大	1993	1	引进资源
4786	0134	苜蓿属	紫花苜蓿	*Medicago sativa* L.	呼盟		内蒙古	1991	1	栽培资源
4787	0217	苜蓿属	紫花苜蓿	*Medicago sativa* L.	哥萨克		美国	1993	1	引进资源

（续）

序号	送种单位编号	属　名	种　名	学　　名	品种名（原文名）	材料来源	材料原产地	收种时间（年份）	保存地点	类型
4788	IA01282	苜蓿属	紫花苜蓿	*Medicago sativa* L.	阿特兰大			1990	1	引进资源
4789	IA0148	苜蓿属	紫花苜蓿	*Medicago sativa* L.	公农1号		吉林公主岭	1990	1	栽培资源
4790	IA01256	苜蓿属	紫花苜蓿	*Medicago sativa* L.	察北		河北	1990	1	栽培资源
4791	IA01257	苜蓿属	紫花苜蓿	*Medicago sativa* L.	无棣		山东惠民	1990	1	栽培资源
4792	IA01250	苜蓿属	紫花苜蓿	*Medicago sativa* L.	扶风		陕西扶风	1990	1	栽培资源
4793	IA01216	苜蓿属	紫花苜蓿	*Medicago sativa* L.	埃及		埃及	1990	1	引进资源
4794	2204	苜蓿属	紫花苜蓿	*Medicago sativa* L.	和田		新疆	1992	1	栽培资源
4795	兰202	苜蓿属	紫花苜蓿	*Medicago sativa* L.	庆阳		甘肃	1991	1	栽培资源
4796	1889	苜蓿属	紫花苜蓿	*Medicago sativa* L.	晋南		山西	1990	1	栽培资源
4797	2378	苜蓿属	紫花苜蓿	*Medicago sativa* L.	伊盟		内蒙古鄂尔多斯	1993	1	栽培资源
4798	IA01208	苜蓿属	紫花苜蓿	*Medicago sativa* L.	新疆大叶		新疆	1993	1	栽培资源
4799	IA01166	苜蓿属	紫花苜蓿	*Medicago sativa* L.	和田		新疆	1993	1	栽培资源
4800	IA016	苜蓿属	紫花苜蓿	*Medicago sativa* L.	海字塔			1993	1	引进资源
4801	IA01104	苜蓿属	紫花苜蓿	*Medicago sativa* L.	埃及			1993	1	引进资源
4802	IA01230	苜蓿属	紫花苜蓿	*Medicago sativa* L.	武功		陕西	1993	1	栽培资源
4803	IA0171	苜蓿属	紫花苜蓿	*Medicago sativa* L.	安格斯		加拿大	1993	1	引进资源
4804	IA01111	苜蓿属	紫花苜蓿	*Medicago sativa* L.	保定		河北	1993	1	栽培资源
4805	IA01165	苜蓿属	紫花苜蓿	*Medicago sativa* L.	和田		新疆和田	1993	1	栽培资源
4806	兰104	苜蓿属	紫花苜蓿	*Medicago sativa* L.	察北		河北	1992	1	栽培资源
4807	0665	苜蓿属	紫花苜蓿	*Medicago sativa* L.	长武		陕西	1990	1	栽培资源
4808	86-258	苜蓿属	紫花苜蓿	*Medicago sativa* L.	Anstar	美国	美国	2010	1	引进资源
4809	8	苜蓿属	紫花苜蓿	*Medicago sativa* L.	敖汉	赤峰林西草原工作站		2013	1	栽培资源
4810	23	苜蓿属	紫花苜蓿	*Medicago sativa* L.	德宝	赤峰林西草原工作站	美国	2013	1	引进资源

（续）

序号	送种单位编号	属　名	种　名	学　名	品种名（原文名）	材料来源	材料原产地	收种时间（年份）	保存地点	类型
4811	GS4014	苜蓿属	紫花苜蓿	*Medicago sativa* L.	陇东	甘肃会宁	中国	2012	3	栽培资源
4812	49	苜蓿属	紫花苜蓿	*Medicago sativa* L.	维多利亚	赤峰林西草原工作站	加拿大	2013	1	引进资源
4813	0065	苜蓿属	紫花苜蓿	*Medicago sativa* L.			美国	2016	3	引进资源
4814	BJCY-MX004	苜蓿属	紫花苜蓿	*Medicago sativa* L.	甘农 3 号		甘肃兰州	2009	3	栽培资源
4815	BJCY-MX005	苜蓿属	紫花苜蓿	*Medicago sativa* L.	公农 2 号		吉林白城	2009	3	栽培资源
4816	BJCY-MX006	苜蓿属	紫花苜蓿	*Medicago sativa* L.	陇中		甘肃兰州	2009	3	栽培资源
4817	BJCY-MX009	苜蓿属	紫花苜蓿	*Medicago sativa* L.	天水		甘肃兰州	2009	3	栽培资源
4818	10-91	苜蓿属	紫花苜蓿	*Medicago sativa* L.	驯鹿(AC Caribou)			2016	3	引进资源
4819	10-92	苜蓿属	紫花苜蓿	*Medicago sativa* L.	维多利亚(Victorian)			2016	3	引进资源
4820	10-93	苜蓿属	紫花苜蓿	*Medicago sativa* L.	雷达克之星			2016	3	引进资源
4821	GS1772	苜蓿属	紫花苜蓿	*Medicago sativa* L.	中兰 1 号		甘肃肃南明花乡	2014	3	栽培资源
4822	2005-2	苜蓿属	紫花苜蓿	*Medicago sativa* L.	皇冠		美国	2005	1	引进资源
4823	2005-1	苜蓿属	紫花苜蓿	*Medicago sativa* L.	维多利亚		美国	2005	1	引进资源
4824	2005-3	苜蓿属	紫花苜蓿	*Medicago sativa* L.			美国	2005	1	引进资源
4825	sau2005055	苜蓿属	紫花苜蓿	*Medicago sativa* L.			四川温江	2005	1	栽培资源
4826	Sau2003030	苜蓿属	紫花苜蓿	*Medicago sativa* L.			四川	2003	1	栽培资源
4827	Sau2003138	苜蓿属	紫花苜蓿	*Medicago sativa* L.			四川	2003	1	栽培资源
4828	SC2014-060	苜蓿属	紫花苜蓿	*Medicago sativa* L.	陇东			2016	3	栽培资源
4829	7121173	苜蓿属	紫花苜蓿	*Medicago sativa* L.	WL342	阿尔伯塔	阿尔伯塔	2010	1	引进资源
4830	7121176	苜蓿属	紫花苜蓿	*Medicago sativa* L.	8920MF	加拿大安大略省		2010	1	引进资源
4831	7121178	苜蓿属	紫花苜蓿	*Medicago sativa* L.	胖多(Pando)	纽约		2010	1	引进资源
4832	7121179	苜蓿属	紫花苜蓿	*Medicago sativa* L.	维多利亚(Victoria)	美国弗吉尼亚		2010	1	引进资源
4833	7121181	苜蓿属	紫花苜蓿	*Medicago sativa* L.	巨人 201(AmeriStand201)	纽约		2010	1	引进资源

（续）

序号	送种单位编号	属　名	种　名	学　名	品种名（原文名）	材料来源	材料原产地	收种时间（年份）	保存地点	类型
4834	7121182	苜蓿属	紫花苜蓿	*Medicago sativa* L.	巨人(Ameristand)	纽约		2010	1	引进资源
4835	7121183	苜蓿属	紫花苜蓿	*Medicago sativa* L.	皇冠(Phabulous)	纽约		2010	1	引进资源
4836	7121185	苜蓿属	紫花苜蓿	*Medicago sativa* L.	猎人河(Hunter River)	纽约		2010	1	引进资源
4837	7121188	苜蓿属	紫花苜蓿	*Medicago sativa* L.	三得利(Sanditi)	北京		2010	1	引进资源
4838	GX089	苜蓿属	紫花苜蓿	*Medicago sativa* L.	苜蓿王(Alfking)	宁夏		2010	1	引进资源
4839	GX094	苜蓿属	紫花苜蓿	*Medicago sativa* L.	陇东	宁夏		2010	1	栽培资源
4840	ZXY06P-2207	苜蓿属	大花苜蓿	*Medicago trautvetteri* Sumn.		俄罗斯	哈萨克斯坦	2008	3	引进资源
4841	ZXY06P-2217	苜蓿属	大花苜蓿	*Medicago trautvetteri* Sumn.		俄罗斯	哈萨克斯坦	2008	3	引进资源
4842	ZXY06P-2234	苜蓿属	大花苜蓿	*Medicago trautvetteri* Sumn.		俄罗斯	哈萨克斯坦	2008	3	引进资源
4843	ZXY06P-2247	苜蓿属	大花苜蓿	*Medicago trautvetteri* Sumn.		俄罗斯	哈萨克斯坦	2008	3	引进资源
4844	ZXY06P-2255	苜蓿属	大花苜蓿	*Medicago trautvetteri* Sumn.		俄罗斯	哈萨克斯坦	2008	3	引进资源
4845	ZXY06P-2269	苜蓿属	大花苜蓿	*Medicago trautvetteri* Sumn.		俄罗斯	哈萨克斯坦	2008	3	引进资源
4846	MX050	苜蓿属	杂交苜蓿	*Medicago varia* Martyn	拉达克(Ladak)			2016	3	引进资源
4847	JL04-3	苜蓿属	杂交苜蓿	*Medicago varia* Martyn	拉达克(Ladaka+)			2005	3	引进资源
4848	zxy2010-7050	苜蓿属	杂交苜蓿	*Medicago varia* Martyn			阿迪格共和国	2014	3	引进资源
4849	86-8	苜蓿属	杂交苜蓿	*Medicago varia* Martyn	石河子			1988	1	栽培资源
4850	036	苜蓿属	杂交苜蓿	*Medicago varia* Martyn			加拿大	1989	1	引进资源
4851	038	苜蓿属	杂交苜蓿	*Medicago varia* Martyn			加拿大	1989	1	引进资源
4852	486	苜蓿属	杂交苜蓿	*Medicago varia* Martyn			加拿大	1989	1	引进资源
4853	513	苜蓿属	杂交苜蓿	*Medicago varia* Martyn			加拿大	1989	1	引进资源
4854	92-216	苜蓿属	杂交苜蓿	*Medicago varia* Martyn	杂花群体		美国	1994	1	引进资源
4855	9	苜蓿属	杂交苜蓿	*Medicago varia* Martyn	赤草1号	赤峰林西草原工作站		2013	1	栽培资源
4856	ZXY2010P-7024	苜蓿属	杂交苜蓿	*Medicago varia* Martyn			阿迪格共和国	2016	3	引进资源

（续）

序号	送种单位编号	属　名	种　名	学　名	品种名（原文名）	材料来源	材料原产地	收种时间（年份）	保存地点	类型
4857	ZXY2010P-7037	苜蓿属	杂交苜蓿	*Medicago varia* Martyn			阿迪格共和国	2016	3	引进资源
4858	ZXY2010P-7144	苜蓿属	杂交苜蓿	*Medicago varia* Martyn			俄罗斯萨马拉地区	2016	3	引进资源
4859	ZXY2010P-7152	苜蓿属	杂交苜蓿	*Medicago varia* Martyn			俄罗斯萨马拉地区	2016	3	引进资源
4860	XJL01-1-1	苜蓿属	杂交苜蓿	*Medicago varia* Martyn			新疆富蕴	2003	1	栽培资源
4861	XJL01-1-2	苜蓿属	杂交苜蓿	*Medicago varia* Martyn			新疆富蕴	2003	1	栽培资源
4862	蒙 99-10	扁蓿豆属	扁蓿豆	*Melilotoides ruthenica*（L.）Sojak.		内蒙古翁牛特旗		1998	3	野生资源
4863	蒙 99-102	扁蓿豆属	扁蓿豆	*Melilotoides ruthenica*（L.）Sojak.		内蒙古满都宝力格		1998	3	野生资源
4864	蒙 191	扁蓿豆属	扁蓿豆	*Melilotoides ruthenica*（L.）Sojak.		内蒙古浑善达克沙地		2001	3	野生资源
4865	WT-003	扁蓿豆属	扁蓿豆	*Melilotoides ruthenica*（L.）Sojak.			内蒙古锡林浩特	2011	3	野生资源
4866	中畜-2034	扁蓿豆属	扁蓿豆	*Melilotoides ruthenica*（L.）Sojak.			山西五台	2012	3	野生资源
4867	中畜-2037	扁蓿豆属	扁蓿豆	*Melilotoides ruthenica*（L.）Sojak.			内蒙古翁牛特旗	2012	3	野生资源
4868	中畜-1329	扁蓿豆属	扁蓿豆	*Melilotoides ruthenica*（L.）Sojak.		河北	河北赤城	2008	3	野生资源
4869	中畜-1423	扁蓿豆属	扁蓿豆	*Melilotoides ruthenica*（L.）Sojak.		河北	河北涞源	2010	3	野生资源
4870	中畜-1602	扁蓿豆属	扁蓿豆	*Melilotoides ruthenica*（L.）Sojak.		河北	河北赤城	2011	3	野生资源
4871	中畜-1604	扁蓿豆属	扁蓿豆	*Melilotoides ruthenica*（L.）Sojak.		河北	河北沽源	2011	3	野生资源
4872	1-11B	扁蓿豆属	扁蓿豆	*Melilotoides ruthenica*（L.）Sojak.			内蒙古白音锡勒	2006	1	野生资源
4873	1-19B	扁蓿豆属	扁蓿豆	*Melilotoides ruthenica*（L.）Sojak.			内蒙古白音锡勒	2006	1	野生资源
4874	2-3A	扁蓿豆属	扁蓿豆	*Melilotoides ruthenica*（L.）Sojak.			内蒙古灰腾梁	2006	1	野生资源
4875	1-13A	扁蓿豆属	扁蓿豆	*Melilotoides ruthenica*（L.）Sojak.			内蒙古达茂召河	2006	1	野生资源
4876	4-4A	扁蓿豆属	扁蓿豆	*Melilotoides ruthenica*（L.）Sojak.			内蒙古试验场	2006	1	野生资源
4877	1-14A	扁蓿豆属	扁蓿豆	*Melilotoides ruthenica*（L.）Sojak.			内蒙古土左旗毕克齐	2006	1	野生资源
4878	3-10A	扁蓿豆属	扁蓿豆	*Melilotoides ruthenica*（L.）Sojak.			内蒙古五川	2006	1	野生资源
4879	8-23A	扁蓿豆属	扁蓿豆	*Melilotoides ruthenica*（L.）Sojak.			内蒙古锡林浩特	2006	1	野生资源

（续）

序号	送种单位编号	属　名	种　名	学　名	品种名（原文名）	材料来源	材料原产地	收种时间（年份）	保存地点	类型
4880	8-29B	扁蓿豆属	扁蓿豆	*Melilotoides ruthenica*（L.）Sojak.			内蒙古四子王旗	2006	1	野生资源
4881	8-21A	扁蓿豆属	扁蓿豆	*Melilotoides ruthenica*（L.）Sojak.			内蒙古锡林浩特	2006	1	野生资源
4882	2-4A	扁蓿豆属	扁蓿豆	*Melilotoides ruthenica*（L.）Sojak.			内蒙古通辽大青沟	2006	1	野生资源
4883	1-1B	扁蓿豆属	扁蓿豆	*Melilotoides ruthenica*（L.）Sojak.			内蒙古锡林浩特	2006	1	野生资源
4884	1-3B	扁蓿豆属	扁蓿豆	*Melilotoides ruthenica*（L.）Sojak.			内蒙古赤峰	2006	1	野生资源
4885	1-4A	扁蓿豆属	扁蓿豆	*Melilotoides ruthenica*（L.）Sojak.			内蒙古白音锡勒	2006	1	野生资源
4886	1-4B	扁蓿豆属	扁蓿豆	*Melilotoides ruthenica*（L.）Sojak.			内蒙古锡林浩特	2006	1	野生资源
4887	1-6A	扁蓿豆属	扁蓿豆	*Melilotoides ruthenica*（L.）Sojak.			内蒙古锡林浩特	2006	1	野生资源
4888	1-15A	扁蓿豆属	扁蓿豆	*Melilotoides ruthenica*（L.）Sojak.			内蒙古达茂召河	2006	1	野生资源
4889	1-16A	扁蓿豆属	扁蓿豆	*Melilotoides ruthenica*（L.）Sojak.			内蒙古赤峰	2006	1	野生资源
4890	1-20A	扁蓿豆属	扁蓿豆	*Melilotoides ruthenica*（L.）Sojak.			内蒙古锡林浩特	2006	1	野生资源
4891	2-1A	扁蓿豆属	扁蓿豆	*Melilotoides ruthenica*（L.）Sojak.			内蒙古赤峰	2006	1	野生资源
4892	2-1B	扁蓿豆属	扁蓿豆	*Melilotoides ruthenica*（L.）Sojak.			内蒙古锡林浩特	2006	1	野生资源
4893	2-4B	扁蓿豆属	扁蓿豆	*Melilotoides ruthenica*（L.）Sojak.			内蒙古灰腾梁	2006	1	野生资源
4894	2-5A	扁蓿豆属	扁蓿豆	*Melilotoides ruthenica*（L.）Sojak.			内蒙古白音锡勒	2006	1	野生资源
4895	2-5B	扁蓿豆属	扁蓿豆	*Melilotoides ruthenica*（L.）Sojak.			内蒙古锡林浩特	2006	1	野生资源
4896	2-6B	扁蓿豆属	扁蓿豆	*Melilotoides ruthenica*（L.）Sojak.			内蒙古灰腾梁	2006	1	野生资源
4897	2-7A	扁蓿豆属	扁蓿豆	*Melilotoides ruthenica*（L.）Sojak.			内蒙古锡林浩特	2006	1	野生资源
4898	2-13B	扁蓿豆属	扁蓿豆	*Melilotoides ruthenica*（L.）Sojak.			内蒙古白音锡勒	2006	1	野生资源
4899	2-14A	扁蓿豆属	扁蓿豆	*Melilotoides ruthenica*（L.）Sojak.			内蒙古锡林浩特	2006	1	野生资源
4900	2-14B	扁蓿豆属	扁蓿豆	*Melilotoides ruthenica*（L.）Sojak.			内蒙古锡林浩特	2006	1	野生资源
4901	2-15B	扁蓿豆属	扁蓿豆	*Melilotoides ruthenica*（L.）Sojak.			内蒙古白音锡勒	2006	1	野生资源
4902	2-15A	扁蓿豆属	扁蓿豆	*Melilotoides ruthenica*（L.）Sojak.			内蒙古白音锡勒	2006	1	野生资源
4903	2-16A	扁蓿豆属	扁蓿豆	*Melilotoides ruthenica*（L.）Sojak.			内蒙古锡林浩特	2006	1	野生资源
4904	2-17A	扁蓿豆属	扁蓿豆	*Melilotoides ruthenica*（L.）Sojak.			内蒙古锡林浩特	2006	1	野生资源

（续）

序号	送种单位编号	属　名	种　名	学　　名	品种名（原文名）	材料来源	材料原产地	收种时间（年份）	保存地点	类型
4905	2-17B	扁蓿豆属	扁蓿豆	*Melilotoides ruthenica*（L.）Sojak.			内蒙古白音锡勒	2006	1	野生资源
4906	2-19B	扁蓿豆属	扁蓿豆	*Melilotoides ruthenica*（L.）Sojak.			内蒙古乌兰察布	2006	1	野生资源
4907	3-1B	扁蓿豆属	扁蓿豆	*Melilotoides ruthenica*（L.）Sojak.			内蒙古白音锡勒	2006	1	野生资源
4908	3-2A	扁蓿豆属	扁蓿豆	*Melilotoides ruthenica*（L.）Sojak.			内蒙古白音锡勒	2006	1	野生资源
4909	3-2B	扁蓿豆属	扁蓿豆	*Melilotoides ruthenica*（L.）Sojak.			内蒙古乌兰察布	2006	1	野生资源
4910	3-3B	扁蓿豆属	扁蓿豆	*Melilotoides ruthenica*（L.）Sojak.			内蒙古白音锡勒	2006	1	野生资源
4911	3-4B	扁蓿豆属	扁蓿豆	*Melilotoides ruthenica*（L.）Sojak.			内蒙古白音锡勒	2006	1	野生资源
4912	3-9A	扁蓿豆属	扁蓿豆	*Melilotoides ruthenica*（L.）Sojak.			内蒙古白音锡勒	2006	1	野生资源
4913	3-9B	扁蓿豆属	扁蓿豆	*Melilotoides ruthenica*（L.）Sojak.			内蒙古乌兰察布	2006	1	野生资源
4914	3-11A	扁蓿豆属	扁蓿豆	*Melilotoides ruthenica*（L.）Sojak.			内蒙古五川	2006	1	野生资源
4915	3-13A	扁蓿豆属	扁蓿豆	*Melilotoides ruthenica*（L.）Sojak.			内蒙古白音锡勒	2006	1	野生资源
4916	3-13B	扁蓿豆属	扁蓿豆	*Melilotoides ruthenica*（L.）Sojak.			内蒙古锡林浩特	2006	1	野生资源
4917	3-14B	扁蓿豆属	扁蓿豆	*Melilotoides ruthenica*（L.）Sojak.			内蒙古达茂召河	2006	1	野生资源
4918	3-15B	扁蓿豆属	扁蓿豆	*Melilotoides ruthenica*（L.）Sojak.			内蒙古土左旗	2006	1	野生资源
4919	3-16B	扁蓿豆属	扁蓿豆	*Melilotoides ruthenica*（L.）Sojak.			内蒙古试验场	2006	1	野生资源
4920	3-17A	扁蓿豆属	扁蓿豆	*Melilotoides ruthenica*（L.）Sojak.			内蒙古通辽大青沟	2006	1	野生资源
4921	3-18A	扁蓿豆属	扁蓿豆	*Melilotoides ruthenica*（L.）Sojak.			内蒙古赤峰	2006	1	野生资源
4922	3-19B	扁蓿豆属	扁蓿豆	*Melilotoides ruthenica*（L.）Sojak.			内蒙古赤峰	2006	1	野生资源
4923	3-19A	扁蓿豆属	扁蓿豆	*Melilotoides ruthenica*（L.）Sojak.			内蒙古赤峰	2006	1	野生资源
4924	3-20B	扁蓿豆属	扁蓿豆	*Melilotoides ruthenica*（L.）Sojak.			内蒙古锡林浩特	2006	1	野生资源
4925	4-1A	扁蓿豆属	扁蓿豆	*Melilotoides ruthenica*（L.）Sojak.			内蒙古锡林浩特	2006	1	野生资源
4926	4-3A	扁蓿豆属	扁蓿豆	*Melilotoides ruthenica*（L.）Sojak.			内蒙古试验场	2006	1	野生资源
4927	4-3B	扁蓿豆属	扁蓿豆	*Melilotoides ruthenica*（L.）Sojak.			内蒙古试验场	2006	1	野生资源
4928	4-4B	扁蓿豆属	扁蓿豆	*Melilotoides ruthenica*（L.）Sojak.			内蒙古试验场	2006	1	野生资源
4929	4-5A	扁蓿豆属	扁蓿豆	*Melilotoides ruthenica*（L.）Sojak.			内蒙古试验场	2006	1	野生资源

（续）

序号	送种单位编号	属　名	种　名	学　名	品种名（原文名）	材料来源	材料原产地	收种时间（年份）	保存地点	类型
4930	4-5B	扁蓿豆属	扁蓿豆	*Melilotoides ruthenica*（L.）Sojak.			内蒙古试验场	2006	1	野生资源
4931	8-17A	扁蓿豆属	扁蓿豆	*Melilotoides ruthenica*（L.）Sojak.			内蒙古呼郊试验场	2006	1	野生资源
4932	8-18A	扁蓿豆属	扁蓿豆	*Melilotoides ruthenica*（L.）Sojak.			内蒙古呼郊试验场	2006	1	野生资源
4933	8-18B	扁蓿豆属	扁蓿豆	*Melilotoides ruthenica*（L.）Sojak.			内蒙古呼郊试验场	2006	1	野生资源
4934	8-20B	扁蓿豆属	扁蓿豆	*Melilotoides ruthenica*（L.）Sojak.			内蒙古锡林浩特	2006	1	野生资源
4935	8-21B	扁蓿豆属	扁蓿豆	*Melilotoides ruthenica*（L.）Sojak.			内蒙古锡林浩特	2006	1	野生资源
4936	8-24A	扁蓿豆属	扁蓿豆	*Melilotoides ruthenica*（L.）Sojak.			内蒙古试验场	2006	1	野生资源
4937	8-25A	扁蓿豆属	扁蓿豆	*Melilotoides ruthenica*（L.）Sojak.			内蒙古锡林浩特	2006	1	野生资源
4938	8-26A	扁蓿豆属	扁蓿豆	*Melilotoides ruthenica*（L.）Sojak.			内蒙古锡林浩特	2006	1	野生资源
4939	8-26B	扁蓿豆属	扁蓿豆	*Melilotoides ruthenica*（L.）Sojak.			内蒙古锡林浩特	2006	1	野生资源
4940	8-27A	扁蓿豆属	扁蓿豆	*Melilotoides ruthenica*（L.）Sojak.			内蒙古锡林浩特	2006	1	野生资源
4941	8-27B	扁蓿豆属	扁蓿豆	*Melilotoides ruthenica*（L.）Sojak.			内蒙古锡林浩特	2006	1	野生资源
4942	8-28A	扁蓿豆属	扁蓿豆	*Melilotoides ruthenica*（L.）Sojak.			内蒙古锡林浩特	2006	1	野生资源
4943	8-28B	扁蓿豆属	扁蓿豆	*Melilotoides ruthenica*（L.）Sojak.			内蒙古锡林浩特	2006	1	野生资源
4944	8-30A	扁蓿豆属	扁蓿豆	*Melilotoides ruthenica*（L.）Sojak.			内蒙古锡林浩特	2006	1	野生资源
4945	8-32B	扁蓿豆属	扁蓿豆	*Melilotoides ruthenica*（L.）Sojak.			内蒙古锡林浩特	2006	1	野生资源
4946	8-33A	扁蓿豆属	扁蓿豆	*Melilotoides ruthenica*（L.）Sojak.			内蒙古锡林浩特	2006	1	野生资源
4947	8-34A	扁蓿豆属	扁蓿豆	*Melilotoides ruthenica*（L.）Sojak.			内蒙古锡林浩特	2006	1	野生资源
4948	8-34B	扁蓿豆属	扁蓿豆	*Melilotoides ruthenica*（L.）Sojak.			内蒙古锡林浩特	2006	1	野生资源
4949	8-36B	扁蓿豆属	扁蓿豆	*Melilotoides ruthenica*（L.）Sojak.			内蒙古乌兰察布	2006	1	野生资源
4950	8-37B	扁蓿豆属	扁蓿豆	*Melilotoides ruthenica*（L.）Sojak.			内蒙古土左旗	2006	1	野生资源
4951	179	扁蓿豆属	扁蓿豆	*Melilotoides ruthenica*（L.）Sojak.			内蒙古正蓝旗	2011	1	野生资源
4952	178	扁蓿豆属	扁蓿豆	*Melilotoides ruthenica*（L.）Sojak.			内蒙古正蓝旗	2011	1	野生资源
4953	177	扁蓿豆属	扁蓿豆	*Melilotoides ruthenica*（L.）Sojak.			内蒙古正蓝旗	2011	1	野生资源
4954	176	扁蓿豆属	扁蓿豆	*Melilotoides ruthenica*（L.）Sojak.			山西大同	2011	1	野生资源

（续）

序号	送种单位编号	属　名	种　名	学　名	品种名（原文名）	材料来源	材料原产地	收种时间（年份）	保存地点	类型
4955	173	扁蓿豆属	扁蓿豆	*Melilotoides ruthenica*（L.）Sojak.			山西平鲁	2011	1	野生资源
4956	08020	扁蓿豆属	扁蓿豆	*Melilotoides ruthenica*（L.）Sojak.			内蒙古化德	2011	1	野生资源
4957	08197	扁蓿豆属	扁蓿豆	*Melilotoides ruthenica*（L.）Sojak.			山西右玉	2011	1	野生资源
4958	1	扁蓿豆属	扁蓿豆	*Melilotoides ruthenica*（L.）Sojak.			河北围场	2011	1	野生资源
4959	165	扁蓿豆属	扁蓿豆	*Melilotoides ruthenica*（L.）Sojak.			内蒙古化德	2011	1	野生资源
4960	164	扁蓿豆属	扁蓿豆	*Melilotoides ruthenica*（L.）Sojak.			内蒙古清水河	2011	1	野生资源
4961	08196	扁蓿豆属	扁蓿豆	*Melilotoides ruthenica*（L.）Sojak.			山西右玉	2011	1	野生资源
4962	224	扁蓿豆属	扁蓿豆	*Melilotoides ruthenica*（L.）Sojak.			内蒙古克什克腾旗	2011	1	野生资源
4963	223	扁蓿豆属	扁蓿豆	*Melilotoides ruthenica*（L.）Sojak.			内蒙古克什克腾旗	2011	1	野生资源
4964	210	扁蓿豆属	扁蓿豆	*Melilotoides ruthenica*（L.）Sojak.			内蒙古林西	2011	1	野生资源
4965	212	扁蓿豆属	扁蓿豆	*Melilotoides ruthenica*（L.）Sojak.			内蒙古乌兰浩特	2011	1	野生资源
4966	207	扁蓿豆属	扁蓿豆	*Melilotoides ruthenica*（L.）Sojak.			内蒙古阿尔山	2011	1	野生资源
4967	206	扁蓿豆属	扁蓿豆	*Melilotoides ruthenica*（L.）Sojak.			内蒙古东乌旗	2011	1	野生资源
4968	220	扁蓿豆属	扁蓿豆	*Melilotoides ruthenica*（L.）Sojak.			内蒙古东乌旗	2011	1	野生资源
4969	205	扁蓿豆属	扁蓿豆	*Melilotoides ruthenica*（L.）Sojak.			内蒙古东乌旗	2011	1	野生资源
4970	219	扁蓿豆属	扁蓿豆	*Melilotoides ruthenica*（L.）Sojak.			内蒙古东乌旗	2011	1	野生资源
4971	218	扁蓿豆属	扁蓿豆	*Melilotoides ruthenica*（L.）Sojak.			内蒙古东乌旗	2011	1	野生资源
4972	204	扁蓿豆属	扁蓿豆	*Melilotoides ruthenica*（L.）Sojak.			内蒙古东乌旗	2011	1	野生资源
4973	194	扁蓿豆属	扁蓿豆	*Melilotoides ruthenica*（L.）Sojak.			内蒙古乌兰浩特	2011	1	野生资源
4974	193	扁蓿豆属	扁蓿豆	*Melilotoides ruthenica*（L.）Sojak.			内蒙古阿尔山	2011	1	野生资源
4975	190	扁蓿豆属	扁蓿豆	*Melilotoides ruthenica*（L.）Sojak.			内蒙古东乌旗	2011	1	野生资源
4976	188	扁蓿豆属	扁蓿豆	*Melilotoides ruthenica*（L.）Sojak.			内蒙古东乌旗	2011	1	野生资源
4977	186	扁蓿豆属	扁蓿豆	*Melilotoides ruthenica*（L.）Sojak.			内蒙古东乌旗	2011	1	野生资源
4978	185	扁蓿豆属	扁蓿豆	*Melilotoides ruthenica*（L.）Sojak.			内蒙古东乌旗	2011	1	野生资源
4979	183	扁蓿豆属	扁蓿豆	*Melilotoides ruthenica*（L.）Sojak.			黑龙江黑河	2011	1	野生资源

（续）

序号	送种单位编号	属　名	种　名	学　名	品种名（原文名）	材料来源	材料原产地	收种时间（年份）	保存地点	类型
4980	181	扁蓿豆属	扁蓿豆	*Melilotoides ruthenica*（L.）Sojak.			青海湟源	2011	1	野生资源
4981	175	扁蓿豆属	扁蓿豆	*Melilotoides ruthenica*（L.）Sojak.			内蒙古阿巴嘎旗	2011	1	野生资源
4982	174	扁蓿豆属	扁蓿豆	*Melilotoides ruthenica*（L.）Sojak.			内蒙古武川	2011	1	野生资源
4983	172	扁蓿豆属	扁蓿豆	*Melilotoides ruthenica*（L.）Sojak.			山西右玉	2011	1	野生资源
4984	08011	扁蓿豆属	扁蓿豆	*Melilotoides ruthenica*（L.）Sojak.			内蒙古商都	2011	1	野生资源
4985	08030	扁蓿豆属	扁蓿豆	*Melilotoides ruthenica*（L.）Sojak.			内蒙古正蓝旗	2011	1	野生资源
4986	08046	扁蓿豆属	扁蓿豆	*Melilotoides ruthenica*（L.）Sojak.			内蒙古多伦	2011	1	野生资源
4987	08067	扁蓿豆属	扁蓿豆	*Melilotoides ruthenica*（L.）Sojak.			河北围场	2011	1	野生资源
4988	08079	扁蓿豆属	扁蓿豆	*Melilotoides ruthenica*（L.）Sojak.			河北围场	2011	1	野生资源
4989	H2013003	草木樨属	白花草木樨	*Melilotus albus* Medic. ex Desr.			内蒙古苁蓉山庄	2015	1	野生资源
4990	H2013082	草木樨属	白花草木樨	*Melilotus albus* Medic. ex Desr.			内蒙古达茂旗	2015	1	野生资源
4991	sau2005059	草木樨属	白花草木樨	*Melilotus albus* Medic. ex Desr.		四川农业大学	四川宝兴	2005	1	野生资源
4992	zxy-569	草木樨属	白花草木樨	*Melilotus albus* Medic. ex Desr.			俄罗斯新西伯利亚	2010	1	引进资源
4993	zxy-667	草木樨属	白花草木樨	*Melilotus albus* Medic. ex Desr.			俄罗斯奥伦堡	2010	1	引进资源
4994	zxy-698	草木樨属	白花草木樨	*Melilotus albus* Medic. ex Desr.			俄罗斯奥伦堡	2010	1	引进资源
4995	zxy06p-1652	草木樨属	白花草木樨	*Melilotus albus* Medic. ex Desr.			俄罗斯阿尔汉格尔斯克	2010	1	引进资源
4996	zxy06p-1657	草木樨属	白花草木樨	*Melilotus albus* Medic. ex Desr.			俄罗斯阿尔汉格尔斯克	2010	1	引进资源
4997	zxy06p-1680	草木樨属	白花草木樨	*Melilotus albus* Medic. ex Desr.			俄罗斯阿尔汉格尔斯克	2010	1	引进资源
4998	zxy06p-1697	草木樨属	白花草木樨	*Melilotus albus* Medic. ex Desr.			俄罗斯阿尔汉格尔斯克	2010	1	引进资源
4999	zxy06p-1732	草木樨属	白花草木樨	*Melilotus albus* Medic. ex Desr.			俄罗斯阿尔汉格尔斯克	2010	1	引进资源

（续）

序号	送种单位编号	属　名	种　名	学　名	品种名（原文名）	材料来源	材料原产地	收种时间（年份）	保存地点	类型
5000	zxy06p-1756	草木樨属	白花草木樨	*Melilotus albus* Medic. ex Desr.			俄罗斯阿尔汉格尔斯克	2010	1	引进资源
5001	zxy06p-1777	草木樨属	白花草木樨	*Melilotus albus* Medic. ex Desr.			俄罗斯阿尔汉格尔斯克	2010	1	引进资源
5002	zxy06p-2102	草木樨属	白花草木樨	*Melilotus albus* Medic. ex Desr.		俄罗斯瓦维洛夫研究所		2010	1	引进资源
5003	zxy06p-2261	草木樨属	白花草木樨	*Melilotus albus* Medic. ex Desr.		俄罗斯瓦维洛夫研究所		2010	1	引进资源
5004	IA0225	草木樨属	白花草木樨	*Melilotus albus* Medic. ex Desr.	白牧 4 号	中国农科院草原所		2002	1	栽培资源
5005	兰 235	草木樨属	白花草木樨	*Melilotus albus* Medic. ex Desr.	太古	中农院兰州畜牧所		1993	1	栽培资源
5006	兰 236	草木樨属	白花草木樨	*Melilotus albus* Medic. ex Desr.	太仓	中农院兰州畜牧所		1993	1	栽培资源
5007	兰 237	草木樨属	白花草木樨	*Melilotus albus* Medic. ex Desr.	太父	中农院兰州畜牧所		1993	1	栽培资源
5008	兰 238	草木樨属	白花草木樨	*Melilotus albus* Medic. ex Desr.	太亢	中农院兰州畜牧所		1993	1	栽培资源
5009	兰 239	草木樨属	白花草木樨	*Melilotus albus* Medic. ex Desr.		中农院兰州畜牧所		1993	1	栽培资源
5010	z0159	草木樨属	白花草木樨	*Melilotus albus* Medic. ex Desr.		黑龙江		2010	1	栽培资源
5011	z0160	草木樨属	白花草木樨	*Melilotus albus* Medic. ex Desr.		黑龙江		2010	1	栽培资源
5012	z0163	草木樨属	白花草木樨	*Melilotus albus* Medic. ex Desr.		黑龙江		2010	1	栽培资源
5013	ZXY-101	草木樨属	白花草木樨	*Melilotus albus* Medic. ex Desr.			乌克兰	2005	3	引进资源
5014	SCH2003-383	草木樨属	白花草木樨	*Melilotus albus* Medic. ex Desr.			四川朝天中子镇	2003	3	野生资源
5015	中畜-673	草木樨属	白花草木樨	*Melilotus albus* Medic. ex Desr.			山西郭家山	2005	3	野生资源

（续）

序号	送种单位编号	属　名	种　名	学　名	品种名（原文名）	材料来源	材料原产地	收种时间（年份）	保存地点	类型
5016	ZXY-29	草木樨属	白花草木樨	*Melilotus albus* Medic. ex Desr.			乌克兰	2005	3	引进资源
5017	ZXY-182	草木樨属	白花草木樨	*Melilotus albus* Medic. ex Desr.			德国	2005	3	引进资源
5018	ZXY-198	草木樨属	白花草木樨	*Melilotus albus* Medic. ex Desr.			德国	2005	3	引进资源
5019	ZXY-207	草木樨属	白花草木樨	*Melilotus albus* Medic. ex Desr.			德国	2005	3	引进资源
5020	ZXY-252	草木樨属	白花草木樨	*Melilotus albus* Medic. ex Desr.			匈牙利	2005	3	引进资源
5021	ZXY-355	草木樨属	白花草木樨	*Melilotus albus* Medic. ex Desr.			加拿大	2005	3	引进资源
5022	ZXY-365	草木樨属	白花草木樨	*Melilotus albus* Medic. ex Desr.			美国	2005	3	引进资源
5023	ZXY-385	草木樨属	白花草木樨	*Melilotus albus* Medic. ex Desr.			美国	2005	3	引进资源
5024	ZXY-397	草木樨属	白花草木樨	*Melilotus albus* Medic. ex Desr.			美国	2005	3	引进资源
5025	ZXY-516	草木樨属	白花草木樨	*Melilotus albus* Medic. ex Desr.			俄罗斯	2005	3	引进资源
5026	ZXY-538	草木樨属	白花草木樨	*Melilotus albus* Medic. ex Desr.			俄罗斯	2005	3	引进资源
5027	ZXY-550	草木樨属	白花草木樨	*Melilotus albus* Medic. ex Desr.			俄罗斯	2005	3	引进资源
5028	ZXY-569	草木樨属	白花草木樨	*Melilotus albus* Medic. ex Desr.			俄罗斯	2005	3	引进资源
5029	ZXY-587	草木樨属	白花草木樨	*Melilotus albus* Medic. ex Desr.			俄罗斯	2005	3	引进资源
5030	ZXY-613	草木樨属	白花草木樨	*Melilotus albus* Medic. ex Desr.			俄罗斯	2005	3	引进资源
5031	ZXY-632	草木樨属	白花草木樨	*Melilotus albus* Medic. ex Desr.			俄罗斯	2005	3	引进资源
5032	ZXY-645	草木樨属	白花草木樨	*Melilotus albus* Medic. ex Desr.			俄罗斯	2005	3	引进资源
5033	ZXY-686	草木樨属	白花草木樨	*Melilotus albus* Medic. ex Desr.			俄罗斯	2005	3	引进资源
5034	ZXY-720	草木樨属	白花草木樨	*Melilotus albus* Medic. ex Desr.			俄罗斯	2005	3	引进资源
5035	ZXY05P--648	草木樨属	白花草木樨	*Melilotus albus* Medic. ex Desr.		俄罗斯	俄罗斯	2008	3	引进资源
5036	ZXY05P--663	草木樨属	白花草木樨	*Melilotus albus* Medic. ex Desr.		俄罗斯	俄罗斯	2008	3	引进资源
5037	ZXY05P--687	草木樨属	白花草木樨	*Melilotus albus* Medic. ex Desr.		俄罗斯	俄罗斯	2008	3	引进资源
5038	ZXY05P--701	草木樨属	白花草木樨	*Melilotus albus* Medic. ex Desr.		俄罗斯	俄罗斯	2008	3	引进资源
5039	ZXY05P--727	草木樨属	白花草木樨	*Melilotus albus* Medic. ex Desr.		俄罗斯	俄罗斯	2008	3	引进资源
5040	ZXY05P--746	草木樨属	白花草木樨	*Melilotus albus* Medic. ex Desr.		俄罗斯	俄罗斯	2008	3	引进资源
5041	ZXY05P--760	草木樨属	白花草木樨	*Melilotus albus* Medic. ex Desr.		俄罗斯	俄罗斯	2008	3	引进资源

（续）

序号	送种单位编号	属　名	种　名	学　名	品种名（原文名）	材料来源	材料原产地	收种时间（年份）	保存地点	类型
5042	ZXY05P--772	草木樨属	白花草木樨	*Melilotus albus* Medic. ex Desr.		俄罗斯	俄罗斯	2008	3	引进资源
5043	ZXY05P--816	草木樨属	白花草木樨	*Melilotus albus* Medic. ex Desr.		俄罗斯	俄罗斯	2008	3	引进资源
5044	ZXY05P--841	草木樨属	白花草木樨	*Melilotus albus* Medic. ex Desr.		俄罗斯	俄罗斯	2008	3	引进资源
5045	ZXY05P--868	草木樨属	白花草木樨	*Melilotus albus* Medic. ex Desr.		俄罗斯	俄罗斯	2008	3	引进资源
5046	ZXY05P--888	草木樨属	白花草木樨	*Melilotus albus* Medic. ex Desr.		俄罗斯	俄罗斯	2008	3	引进资源
5047	ZXY05P--921	草木樨属	白花草木樨	*Melilotus albus* Medic. ex Desr.		俄罗斯	哈萨克斯坦	2008	3	引进资源
5048	ZXY05P--936	草木樨属	白花草木樨	*Melilotus albus* Medic. ex Desr.		俄罗斯	哈萨克斯坦	2008	3	引进资源
5049	ZXY05P--963	草木樨属	白花草木樨	*Melilotus albus* Medic. ex Desr.		俄罗斯	乌克兰	2008	3	引进资源
5050	ZXY05P--983	草木樨属	白花草木樨	*Melilotus albus* Medic. ex Desr.		俄罗斯	乌克兰	2008	3	引进资源
5051	ZXY05P--859	草木樨属	白花草木樨	*Melilotus albus* Medic. ex Desr.		俄罗斯	俄罗斯	2008	3	引进资源
5052	ZXY06P-1610	草木樨属	白花草木樨	*Melilotus albus* Medic. ex Desr.		俄罗斯	俄罗斯	2008	3	引进资源
5053	ZXY06P-1652	草木樨属	白花草木樨	*Melilotus albus* Medic. ex Desr.		俄罗斯	俄罗斯	2008	3	引进资源
5054	ZXY06P-1657	草木樨属	白花草木樨	*Melilotus albus* Medic. ex Desr.		俄罗斯	俄罗斯	2008	3	引进资源
5055	ZXY06P-1661a	草木樨属	白花草木樨	*Melilotus albus* Medic. ex Desr.		俄罗斯	俄罗斯	2008	3	引进资源
5056	ZXY06P-1680	草木樨属	白花草木樨	*Melilotus albus* Medic. ex Desr.		俄罗斯	俄罗斯	2008	3	引进资源
5057	ZXY06P-1732	草木樨属	白花草木樨	*Melilotus albus* Medic. ex Desr.		俄罗斯	俄罗斯	2008	3	引进资源
5058	ZXY06P-1756	草木樨属	白花草木樨	*Melilotus albus* Medic. ex Desr.		俄罗斯	俄罗斯	2008	3	引进资源
5059	ZXY06P-1777	草木樨属	白花草木樨	*Melilotus albus* Medic. ex Desr.		俄罗斯	俄罗斯	2008	3	引进资源
5060	ZXY06P-1797	草木樨属	白花草木樨	*Melilotus albus* Medic. ex Desr.		俄罗斯	俄罗斯	2008	3	引进资源
5061	ZXY06P-1880	草木樨属	白花草木樨	*Melilotus albus* Medic. ex Desr.		俄罗斯	俄罗斯	2008	3	引进资源
5062	ZXY06P-1938	草木樨属	白花草木樨	*Melilotus albus* Medic. ex Desr.		俄罗斯	俄罗斯	2008	3	引进资源
5063	ZXY06P-2102	草木樨属	白花草木樨	*Melilotus albus* Medic. ex Desr.		俄罗斯	匈牙利	2008	3	引进资源
5064	E1288	草木樨属	白花草木樨	*Melilotus albus* Medic. ex Desr.			湖北神农架	2008	3	野生资源
5065	ZXY07P-3418	草木樨属	白花草木樨	*Melilotus albus* Medic. ex Desr.			俄罗斯	2010	3	引进资源
5066	ZXY07P-3419	草木樨属	白花草木樨	*Melilotus albus* Medic. ex Desr.			俄罗斯	2010	3	引进资源
5067	ZXY07P-3439	草木樨属	白花草木樨	*Melilotus albus* Medic. ex Desr.			俄罗斯	2010	3	引进资源

（续）

序号	送种单位编号	属　名	种　名	学　名	品种名（原文名）	材料来源	材料原产地	收种时间（年份）	保存地点	类型
5068	ZXY07P-3485	草木樨属	白花草木樨	*Melilotus albus* Medic. ex Desr.			俄罗斯	2010	3	引进资源
5069	ZXY07P-3538	草木樨属	白花草木樨	*Melilotus albus* Medic. ex Desr.			俄罗斯	2010	3	引进资源
5070	ZXY07P-3621	草木樨属	白花草木樨	*Melilotus albus* Medic. ex Desr.			俄罗斯	2010	3	引进资源
5071	ZXY07P-3634	草木樨属	白花草木樨	*Melilotus albus* Medic. ex Desr.			俄罗斯	2010	3	引进资源
5072	ZXY07P-3724	草木樨属	白花草木樨	*Melilotus albus* Medic. ex Desr.			俄罗斯	2010	3	引进资源
5073	ZXY07P-3786	草木樨属	白花草木樨	*Melilotus albus* Medic. ex Desr.			俄罗斯	2010	3	引进资源
5074	ZXY07P-3800	草木樨属	白花草木樨	*Melilotus albus* Medic. ex Desr.			俄罗斯	2010	3	引进资源
5075	ZXY07P-3844	草木樨属	白花草木樨	*Melilotus albus* Medic. ex Desr.			俄罗斯	2010	3	引进资源
5076	ZXY07P-3853	草木樨属	白花草木樨	*Melilotus albus* Medic. ex Desr.			俄罗斯	2010	3	引进资源
5077	ZXY07P-3980	草木樨属	白花草木樨	*Melilotus albus* Medic. ex Desr.			俄罗斯	2010	3	引进资源
5078	ZXY07P-3998	草木樨属	白花草木樨	*Melilotus albus* Medic. ex Desr.			俄罗斯	2010	3	引进资源
5079	ZXY07P-4031	草木樨属	白花草木樨	*Melilotus albus* Medic. ex Desr.			俄罗斯	2010	3	引进资源
5080	ZXY07P-4050	草木樨属	白花草木樨	*Melilotus albus* Medic. ex Desr.			俄罗斯	2010	3	引进资源
5081	ZXY07P-4080	草木樨属	白花草木樨	*Melilotus albus* Medic. ex Desr.			俄罗斯	2010	3	引进资源
5082	ZXY07P-4118	草木樨属	白花草木樨	*Melilotus albus* Medic. ex Desr.			俄罗斯	2010	3	引进资源
5083	ZXY07P-4129	草木樨属	白花草木樨	*Melilotus albus* Medic. ex Desr.			俄罗斯	2010	3	引进资源
5084	ZXY07P-4144	草木樨属	白花草木樨	*Melilotus albus* Medic. ex Desr.			俄罗斯	2010	3	引进资源
5085	ZXY2009P-5803	草木樨属	白花草木樨	*Melilotus albus* Medic. ex Desr.			澳大利亚	2014	3	引进资源
5086	ZXY08P-4504	草木樨属	白花草木樨	*Melilotus albus* Medic. ex Desr.			俄罗斯	2014	3	引进资源
5087	ZXY08P-4541	草木樨属	白花草木樨	*Melilotus albus* Medic. ex Desr.			俄罗斯	2014	3	引进资源
5088	ZXY08P-4583	草木樨属	白花草木樨	*Melilotus albus* Medic. ex Desr.			俄罗斯	2014	3	引进资源
5089	ZXY08P-4638	草木樨属	白花草木樨	*Melilotus albus* Medic. ex Desr.			俄罗斯	2014	3	引进资源
5090	ZXY08P-4663	草木樨属	白花草木樨	*Melilotus albus* Medic. ex Desr.			俄罗斯	2014	3	引进资源
5091	ZXY08P-4716	草木樨属	白花草木樨	*Melilotus albus* Medic. ex Desr.			俄罗斯	2014	3	引进资源
5092	ZXY08P-4742	草木樨属	白花草木樨	*Melilotus albus* Medic. ex Desr.			俄罗斯	2014	3	引进资源
5093	ZXY08P-4791	草木樨属	白花草木樨	*Melilotus albus* Medic. ex Desr.			俄罗斯	2014	3	引进资源

（续）

序号	送种单位编号	属　名	种　名	学　名	品种名（原文名）	材料来源	材料原产地	收种时间（年份）	保存地点	类型
5094	ZXY08P-5210	草木樨属	白花草木樨	*Melilotus albus* Medic. ex Desr.			加拿大	2014	3	引进资源
5095	ZXY08P-5222	草木樨属	白花草木樨	*Melilotus albus* Medic. ex Desr.			加拿大	2014	3	引进资源
5096	ZXY08P-5265	草木樨属	白花草木樨	*Melilotus albus* Medic. ex Desr.			美国	2014	3	引进资源
5097	ZXY08P-5274	草木樨属	白花草木樨	*Melilotus albus* Medic. ex Desr.			美国	2014	3	引进资源
5098	zxy2010-7461	草木樨属	白花草木樨	*Melilotus albus* Medic. ex Desr.			匈牙利	2014	3	引进资源
5099	HB2010-148	草木樨属	白花草木樨	*Melilotus albus* Medic. ex Desr.			湖北神农架	2014	3	野生资源
5100	中畜-1332	草木樨属	白花草木樨	*Melilotus albus* Medic. ex Desr.			北京延庆	2007	3	野生资源
5101	zxy2011-8058	草木樨属	白花草木樨	*Melilotus albus* Medic. ex Desr.			俄罗斯新西伯利亚	2016	3	引进资源
5102	zxy2011-8098	草木樨属	白花草木樨	*Melilotus albus* Medic. ex Desr.			俄罗斯奥伦堡	2016	3	引进资源
5103	zxy2011-8150	草木樨属	白花草木樨	*Melilotus albus* Medic. ex Desr.			俄罗斯雅罗斯拉夫尔	2016	3	引进资源
5104	zxy2011-8180	草木樨属	白花草木樨	*Melilotus albus* Medic. ex Desr.			俄罗斯沃洛格达	2016	3	引进资源
5105	zxy2011-8183	草木樨属	白花草木樨	*Melilotus albus* Medic. ex Desr.			俄罗斯沃洛格达	2016	3	引进资源
5106	zxy2011-8235	草木樨属	白花草木樨	*Melilotus albus* Medic. ex Desr.			哈萨克斯坦	2016	3	引进资源
5107	zxy2011-8247	草木樨属	白花草木樨	*Melilotus albus* Medic. ex Desr.			哈萨克斯坦	2016	3	引进资源
5108	zxy2011-8347	草木樨属	白花草木樨	*Melilotus albus* Medic. ex Desr.			加拿大	2016	3	引进资源
5109	ZXY2010P-7330	草木樨属	白花草木樨	*Melilotus albus* Medic. ex Desr.			俄罗斯亚库提雅	2016	3	引进资源
5110	ZXY2010P-7550	草木樨属	白花草木樨	*Melilotus albus* Medic. ex Desr.			加拿大	2016	3	引进资源
5111	80-10	草木樨属	黄花草木樨	*Melilotus officinalis* (L.) Pall.	塞恩			1993	1	引进资源
5112	7121127	草木樨属	黄花草木樨	*Melilotus officinalis* (L.) Pall.			陕西陇县	2010	1	野生资源
5113	83-235	草木樨属	黄花草木樨	*Melilotus officinalis* (L.) Pall.	诺戈尔德			1993	1	引进资源
5114	ZXY2009P-5828	草木樨属	黄花草木樨	*Melilotus officinalis* (L.) Pall.		美国		2014	3	引进资源
5115	ZXY2009P-5835	草木樨属	黄花草木樨	*Melilotus officinalis* (L.) Pall.		美国		2014	3	引进资源
5116	ZXY2009P-6011	草木樨属	黄花草木樨	*Melilotus officinalis* (L.) Pall.		美国		2014	3	引进资源
5117	ZXY2009P-6021	草木樨属	黄花草木樨	*Melilotus officinalis* (L.) Pall.		美国		2014	3	引进资源
5118	ZXY2009P-6045	草木樨属	黄花草木樨	*Melilotus officinalis* (L.) Pall.		加拿大		2014	3	引进资源
5119	ZXY2009P-6051	草木樨属	黄花草木樨	*Melilotus officinalis* (L.) Pall.		加拿大		2014	3	引进资源

（续）

序号	送种单位编号	属　名	种　名	学　名	品种名（原文名）	材料来源	材料原产地	收种时间（年份）	保存地点	类型
5120	ZXY2009P-6074	草木樨属	黄花草木樨	*Melilotus officinalis*（L.）Pall.		加拿大		2014	3	引进资源
5121	zxy06p-2398	草木樨属	黄花草木樨	*Melilotus officinalis*（L.）Pall.		俄罗斯瓦维洛夫研究所		2010	1	引进资源
5122	zxy06p-2419	草木樨属	黄花草木樨	*Melilotus officinalis*（L.）Pall.		俄罗斯瓦维洛夫研究所		2010	1	引进资源
5123	zxy06p-2436	草木樨属	黄花草木樨	*Melilotus officinalis*（L.）Pall.		俄罗斯瓦维洛夫研究所		2010	1	引进资源
5124	zxy06p-2514	草木樨属	黄花草木樨	*Melilotus officinalis*（L.）Pall.		俄罗斯瓦维洛夫研究所		2010	1	引进资源
5125	zxy06p-2534	草木樨属	黄花草木樨	*Melilotus officinalis*（L.）Pall.		俄罗斯瓦维洛夫研究所		2010	1	引进资源
5126	zxy06p-2555	草木樨属	黄花草木樨	*Melilotus officinalis*（L.）Pall.		俄罗斯瓦维洛夫研究所		2010	1	引进资源
5127	86-354	草木樨属	黄花草木樨	*Melilotus officinalis*（L.）Pall.		北京	加拿大	2007	3	引进资源
5128	中畜-677	草木樨属	黄花草木樨	*Melilotus officinalis*（L.）Pall.			北京畜牧所	2005	3	栽培资源
5129	ZXY-836	草木樨属	黄花草木樨	*Melilotus officinalis*（L.）Pall.			俄罗斯	2005	3	引进资源
5130	ZXY-846	草木樨属	黄花草木樨	*Melilotus officinalis*（L.）Pall.			俄罗斯	2005	3	引进资源
5131	ZXY-956	草木樨属	黄花草木樨	*Melilotus officinalis*（L.）Pall.			加拿大	2005	3	引进资源
5132	ZXY-973	草木樨属	黄花草木樨	*Melilotus officinalis*（L.）Pall.			加拿大	2005	3	引进资源
5133	ZXY-981	草木樨属	黄花草木樨	*Melilotus officinalis*（L.）Pall.			加拿大	2005	3	引进资源
5134	ZXY-430	草木樨属	黄花草木樨	*Melilotus officinalis*（L.）Pall.			加拿大	2005	3	引进资源
5135	ZXY-414	草木樨属	黄花草木樨	*Melilotus officinalis*（L.）Pall.			加拿大	2005	3	引进资源
5136	中畜-818	草木樨属	黄花草木樨	*Melilotus officinalis*（L.）Pall.			山西昔阳	2006	3	野生资源
5137	ZXY05P--998	草木樨属	黄花草木樨	*Melilotus officinalis*（L.）Pall.		俄罗斯	俄罗斯雅库特	2008	3	引进资源
5138	ZXY05P--1042	草木樨属	黄花草木樨	*Melilotus officinalis*（L.）Pall.		俄罗斯	俄罗斯阿尔泰	2008	3	引进资源
5139	ZXY05P--1137	草木樨属	黄花草木樨	*Melilotus officinalis*（L.）Pall.		俄罗斯	俄罗斯	2008	3	引进资源

（续）

序号	送种单位编号	属　名	种　名	学　名	品种名（原文名）	材料来源	材料原产地	收种时间（年份）	保存地点	类型
5140	ZXY05P--1149	草木樨属	黄花草木樨	*Melilotus officinalis* (L.) Pall.		俄罗斯	俄罗斯	2008	3	引进资源
5141	ZXY05P--1198	草木樨属	黄花草木樨	*Melilotus officinalis* (L.) Pall.		俄罗斯	哈萨克斯坦	2008	3	引进资源
5142	ZXY05P--1207	草木樨属	黄花草木樨	*Melilotus officinalis* (L.) Pall.		俄罗斯	哈萨克斯坦	2008	3	引进资源
5143	ZXY05P--1365	草木樨属	黄花草木樨	*Melilotus officinalis* (L.) Pall.		俄罗斯	阿塞拜疆	2008	3	引进资源
5144	ZXY05P--1377	草木樨属	黄花草木樨	*Melilotus officinalis* (L.) Pall.		俄罗斯	阿塞拜疆	2008	3	引进资源
5145	中畜-910	草木樨属	黄花草木樨	*Melilotus officinalis* (L.) Pall.		北京	中国	2007	3	野生资源
5146	中畜-911	草木樨属	黄花草木樨	*Melilotus officinalis* (L.) Pall.		北京	中国	2007	3	野生资源
5147	ZXY06P-2386	草木樨属	黄花草木樨	*Melilotus officinalis* (L.) Pall.		俄罗斯	捷克	2008	3	引进资源
5148	ZXY06P-2398	草木樨属	黄花草木樨	*Melilotus officinalis* (L.) Pall.		俄罗斯	俄罗斯	2008	3	引进资源
5149	ZXY06P-2419	草木樨属	黄花草木樨	*Melilotus officinalis* (L.) Pall.		俄罗斯	法国	2008	3	引进资源
5150	ZXY06P-2436	草木樨属	黄花草木樨	*Melilotus officinalis* (L.) Pall.		俄罗斯	法国	2008	3	引进资源
5151	ZXY06P-2478	草木樨属	黄花草木樨	*Melilotus officinalis* (L.) Pall.		俄罗斯	希腊	2008	3	引进资源
5152	ZXY06P-2514	草木樨属	黄花草木樨	*Melilotus officinalis* (L.) Pall.		俄罗斯	蒙古	2008	3	引进资源
5153	ZXY06P-2534	草木樨属	黄花草木樨	*Melilotus officinalis* (L.) Pall.		俄罗斯	蒙古	2008	3	引进资源
5154	HB2009-159	草木樨属	黄花草木樨	*Melilotus officinalis* (L.) Pall.		河南信阳	中国	2010	3	野生资源
5155	ZXY07P-3544	草木樨属	黄花草木樨	*Melilotus officinalis* (L.) Pall.			俄罗斯	2010	3	引进资源
5156	中畜-823	草木樨属	黄花草木樨	*Melilotus officinalis* (L.) Pall.			山西昔阳	2006	3	野生资源
5157	GS1205	草木樨属	黄花草木樨	*Melilotus officinalis* (L.) Pall.		甘肃夏河桑科	加拿大	2006	3	引进资源
5158	HB2009-186	草木樨属	黄花草木樨	*Melilotus officinalis* (L.) Pall.		湖北枣阳	中国	2010	3	野生资源
5159	88-72	草木樨属	黄花草木樨	*Melilotus officinalis* (L.) Pall.			加拿大	2016	3	引进资源
5160	80-11	草木樨属	黄花草木樨	*Melilotus officinalis* (L.) Pall.			加拿大	2016	3	引进资源
5161	86-380	草木樨属	黄花草木樨	*Melilotus officinalis* (L.) Pall.			加拿大	2016	3	引进资源
5162	中畜-1491	草木樨属	黄花草木樨	*Melilotus officinalis* (L.) Pall.		河北	河北蔚县	2011	3	野生资源
5163	中畜-1492	草木樨属	黄花草木樨	*Melilotus officinalis* (L.) Pall.		河北	河北赤城	2011	3	野生资源
5164	中畜-1494	草木樨属	黄花草木樨	*Melilotus officinalis* (L.) Pall.		河北	河北张家口	2011	3	野生资源

（续）

序号	送种单位编号	属　名	种　名	学　名	品种名（原文名）	材料来源	材料原产地	收种时间（年份）	保存地点	类型
5165	中畜-1497	草木樨属	黄花草木樨	*Melilotus officinalis*（L.）Pall.		河北	河北蔚县	2011	3	野生资源
5166	zxy2010-7589	草木樨属	黄花草木樨	*Melilotus officinalis*（L.）Pall.			俄罗斯阿斯特拉罕	2014	3	引进资源
5167	zxy2010-7600	草木樨属	黄花草木樨	*Melilotus officinalis*（L.）Pall.			俄罗斯阿斯特拉罕	2014	3	引进资源
5168	zxy2010-7648	草木樨属	黄花草木樨	*Melilotus officinalis*（L.）Pall.			俄罗斯斯塔夫罗波尔	2014	3	引进资源
5169	zxy2010-7676	草木樨属	黄花草木樨	*Melilotus officinalis*（L.）Pall.			哈萨克斯坦	2014	3	引进资源
5170	zxy2010-7696	草木樨属	黄花草木樨	*Melilotus officinalis*（L.）Pall.			哈萨克斯坦	2014	3	引进资源
5171	zxy2010-7702	草木樨属	黄花草木樨	*Melilotus officinalis*（L.）Pall.			哈萨克斯坦	2014	3	引进资源
5172	zxy2010-7711	草木樨属	黄花草木樨	*Melilotus officinalis*（L.）Pall.			哈萨克斯坦	2014	3	引进资源
5173	ZXY08P-5312	草木樨属	黄花草木樨	*Melilotus officinalis*（L.）Pall.			俄罗斯	2014	3	引进资源
5174	ZXY08P-5329	草木樨属	黄花草木樨	*Melilotus officinalis*（L.）Pall.			俄罗斯	2014	3	引进资源
5175	JS2012-95	草木樨属	黄花草木樨	*Melilotus officinalis*（L.）Pall.			江苏射阳	2014	3	野生资源
5176	xj2012-54	草木樨属	黄花草木樨	*Melilotus officinalis*（L.）Pall.			新疆乌市天山	2011	3	野生资源
5177	B4679	草木樨属	黄花草木樨	*Melilotus officinalis*（L.）Pall.			中国	2016	3	野生资源
5178	zxy2011-8390	草木樨属	黄花草木樨	*Melilotus officinalis*（L.）Pall.			俄罗斯斯塔夫罗波尔	2016	3	引进资源
5179	zxy2011-8490	草木樨属	黄花草木樨	*Melilotus officinalis*（L.）Pall.			哈萨克斯坦	2016	3	引进资源
5180	zxy2011-8499	草木樨属	黄花草木樨	*Melilotus officinalis*（L.）Pall.			哈萨克斯坦	2016	3	引进资源
5181	zxy2011-8505	草木樨属	黄花草木樨	*Melilotus officinalis*（L.）Pall.			哈萨克斯坦	2016	3	引进资源
5182	zxy2011-8510	草木樨属	黄花草木樨	*Melilotus officinalis*（L.）Pall.			哈萨克斯坦	2016	3	引进资源
5183	中畜-1951	草木樨属	黄花草木樨	*Melilotus officinalis*（L.）Pall.			河北丰宁	2012	3	野生资源
5184	中畜-1953	草木樨属	黄花草木樨	*Melilotus officinalis*（L.）Pall.			山西五台	2012	3	野生资源
5185	中畜-1955	草木樨属	黄花草木樨	*Melilotus officinalis*（L.）Pall.			河北丰宁	2012	3	野生资源
5186	中畜-1957	草木樨属	黄花草木樨	*Melilotus officinalis*（L.）Pall.			内蒙古翁牛特旗	2012	3	野生资源
5187	B4676	草木樨属	黄花草木樨	*Melilotus officinalis*（L.）Pall.			中国	2008	3	野生资源
5188	L457	草木樨属	黄花草木樨	*Melilotus officinalis*（L.）Pall.		宁城	美国	1998	1	引进资源
5189	hn3111	黎豆属	狗爪豆	*Mucuna pruriens*（L.）DC. var. *utilis*（Wall. ex Wight）Baker ex Burck.			贵州兴义	2015	3	野生资源

（续）

序号	送种单位编号	属　名	种　名	学　名	品种名（原文名）	材料来源	材料原产地	收种时间（年份）	保存地点	类型
5190	hn3121	黎豆属	狗爪豆	*Mucuna pruriens* (L.) DC. var. *utilis* (Wall. ex Wight) Baker ex Burck.			贵州兴义	2015	3	野生资源
5191	hn3123	黎豆属	狗爪豆	*Mucuna pruriens* (L.) DC. var. *utilis* (Wall. ex Wight) Baker ex Burck.			贵州兴义	2015	3	野生资源
5192	101108001	黎豆属	狗爪豆	*Mucuna pruriens* (L.) DC. var. *utilis* (Wall. ex Wight) Baker ex Burck.			广西扶绥	2010	2	野生资源
5193	040201001	黎豆属	狗爪豆	*Mucuna pruriens* (L.) DC. var. *utilis* (Wall. ex Wight) Baker ex Burck.			江西吉水	2004	2	野生资源
5194	050105001	黎豆属	狗爪豆	*Mucuna pruriens* (L.) DC. var. *utilis* (Wall. ex Wight) Baker ex Burck.			广西贺县	2005	2	野生资源
5195	南 00992	黎豆属	狗爪豆	*Mucuna pruriens* (L.) DC. var. *utilis* (Wall. ex Wight) Baker ex Burck.		海南南繁基地		2001	2	野生资源
5196	南 01080	黎豆属	狗爪豆	*Mucuna pruriens* (L.) DC. var. *utilis* (Wall. ex Wight) Baker ex Burck.		海南南繁基地		2001	2	野生资源
5197	070117074	黎豆属	狗爪豆	*Mucuna pruriens* (L.) DC. var. *utilis* (Wall. ex Wight) Baker ex Burck.			广东龙川	2007	2	野生资源
5198	101119001	黎豆属	狗爪豆	*Mucuna pruriens* (L.) DC. var. *utilis* (Wall. ex Wight) Baker ex Burck.			广西大新	2010	2	野生资源
5199	060406007	黎豆属	狗爪豆	*Mucuna pruriens* (L.) DC. var. *utilis* (Wall. ex Wight) Baker ex Burck.			云南石林	2006	2	野生资源
5200	080113057	黎豆属	狗爪豆	*Mucuna pruriens* (L.) DC. var. *utilis* (Wall. ex Wight) Baker ex Burck.			云南泸水	2008	2	野生资源
5201	151122007	黎豆属	狗爪豆	*Mucuna pruriens* (L.) DC. var. *utilis* (Wall. ex Wight) Baker ex Burck.			贵州兴义	2015	2	野生资源
5202	GX10101701	黎豆属	狗爪豆	*Mucuna pruriens* (L.) DC. var. *utilis* (Wall. ex Wight) Baker ex Burck.			广西	2010	2	野生资源

（续）

序号	送种单位编号	属　名	种　名	学　名	品种名（原文名）	材料来源	材料原产地	收种时间（年份）	保存地点	类型
5203	ZXY05P--883	驴食豆属	沙生红豆草	*Onobrychis arenaria*（Kit.）DC.		俄罗斯	俄罗斯阿尔泰	2008	3	引进资源
5204	zxy2011-8269	驴食豆属	沙生红豆草	*Onobrychis arenaria*（Kit.）DC.			俄罗斯阿尔泰	2016	3	引进资源
5205	zxy2011-8311	驴食豆属	沙生红豆草	*Onobrychis arenaria*（Kit.）DC.			保加利亚	2016	3	引进资源
5206	zxy05p-975	驴食豆属	沙生红豆草	*Onobrychis arenaria*（Kit.）DC.			俄罗斯克拉斯诺达尔	2013	1	引进资源
5207	zxy05p-810	驴食豆属	沙生红豆草	*Onobrychis arenaria*（Kit.）DC.			俄罗斯弗罗涅日	2013	1	引进资源
5208	zxy05p-858	驴食豆属	沙生红豆草	*Onobrychis arenaria*（Kit.）DC.			俄罗斯阿尔泰	2013	1	引进资源
5209	zxy05p-872	驴食豆属	沙生红豆草	*Onobrychis arenaria*（Kit.）DC.			俄罗斯阿尔泰	2013	1	引进资源
5210	zxy05p-883	驴食豆属	沙生红豆草	*Onobrychis arenaria*（Kit.）DC.			俄罗斯阿尔泰	2013	1	引进资源
5211	兰 0885	驴食豆属	沙生红豆草	*Onobrychis arenaria*（Kit.）DC.	1251		苏联	1990	1	引进资源
5212	XJ-095	驴食豆属	顿河红豆草	*Onobrychis tanaitica* Spreng.		新疆新源		2004	3	引进资源
5213	ZXY06P-2209	驴食豆属	顿河红豆草	*Onobrychis tanaitica* Spreng.		俄罗斯	俄罗斯达吉斯坦	2008	3	引进资源
5214	ZXY07P-3789	驴食豆属	顿河红豆草	*Onobrychis tanaitica* Spreng.			俄罗斯	2010	3	引进资源
5215	ZXY06P-2194	驴食豆属	顿河红豆草	*Onobrychis tanaitica* Spreng.		俄罗斯		2010	3	引进资源
5216	zxy2011-8344	驴食豆属	顿河红豆草	*Onobrychis tanaitica* Spreng.			俄罗斯克拉斯诺达尔	2016	3	引进资源
5217	zxy05p-1092	驴食豆属	顿河红豆草	*Onobrychis tanaitica* Spreng.			俄罗斯斯塔夫罗波尔	2013	1	引进资源
5218	zxy05p-1054	驴食豆属	顿河红豆草	*Onobrychis tanaitica* Spreng.			俄罗斯斯塔夫罗波尔	2013	1	引进资源
5219	ZXY-818	驴食豆属	外高加索红豆草	*Onobrychis transaucasica* Grossh.			阿塞拜疆	2005	3	引进资源
5220	ZXY04P--342	驴食豆属	外高加索红豆草	*Onobrychis transaucasica* Grossh.		俄罗斯	阿塞拜疆	2008	3	引进资源
5221	ZXY07P-3671	驴食豆属	外高加索红豆草	*Onobrychis transaucasica* Grossh.			阿塞拜疆	2010	3	引进资源
5222	ZXY03P-147	驴食豆属	外高加索红豆草	*Onobrychis transaucasica* Grossh.	27735		阿塞拜疆	2014	3	引进资源
5223	81-100	驴食豆属	红豆草	*Onobrychis viciifolia* Scop.			美国	1989	1	引进资源
5224	IA0415	驴食豆属	红豆草	*Onobrychis viciifolia* Scop.			美国	1990	1	引进资源
5225	兰 079	驴食豆属	红豆草	*Onobrychis viciifolia* Scop.			美国	1990	1	引进资源
5226	兰 080	驴食豆属	红豆草	*Onobrychis viciifolia* Scop.			美国	1990	1	引进资源
5227	红 3	驴食豆属	红豆草	*Onobrychis viciifolia* Scop.	蒙农			1990	1	栽培资源
5228	乌 92-17	驴食豆属	红豆草	*Onobrychis viciifolia* Scop.	麦罗斯			1993	1	引进资源

（续）

序号	送种单位编号	属　名	种　名	学　名	品种名（原文名）	材料来源	材料原产地	收种时间（年份）	保存地点	类型
5229	改 57-1	驴食豆属	红豆草	*Onobrychis viciifolia* Scop.			加拿大	2002	1	引进资源
5230	91106	驴食豆属	红豆草	*Onobrychis viciifolia* Scop.	加拿大	新疆	加拿大	1991	1	引进资源
5231	zxy-588	驴食豆属	红豆草	*Onobrychis viciifolia* Scop.		俄罗斯瓦维洛夫全俄植物栽培研究所	俄罗斯斯塔夫罗波尔	2010	1	引进资源
5232	zxy04P-469	驴食豆属	红豆草	*Onobrychis viciifolia* Scop.		俄罗斯瓦维洛夫全俄植物栽培研究所		2010	1	引进资源
5233	200502151	驴食豆属	红豆草	*Onobrychis viciifolia* Scop.			甘肃皋兰	2010	1	野生资源
5234	7121151	驴食豆属	红豆草	*Onobrychis viciifolia* Scop.	安塞		陕西安塞	2010	1	引进资源
5235	zxy-540	驴食豆属	红豆草	*Onobrychis viciifolia* Scop.		俄罗斯	俄罗斯库尔斯克	2010	1	引进资源
5236	zxy-570	驴食豆属	红豆草	*Onobrychis viciifolia* Scop.		俄罗斯	俄罗斯斯塔夫罗波尔	2010	1	引进资源
5237	zxy-737	驴食豆属	红豆草	*Onobrychis viciifolia* Scop.		俄罗斯		2010	1	引进资源
5238	zxy-748	驴食豆属	红豆草	*Onobrychis viciifolia* Scop.		俄罗斯		2010	1	引进资源
5239	zxy-914	驴食豆属	红豆草	*Onobrychis viciifolia* Scop.		俄罗斯		2010	1	引进资源
5240	zxy-982	驴食豆属	红豆草	*Onobrychis viciifolia* Scop.		俄罗斯		2010	1	引进资源
5241	zxy-1039	驴食豆属	红豆草	*Onobrychis viciifolia* Scop.		俄罗斯		2010	1	引进资源
5242	SCH03-182	驴食豆属	红豆草	*Onobrychis viciifolia* Scop.			四川阿坝	2003	3	野生资源
5243	GS-323	驴食豆属	红豆草	*Onobrychis viciifolia* Scop.			甘肃兰州	2003	3	野生资源
5244	KLW053	驴食豆属	红豆草	*Onobrychis viciifolia* Scop.			甘肃	2003	3	栽培资源
5245	KLW055	驴食豆属	红豆草	*Onobrychis viciifolia* Scop.		加拿大		2003	3	引进资源
5246	KLWA21	驴食豆属	红豆草	*Onobrychis viciifolia* Scop.			山西	2004	3	栽培资源
5247	GS532	驴食豆属	红豆草	*Onobrychis viciifolia* Scop.			甘肃武威	2004	3	野生资源
5248	XJ05-184	驴食豆属	红豆草	*Onobrychis viciifolia* Scop.			新疆温泉	2005	3	野生资源
5249	ZXY-268	驴食豆属	红豆草	*Onobrychis viciifolia* Scop.			乌克兰	2005	3	引进资源

（续）

序号	送种单位编号	属　名	种　名	学　名	品种名（原文名）	材料来源	材料原产地	收种时间（年份）	保存地点	类型
5250	ZXY-302	驴食豆属	红豆草	*Onobrychis viciifolia* Scop.			乌克兰	2005	3	引进资源
5251	ZXY-517	驴食豆属	红豆草	*Onobrychis viciifolia* Scop.			俄罗斯	2005	3	引进资源
5252	ZXY-721	驴食豆属	红豆草	*Onobrychis viciifolia* Scop.			乌克兰	2005	3	引进资源
5253	ZXY-737	驴食豆属	红豆草	*Onobrychis viciifolia* Scop.			乌克兰	2005	3	引进资源
5254	ZXY-748	驴食豆属	红豆草	*Onobrychis viciifolia* Scop.			乌克兰	2005	3	引进资源
5255	ZXY-914	驴食豆属	红豆草	*Onobrychis viciifolia* Scop.			波兰	2005	3	引进资源
5256	NM05-245	驴食豆属	红豆草	*Onobrychis viciifolia* Scop.		内蒙古巴音郭楞哈太(乌中旗)		2005	3	栽培资源
5257	GS1325	驴食豆属	红豆草	*Onobrychis viciifolia* Scop.		宁夏彭阳	宁夏彭阳	2006	3	栽培资源
5258	ZXY04P--469	驴食豆属	红豆草	*Onobrychis viciifolia* Scop.		俄罗斯	德国	2008	3	引进资源
5259	NM05－352	驴食豆属	红豆草	*Onobrychis viciifolia* Scop.		内蒙古锡林浩特	保加利亚	2005	3	引进资源
5260	ZXY06P-1668	驴食豆属	红豆草	*Onobrychis viciifolia* Scop.		俄罗斯	俄罗斯	2008	3	引进资源
5261	ZXY06P-1725	驴食豆属	红豆草	*Onobrychis viciifolia* Scop.		俄罗斯	俄罗斯	2008	3	引进资源
5262	GS1497	驴食豆属	红豆草	*Onobrychis viciifolia* Scop.			甘肃肃南喇嘛坪	2009	3	栽培资源
5263	ZXY07P-4014	驴食豆属	红豆草	*Onobrychis viciifolia* Scop.			德国	2010	3	引进资源
5264	ZXY07P-4099	驴食豆属	红豆草	*Onobrychis viciifolia* Scop.			西班牙	2010	3	引进资源
5265	ZXY06P-1626	驴食豆属	红豆草	*Onobrychis viciifolia* Scop.		俄罗斯		2010	3	引进资源
5266	ZXY06P-1637	驴食豆属	红豆草	*Onobrychis viciifolia* Scop.		俄罗斯		2010	3	引进资源
5267	ZXY06P-1838	驴食豆属	红豆草	*Onobrychis viciifolia* Scop.		俄罗斯		2010	3	引进资源
5268	ZXY06P-1865	驴食豆属	红豆草	*Onobrychis viciifolia* Scop.		俄罗斯		2010	3	引进资源
5269	ZXY06P-2049	驴食豆属	红豆草	*Onobrychis viciifolia* Scop.		俄罗斯		2010	3	引进资源
5270	ZXY08P-4767	驴食豆属	红豆草	*Onobrychis viciifolia* Scop.		俄罗斯		2014	3	引进资源
5271	ZXY08P-4816	驴食豆属	红豆草	*Onobrychis viciifolia* Scop.		俄罗斯		2014	3	引进资源
5272	zxy2010-7456	驴食豆属	红豆草	*Onobrychis viciifolia* Scop.			德国	2014	3	引进资源
5273	GS3372	驴食豆属	红豆草	*Onobrychis viciifolia* Scop.			宁夏盐池	2011	3	野生资源

（续）

序号	送种单位编号	属　名	种　名	学　名	品种名（原文名）	材料来源	材料原产地	收种时间（年份）	保存地点	类型
5274	ZXY2010P-7369	驴食豆属	红豆草	*Onobrychis viciifolia* Scop.			乌克兰	2016	3	引进资源
5275	ZXY2010P-7413	驴食豆属	红豆草	*Onobrychis viciifolia* Scop.			匈牙利	2016	3	引进资源
5276	ZXY2010P-7434	驴食豆属	红豆草	*Onobrychis viciifolia* Scop.			匈牙利	2016	3	引进资源
5277	zxy2011-8161	驴食豆属	红豆草	*Onobrychis viciifolia* Scop.			波兰	2016	3	引进资源
5278	zxy2011P-8404	驴食豆属	红豆草	*Onobrychis viciifolia* Scop.			乌克兰	2016	3	引进资源
5279	中畜-015	驴食豆属	红豆草	*Onobrychis viciifolia* Scop.		中国农科院畜牧所	甘肃古浪	2000	1	野生资源
5280	ZXY04P-46	驴食豆属	红豆草	*Onobrychis viciifolia* Scop.		俄罗斯		2014	1	引进资源
5281	GS2363	棘豆属	宽苞棘豆	*Oxytropis latibracteata* Jurtz.			甘肃肃南	2010	3	野生资源
5282	hn3126	豆薯属	豆薯	*Pachyrhizus erosus*（L.）Urb.			广东徐闻	2015	3	野生资源
5283	151014002	豆薯属	豆薯	*Pachyrhizus erosus*（L.）Urb.			广东徐闻	2015	2	野生资源
5284	101119002	豆薯属	豆薯	*Pachyrhizus erosus*（L.）Urb.			广西大新	2010	2	野生资源
5285	061228038	豆薯属	豆薯	*Pachyrhizus erosus*（L.）Urb.			广西全州	2006	2	野生资源
5286	070120055	豆薯属	豆薯	*Pachyrhizus erosus*（L.）Urb.			广东茂名	2007	2	野生资源
5287	070112009	豆薯属	豆薯	*Pachyrhizus erosus*（L.）Urb.			福建厦门	2007	2	野生资源
5288	090928001	豆薯属	豆薯	*Pachyrhizus erosus*（L.）Urb.			广西巴马	2009	2	野生资源
5289	070117007	豆薯属	豆薯	*Pachyrhizus erosus*（L.）Urb.			广东梅州	2007	2	野生资源
5290	HN1057	豆薯属	豆薯	*Pachyrhizus erosus*（L.）Urb.			广东茂名	2008	3	野生资源
5291	HN1058	豆薯属	豆薯	*Pachyrhizus erosus*（L.）Urb.			福建厦门	2009	3	野生资源
5292	HN1260	排钱树属	毛排钱树	*Phyllodium elegans*（Lour.）Desv.			海南万宁	2016	3	野生资源
5293	HN535	排钱树属	毛排钱树	*Phyllodium elegans*（Lour.）Desv.			海南万宁	2004	3	野生资源
5294	HN1078	排钱树属	毛排钱树	*Phyllodium elegans*（Lour.）Desv.			海南万宁	2008	3	野生资源
5295	HN1591	排钱树属	毛排钱树	*Phyllodium elegans*（Lour.）Desv.			海南临高	2006	3	野生资源
5296	HN1066	排钱树属	毛排钱树	*Phyllodium elegans*（Lour.）Desv.			广西钦州	2002	3	野生资源
5297	HN1573	排钱树属	毛排钱树	*Phyllodium elegans*（Lour.）Desv.			广西钦州	2005	3	野生资源
5298	HN1586	排钱树属	毛排钱树	*Phyllodium elegans*（Lour.）Desv.			海南儋州东成	2016	3	野生资源

（续）

序号	送种单位编号	属　名	种　名	学　名	品种名（原文名）	材料来源	材料原产地	收种时间（年份）	保存地点	类型
5299	HN1081	排钱树属	毛排钱树	*Phyllodium elegans*（Lour.）Desv.			海南白沙细水	2009	3	野生资源
5300	HN1578	排钱树属	毛排钱树	*Phyllodium elegans*（Lour.）Desv.			海南白沙细水	2011	3	野生资源
5301	HN1086	排钱树属	毛排钱树	*Phyllodium elegans*（Lour.）Desv.			广西博白	2007	3	野生资源
5302	HN1574	排钱树属	毛排钱树	*Phyllodium elegans*（Lour.）Desv.			海南琼中	2004	3	野生资源
5303	HN1165	排钱树属	毛排钱树	*Phyllodium elegans*（Lour.）Desv.			海南儋州两院	2005	3	野生资源
5304	HN1194	排钱树属	毛排钱树	*Phyllodium elegans*（Lour.）Desv.			广西合浦	2009	3	野生资源
5305	HN1284	排钱树属	毛排钱树	*Phyllodium elegans*（Lour.）Desv.			广西靖西	2016	3	野生资源
5306	HN1590	排钱树属	毛排钱树	*Phyllodium elegans*（Lour.）Desv.			广西靖西	2005	3	野生资源
5307	HN1581	排钱树属	毛排钱树	*Phyllodium elegans*（Lour.）Desv.			广东雷州	2005	3	野生资源
5308	HN1589	排钱树属	毛排钱树	*Phyllodium elegans*（Lour.）Desv.			海南儋州两院	2006	3	野生资源
5309	HN2011-1906	排钱树属	毛排钱树	*Phyllodium elegans*（Lour.）Desv.			海南屯昌大同	2006	3	野生资源
5310	HN1582	排钱树属	毛排钱树	*Phyllodium elegans*（Lour.）Desv.			海南琼中	2006	3	野生资源
5311	HN2011-1907	排钱树属	毛排钱树	*Phyllodium elegans*（Lour.）Desv.			海南儋州	2006	3	野生资源
5312	HN2011-1908	排钱树属	毛排钱树	*Phyllodium elegans*（Lour.）Desv.			海南澄迈福山	2016	3	野生资源
5313	HN1580	排钱树属	毛排钱树	*Phyllodium elegans*（Lour.）Desv.			广东阳江	2007	3	野生资源
5314	HN2011-1909	排钱树属	毛排钱树	*Phyllodium elegans*（Lour.）Desv.			广东阳东	2007	3	野生资源
5315	HN2011-1913	排钱树属	毛排钱树	*Phyllodium elegans*（Lour.）Desv.			广东惠阳	2007	3	野生资源
5316	HN2011-1914	排钱树属	毛排钱树	*Phyllodium elegans*（Lour.）Desv.			广东信宜	2007	3	野生资源
5317	HN2011-1915	排钱树属	毛排钱树	*Phyllodium elegans*（Lour.）Desv.			广西容县	2007	3	野生资源
5318	HN2011-2021	排钱树属	毛排钱树	*Phyllodium elegans*（Lour.）Desv.			广西梧州	2008	3	野生资源
5319	HN2011-1916	排钱树属	毛排钱树	*Phyllodium elegans*（Lour.）Desv.			广西博白	2007	3	野生资源
5320	HN2011-1917	排钱树属	毛排钱树	*Phyllodium elegans*（Lour.）Desv.			海南琼中	2007	3	野生资源
5321	HN2011-2022	排钱树属	毛排钱树	*Phyllodium elegans*（Lour.）Desv.			广西岑溪	2008	3	野生资源
5322	HN2011-1918	排钱树属	毛排钱树	*Phyllodium elegans*（Lour.）Desv.			海南屯昌大同	2002	3	野生资源
5323	HN2011-1919	排钱树属	毛排钱树	*Phyllodium elegans*（Lour.）Desv.			海南屯昌大同	2002	3	野生资源

（续）

序号	送种单位编号	属　名	种　名	学　名	品种名（原文名）	材料来源	材料原产地	收种时间（年份）	保存地点	类型
5324	HN2011-1911	排钱树属	毛排钱树	*Phyllodium elegans*（Lour.）Desv.			海南琼中种牛场	2004	3	野生资源
5325	060402029	长柄山蚂蝗属	长柄山蚂蝗	*Podocarpium podocarpum*（DC.）Yang et Huang			云南普洱	2006	2	野生资源
5326	hn3128	葛属	三裂叶葛藤	*Pueraria phaseoloides*（Roxb.）Benth.			广东高山	2015	3	野生资源
5327	070120020	葛属	三裂叶葛藤	*Pueraria phaseoloides*（Roxb.）Benth.			广东阳江	2007	2	野生资源
5328	071220037	葛属	三裂叶葛藤	*Pueraria phaseoloides*（Roxb.）Benth.			福建漳州南靖	2007	2	野生资源
5329	071227056	葛属	三裂叶葛藤	*Pueraria phaseoloides*（Roxb.）Benth.			广东清远	2007	2	野生资源
5330	071219018	葛属	三裂叶葛藤	*Pueraria phaseoloides*（Roxb.）Benth.			福建南靖	2007	2	野生资源
5331	101109018	密子豆属	密子豆	*Pycnospora lutescens*（Poir.）Schindl.			广西扶绥	2010	2	野生资源
5332	101111016	密子豆属	密子豆	*Pycnospora lutescens*（Poir.）Schindl.			广西宁明	2010	2	野生资源
5333	060428010	密子豆属	密子豆	*Pycnospora lutescens*（Poir.）Schindl.			广西桂林	2006	2	野生资源
5334	070318027	密子豆属	密子豆	*Pycnospora lutescens*（Poir.）Schindl.			广西苍梧	2007	2	野生资源
5335	080118006	密子豆属	密子豆	*Pycnospora lutescens*（Poir.）Schindl.			云南泸水	2008	2	野生资源
5336	071117001	密子豆属	密子豆	*Pycnospora lutescens*（Poir.）Schindl.			海南琼中	2007	2	野生资源
5337	100104001	密子豆属	密子豆	*Pycnospora lutescens*（Poir.）Schindl.			广西凤山	2010	2	野生资源
5338	061129045	密子豆属	密子豆	*Pycnospora lutescens*（Poir.）Schindl.			海南乐东	2006	2	野生资源
5339	151021002	密子豆属	密子豆	*Pycnospora lutescens*（Poir.）Schindl.			广东吴川	2015	2	野生资源
5340	151019019	密子豆属	密子豆	*Pycnospora lutescens*（Poir.）Schindl.			广东湛江	2015	2	野生资源
5341	151016017	密子豆属	密子豆	*Pycnospora lutescens*（Poir.）Schindl.			广东锦和镇那板村	2015	2	野生资源
5342	hn3082	密子豆属	密子豆	*Pycnospora lutescens*（Poir.）Schindl.			广西宁明	2010	3	野生资源
5343	HN2011-1922	密子豆属	密子豆	*Pycnospora lutescens*（Poir.）Schindl.			海南陵水文罗	2004	3	野生资源
5344	HN2011-1924	密子豆属	密子豆	*Pycnospora lutescens*（Poir.）Schindl.			海南琼中长征	2004	3	野生资源
5345	HN2011-1920	密子豆属	密子豆	*Pycnospora lutescens*（Poir.）Schindl.			海南万宁	2006	3	野生资源
5346	HN2011-1923	密子豆属	密子豆	*Pycnospora lutescens*（Poir.）Schindl.			海南儋州	2007	3	野生资源
5347	HN2011-1925	密子豆属	密子豆	*Pycnospora lutescens*（Poir.）Schindl.			云南普洱	2005	3	野生资源

（续）

序号	送种单位编号	属　名	种　名	学　名	品种名（原文名）	材料来源	材料原产地	收种时间（年份）	保存地点	类型
5348	hn2809	密子豆属	密子豆	*Pycnospora lutescens* (Poir.) Schindl.			海南海口	2005	3	野生资源
5349	041130153	密子豆属	密子豆	*Pycnospora lutescens* (Poir.) Schindl.			海南陵水文罗	2004	2	野生资源
5350	070710006	密子豆属	密子豆	*Pycnospora lutescens* (Poir.) Schindl.			海南儋州	2007	2	野生资源
5351	041130175	密子豆属	密子豆	*Pycnospora lutescens* (Poir.) Schindl.			海南琼中长征	2004	2	野生资源
5352	070109013	密子豆属	密子豆	*Pycnospora lutescens* (Poir.) Schindl.			广东惠阳	2007	2	野生资源
5353	060329039	密子豆属	密子豆	*Pycnospora lutescens* (Poir.) Schindl.			云南江城	2006	2	野生资源
5354	051209002	密子豆属	密子豆	*Pycnospora lutescens* (Poir.) Schindl.			海南海口	2005	2	野生资源
5355	050309547	密子豆属	密子豆	*Pycnospora lutescens* (Poir.) Schindl.			广西靖西	2005	2	野生资源
5356	041117035	密子豆属	密子豆	*Pycnospora lutescens* (Poir.) Schindl.			海南七仙岭	2004	2	野生资源
5357	E1254	鹿藿属	菱叶鹿藿	*Rhynchosia dielsii* Harms			湖北神农架	2008	3	野生资源
5358	HB2009-353	鹿藿属	菱叶鹿藿	*Rhynchosia dielsii* Harms			湖北神农架	2010	3	野生资源
5359	E312	鹿藿属	鹿藿	*Rhynchosia volubilis* Lour.			湖北武汉	2003	3	野生资源
5360	101115025	鹿藿属	鹿藿	*Rhynchosia volubilis* Lour.			广西大新	2010	2	野生资源
5361	101113023	鹿藿属	鹿藿	*Rhynchosia volubilis* Lour.			广西龙州	2010	2	野生资源
5362	070310012	鹿藿属	鹿藿	*Rhynchosia volubilis* Lour.			贵州贞丰	2007	2	野生资源
5363	041130058	鹿藿属	鹿藿	*Rhynchosia volubilis* Lour.			海南东方	2004	2	野生资源
5364	070112010	鹿藿属	鹿藿	*Rhynchosia volubilis* Lour.			福建厦门	2007	2	野生资源
5365	071218034	鹿藿属	蔍藿	*Rhynchosia volubilis* Lour.			福建龙海	2007	2	野生资源
5366	060211029	鹿藿属	鹿霍	*Rhynchosia volubilis* Lour.			海南洋浦	2006	2	野生资源
5367	071106002	鹿藿属	鹿藿	*Rhynchosia volubilis* Lour.			广西	2007	2	野生资源
5368	071106003	鹿藿属	鹿藿	*Rhynchosia volubilis* Lour.			海南蜈支洲岛	2007	2	野生资源
5369	071106001	鹿藿属	鹿藿	*Rhynchosia volubilis* Lour.			海南儋州两院	2007	2	野生资源
5370	041130118	鹿藿属	鹿藿	*Rhynchosia volubilis* Lour.			海南三亚崖城	2004	2	野生资源
5371	051211067	鹿藿属	鹿藿	*Rhynchosia volubilis* Lour.			海南三亚藤桥	2005	2	野生资源
5372	051209003	鹿藿属	鹿藿	*Rhynchosia volubilis* Lour.			海南海口	2005	2	野生资源

（续）

序号	送种单位编号	属名	种名	学名	品种名（原文名）	材料来源	材料原产地	收种时间（年份）	保存地点	类型
5373	041104004	鹿藿属	鹿藿	*Rhynchosia volubilis* Lour.			海南昌江	2004	2	野生资源
5374	060211021	鹿藿属	鹿藿	*Rhynchosia volubilis* Lour.			海南洋浦	2006	2	野生资源
5375	051209023	鹿藿属	鹿藿	*Rhynchosia volubilis* Lour.			海南琼山	2005	2	野生资源
5376	041130347	鹿藿属	鹿藿	*Rhynchosia volubilis* Lour.			海南澄迈白莲	2004	2	野生资源
5377	070118036	鹿藿属	鹿藿	*Rhynchosia volubilis* Lour.			广东博罗	2007	2	野生资源
5378	050319015	鹿藿属	鹿藿	*Rhynchosia volubilis* Lour.			海南乐东	2005	2	野生资源
5379	041130216	鹿藿属	鹿藿	*Rhynchosia volubilis* Lour.			海南琼山	2004	2	野生资源
5380	121026016	鹿藿属	鹿藿	*Rhynchosia volubilis* Lour.			湖南新晃	2012	2	野生资源
5381	140922003	鹿藿属	鹿藿	*Rhynchosia volubilis* Lour.			广东阳山	2014	2	野生资源
5382	131103004	鹿藿属	鹿藿	*Rhynchosia volubilis* Lour.			江西星子	2013	2	野生资源
5383	121031013	鹿藿属	鹿藿	*Rhynchosia volubilis* Lour.			广西梧州藤县	2012	2	野生资源
5384	E530	刺槐属	刺槐	*Robinia pseudoacacia* L.			湖北武汉	2004	3	野生资源
5385	SCH2005-169	刺槐属	刺槐	*Robinia pseudoacacia* L.			四川广元	2004	3	野生资源
5386	NM05-022	刺槐属	刺槐	*Robinia pseudoacacia* L.			内蒙古阿鲁科尔沁	2005	3	野生资源
5387	NM05-106	刺槐属	刺槐	*Robinia pseudoacacia* L.			内蒙古巴林左旗	2005	3	野生资源
5388	E1297	刺槐属	刺槐	*Robinia pseudoacacia* L.			湖北神农架	2008	3	野生资源
5389	HB2009-361	刺槐属	刺槐	*Robinia pseudoacacia* L.			湖北神农架	2010	3	野生资源
5390	HB2010-142	刺槐属	刺槐	*Robinia pseudoacacia* L.			湖北神农架	2014	3	野生资源
5391	hn2469	刺槐属	刺槐	*Robinia pseudoacacia* L.			贵州关岭	2012	3	野生资源
5392	121018030	刺槐属	刺槐	*Robinia pseudoacacia* L.			贵州关岭	2012	2	野生资源
5393	120921001	田菁属	刺田菁	*Sesbania bispinosa* (Jacq.) W. F. Wight			广西上思	2012	2	野生资源
5394	HN2011-2003	田菁属	田菁	*Sesbania cannabina* (Retz.) Poir.			广东吴川	2015	3	野生资源
5395	041130065	田菁属	田菁	*Sesbania cannabina* (Retz.) Poir.			海南大广坝	2004	2	野生资源
5396	041130127	田菁属	田菁	*Sesbania cannabina* (Retz.) Poir.			海南三亚	2004	2	野生资源
5397	041130136	田菁属	田菁	*Sesbania cannabina* (Retz.) Poir.			海南三亚	2004	2	野生资源

（续）

序号	送种单位编号	属 名	种 名	学 名	品种名（原文名）	材料来源	材料原产地	收种时间（年份）	保存地点	类型
5398	041130242	田菁属	田菁	*Sesbania cannabina* (Retz.) Poir.			海南琼海	2004	2	野生资源
5399	041130280	田菁属	田菁	*Sesbania cannabina* (Retz.) Poir.			海南文昌	2004	2	野生资源
5400	050106010	田菁属	田菁	*Sesbania cannabina* (Retz.) Poir.			海南八所	2005	2	野生资源
5401	050106057	田菁属	田菁	*Sesbania cannabina* (Retz.) Poir.			海南儋州东城	2005	2	野生资源
5402	041130340	田菁属	田菁	*Sesbania cannabina* (Retz.) Poir.			海南海口白莲镇	2004	2	野生资源
5403	050219106	田菁属	田菁	*Sesbania cannabina* (Retz.) Poir.			云南梁河	2005	2	野生资源
5404	050221163	田菁属	田菁	*Sesbania cannabina* (Retz.) Poir.			云南陇川	2005	2	野生资源
5405	050223201	田菁属	田菁	*Sesbania cannabina* (Retz.) Poir.			云南龙陵	2005	2	野生资源
5406	050223242	田菁属	田菁	*Sesbania cannabina* (Retz.) Poir.			云南镇康	2005	2	野生资源
5407	050225262	田菁属	田菁	*Sesbania cannabina* (Retz.) Poir.			云南沧源	2005	2	野生资源
5408	050302448	田菁属	田菁	*Sesbania cannabina* (Retz.) Poir.			云南元江	2005	2	野生资源
5409	041117015	田菁属	田菁	*Sesbania cannabina* (Retz.) Poir.			海南陵水	2004	2	野生资源
5410	120916001	田菁属	田菁	*Sesbania cannabina* (Retz.) Poir.			广西合浦	2012	2	野生资源
5411	130930001	田菁属	田菁	*Sesbania cannabina* (Retz.) Poir.			广东湛江	2013	2	野生资源
5412	041120378	田菁属	田菁	*Sesbania cannabina* (Retz.) Poir.			海南东方	2004	2	野生资源
5413	050222129	田菁属	田菁	*Sesbania cannabina* (Retz.) Poir.			云南潞西	2005	2	野生资源
5414	070119002	田菁属	田菁	*Sesbania cannabina* (Retz.) Poir.			广东肇庆	2007	2	野生资源
5415	070316008	田菁属	田菁	*Sesbania cannabina* (Retz.) Poir.			广西柳州	2007	2	野生资源
5416	070111002	田菁属	田菁	*Sesbania cannabina* (Retz.) Poir.			广东汕头	2007	2	野生资源
5417	110110020	田菁属	田菁	*Sesbania cannabina* (Retz.) Poir.			福建漳浦	2011	2	野生资源
5418	100200001	田菁属	田菁	*Sesbania cannabina* (Retz.) Poir.			广西河池	2010	2	野生资源
5419	090930001	田菁属	田菁	*Sesbania cannabina* (Retz.) Poir.			广东汕尾	2009	2	野生资源
5420	041117006	田菁属	田菁	*Sesbania cannabina* (Retz.) Poir.			海南三亚	2004	2	野生资源
5421	041130024	田菁属	田菁	*Sesbania cannabina* (Retz.) Poir.			海南昌江	2004	2	野生资源
5422	070119028	田菁属	田菁	*Sesbania cannabina* (Retz.) Poir.			广东肇庆	2007	2	野生资源

（续）

序号	送种单位编号	属　名	种　名	学　　名	品种名（原文名）	材料来源	材料原产地	收种时间（年份）	保存地点	类型
5423	070120052	田菁属	田菁	*Sesbania cannabina*（Retz.）Poir.			广东茂名	2007	2	野生资源
5424	070227061	田菁属	田菁	*Sesbania cannabina*（Retz.）Poir.			云南红河	2007	2	野生资源
5425	070117011	田菁属	田菁	*Sesbania cannabina*（Retz.）Poir.			广东梅州	2007	2	野生资源
5426	070104035	田菁属	田菁	*Sesbania cannabina*（Retz.）Poir.			广东开平	2007	2	野生资源
5427	070110010	田菁属	田菁	*Sesbania cannabina*（Retz.）Poir.			广东汕尾	2007	2	野生资源
5428	070103001	田菁属	田菁	*Sesbania cannabina*（Retz.）Poir.			广东湛江	2007	2	野生资源
5429	070108005	田菁属	田菁	*Sesbania cannabina*（Retz.）Poir.			广东深圳	2007	2	野生资源
5430	071218002	田菁属	田菁	*Sesbania cannabina*（Retz.）Poir.			福建漳浦	2007	2	野生资源
5431	071216012	田菁属	田菁	*Sesbania cannabina*（Retz.）Poir.			福建诏安	2007	2	野生资源
5432	071214007	田菁属	田菁	*Sesbania cannabina*（Retz.）Poir.			广东湛江	2007	2	野生资源
5433	080118005	田菁属	田菁	*Sesbania cannabina*（Retz.）Poir.			云南泸水	2008	2	野生资源
5434	071225002	田菁属	田菁	*Sesbania cannabina*（Retz.）Poir.			江西瑞金	2007	2	野生资源
5435	071210003	田菁属	田菁	*Sesbania cannabina*（Retz.）Poir.			广西武宣	2007	2	野生资源
5436	080113039-1	田菁属	田菁	*Sesbania cannabina*（Retz.）Poir.			云南泸水	2008	2	野生资源
5437	140919009	田菁属	田菁	*Sesbania cannabina*（Retz.）Poir.			广东四会	2014	2	野生资源
5438	151018004	田菁属	田菁	*Sesbania cannabina*（Retz.）Poir.			广东雷州	2015	2	野生资源
5439	151019011	田菁属	田菁	*Sesbania cannabina*（Retz.）Poir.			广东湛江	2015	2	野生资源
5440	151018013	田菁属	田菁	*Sesbania cannabina*（Retz.）Poir.			广东湛江	2015	2	野生资源
5441	151118019	田菁属	田菁	*Sesbania cannabina*（Retz.）Poir.			云南元谋	2015	2	野生资源
5442	151023029	田菁属	田菁	*Sesbania cannabina*（Retz.）Poir.			广东化州	2015	2	野生资源
5443	151113018	田菁属	田菁	*Sesbania cannabina*（Retz.）Poir.			四川攀枝花盐边	2015	2	野生资源
5444	080426035	田菁属	田菁	*Sesbania cannabina*（Retz.）Poir.			海南东方	2008	2	野生资源
5445	101110019	田菁属	田菁	*Sesbania cannabina*（Retz.）Poir.			广西明江	2010	2	野生资源
5446	101108012	田菁属	田菁	*Sesbania cannabina*（Retz.）Poir.			广西崇左	2010	2	野生资源
5447	101114025	田菁属	田菁	*Sesbania cannabina*（Retz.）Poir.			广西龙州	2010	2	野生资源

（续）

序号	送种单位编号	属　名	种　名	学　　名	品种名（原文名）	材料来源	材料原产地	收种时间（年份）	保存地点	类型
5448	041130278	田菁属	田菁	*Sesbania cannabina* (Retz.) Poir.			海南文昌	2004	2	野生资源
5449	110114011	田菁属	田菁	*Sesbania cannabina* (Retz.) Poir.			福建同安	2011	2	野生资源
5450	110113003	田菁属	田菁	*Sesbania cannabina* (Retz.) Poir.			福建厦门集美	2011	2	野生资源
5451	060324015	田菁属	田菁	*Sesbania cannabina* (Retz.) Poir.			云南普洱	2006	2	野生资源
5452	051211082	田菁属	田菁	*Sesbania cannabina* (Retz.) Poir.			海南乐东	2005	2	野生资源
5453	050227324	田菁属	田菁	*Sesbania cannabina* (Retz.) Poir.			云南勐海	2005	2	野生资源
5454	060331033	田菁属	田菁	*Sesbania cannabina* (Retz.) Poir.			云南景洪	2006	2	野生资源
5455	050312616	田菁属	田菁	*Sesbania cannabina* (Retz.) Poir.			广东雷州	2005	2	野生资源
5456	070105020	田菁属	田菁	*Sesbania cannabina* (Retz.) Poir.			广东鹤山	2007	2	野生资源
5457	070104002	田菁属	田菁	*Sesbania cannabina* (Retz.) Poir.			广东阳江	2007	2	野生资源
5458	110116005	田菁属	田菁	*Sesbania cannabina* (Retz.) Poir.			福建泉州	2011	2	野生资源
5459	070228002	田菁属	田菁	*Sesbania cannabina* (Retz.) Poir.			云南元阳	2007	2	野生资源
5460	070111041	田菁属	田菁	*Sesbania cannabina* (Retz.) Poir.			福建诏安	2007	2	野生资源
5461	070320027	田菁属	田菁	*Sesbania cannabina* (Retz.) Poir.			广西博白	2007	2	野生资源
5462	110111026	田菁属	田菁	*Sesbania cannabina* (Retz.) Poir.			福建漳浦	2011	2	野生资源
5463	070118037	田菁属	田菁	*Sesbania cannabina* (Retz.) Poir.			广东博罗	2007	2	野生资源
5464	070109024	田菁属	田菁	*Sesbania cannabina* (Retz.) Poir.			广东镇隆镇	2007	2	野生资源
5465	070103022	田菁属	田菁	*Sesbania cannabina* (Retz.) Poir.			广东电白	2007	2	野生资源
5466	2010FJ012	田菁属	田菁	*Sesbania cannabina* (Retz.) Poir.			福建	2010	2	野生资源
5467	081228059	田菁属	田菁	*Sesbania cannabina* (Retz.) Poir.			广西梧州	2008	2	野生资源
5468	070113021	田菁属	田菁	*Sesbania cannabina* (Retz.) Poir.			福建诏安	2007	2	野生资源
5469	070306015	田菁属	田菁	*Sesbania cannabina* (Retz.) Poir.			云南丘北	2007	2	野生资源
5470	041104027	田菁属	田菁	*Sesbania cannabina* (Retz.) Poir.			海南板城	2004	2	野生资源
5471	140926001	田菁属	田菁	*Sesbania cannabina* (Retz.) Poir.			广东江门	2014	2	野生资源
5472	140923001	田菁属	田菁	*Sesbania cannabina* (Retz.) Poir.			广东英德	2014	2	野生资源

（续）

序号	送种单位编号	属　名	种　名	学　名	品种名（原文名）	材料来源	材料原产地	收种时间（年份）	保存地点	类型
5473	140927011	田菁属	田菁	*Sesbania cannabina*（Retz.）Poir.			广东台山三合镇	2014	2	野生资源
5474	140919001	田菁属	田菁	*Sesbania cannabina*（Retz.）Poir.			广东四会	2014	2	野生资源
5475	151021001	田菁属	田菁	*Sesbania cannabina*（Retz.）Poir.			广东吴川	2015	2	野生资源
5476	中畜-288	田菁属	田菁	*Sesbania cannabina*（Retz.）Poir.			上海森林公园	2000	1	野生资源
5477	HN2011-1784	田菁属	田菁	*Sesbania cannabina*（Retz.）Poir.			海南大广坝	2004	3	野生资源
5478	HN2011-1785	田菁属	田菁	*Sesbania cannabina*（Retz.）Poir.			海南三亚	2004	3	野生资源
5479	HN2011-1786	田菁属	田菁	*Sesbania cannabina*（Retz.）Poir.			海南琼海	2004	3	野生资源
5480	HN2011-1788	田菁属	田菁	*Sesbania cannabina*（Retz.）Poir.			海南文昌文城	2004	3	野生资源
5481	HN2011-1791	田菁属	田菁	*Sesbania cannabina*（Retz.）Poir.			海南八所	2005	3	野生资源
5482	HN2011-1792	田菁属	田菁	*Sesbania cannabina*（Retz.）Poir.			海南儋州东城	2005	3	野生资源
5483	HN2011-1793	田菁属	田菁	*Sesbania cannabina*（Retz.）Poir.			云南梁河	2005	3	野生资源
5484	HN2011-1794	田菁属	田菁	*Sesbania cannabina*（Retz.）Poir.			云南陇川	2005	3	野生资源
5485	HN2011-1795	田菁属	田菁	*Sesbania cannabina*（Retz.）Poir.			云南龙陵	2005	3	野生资源
5486	HN2011-1796	田菁属	田菁	*Sesbania cannabina*（Retz.）Poir.			云南龙陵	2005	3	野生资源
5487	HN2011-1798	田菁属	田菁	*Sesbania cannabina*（Retz.）Poir.			云南沧源	2005	3	野生资源
5488	hn2228	田菁属	田菁	*Sesbania cannabina*（Retz.）Poir.			云南元江	2005	3	野生资源
5489	JS2012-94	田菁属	田菁	*Sesbania cannabina*（Retz.）Poir.			江苏射阳	2016	3	野生资源
5490	hn2447	田菁属	田菁	*Sesbania cannabina*（Retz.）Poir.			广西梧州藤	2013	3	野生资源
5491	hn2448	田菁属	田菁	*Sesbania cannabina*（Retz.）Poir.			广西扶绥	2014	3	野生资源
5492	hn2449	田菁属	田菁	*Sesbania cannabina*（Retz.）Poir.			福建漳州长泰	2015	3	野生资源
5493	hn2450	田菁属	田菁	*Sesbania cannabina*（Retz.）Poir.			海南东方江边	2004	3	野生资源
5494	hn2451	田菁属	田菁	*Sesbania cannabina*（Retz.）Poir.			云南德宏潞西	2005	3	野生资源
5495	hn2452	田菁属	田菁	*Sesbania cannabina*（Retz.）Poir.			云南勐海	2005	3	野生资源
5496	hn2453	田菁属	田菁	*Sesbania cannabina*（Retz.）Poir.			广东肇庆	2007	3	野生资源
5497	hn2454	田菁属	田菁	*Sesbania cannabina*（Retz.）Poir.			福建莆田	2007	3	野生资源

（续）

序号	送种单位编号	属　名	种　名	学　名	品种名（原文名）	材料来源	材料原产地	收种时间（年份）	保存地点	类型
5498	hn2455	田菁属	田菁	*Sesbania cannabina*（Retz.）Poir.			广西柳州	2007	3	野生资源
5499	hn2456	田菁属	田菁	*Sesbania cannabina*（Retz.）Poir.			广东汕头	2007	3	野生资源
5500	hn3106	田菁属	田菁	*Sesbania cannabina*（Retz.）Poir.			福建漳浦	2011	3	野生资源
5501	HN2011-1783	田菁属	田菁	*Sesbania cannabina*（Retz.）Poir.			海南昌江	2004	3	野生资源
5502	HN2011-1781	田菁属	田菁	*Sesbania cannabina*（Retz.）Poir.			海南三亚	2004	3	野生资源
5503	hn2502	田菁属	田菁	*Sesbania cannabina*（Retz.）Poir.			广东肇庆	2007	3	野生资源
5504	hn2919	田菁属	田菁	*Sesbania cannabina*（Retz.）Poir.			广东江门	2014	3	野生资源
5505	hn3011	田菁属	田菁	*Sesbania cannabina*（Retz.）Poir.			广东台山	2014	3	野生资源
5506	hn2994	田菁属	田菁	*Sesbania cannabina*（Retz.）Poir.			广东四会	2014	3	野生资源
5507	HN2011-1776	田菁属	田菁	*Sesbania cannabina*（Retz.）Poir.			广西明江	2010	3	野生资源
5508	HN2011-1778	田菁属	田菁	*Sesbania cannabina*（Retz.）Poir.			广西明江	2010	3	野生资源
5509	HN2011-1779	田菁属	田菁	*Sesbania cannabina*（Retz.）Poir.			广西明江	2010	3	野生资源
5510	HN2011-1780	田菁属	田菁	*Sesbania cannabina*（Retz.）Poir.			广西明江	2010	3	野生资源
5511	JL14-135	田菁属	田菁	*Sesbania cannabina*（Retz.）Poir.			广西明江	2010	3	野生资源
5512	HN2011-1789	田菁属	田菁	*Sesbania cannabina*（Retz.）Poir.			海南文昌	2010	3	野生资源
5513	JL14-137	田菁属	田菁	*Sesbania cannabina*（Retz.）Poir.			海南海口	2004	3	野生资源
5514	HN2011-1800	田菁属	田菁	*Sesbania cannabina*（Retz.）Poir.			广西扶绥	2010	3	野生资源
5515	hn2222	田菁属	田菁	*Sesbania cannabina*（Retz.）Poir.			福建同安	2011	3	野生资源
5516	hn2223	田菁属	田菁	*Sesbania cannabina*（Retz.）Poir.			福建厦门集美	2011	3	野生资源
5517	hn2226	田菁属	田菁	*Sesbania cannabina*（Retz.）Poir.			云南普洱	2006	3	野生资源
5518	hn2229	田菁属	田菁	*Sesbania cannabina*（Retz.）Poir.			云南勐海	2005	3	野生资源
5519	hn2230	田菁属	田菁	*Sesbania cannabina*（Retz.）Poir.			云南景洪	2006	3	野生资源
5520	hn2231	田菁属	田菁	*Sesbania cannabina*（Retz.）Poir.			广东雷州	2005	3	野生资源
5521	hn2232	田菁属	田菁	*Sesbania cannabina*（Retz.）Poir.			广东鹤山	2007	3	野生资源
5522	hn2234	田菁属	田菁	*Sesbania cannabina*（Retz.）Poir.			广东阳江	2007	3	野生资源

（续）

序号	送种单位编号	属　名	种　名	学　名	品种名（原文名）	材料来源	材料原产地	收种时间（年份）	保存地点	类型
5523	hn2235	田菁属	田菁	*Sesbania cannabina*（Retz.）Poir.			云南元阳	2007	3	野生资源
5524	hn2236	田菁属	田菁	*Sesbania cannabina*（Retz.）Poir.			福建诏安	2007	3	野生资源
5525	hn2237	田菁属	田菁	*Sesbania cannabina*（Retz.）Poir.			广西博白	2008	3	野生资源
5526	hn2238	田菁属	田菁	*Sesbania cannabina*（Retz.）Poir.			福建漳浦	2011	3	野生资源
5527	hn2239	田菁属	田菁	*Sesbania cannabina*（Retz.）Poir.			广东博罗	2007	3	野生资源
5528	hn2240	田菁属	田菁	*Sesbania cannabina*（Retz.）Poir.			广东惠阳	2007	3	野生资源
5529	hn2241	田菁属	田菁	*Sesbania cannabina*（Retz.）Poir.			广东电白	2007	3	野生资源
5530	hn2245	田菁属	田菁	*Sesbania cannabina*（Retz.）Poir.			福建厦门	2007	3	野生资源
5531	hn2439	田菁属	田菁	*Sesbania cannabina*（Retz.）Poir.			广西梧州	2008	3	野生资源
5532	hn2500	田菁属	田菁	*Sesbania cannabina*（Retz.）Poir.			广西全州	2009	3	野生资源
5533	hn2501	田菁属	田菁	*Sesbania cannabina*（Retz.）Poir.			广西巴马	2012	3	野生资源
5534	hn2504	田菁属	田菁	*Sesbania cannabina*（Retz.）Poir.			云南丘北	2007	3	野生资源
5535	hn2554	田菁属	田菁	*Sesbania cannabina*（Retz.）Poir.			广西绍水镇	2009	3	野生资源
5536	hn2555	田菁属	田菁	*Sesbania cannabina*（Retz.）Poir.			广西田阳	2006	3	野生资源
5537	121007004	田菁属	田菁	*Sesbania cannabina*（Retz.）Poir.			海南海口城西	2012	2	野生资源
5538	121031012	田菁属	田菁	*Sesbania cannabina*（Retz.）Poir.			广西梧州藤	2012	2	野生资源
5539	120923001	田菁属	田菁	*Sesbania cannabina*（Retz.）Poir.			广西扶绥	2012	2	野生资源
5540	121122002	田菁属	田菁	*Sesbania cannabina*（Retz.）Poir.			福建漳州长泰	2012	2	野生资源
5541	061021017	田菁属	田菁	*Sesbania cannabina*（Retz.）Poir.			海南儋州光村	2006	2	野生资源
5542	061115015	田菁属	田菁	*Sesbania cannabina*（Retz.）Poir.			海南乐东黄流	2006	2	野生资源
5543	070416001	田菁属	田菁	*Sesbania cannabina*（Retz.）Poir.			福建泉州晋江	2007	2	野生资源
5544	041005001	田菁属	田菁	*Sesbania cannabina*（Retz.）Poir.			福建厦门	2004	2	野生资源
5545	041018001	田菁属	田菁	*Sesbania cannabina*（Retz.）Poir.			福建诏安	2004	2	野生资源
5546	151117013	田菁属	田菁	*Sesbania cannabina*（Retz.）Poir.			云南武定	2015	2	野生资源
5547	091001020	田菁属	田菁	*Sesbania cannabina*（Retz.）Poir.			福建漳州	2009	2	野生资源

（续）

序号	送种单位编号	属　名	种　名	学　　名	品种名（原文名）	材料来源	材料原产地	收种时间（年份）	保存地点	类型
5548	091001001	田菁属	田菁	*Sesbania cannabina*（Retz.）Poir.			广西全州	2009	2	野生资源
5549	GX161105006	田菁属	田菁	*Sesbania cannabina*（Retz.）Poir.		广西贵港平南	广西平南	2016	2	野生资源
5550	hn2752	田菁属	田菁	*Sesbania cannabina*（Retz.）Poir.			广西武宣	2013	3	野生资源
5551	hn2755	田菁属	田菁	*Sesbania cannabina*（Retz.）Poir.			云南思茅	2006	3	野生资源
5552	hn2759	田菁属	田菁	*Sesbania cannabina*（Retz.）Poir.			广东开平	2007	3	野生资源
5553	hn2754	田菁属	田菁	*Sesbania cannabina*（Retz.）Poir.			福建厦门	2006	3	野生资源
5554	hn2757	田菁属	田菁	*Sesbania cannabina*（Retz.）Poir.			广东汕尾	2007	3	野生资源
5555	hn2758	田菁属	田菁	*Sesbania cannabina*（Retz.）Poir.			广东深圳	2007	3	野生资源
5556	hn2751	田菁属	田菁	*Sesbania cannabina*（Retz.）Poir.			福建漳浦	2007	3	野生资源
5557	hn2756	田菁属	田菁	*Sesbania cannabina*（Retz.）Poir.			福建诏安	2007	3	野生资源
5558	hn2753	田菁属	田菁	*Sesbania cannabina*（Retz.）Poir.			云南泸水	2008	3	野生资源
5559	GX141221003	田菁属	田菁	*Sesbania cannabina*（Retz.）Poir.			广西桂平	2014	2	野生资源
5560	GX12111005	田菁属	田菁	*Sesbania cannabina*（Retz.）Poir.			广西巴马	2012	2	野生资源
5561	JS210	田菁属	田菁	*Sesbania cannabina*（Retz.）Poir.		江苏南京	江苏	2000	3	栽培资源
5562	JS211	田菁属	田菁	*Sesbania cannabina*（Retz.）Poir.		江苏南京	江苏	2000	3	栽培资源
5563	JS212	田菁属	田菁	*Sesbania cannabina*（Retz.）Poir.		江苏南京	湖北	2000	3	栽培资源
5564	JS213	田菁属	田菁	*Sesbania cannabina*（Retz.）Poir.		江苏南京	江苏	2000	3	栽培资源
5565	JS214	田菁属	田菁	*Sesbania cannabina*（Retz.）Poir.		江苏南京	江苏	2000	3	栽培资源
5566	HN096	田菁属	田菁	*Sesbania cannabina*（Retz.）Poir.		广西		1999	3	野生资源
5567	HN282	田菁属	田菁	*Sesbania cannabina*（Retz.）Poir.			云南元谋	2002	3	野生资源
5568	HN510	田菁属	田菁	*Sesbania cannabina*（Retz.）Poir.			海南三亚	2004	3	野生资源
5569	HN514	田菁属	田菁	*Sesbania cannabina*（Retz.）Poir.			海南陵水英州	2004	3	野生资源
5570	HN575	田菁属	田菁	*Sesbania cannabina*（Retz.）Poir.			海南文昌文城	2004	3	野生资源
5571	HN746	田菁属	田菁	*Sesbania cannabina*（Retz.）Poir.		云南	云南梁河	2005	3	野生资源
5572	HN748	田菁属	田菁	*Sesbania cannabina*（Retz.）Poir.		云南	云南龙陵	2005	3	野生资源

（续）

序号	送种单位编号	属　名	种　名	学　名	品种名（原文名）	材料来源	材料原产地	收种时间（年份）	保存地点	类型
5573	HN749	田菁属	田菁	*Sesbania cannabina*（Retz.）Poir.		云南	云南龙陵	2005	3	野生资源
5574	HN751	田菁属	田菁	*Sesbania cannabina*（Retz.）Poir.		云南	云南沧源	2005	3	野生资源
5575	SC2008-097	田菁属	田菁	*Sesbania cannabina*（Retz.）Poir.			云南勐腊	2009	3	野生资源
5576	JS2004-98	田菁属	田菁	*Sesbania cannabina*（Retz.）Poir.			江苏	2004	3	野生资源
5577	JS2004-162	田菁属	田菁	*Sesbania cannabina*（Retz.）Poir.			江苏	2004	3	野生资源
5578	E314	田菁属	田菁	*Sesbania cannabina*（Retz.）Poir.			湖北武汉	2003	3	野生资源
5579	HB2009-375	田菁属	田菁	*Sesbania cannabina*（Retz.）Poir.			江西南昌	2010	3	野生资源
5580	HN2010-1478	田菁属	田菁	*Sesbania cannabina*（Retz.）Poir.			福州晋安	2008	3	野生资源
5581	HN466	田菁属	田菁	*Sesbania cannabina*（Retz.）Poir.			海南三亚	2004	3	野生资源
5582	GX073	田菁属	田菁	*Sesbania cannabina*（Retz.）Poir.			广西南宁	2010	1	野生资源
5583	050106055	田菁属	田菁	*Sesbania cannabina*（Retz.）Poir.			海南儋州木棠	2005	2	野生资源
5584	041130128	田菁属	田菁	*Sesbania cannabina*（Retz.）Poir.			海南大广坝	2004	2	野生资源
5585	041130024B	田菁属	田菁	*Sesbania cannabina*（Retz.）Poir.			海南昌江	2004	2	野生资源
5586	GS3228	槐属	苦豆子	*Sophora alopecuroides* L.			甘肃肃南	2011	3	野生资源
5587	XJ02-001	槐属	苦豆子	*Sophora alopecuroides* L.			新疆呼图壁	2002	3	野生资源
5588	蒙 155	槐属	苦豆子	*Sophora alopecuroides* L.			内蒙古东胜	2000	3	野生资源
5589	XJ-181	槐属	苦豆子	*Sophora alopecuroides* L.			新疆阜康	2003	3	野生资源
5590	XJ05-182	槐属	苦豆子	*Sophora alopecuroides* L.			新疆博乐 85 团	2005	3	野生资源
5591	XJ05-183	槐属	苦豆子	*Sophora alopecuroides* L.			新疆精河	2005	3	野生资源
5592	XJ05-270	槐属	苦豆子	*Sophora alopecuroides* L.			新疆民丰	2005	3	野生资源
5593	GS942	槐属	苦豆子	*Sophora alopecuroides* L.			宁夏彭阳	2008	3	野生资源
5594	GS943	槐属	苦豆子	*Sophora alopecuroides* L.			宁夏彭阳	2009	3	野生资源
5595	XJ06-063	槐属	苦豆子	*Sophora alopecuroides* L.			新疆布尔津	2006	3	野生资源
5596	GS1313	槐属	苦豆子	*Sophora alopecuroides* L.			宁夏灵武	2006	3	野生资源
5597	xj09-44	槐属	苦豆子	*Sophora alopecuroides* L.			新疆和田策勒	2010	3	野生资源

（续）

序号	送种单位编号	属　名	种　名	学　名	品种名（原文名）	材料来源	材料原产地	收种时间（年份）	保存地点	类型
5598	xj09-45	槐属	苦豆子	*Sophora alopecuroides* L.			新疆和田民丰	2010	3	野生资源
5599	GS2452	槐属	苦豆子	*Sophora alopecuroides* L.			宁夏盐池	2010	3	野生资源
5600	GS3374	槐属	苦豆子	*Sophora alopecuroides* L.			宁夏盐池	2011	3	野生资源
5601	GS3375	槐属	苦豆子	*Sophora alopecuroides* L.			宁夏盐池	2011	3	野生资源
5602	GS3552	槐属	苦豆子	*Sophora alopecuroides* L.			宁夏盐池	2012	3	野生资源
5603	87-164	槐属	苦豆子	*Sophora alopecuroides* L.			宁夏	1992	1	野生资源
5604	LM-D405	槐属	苦豆子	*Sophora alopecuroides* L.			甘肃民勤	2010	1	野生资源
5605	PT-059	槐属	苦豆子	*Sophora alopecuroides* L.			宁夏阿拉善左旗	2010	1	野生资源
5606	LM-D405	槐属	苦豆子	*Sophora alopecuroides* L.			甘肃民勤	2014	1	野生资源
5607	GS2524	槐属	白刺花	*Sophora davidii*（Franch.）Skeels			陕西子洲	2010	3	野生资源
5608	hn2442	槐属	白刺花	*Sophora davidii*（Franch.）Skeels			贵州关岭	2012	3	野生资源
5609	hn2498	槐属	白刺花	*Sophora davidii*（Franch.）Skeels			贵州晴隆	2012	3	野生资源
5610	hn2499	槐属	白刺花	*Sophora davidii*（Franch.）Skeels			贵州麻江	2012	3	野生资源
5611	121019026	槐属	白刺花	*Sophora davidii*（Franch.）Skeels			贵州关岭	2012	2	野生资源
5612	121023019	槐属	白刺花	*Sophora davidii*（Franch.）Skeels			贵州麻江	2012	2	野生资源
5613	E1053	槐属	苦参	*Sophora flavescens* Alt.			湖北神农架	2007	3	野生资源
5614	HB2010-124	槐属	苦参	*Sophora flavescens* Alt.			湖北神农架	2014	3	野生资源
5615	2011225	槐属	苦参	*Sophora flavescens* Alt.			黑龙江黑瞎子岛	2015	1	野生资源
5616	中畜-042	苦马豆属	苦马豆	*Sphaerophysa salsula*（Pall.）DC.			甘肃碌曲	2000	1	野生资源
5617	X02-024	苦马豆属	苦马豆	*Sphaerophysa salsula*（Pall.）DC.			新疆阿尔泰	2002	3	野生资源
5618	GS0290	苦马豆属	苦马豆	*Sphaerophysa salsula*（Pall.）DC.			宁夏盐池	2001	3	野生资源
5619	蒙 131	苦马豆属	苦马豆	*Sphaerophysa salsula*（Pall.）DC.			内蒙古锡林浩特	2001	3	野生资源
5620	xj09-48	苦马豆属	苦马豆	*Sphaerophysa salsula*（Pall.）DC.			新疆和田民丰	2010	3	野生资源
5621	xj09-57	苦马豆属	苦马豆	*Sphaerophysa salsula*（Pall.）DC.			新疆和田策勒	2010	3	野生资源
5622	xj2012-55	苦马豆属	苦马豆	*Sphaerophysa salsula*（Pall.）DC.			新疆哈密天山	2011	3	野生资源

（续）

序号	送种单位编号	属　名	种　名	学　　名	品种名（原文名）	材料来源	材料原产地	收种时间（年份）	保存地点	类型
5623	xj2012-56	苦马豆属	苦马豆	*Sphaerophysa salsula* (Pall.) DC.			新疆呼图壁	2011	3	野生资源
5624	格拉姆(品 99)	柱花草属	圭亚那柱花草	*Stylosanthes guianensis* (Aubl.) Sw.	格拉姆	CIAT		2003	2	引进资源
5625	南 02154	柱花草属	圭亚那柱花草	*Stylosanthes guianensis* (Aubl.) Sw.		CIAT		2001	2	引进资源
5626	南 02150	柱花草属	圭亚那柱花草	*Stylosanthes guianensis* (Aubl.) Sw.		CIAT		2001	2	引进资源
5627	南 01079	柱花草属	圭亚那柱花草	*Stylosanthes guianensis* (Aubl.) Sw.		CIAT		2001	2	引进资源
5628	南 02155	柱花草属	圭亚那柱花草	*Stylosanthes guianensis* (Aubl.) Sw.		CIAT		2001	2	引进资源
5629	南 02153	柱花草属	圭亚那柱花草	*Stylosanthes guianensis* (Aubl.) Sw.		CIAT		2001	2	引进资源
5630	南 02152	柱花草属	圭亚那柱花草	*Stylosanthes guianensis* (Aubl.) Sw.		CIAT		2001	2	引进资源
5631	Graham（格拉姆）(品 111)	柱花草属	圭亚那柱花草	*Stylosanthes guianensis* (Aubl.) Sw.	格拉姆	CIAT		2003	2	引进资源
5632	GX001	柱花草属	圭亚那柱花草	*Stylosanthes guianensis* (Aubl.) Sw.	184	海南		2010	1	引进资源
5633	GX039	柱花草属	圭亚那柱花草	*Stylosanthes guianensis* (Aubl.) Sw.	热研 2 号	海南儋州		2010	1	引进资源
5634	HN004	柱花草属	圭亚那柱花草	*Stylosanthes guianensis* (Aubl.) Sw.	TPRC90139	南美洲	澳大利亚	1999	3	引进资源
5635	HN006	柱花草属	圭亚那柱花草	*Stylosanthes guianensis* (Aubl.) Sw.	USF873017	CIAT	美国	1999	3	引进资源
5636	HN007	柱花草属	圭亚那柱花草	*Stylosanthes guianensis* (Aubl.) Sw.	TPRC90144	CIAT		1999	3	引进资源
5637	HN010	柱花草属	圭亚那柱花草	*Stylosanthes guianensis* (Aubl.) Sw.	土黄 USF873015	南美洲	美国	1999	3	引进资源
5638	HN011	柱花草属	圭亚那柱花草	*Stylosanthes guianensis* (Aubl.) Sw.	爱德华(90080-2)	南美洲	澳大利亚	1999	3	引进资源
5639	HN013	柱花草属	圭亚那柱花草	*Stylosanthes guianensis* (Aubl.) Sw.	TPRC90030-1	CIAT	南美洲	1999	3	引进资源
5640	HN015	柱花草属	圭亚那柱花草	*Stylosanthes guianensis* (Aubl.) Sw.	黑种 USF873016	南美洲	美国	1999	3	引进资源
5641	HN016	柱花草属	圭亚那柱花草	*Stylosanthes guianensis* (Aubl.) Sw.	黑种 USF873015	南美洲	美国	1999	3	引进资源
5642	HN017	柱花草属	圭亚那柱花草	*Stylosanthes guianensis* (Aubl.) Sw.	USF873014	南美洲	美国	1999	3	引进资源
5643	HN018	柱花草属	圭亚那柱花草	*Stylosanthes guianensis* (Aubl.) Sw.	TPRC90015（有毛 184）	CIAT	南美洲	1999	3	引进资源
5644	HN020	柱花草属	圭亚那柱花草	*Stylosanthes guianensis* (Aubl.) Sw.	TPRCR291	CIAT	南美洲	1999	3	引进资源
5645	HN027	柱花草属	圭亚那柱花草	*Stylosanthes guianensis* (Aubl.) Sw.	TPRC 电白 87	CIAT	南美洲	1999	3	引进资源

（续）

序号	送种单位编号	属　名	种　名	学　名	品种名（原文名）	材料来源	材料原产地	收种时间（年份）	保存地点	类型
5646	HN028	柱花草属	圭亚那柱花草	*Stylosanthes guianensis*（Aubl.）Sw.	GC1578	CIAT	南美洲	1999	3	引进资源
5647	HN033	柱花草属	圭亚那柱花草	*Stylosanthes guianensis*（Aubl.）Sw.	TPRCL8	CIAT	南美洲	1999	3	引进资源
5648	HN036	柱花草属	圭亚那柱花草	*Stylosanthes guianensis*（Aubl.）Sw.	L2(R92)	CIAT	南美洲	1999	3	引进资源
5649	HN041	柱花草属	圭亚那柱花草	*Stylosanthes guianensis*（Aubl.）Sw.	GC1480	CIAT	南美洲	1999	3	引进资源
5650	HN042	柱花草属	圭亚那柱花草	*Stylosanthes guianensis*（Aubl.）Sw.	GC1576(IRRI)	CIAT	南美洲	1999	3	引进资源
5651	HN043	柱花草属	圭亚那柱花草	*Stylosanthes guianensis*（Aubl.）Sw.	GC1528	CIAT	南美洲	1999	3	引进资源
5652	HN044	柱花草属	圭亚那柱花草	*Stylosanthes guianensis*（Aubl.）Sw.	GC1463	CIAT	南美洲	1999	3	引进资源
5653	HN046	柱花草属	圭亚那柱花草	*Stylosanthes guianensis*（Aubl.）Sw.	GC1524(IRRI)	CIAT	南美洲	1999	3	引进资源
5654	HN048	柱花草属	圭亚那柱花草	*Stylosanthes guianensis*（Aubl.）Sw.	GC1579 (EMBRAPA)	CIAT	南美洲	1999	3	引进资源
5655	HN050	柱花草属	圭亚那柱花草	*Stylosanthes guianensis*（Aubl.）Sw.	GC1557	CIAT	南美洲	1999	3	引进资源
5656	HN051	柱花草属	圭亚那柱花草	*Stylosanthes guianensis*（Aubl.）Sw.	GC1517	CIAT	南美洲	1999	3	引进资源
5657	HN146	柱花草属	圭亚那柱花草	*Stylosanthes guianensis*（Aubl.）Sw.	CIAT11362	CIAT	南美洲	1999	3	引进资源
5658	HN147	柱花草属	圭亚那柱花草	*Stylosanthes guianensis*（Aubl.）Sw.	TPRCR292	CIAT	南美洲	1999	3	引进资源
5659	HN150	柱花草属	圭亚那柱花草	*Stylosanthes guianensis*（Aubl.）Sw.	CIAT1044(2)	CIAT	南美洲	1999	3	引进资源
5660	HN151	柱花草属	圭亚那柱花草	*Stylosanthes guianensis*（Aubl.）Sw.	TPRC90105	CIAT	南美洲	1999	3	引进资源
5661	HN153	柱花草属	圭亚那柱花草	*Stylosanthes guianensis*（Aubl.）Sw.	TPRC90006	CIAT	南美洲	1999	3	引进资源
5662	HN154	柱花草属	圭亚那柱花草	*Stylosanthes guianensis*（Aubl.）Sw.	TPRC90033	CIAT	南美洲	1999	3	引进资源
5663	HN156	柱花草属	圭亚那柱花草	*Stylosanthes guianensis*（Aubl.）Sw.	TPRC90005(2)	CIAT	南美洲	1999	3	引进资源
5664	HN158	柱花草属	圭亚那柱花草	*Stylosanthes guianensis*（Aubl.）Sw.	TPRC90003	CIAT	南美洲	1999	3	引进资源
5665	HN160	柱花草属	圭亚那柱花草	*Stylosanthes guianensis*（Aubl.）Sw.	TPRC90050	CIAT	南美洲	1999	3	引进资源
5666	HN162	柱花草属	圭亚那柱花草	*Stylosanthes guianensis*（Aubl.）Sw.	TPRC90093	CIAT	南美洲	1999	3	引进资源
5667	HN163	柱花草属	圭亚那柱花草	*Stylosanthes guianensis*（Aubl.）Sw.	TPRC90028	CIAT	南美洲	1999	3	引进资源
5668	HN164	柱花草属	圭亚那柱花草	*Stylosanthes guianensis*（Aubl.）Sw.	TPRC90037(3)	CIAT	南美洲	1999	3	引进资源
5669	HN165	柱花草属	圭亚那柱花草	*Stylosanthes guianensis*（Aubl.）Sw.	TPRCR273	CIAT	南美洲	1999	3	引进资源

（续）

序号	送种单位编号	属　名	种　名	学　名	品种名（原文名）	材料来源	材料原产地	收种时间（年份）	保存地点	类型
5670	HN166	柱花草属	圭亚那柱花草	*Stylosanthes guianensis*（Aubl.）Sw.	TPRC90085	CIAT	南美洲	1999	3	引进资源
5671	HN167	柱花草属	圭亚那柱花草	*Stylosanthes guianensis*（Aubl.）Sw.	TPRC90005	CIAT	南美洲	1999	3	引进资源
5672	HN168	柱花草属	圭亚那柱花草	*Stylosanthes guianensis*（Aubl.）Sw.	TPRC90005(4)	CIAT	南美洲	1999	3	引进资源
5673	HN169	柱花草属	圭亚那柱花草	*Stylosanthes guianensis*（Aubl.）Sw.	TPRC90047	CIAT	南美洲	1999	3	引进资源
5674	HN171	柱花草属	圭亚那柱花草	*Stylosanthes guianensis*（Aubl.）Sw.	TPRC90037(2)	CIAT	南美洲	1999	3	引进资源
5675	HN172	柱花草属	圭亚那柱花草	*Stylosanthes guianensis*（Aubl.）Sw.	TPRC90095(2)	CIAT	南美洲	1999	3	引进资源
5676	HN173	柱花草属	圭亚那柱花草	*Stylosanthes guianensis*（Aubl.）Sw.	TPRC90108	CIAT	南美洲	1999	3	引进资源
5677	HN174	柱花草属	圭亚那柱花草	*Stylosanthes guianensis*（Aubl.）Sw.	Tardio	CIAT	南美洲	1999	3	引进资源
5678	HN175	柱花草属	圭亚那柱花草	*Stylosanthes guianensis*（Aubl.）Sw.	电白 98	CIAT	南美洲	1999	3	引进资源
5679	HN176	柱花草属	圭亚那柱花草	*Stylosanthes guianensis*（Aubl.）Sw.	有毛 L7	CIAT	南美洲	1999	3	引进资源
5680	HN177	柱花草属	圭亚那柱花草	*Stylosanthes guianensis*（Aubl.）Sw.	FM9405	CIAT	南美洲	1999	3	引进资源
5681	HN179	柱花草属	圭亚那柱花草	*Stylosanthes guianensis*（Aubl.）Sw.	87830，TPRC252	CIAT	南美洲	1999	3	引进资源
5682	HN180	柱花草属	圭亚那柱花草	*Stylosanthes guianensis*（Aubl.）Sw.	67652，TPRC254	CIAT	南美洲	1999	3	引进资源
5683	HN181	柱花草属	圭亚那柱花草	*Stylosanthes guianensis*（Aubl.）Sw.	TPRC90034	CIAT	南美洲	1999	3	引进资源
5684	HN182	柱花草属	圭亚那柱花草	*Stylosanthes guianensis*（Aubl.）Sw.	TPRC90119	CIAT	南美洲	1999	3	引进资源
5685	HN183	柱花草属	圭亚那柱花草	*Stylosanthes guianensis*（Aubl.）Sw.	GC348	CIAT	南美洲	1999	3	引进资源
5686	HN184	柱花草属	圭亚那柱花草	*Stylosanthes guianensis*（Aubl.）Sw.	GC1517EMBRAPA			1999	3	引进资源
5687	HN185	柱花草属	圭亚那柱花草	*Stylosanthes guianensis*（Aubl.）Sw.	GC1524EMBRAPA	南美洲		1999	3	引进资源
5688	HN339	柱花草属	圭亚那柱花草	*Stylosanthes guianensis*（Aubl.）Sw.	TPRC2001-1	CIAT	中、南美洲	2002	3	引进资源
5689	HN340	柱花草属	圭亚那柱花草	*Stylosanthes guianensis*（Aubl.）Sw.	TPRC2001-2	CIAT	中、南美洲	2002	3	引进资源
5690	HN341	柱花草属	圭亚那柱花草	*Stylosanthes guianensis*（Aubl.）Sw.	TPRC2001-3	CIAT	中、南美洲	2001	3	引进资源
5691	HN342	柱花草属	圭亚那柱花草	*Stylosanthes guianensis*（Aubl.）Sw.	TPRC2001-4	CIAT	中、南美洲	2002	3	引进资源
5692	HN343	柱花草属	圭亚那柱花草	*Stylosanthes guianensis*（Aubl.）Sw.	TPRC2001-5	CIAT	中、南美洲	2001	3	引进资源
5693	HN344	柱花草属	圭亚那柱花草	*Stylosanthes guianensis*（Aubl.）Sw.	TPRC2001-6	CIAT	中、南美洲	2001	3	引进资源
5694	HN345	柱花草属	圭亚那柱花草	*Stylosanthes guianensis*（Aubl.）Sw.	TPRC2001-7	CIAT	中、南美洲	2002	3	引进资源

（续）

序号	送种单位编号	属　名	种　名	学　名	品种名（原文名）	材料来源	材料原产地	收种时间（年份）	保存地点	类型
5695	HN346	柱花草属	圭亚那柱花草	*Stylosanthes guianensis*（Aubl.）Sw.	TPRC2001-8	CIAT	中、南美洲	2001	3	引进资源
5696	HN347	柱花草属	圭亚那柱花草	*Stylosanthes guianensis*（Aubl.）Sw.	TPRC2001-9	CIAT	中、南美洲	2001	3	引进资源
5697	HN348	柱花草属	圭亚那柱花草	*Stylosanthes guianensis*（Aubl.）Sw.	TPRC2001-10	CIAT	中、南美洲	2001	3	引进资源
5698	HN349	柱花草属	圭亚那柱花草	*Stylosanthes guianensis*（Aubl.）Sw.	TPRC2001-11	CIAT	中、南美洲	2002	3	引进资源
5699	HN350	柱花草属	圭亚那柱花草	*Stylosanthes guianensis*（Aubl.）Sw.	TPRC2001-12	CIAT	中、南美洲	2001	3	引进资源
5700	HN351	柱花草属	圭亚那柱花草	*Stylosanthes guianensis*（Aubl.）Sw.	TPRC2001-13	CIAT	中、南美洲	2001	3	引进资源
5701	HN352	柱花草属	圭亚那柱花草	*Stylosanthes guianensis*（Aubl.）Sw.	TPRC2001-14	CIAT	中、南美洲	2001	3	引进资源
5702	HN353	柱花草属	圭亚那柱花草	*Stylosanthes guianensis*（Aubl.）Sw.	TPRC2001-15	CIAT	中、南美洲	2001	3	引进资源
5703	HN354	柱花草属	圭亚那柱花草	*Stylosanthes guianensis*（Aubl.）Sw.	TPRC2001-16	CIAT	中、南美洲	2001	3	引进资源
5704	HN355	柱花草属	圭亚那柱花草	*Stylosanthes guianensis*（Aubl.）Sw.	TPRC2001-17	CIAT	中、南美洲	2002	3	引进资源
5705	HN356	柱花草属	圭亚那柱花草	*Stylosanthes guianensis*（Aubl.）Sw.	TPRC2001-18	CIAT	中、南美洲	2002	3	引进资源
5706	HN357	柱花草属	圭亚那柱花草	*Stylosanthes guianensis*（Aubl.）Sw.	TPRC2001-19	CIAT	中、南美洲	2001	3	引进资源
5707	HN358	柱花草属	圭亚那柱花草	*Stylosanthes guianensis*（Aubl.）Sw.	TPRC2001-20	CIAT	中、南美洲	2001	3	引进资源
5708	HN359	柱花草属	圭亚那柱花草	*Stylosanthes guianensis*（Aubl.）Sw.	TPRC2001-21	CIAT	中、南美洲	2002	3	引进资源
5709	HN360	柱花草属	圭亚那柱花草	*Stylosanthes guianensis*（Aubl.）Sw.	TPRC2001-22	CIAT	中、南美洲	2001	3	引进资源
5710	HN361	柱花草属	圭亚那柱花草	*Stylosanthes guianensis*（Aubl.）Sw.	TPRC2001-23	CIAT	中、南美洲	2001	3	引进资源
5711	HN362	柱花草属	圭亚那柱花草	*Stylosanthes guianensis*（Aubl.）Sw.	TPRC2001-24	CIAT	中、南美洲	2001	3	引进资源
5712	HN363	柱花草属	圭亚那柱花草	*Stylosanthes guianensis*（Aubl.）Sw.	TPRC2001-25	CIAT	中、南美洲	2001	3	引进资源
5713	HN364	柱花草属	圭亚那柱花草	*Stylosanthes guianensis*（Aubl.）Sw.	TPRC2001-26	CIAT	中、南美洲	2002	3	引进资源
5714	HN365	柱花草属	圭亚那柱花草	*Stylosanthes guianensis*（Aubl.）Sw.	TPRC2001-27	CIAT	中、南美洲	2001	3	引进资源
5715	HN366	柱花草属	圭亚那柱花草	*Stylosanthes guianensis*（Aubl.）Sw.	TPRC2001-28	CIAT	中、南美洲	2001	3	引进资源
5716	HN367	柱花草属	圭亚那柱花草	*Stylosanthes guianensis*（Aubl.）Sw.	TPRC2001-29	CIAT	中、南美洲	2001	3	引进资源
5717	HN368	柱花草属	圭亚那柱花草	*Stylosanthes guianensis*（Aubl.）Sw.	TPRC2001-30	CIAT	中、南美洲	2001	3	引进资源
5718	HN369	柱花草属	圭亚那柱花草	*Stylosanthes guianensis*（Aubl.）Sw.	TPRC2001-31	CIAT	中、南美洲	2001	3	引进资源
5719	HN370	柱花草属	圭亚那柱花草	*Stylosanthes guianensis*（Aubl.）Sw.	TPRC2001-32	CIAT	中、南美洲	2002	3	引进资源

（续）

序号	送种单位编号	属　名	种　名	学　名	品种名（原文名）	材料来源	材料原产地	收种时间（年份）	保存地点	类型
5720	HN371	柱花草属	圭亚那柱花草	*Stylosanthes guianensis*（Aubl.）Sw.	TPRC2001-33	CIAT	中、南美洲	2001	3	引进资源
5721	HN372	柱花草属	圭亚那柱花草	*Stylosanthes guianensis*（Aubl.）Sw.	TPRC2001-34	CIAT	中、南美洲	2001	3	引进资源
5722	HN373	柱花草属	圭亚那柱花草	*Stylosanthes guianensis*（Aubl.）Sw.	TPRC2001-35	CIAT	中、南美洲	2001	3	引进资源
5723	HN374	柱花草属	圭亚那柱花草	*Stylosanthes guianensis*（Aubl.）Sw.	TPRC2001-36	CIAT	中、南美洲	2001	3	引进资源
5724	HN375	柱花草属	圭亚那柱花草	*Stylosanthes guianensis*（Aubl.）Sw.	TPRC2001-37	CIAT	中、南美洲	2001	3	引进资源
5725	HN376	柱花草属	圭亚那柱花草	*Stylosanthes guianensis*（Aubl.）Sw.	TPRC2001-38	CIAT	中、南美洲	2002	3	引进资源
5726	HN377	柱花草属	圭亚那柱花草	*Stylosanthes guianensis*（Aubl.）Sw.	TPRC2001-39	CIAT	中、南美洲	2001	3	引进资源
5727	HN378	柱花草属	圭亚那柱花草	*Stylosanthes guianensis*（Aubl.）Sw.	TPRC2001-40	CIAT	中、南美洲	2001	3	引进资源
5728	HN379	柱花草属	圭亚那柱花草	*Stylosanthes guianensis*（Aubl.）Sw.	TPRC2001-41	CIAT	中、南美洲	2001	3	引进资源
5729	HN380	柱花草属	圭亚那柱花草	*Stylosanthes guianensis*（Aubl.）Sw.	TPRC2001-42	CIAT	中、南美洲	2002	3	引进资源
5730	HN381	柱花草属	圭亚那柱花草	*Stylosanthes guianensis*（Aubl.）Sw.	TPRC2001-43	CIAT	中、南美洲	2001	3	引进资源
5731	HN382	柱花草属	圭亚那柱花草	*Stylosanthes guianensis*（Aubl.）Sw.	TPRC2001-44	CIAT	中、南美洲	2001	3	引进资源
5732	HN383	柱花草属	圭亚那柱花草	*Stylosanthes guianensis*（Aubl.）Sw.	TPRC2001-45	CIAT	中、南美洲	2001	3	引进资源
5733	HN384	柱花草属	圭亚那柱花草	*Stylosanthes guianensis*（Aubl.）Sw.	TPRC2001-46	CIAT	中、南美洲	2001	3	引进资源
5734	HN385	柱花草属	圭亚那柱花草	*Stylosanthes guianensis*（Aubl.）Sw.	TPRC2001-47	CIAT	中、南美洲	2001	3	引进资源
5735	HN386	柱花草属	圭亚那柱花草	*Stylosanthes guianensis*（Aubl.）Sw.	TPRC2001-48	CIAT	中、南美洲	2001	3	引进资源
5736	HN387	柱花草属	圭亚那柱花草	*Stylosanthes guianensis*（Aubl.）Sw.	TPRC2001-49	CIAT	中、南美洲	2001	3	引进资源
5737	HN388	柱花草属	圭亚那柱花草	*Stylosanthes guianensis*（Aubl.）Sw.	TPRC2001-50	CIAT	中、南美洲	2001	3	引进资源
5738	HN389	柱花草属	圭亚那柱花草	*Stylosanthes guianensis*（Aubl.）Sw.	TPRC2001-51	CIAT	中、南美洲	2001	3	引进资源
5739	HN390	柱花草属	圭亚那柱花草	*Stylosanthes guianensis*（Aubl.）Sw.	TPRC2001-52	CIAT	中、南美洲	2001	3	引进资源
5740	HN391	柱花草属	圭亚那柱花草	*Stylosanthes guianensis*（Aubl.）Sw.	TPRC2001-53	CIAT	中、南美洲	2001	3	引进资源
5741	HN392	柱花草属	圭亚那柱花草	*Stylosanthes guianensis*（Aubl.）Sw.	TPRC2001-54	CIAT	中、南美洲	2001	3	引进资源
5742	HN393	柱花草属	圭亚那柱花草	*Stylosanthes guianensis*（Aubl.）Sw.	TPRC2001-55	CIAT	中、南美洲	2001	3	引进资源
5743	HN394	柱花草属	圭亚那柱花草	*Stylosanthes guianensis*（Aubl.）Sw.	TPRC2001-56	CIAT	中、南美洲	2001	3	引进资源
5744	HN395	柱花草属	圭亚那柱花草	*Stylosanthes guianensis*（Aubl.）Sw.	TPRC2001-57	CIAT	中、南美洲	2001	3	引进资源

（续）

序号	送种单位编号	属　名	种　名	学　名	品种名（原文名）	材料来源	材料原产地	收种时间（年份）	保存地点	类型
5745	HN396	柱花草属	圭亚那柱花草	*Stylosanthes guianensis*（Aubl.）Sw.	TPRC2001-58	CIAT	中、南美洲	2001	3	引进资源
5746	HN397	柱花草属	圭亚那柱花草	*Stylosanthes guianensis*（Aubl.）Sw.	TPRC2001-59	CIAT	中、南美洲	2001	3	引进资源
5747	HN398	柱花草属	圭亚那柱花草	*Stylosanthes guianensis*（Aubl.）Sw.	TPRC2001-60	CIAT	中、南美洲	2001	3	引进资源
5748	HN399	柱花草属	圭亚那柱花草	*Stylosanthes guianensis*（Aubl.）Sw.	TPRC2001-61	CIAT	中、南美洲	2002	3	引进资源
5749	HN400	柱花草属	圭亚那柱花草	*Stylosanthes guianensis*（Aubl.）Sw.	TPRC2001-62	CIAT	中、南美洲	2001	3	引进资源
5750	HN401	柱花草属	圭亚那柱花草	*Stylosanthes guianensis*（Aubl.）Sw.	TPRC2001-63	CIAT	中、南美洲	2001	3	引进资源
5751	HN402	柱花草属	圭亚那柱花草	*Stylosanthes guianensis*（Aubl.）Sw.	TPRC2001-64	CIAT	中、南美洲	2001	3	引进资源
5752	HN403	柱花草属	圭亚那柱花草	*Stylosanthes guianensis*（Aubl.）Sw.	TPRC2001-65	CIAT	中、南美洲	2001	3	引进资源
5753	HN404	柱花草属	圭亚那柱花草	*Stylosanthes guianensis*（Aubl.）Sw.	TPRC2001-66	CIAT	中、南美洲	2001	3	引进资源
5754	HN405	柱花草属	圭亚那柱花草	*Stylosanthes guianensis*（Aubl.）Sw.	TPRC2001-67	CIAT	中、南美洲	2002	3	引进资源
5755	HN406	柱花草属	圭亚那柱花草	*Stylosanthes guianensis*（Aubl.）Sw.	TPRC2001-68	CIAT	中、南美洲	2001	3	引进资源
5756	HN407	柱花草属	圭亚那柱花草	*Stylosanthes guianensis*（Aubl.）Sw.	TPRC2001-69	CIAT	中、南美洲	2001	3	引进资源
5757	HN408	柱花草属	圭亚那柱花草	*Stylosanthes guianensis*（Aubl.）Sw.	TPRC2001-70	CIAT	中、南美洲	2002	3	引进资源
5758	HN409	柱花草属	圭亚那柱花草	*Stylosanthes guianensis*（Aubl.）Sw.	TPRC2001-71	CIAT	中、南美洲	2001	3	引进资源
5759	HN410	柱花草属	圭亚那柱花草	*Stylosanthes guianensis*（Aubl.）Sw.	TPRC2001-72	CIAT	中、南美洲	2001	3	引进资源
5760	HN412	柱花草属	圭亚那柱花草	*Stylosanthes guianensis*（Aubl.）Sw.	TPRC2001-74	CIAT	中、南美洲	2002	3	引进资源
5761	HN413	柱花草属	圭亚那柱花草	*Stylosanthes guianensis*（Aubl.）Sw.	TPRC2001-75	CIAT	中、南美洲	2001	3	引进资源
5762	HN414	柱花草属	圭亚那柱花草	*Stylosanthes guianensis*（Aubl.）Sw.	TPRC2001-76	CIAT	中、南美洲	2001	3	引进资源
5763	HN415	柱花草属	圭亚那柱花草	*Stylosanthes guianensis*（Aubl.）Sw.	TPRC2001-77	CIAT	中、南美洲	2001	3	引进资源
5764	HN416	柱花草属	圭亚那柱花草	*Stylosanthes guianensis*（Aubl.）Sw.	TPRC2001-78	CIAT	中、南美洲	2001	3	引进资源
5765	HN417	柱花草属	圭亚那柱花草	*Stylosanthes guianensis*（Aubl.）Sw.	TPRC2001-79	CIAT	中、南美洲	2002	3	引进资源
5766	HN418	柱花草属	圭亚那柱花草	*Stylosanthes guianensis*（Aubl.）Sw.	TPRC2001-80	CIAT	中、南美洲	2001	3	引进资源
5767	HN419	柱花草属	圭亚那柱花草	*Stylosanthes guianensis*（Aubl.）Sw.	TPRC2001-81	CIAT	中、南美洲	2001	3	引进资源
5768	HN420	柱花草属	圭亚那柱花草	*Stylosanthes guianensis*（Aubl.）Sw.	TPRC2001-82	CIAT	中、南美洲	2001	3	引进资源
5769	HN421	柱花草属	圭亚那柱花草	*Stylosanthes guianensis*（Aubl.）Sw.	TPRC2001-83	CIAT	中、南美洲	2002	3	引进资源

（续）

序号	送种单位编号	属　名	种　名	学　名	品种名（原文名）	材料来源	材料原产地	收种时间（年份）	保存地点	类型
5770	HN422	柱花草属	圭亚那柱花草	*Stylosanthes guianensis*（Aubl.）Sw.	TPRC2001-84	CIAT	中、南美洲	2001	3	引进资源
5771	HN423	柱花草属	圭亚那柱花草	*Stylosanthes guianensis*（Aubl.）Sw.	TPRC2001-85	CIAT	中、南美洲	2001	3	引进资源
5772	HN424	柱花草属	圭亚那柱花草	*Stylosanthes guianensis*（Aubl.）Sw.	TPRC90005(1)	CIAT	中、南美洲	2003	3	引进资源
5773	HN426	柱花草属	圭亚那柱花草	*Stylosanthes guianensis*（Aubl.）Sw.	101号	CIAT		2002	3	引进资源
5774	HN753	柱花草属	圭亚那柱花草	*Stylosanthes guianensis*（Aubl.）Sw.	早花综合种			1998	3	引进资源
5775	HN756	柱花草属	圭亚那柱花草	*Stylosanthes guianensis*（Aubl.）Sw.	Cook			1981	3	引进资源
5776	HN757	柱花草属	圭亚那柱花草	*Stylosanthes guianensis*（Aubl.）Sw.	格拉姆早熟种			1981	3	引进资源
5777	HN758	柱花草属	圭亚那柱花草	*Stylosanthes guianensis*（Aubl.）Sw.	Mineirao			1996	3	引进资源
5778	HN759	柱花草属	圭亚那柱花草	*Stylosanthes guianensis*（Aubl.）Sw.	王廷标柱花草(漆)			1998	3	引进资源
5779	HN760	柱花草属	圭亚那柱花草	*Stylosanthes guianensis*（Aubl.）Sw.	王廷标			1998	3	引进资源
5780	HN761	柱花草属	圭亚那柱花草	*Stylosanthes guianensis*（Aubl.）Sw.	90005(1)			1992	3	引进资源
5781	HN762	柱花草属	圭亚那柱花草	*Stylosanthes guianensis*（Aubl.）Sw.	907			1999	3	引进资源
5782	HN764	柱花草属	圭亚那柱花草	*Stylosanthes guianensis*（Aubl.）Sw.	斯伦(Siran)			1982	3	引进资源
5783	HN034	柱花草属	圭亚那柱花草	*Stylosanthes guianensis*（Aubl.）Sw.		南美洲	美国	1999	3	引进资源
5784	HN003	柱花草属	圭亚那柱花草	*Stylosanthes guianensis*（Aubl.）Sw.		南美洲	澳大利亚	1999	3	引进资源
5785	HN026	柱花草属	圭亚那柱花草	*Stylosanthes guianensis*（Aubl.）Sw.		CIAT	南美洲	1999	3	引进资源
5786	HN039	柱花草属	圭亚那柱花草	*Stylosanthes guianensis*（Aubl.）Sw.		CIAT	南美洲	1999	3	引进资源
5787	HN148	柱花草属	圭亚那柱花草	*Stylosanthes guianensis*（Aubl.）Sw.		CIAT	南美洲	1999	3	引进资源
5788	HN031	柱花草属	圭亚那柱花草	*Stylosanthes guianensis*（Aubl.）Sw.		CIAT	南美洲	1999	3	引进资源
5789	HN037	柱花草属	圭亚那柱花草	*Stylosanthes guianensis*（Aubl.）Sw.		CIAT	南美洲	1999	3	引进资源
5790	HN145	柱花草属	圭亚那柱花草	*Stylosanthes guianensis*（Aubl.）Sw.		CIAT	南美洲	1999	3	引进资源
5791	HN032	柱花草属	圭亚那柱花草	*Stylosanthes guianensis*（Aubl.）Sw.		CIAT	南美洲	1999	3	引进资源
5792	HN038	柱花草属	圭亚那柱花草	*Stylosanthes guianensis*（Aubl.）Sw.		CIAT	南美洲	1999	3	引进资源
5793	HN152	柱花草属	圭亚那柱花草	*Stylosanthes guianensis*（Aubl.）Sw.		CIAT	南美洲	1999	3	引进资源
5794	HN157	柱花草属	圭亚那柱花草	*Stylosanthes guianensis*（Aubl.）Sw.		CIAT	南美洲	1999	3	引进资源

（续）

序号	送种单位编号	属　名	种　名	学　名	品种名（原文名）	材料来源	材料原产地	收种时间（年份）	保存地点	类型
5795	HN155	柱花草属	圭亚那柱花草	*Stylosanthes guianensis*（Aubl.）Sw.		CIAT	南美洲	1999	3	引进资源
5796	HN023	柱花草属	圭亚那柱花草	*Stylosanthes guianensis*（Aubl.）Sw.		CIAT	南美洲	1999	3	引进资源
5797	HN161	柱花草属	圭亚那柱花草	*Stylosanthes guianensis*（Aubl.）Sw.		CIAT	南美洲	1999	3	引进资源
5798	HN025	柱花草属	圭亚那柱花草	*Stylosanthes guianensis*（Aubl.）Sw.		CIAT	南美洲	1999	3	引进资源
5799	HN012	柱花草属	圭亚那柱花草	*Stylosanthes guianensis*（Aubl.）Sw.		CIAT	南美洲	1999	3	引进资源
5800	HN049	柱花草属	圭亚那柱花草	*Stylosanthes guianensis*（Aubl.）Sw.		CIAT	南美洲	1999	3	引进资源
5801	873012	柱花草属	圭亚那柱花草	*Stylosanthes guianensis*（Aubl.）Sw.		广西畜牧所	美国	2004	1	引进资源
5802	873013	柱花草属	圭亚那柱花草	*Stylosanthes guianensis*（Aubl.）Sw.		广西畜牧所	美国	2004	1	引进资源
5803	873014	柱花草属	圭亚那柱花草	*Stylosanthes guianensis*（Aubl.）Sw.		广西畜牧所	美国	2004	1	引进资源
5804	873019	柱花草属	圭亚那柱花草	*Stylosanthes guianensis*（Aubl.）Sw.		广西畜牧所	美国	2004	1	引进资源
5805	81-150	柱花草属	圭亚那柱花草	*Stylosanthes guianensis*（Aubl.）Sw.	格拉姆	广西畜牧所		2004	1	引进资源
5806	柱 1-10	柱花草属	圭亚那柱花草	*Stylosanthes guianensis*（Aubl.）Sw.	格拉姆	广西畜牧所	澳大利亚	2004	1	引进资源
5807	柱 1-8	柱花草属	圭亚那柱花草	*Stylosanthes guianensis*（Aubl.）Sw.	COOK	广西畜牧所	中美州	2004	1	引进资源
5808	南 02158	柱花草属	有钩柱花草	*Stylosanthes hamata*（L.）Taub.	维若拉（Verano）	CIAT		2001	2	引进资源
5809	RRR94-16	柱花草属	西卡柱花草	*Stylosanthes scabra* Vog.		CIAT		2004	2	引进资源
5810	RRR94-86	柱花草属	西卡柱花草	*Stylosanthes scabra* Vog.		CIAT		2004	2	引进资源
5811	RRR94-96	柱花草属	西卡柱花草	*Stylosanthes scabra* Vog.		CIAT		2003	2	引进资源
5812	HN769	柱花草属	西卡柱花草	*Stylosanthes scabra* Vog.			澳大利亚	1998	3	引进资源
5813	HN770	柱花草属	西卡柱花草	*Stylosanthes scabra* Vog.	40292		澳大利亚	1998	3	引进资源
5814	HN771	柱花草属	西卡柱花草	*Stylosanthes scabra* Vog.	93116		澳大利亚	1998	3	引进资源
5815	HN1137	柱花草属	西卡柱花草	*Stylosanthes scabra* Vog.	L3-93	CIAT		2000	3	引进资源
5816	HN1168	柱花草属	西卡柱花草	*Stylosanthes scabra* Vog.	RRR94-97	CIAT		1996	3	引进资源
5817	HN1169	柱花草属	西卡柱花草	*Stylosanthes scabra* Vog.	Unica	CIAT		2000	3	引进资源
5818	GX12111402	葫芦茶属	葫芦茶	*Tadehagi triquetrum*（L.）Ohashi			广西乐业	2012	2	野生资源
5819	hn2910	葫芦茶属	葫芦茶	*Tadehagi triquetrum*（L.）Ohashi			海南儋州两院	2006	3	野生资源

（续）

序号	送种单位编号	属　名	种　名	学　名	品种名（原文名）	材料来源	材料原产地	收种时间（年份）	保存地点	类型
5820	040822126	葫芦茶属	葫芦茶	*Tadehagi triquetrum*（L.）Ohashi			海南琼中	2004	2	野生资源
5821	040822166	葫芦茶属	葫芦茶	*Tadehagi triquetrum*（L.）Ohashi			海南昌江基地	2004	2	野生资源
5822	050301404	葫芦茶属	葫芦茶	*Tadehagi triquetrum*（L.）Ohashi			云南勐腊	2005	2	野生资源
5823	050302430	葫芦茶属	葫芦茶	*Tadehagi triquetrum*（L.）Ohashi			云南普洱	2005	2	野生资源
5824	050309529	葫芦茶属	葫芦茶	*Tadehagi triquetrum*（L.）Ohashi			广西靖西	2005	2	野生资源
5825	060130024	葫芦茶属	葫芦茶	*Tadehagi triquetrum*（L.）Ohashi			海南乐东	2006	2	野生资源
5826	060330006	葫芦茶属	葫芦茶	*Tadehagi triquetrum*（L.）Ohashi			云南江城	2006	2	野生资源
5827	101114038	葫芦茶属	葫芦茶	*Tadehagi triquetrum*（L.）Ohashi			广西龙州	2010	2	野生资源
5828	101116035	葫芦茶属	葫芦茶	*Tadehagi triquetrum*（L.）Ohashi			广西大新	2010	2	野生资源
5829	110112016	葫芦茶属	葫芦茶	*Tadehagi triquetrum*（L.）Ohashi			福建漳州	2011	2	野生资源
5830	081212010	葫芦茶属	葫芦茶	*Tadehagi triquetrum*（L.）Ohashi			广东博罗	2008	2	野生资源
5831	070110237	葫芦茶属	葫芦茶	*Tadehagi triquetrum*（L.）Ohashi			广西靖西	2007	2	野生资源
5832	040105005	葫芦茶属	葫芦茶	*Tadehagi triquetrum*（L.）Ohashi			云南普洱	2004	2	野生资源
5833	070120627	葫芦茶属	葫芦茶	*Tadehagi triquetrum*（L.）Ohashi			海南陵水	2007	2	野生资源
5834	070107008	葫芦茶属	葫芦茶	*Tadehagi triquetrum*（L.）Ohashi			广东深圳	2007	2	野生资源
5835	070620627	葫芦茶属	葫芦茶	*Tadehagi triquetrum*（L.）Ohashi			广东连州	2007	2	野生资源
5836	071221032	葫芦茶属	葫芦茶	*Tadehagi triquetrum*（L.）Ohashi			海南琼中	2007	2	野生资源
5837	101117018	葫芦茶属	葫芦茶	*Tadehagi triquetrum*（L.）Ohashi			广西大新	2010	2	野生资源
5838	GX141221001	葫芦茶属	葫芦茶	*Tadehagi triquetrum*（L.）Ohashi			广西兴业	2014	2	野生资源
5839	GX141222003	葫芦茶属	葫芦茶	*Tadehagi triquetrum*（L.）Ohashi			广西博白	2014	2	野生资源
5840	GX161107002	葫芦茶属	葫芦茶	*Tadehagi triquetrum*（L.）Ohashi			广西贺州	2016	2	野生资源
5841	041130152	葫芦茶属	葫芦茶	*Tadehagi triquetrum*（L.）Ohashi			海南陵水文罗	2004	2	野生资源
5842	070111037	葫芦茶属	葫芦茶	*Tadehagi triquetrum*（L.）Ohashi			福建漳州诏安	2007	2	野生资源
5843	050311577	葫芦茶属	葫芦茶	*Tadehagi triquetrum*（L.）Ohashi			广西钦州	2005	2	野生资源
5844	050227335	葫芦茶属	葫芦茶	*Tadehagi triquetrum*（L.）Ohashi			云南勐海	2005	2	野生资源

（续）

序号	送种单位编号	属　名	种　名	学　名	品种名（原文名）	材料来源	材料原产地	收种时间（年份）	保存地点	类型
5845	041130010	葫芦茶属	葫芦茶	*Tadehagi triquetrum*（L.）Ohashi			海南白沙	2004	2	野生资源
5846	050319006	葫芦茶属	葫芦茶	*Tadehagi triquetrum*（L.）Ohashi			海南儋州雅星	2005	2	野生资源
5847	050219105	葫芦茶属	葫芦茶	*Tadehagi triquetrum*（L.）Ohashi			云南梁河	2005	2	野生资源
5848	041130178	葫芦茶属	葫芦茶	*Tadehagi triquetrum*（L.）Ohashi			海南琼中长征	2004	2	野生资源
5849	040822030	葫芦茶属	葫芦茶	*Tadehagi triquetrum*（L.）Ohashi			海南白沙	2004	2	野生资源
5850	041001022	葫芦茶属	葫芦茶	*Tadehagi triquetrum*（L.）Ohashi			广西苍梧	2004	2	野生资源
5851	041130020	葫芦茶属	葫芦茶	*Tadehagi triquetrum*（L.）Ohashi			海南昌江	2004	2	野生资源
5852	041130089	葫芦茶属	葫芦茶	*Tadehagi triquetrum*（L.）Ohashi			海南乐东	2004	2	野生资源
5853	041130097	葫芦茶属	葫芦茶	*Tadehagi triquetrum*（L.）Ohashi			海南乐东	2004	2	野生资源
5854	050222183	葫芦茶属	葫芦茶	*Tadehagi triquetrum*（L.）Ohashi			云南龙陵	2005	2	野生资源
5855	050311583	葫芦茶属	葫芦茶	*Tadehagi triquetrum*（L.）Ohashi			广西合浦	2005	2	野生资源
5856	050321056	葫芦茶属	葫芦茶	*Tadehagi triquetrum*（L.）Ohashi			海南琼中	2005	2	野生资源
5857	050404005	葫芦茶属	葫芦茶	*Tadehagi triquetrum*（L.）Ohashi			海南儋州两院	2005	2	野生资源
5858	051211074	葫芦茶属	葫芦茶	*Tadehagi triquetrum*（L.）Ohashi			海南三亚	2005	2	野生资源
5859	060119029	葫芦茶属	葫芦茶	*Tadehagi triquetrum*（L.）Ohashi			海南澄迈	2006	2	野生资源
5860	060130046	葫芦茶属	葫芦茶	*Tadehagi triquetrum*（L.）Ohashi			海南三亚红塘	2006	2	野生资源
5861	060305032	葫芦茶属	葫芦茶	*Tadehagi triquetrum*（L.）Ohashi			海南白沙细水	2006	2	野生资源
5862	060311008	葫芦茶属	葫芦茶	*Tadehagi triquetrum*（L.）Ohashi			海南昌江	2006	2	野生资源
5863	060326045	葫芦茶属	葫芦茶	*Tadehagi triquetrum*（L.）Ohashi			云南思茅	2006	2	野生资源
5864	060401045	葫芦茶属	葫芦茶	*Tadehagi triquetrum*（L.）Ohashi			云南思茅	2006	2	野生资源
5865	061128018	葫芦茶属	葫芦茶	*Tadehagi triquetrum*（L.）Ohashi			海南东方	2006	2	野生资源
5866	061128048	葫芦茶属	葫芦茶	*Tadehagi triquetrum*（L.）Ohashi			海南乐东	2006	2	野生资源
5867	061129001	葫芦茶属	葫芦茶	*Tadehagi triquetrum*（L.）Ohashi			海南乐东	2006	2	野生资源
5868	061220015	葫芦茶属	葫芦茶	*Tadehagi triquetrum*（L.）Ohashi			海南乐东	2006	2	野生资源
5869	061221050	葫芦茶属	葫芦茶	*Tadehagi triquetrum*（L.）Ohashi			海南陵水	2006	2	野生资源

（续）

序号	送种单位编号	属　名	种　名	学　名	品种名（原文名）	材料来源	材料原产地	收种时间（年份）	保存地点	类型
5870	070104008	葫芦茶属	葫芦茶	*Tadehagi triquetrum*（L.）Ohashi			广东阳江	2007	2	野生资源
5871	070106005	葫芦茶属	葫芦茶	*Tadehagi triquetrum*（L.）Ohashi			广东广州	2007	2	野生资源
5872	070109008	葫芦茶属	葫芦茶	*Tadehagi triquetrum*（L.）Ohashi			广东惠阳	2007	2	野生资源
5873	070110036	葫芦茶属	葫芦茶	*Tadehagi triquetrum*（L.）Ohashi			广东陆丰	2007	2	野生资源
5874	070110037	葫芦茶属	葫芦茶	*Tadehagi triquetrum*（L.）Ohashi			广东陆丰	2007	2	野生资源
5875	070111022	葫芦茶属	葫芦茶	*Tadehagi triquetrum*（L.）Ohashi			广东潮州	2007	2	野生资源
5876	070117038	葫芦茶属	葫芦茶	*Tadehagi triquetrum*（L.）Ohashi			广东梅县	2007	2	野生资源
5877	070117044	葫芦茶属	葫芦茶	*Tadehagi triquetrum*（L.）Ohashi			广东梅县	2007	2	野生资源
5878	070118028	葫芦茶属	葫芦茶	*Tadehagi triquetrum*（L.）Ohashi			广东博罗	2007	2	野生资源
5879	070118041	葫芦茶属	葫芦茶	*Tadehagi triquetrum*（L.）Ohashi			广东博罗	2007	2	野生资源
5880	070120027	葫芦茶属	葫芦茶	*Tadehagi triquetrum*（L.）Ohashi			广东信宜	2007	2	野生资源
5881	070302001	葫芦茶属	葫芦茶	*Tadehagi triquetrum*（L.）Ohashi			云南屏边	2007	2	野生资源
5882	070303022	葫芦茶属	葫芦茶	*Tadehagi triquetrum*（L.）Ohashi			云南河口	2007	2	野生资源
5883	070310030	葫芦茶属	葫芦茶	*Tadehagi triquetrum*（L.）Ohashi			贵州册亨	2007	2	野生资源
5884	070318024	葫芦茶属	葫芦茶	*Tadehagi triquetrum*（L.）Ohashi			广西苍梧	2007	2	野生资源
5885	070319033	葫芦茶属	葫芦茶	*Tadehagi triquetrum*（L.）Ohashi			广西容县	2007	2	野生资源
5886	070320005	葫芦茶属	葫芦茶	*Tadehagi triquetrum*（L.）Ohashi			广西博白	2007	2	野生资源
5887	101022001	葫芦茶属	葫芦茶	*Tadehagi triquetrum*（L.）Ohashi			海南儋州	2010	2	野生资源
5888	101022006	葫芦茶属	葫芦茶	*Tadehagi triquetrum*（L.）Ohashi			海南儋州	2010	2	野生资源
5889	061014022	葫芦茶属	葫芦茶	*Tadehagi triquetrum*（L.）Ohashi			海南儋州	2006	2	野生资源
5890	071227055	葫芦茶属	葫芦茶	*Tadehagi triquetrum*（L.）Ohashi			广东清远高桥镇	2007	2	野生资源
5891	071110022	葫芦茶属	葫芦茶	*Tadehagi triquetrum*（L.）Ohashi			海南陵水	2007	2	野生资源
5892	071220011	葫芦茶属	葫芦茶	*Tadehagi triquetrum*（L.）Ohashi			福建漳州	2007	2	野生资源
5893	hn2427	葫芦茶属	葫芦茶	*Tadehagi triquetrum*（L.）Ohashi			福建漳州华安	2012	3	野生资源
5894	121121002	葫芦茶属	葫芦茶	*Tadehagi triquetrum*（L.）Ohashi			福建漳州华安	2012	2	野生资源

（续）

序号	送种单位编号	属 名	种 名	学 名	品种名（原文名）	材料来源	材料原产地	收种时间（年份）	保存地点	类型
5895	HN1144	葫芦茶属	葫芦茶	*Tadehagi triquetrum*（L.）Ohashi			海南陵水文罗	2004	3	野生资源
5896	HN1713	葫芦茶属	葫芦茶	*Tadehagi triquetrum*（L.）Ohashi			福建漳州诏安	2007	3	野生资源
5897	HN1108	葫芦茶属	葫芦茶	*Tadehagi triquetrum*（L.）Ohashi			福建漳州诏安	2007	3	野生资源
5898	HN1132	葫芦茶属	葫芦茶	*Tadehagi triquetrum*（L.）Ohashi			广西钦州	2005	3	野生资源
5899	HN1155	葫芦茶属	葫芦茶	*Tadehagi triquetrum*（L.）Ohashi			云南勐海	2005	3	野生资源
5900	HN1195	葫芦茶属	葫芦茶	*Tadehagi triquetrum*（L.）Ohashi			海南白沙	2009	3	野生资源
5901	HN1221	葫芦茶属	葫芦茶	*Tadehagi triquetrum*（L.）Ohashi			云南梁河	2009	3	野生资源
5902	HN1237	葫芦茶属	葫芦茶	*Tadehagi triquetrum*（L.）Ohashi			海南陵水提蒙	2006	3	野生资源
5903	HN1702	葫芦茶属	葫芦茶	*Tadehagi triquetrum*（L.）Ohashi			海南琼中	2004	3	野生资源
5904	HN1717	葫芦茶属	葫芦茶	*Tadehagi triquetrum*（L.）Ohashi			海南琼中长征	2014	3	野生资源
5905	HN1319	葫芦茶属	葫芦茶	*Tadehagi triquetrum*（L.）Ohashi			海南琼中长征	2004	3	野生资源
5906	HN1557	葫芦茶属	葫芦茶	*Tadehagi triquetrum*（L.）Ohashi			海南保亭	2004	3	野生资源
5907	HN1555	葫芦茶属	葫芦茶	*Tadehagi triquetrum*（L.）Ohashi			海南白沙细水	2004	3	野生资源
5908	HN1720	葫芦茶属	葫芦茶	*Tadehagi triquetrum*（L.）Ohashi			海南东方	2004	3	野生资源
5909	HN1716	葫芦茶属	葫芦茶	*Tadehagi triquetrum*（L.）Ohashi			海南乐东	2004	3	野生资源
5910	HN1708	葫芦茶属	葫芦茶	*Tadehagi triquetrum*（L.）Ohashi			海南西培农场	2006	3	野生资源
5911	HN1559	葫芦茶属	葫芦茶	*Tadehagi triquetrum*（L.）Ohashi			海南陵水	2006	3	野生资源
5912	HN1707	葫芦茶属	葫芦茶	*Tadehagi triquetrum*（L.）Ohashi			海南白沙	2006	3	野生资源
5913	HN1547	葫芦茶属	葫芦茶	*Tadehagi triquetrum*（L.）Ohashi			海南乐东	2006	3	野生资源
5914	HN1705	葫芦茶属	葫芦茶	*Tadehagi triquetrum*（L.）Ohashi			海南乐东	2006	3	野生资源
5915	HN1714	葫芦茶属	葫芦茶	*Tadehagi triquetrum*（L.）Ohashi			广东潮州	2007	3	野生资源
5916	HN1715	葫芦茶属	葫芦茶	*Tadehagi triquetrum*（L.）Ohashi			广东信宜	2007	3	野生资源
5917	HN1704	葫芦茶属	葫芦茶	*Tadehagi triquetrum*（L.）Ohashi			云南屏边白河	2007	3	野生资源
5918	HN1712	葫芦茶属	葫芦茶	*Tadehagi triquetrum*（L.）Ohashi			广西苍梧	2007	3	野生资源
5919	HN1711	葫芦茶属	葫芦茶	*Tadehagi triquetrum*（L.）Ohashi			广西岑溪	2007	3	野生资源

（续）

序号	送种单位编号	属　名	种　名	学　名	品种名（原文名）	材料来源	材料原产地	收种时间（年份）	保存地点	类型
5920	HN1710	葫芦茶属	葫芦茶	*Tadehagi triquetrum*（L.）Ohashi			广西容县	2007	3	野生资源
5921	HN1718	葫芦茶属	葫芦茶	*Tadehagi triquetrum*（L.）Ohashi			广西靖西	2007	3	野生资源
5922	HN1706	葫芦茶属	葫芦茶	*Tadehagi triquetrum*（L.）Ohashi			云南普洱	2004	3	野生资源
5923	HN1709	葫芦茶属	葫芦茶	*Tadehagi triquetrum*（L.）Ohashi			海南陵水	2007	3	野生资源
5924	HN1719	葫芦茶属	葫芦茶	*Tadehagi triquetrum*（L.）Ohashi			广东深圳	2007	3	野生资源
5925	HN1724	葫芦茶属	葫芦茶	*Tadehagi triquetrum*（L.）Ohashi			海南琼中	2007	3	野生资源
5926	HN2011-1979	葫芦茶属	葫芦茶	*Tadehagi triquetrum*（L.）Ohashi			海南三亚	2004	3	野生资源
5927	HN2011-1892	葫芦茶属	葫芦茶	*Tadehagi triquetrum*（L.）Ohashi			海南白沙细水	2004	3	野生资源
5928	HN2011-1894	葫芦茶属	葫芦茶	*Tadehagi triquetrum*（L.）Ohashi			海南海口	2004	3	野生资源
5929	HN2011-1895	葫芦茶属	葫芦茶	*Tadehagi triquetrum*（L.）Ohashi			海南儋州两院	2004	3	野生资源
5930	HN2011-1897	葫芦茶属	葫芦茶	*Tadehagi triquetrum*（L.）Ohashi			云南龙陵	2005	3	野生资源
5931	HN2011-2005	葫芦茶属	葫芦茶	*Tadehagi triquetrum*（L.）Ohashi			云南龙陵	2005	3	野生资源
5932	HN2011-1898	葫芦茶属	葫芦茶	*Tadehagi triquetrum*（L.）Ohashi			云南勐腊	2005	3	野生资源
5933	HN2011-1901	葫芦茶属	葫芦茶	*Tadehagi triquetrum*（L.）Ohashi			海南琼中	2005	3	野生资源
5934	HN2011-1902	葫芦茶属	葫芦茶	*Tadehagi triquetrum*（L.）Ohashi			海南三亚天涯海角	2005	3	野生资源
5935	HN2011-1903	葫芦茶属	葫芦茶	*Tadehagi triquetrum*（L.）Ohashi			海南澄迈	2006	3	野生资源
5936	HN2011-1904	葫芦茶属	葫芦茶	*Tadehagi triquetrum*（L.）Ohashi			海南尖峰岭	2006	3	野生资源
5937	HN2011-2006	葫芦茶属	葫芦茶	*Tadehagi triquetrum*（L.）Ohashi			海南三亚红塘	2006	3	野生资源
5938	HN2011-1981	葫芦茶属	葫芦茶	*Tadehagi triquetrum*（L.）Ohashi			海南七差镇	2006	3	野生资源
5939	HN2011-1990	葫芦茶属	葫芦茶	*Tadehagi triquetrum*（L.）Ohashi			云南思茅	2006	3	野生资源
5940	HN2011-1982	葫芦茶属	葫芦茶	*Tadehagi triquetrum*（L.）Ohashi			云南思茅	2006	3	野生资源
5941	HN2011-1983	葫芦茶属	葫芦茶	*Tadehagi triquetrum*（L.）Ohashi			云南思茅	2006	3	野生资源
5942	HN2011-2007	葫芦茶属	葫芦茶	*Tadehagi triquetrum*（L.）Ohashi			海南屯昌大同	2006	3	野生资源
5943	HN2011-1985	葫芦茶属	葫芦茶	*Tadehagi triquetrum*（L.）Ohashi			海南陵水	2006	3	野生资源
5944	HN2011-1986	葫芦茶属	葫芦茶	*Tadehagi triquetrum*（L.）Ohashi			广东阳江	2007	3	野生资源

（续）

序号	送种单位编号	属　名	种　名	学　名	品种名（原文名）	材料来源	材料原产地	收种时间（年份）	保存地点	类型
5945	HN2011-1987	葫芦茶属	葫芦茶	*Tadehagi triquetrum*（L.）Ohashi			广东增城	2007	3	野生资源
5946	HN2011-1884	葫芦茶属	葫芦茶	*Tadehagi triquetrum*（L.）Ohashi			广东惠阳	2007	3	野生资源
5947	HN2011-1988	葫芦茶属	葫芦茶	*Tadehagi triquetrum*（L.）Ohashi			广东陆丰	2007	3	野生资源
5948	HN2011-2009	葫芦茶属	葫芦茶	*Tadehagi triquetrum*（L.）Ohashi			广东陆丰	2007	3	野生资源
5949	HN2011-1886	葫芦茶属	葫芦茶	*Tadehagi triquetrum*（L.）Ohashi			广东梅县	2007	3	野生资源
5950	HN2011-1885	葫芦茶属	葫芦茶	*Tadehagi triquetrum*（L.）Ohashi			广东梅县	2007	3	野生资源
5951	HN2011-1887	葫芦茶属	葫芦茶	*Tadehagi triquetrum*（L.）Ohashi			广东博罗	2007	3	野生资源
5952	HN2011-1888	葫芦茶属	葫芦茶	*Tadehagi triquetrum*（L.）Ohashi			广东博罗	2007	3	野生资源
5953	HN2011-1890	葫芦茶属	葫芦茶	*Tadehagi triquetrum*（L.）Ohashi			贵州册亨	2007	3	野生资源
5954	HN2011-2002	葫芦茶属	葫芦茶	*Tadehagi triquetrum*（L.）Ohashi			广东佛岗	2011	3	野生资源
5955	HN2011-2004	葫芦茶属	葫芦茶	*Tadehagi triquetrum*（L.）Ohashi			广东连山	2011	3	野生资源
5956	HN2011-1995	葫芦茶属	葫芦茶	*Tadehagi triquetrum*（L.）Ohashi			广西大新	2010	3	野生资源
5957	HN2011-1997	葫芦茶属	葫芦茶	*Tadehagi triquetrum*（L.）Ohashi			福建漳浦	2011	3	野生资源
5958	HN2011-1998	葫芦茶属	葫芦茶	*Tadehagi triquetrum*（L.）Ohashi			福建漳州	2011	3	野生资源
5959	HN2011-1991	葫芦茶属	葫芦茶	*Tadehagi triquetrum*（L.）Ohashi			广东博罗	2008	3	野生资源
5960	HN2011-1992	葫芦茶属	葫芦茶	*Tadehagi triquetrum*（L.）Ohashi			广西岑溪	2008	3	野生资源
5961	hn3064	葫芦茶属	葫芦茶	*Tadehagi triquetrum*（L.）Ohashi			海南琼中长征	2004	3	野生资源
5962	hn3146	葫芦茶属	葫芦茶	*Tadehagi triquetrum*（L.）Ohashi			广东佛冈	2011	3	野生资源
5963	HN2011-1996	葫芦茶属	葫芦茶	*Tadehagi triquetrum*（L.）Ohashi			广西宁明	2010	3	野生资源
5964	hn2605	灰毛豆属	灰毛豆	*Tephrosia purpurea*（L.）Pers.			海南陵水	2004	3	野生资源
5965	hn2658	灰毛豆属	灰毛豆	*Tephrosia purpurea*（L.）Pers.			海南三亚	2004	3	野生资源
5966	hn2603	灰毛豆属	灰毛豆	*Tephrosia purpurea*（L.）Pers.			海南万宁	2004	3	野生资源
5967	hn2613	灰毛豆属	灰毛豆	*Tephrosia purpurea*（L.）Pers.			海南昌江	2004	3	野生资源
5968	hn3054	灰毛豆属	灰毛豆	*Tephrosia purpurea*（L.）Pers.			云南景洪	2006	3	野生资源
5969	hn2596	灰毛豆属	灰毛豆	*Tephrosia purpurea*（L.）Pers.			广东信宜	2007	3	野生资源

（续）

序号	送种单位编号	属　名	种　名	学　名	品种名（原文名）	材料来源	材料原产地	收种时间（年份）	保存地点	类型
5970	hn2598	灰毛豆属	灰毛豆	*Tephrosia purpurea* (L.) Pers.			海南乐东	2004	3	野生资源
5971	hn2599	灰毛豆属	灰毛豆	*Tephrosia purpurea* (L.) Pers.			海南陵水	2006	3	野生资源
5972	hn2600	灰毛豆属	灰毛豆	*Tephrosia purpurea* (L.) Pers.			海南乐东	2006	3	野生资源
5973	hn2602	灰毛豆属	灰毛豆	*Tephrosia purpurea* (L.) Pers.			广东湛江	2006	3	野生资源
5974	hn2604	灰毛豆属	灰毛豆	*Tephrosia purpurea* (L.) Pers.			海南陵水	2006	3	野生资源
5975	hn2609	灰毛豆属	灰毛豆	*Tephrosia purpurea* (L.) Pers.			云南丘北	2007	3	野生资源
5976	hn2610	灰毛豆属	灰毛豆	*Tephrosia purpurea* (L.) Pers.			海南琼中	2004	3	野生资源
5977	JL15-062	灰毛豆属	灰毛豆	*Tephrosia purpurea* (L.) Pers.			云南镇康	2005	3	野生资源
5978	hn2614	灰毛豆属	灰毛豆	*Tephrosia purpurea* (L.) Pers.			海南陵水文罗	2004	3	野生资源
5979	hn2657	灰毛豆属	灰毛豆	*Tephrosia purpurea* (L.) Pers.			海南乐东	2006	3	野生资源
5980	hn2607	灰毛豆属	灰毛豆	*Tephrosia purpurea* (L.) Pers.			海南乐东尖峰	2007	3	野生资源
5981	hn2532	灰毛豆属	灰毛豆	*Tephrosia purpurea* (L.) Pers.			云南屏边	2001	3	野生资源
5982	050319050	灰毛豆属	灰毛豆	*Tephrosia purpurea* (L.) Pers.			海南三亚田独	2005	2	野生资源
5983	070103006	灰毛豆属	灰毛豆	*Tephrosia purpurea* (L.) Pers.			广东湛江	2007	2	野生资源
5984	061129011	灰毛豆属	灰毛豆	*Tephrosia purpurea* (L.) Pers.			海南乐东	2006	2	野生资源
5985	061128055	灰毛豆属	灰毛豆	*Tephrosia purpurea* (L.) Pers.			海南乐东	2006	2	野生资源
5986	041130105	灰毛豆属	灰毛豆	*Tephrosia purpurea* (L.) Pers.			海南乐东志仲	2004	2	野生资源
5987	041130138	灰毛豆属	灰毛豆	*Tephrosia purpurea* (L.) Pers.			海南陵水英州	2004	2	野生资源
5988	041130144	灰毛豆属	灰毛豆	*Tephrosia purpurea* (L.) Pers.			海南陵水英州	2004	2	野生资源
5989	041130149	灰毛豆属	灰毛豆	*Tephrosia purpurea* (L.) Pers.			海南陵水	2004	2	野生资源
5990	041130163	灰毛豆属	灰毛豆	*Tephrosia purpurea* (L.) Pers.			海南陵水本号	2004	2	野生资源
5991	041130190	灰毛豆属	灰毛豆	*Tephrosia purpurea* (L.) Pers.			海南琼中	2004	2	野生资源
5992	041130199	灰毛豆属	灰毛豆	*Tephrosia purpurea* (L.) Pers.			海南万宁	2004	2	野生资源
5993	041130297	灰毛豆属	灰毛豆	*Tephrosia purpurea* (L.) Pers.			海南文昌	2004	2	野生资源
5994	041130324	灰毛豆属	灰毛豆	*Tephrosia purpurea* (L.) Pers.			海南海口老城镇	2004	2	野生资源

（续）

序号	送种单位编号	属　名	种　名	学　名	品种名（原文名）	材料来源	材料原产地	收种时间（年份）	保存地点	类型
5995	041130337	灰毛豆属	灰毛豆	*Tephrosia purpurea* (L.) Pers.			海南海口	2004	2	野生资源
5996	041130238	灰毛豆属	灰毛豆	*Tephrosia purpurea* (L.) Pers.			海南定安	2004	2	野生资源
5997	041130309	灰毛豆属	灰毛豆	*Tephrosia purpurea* (L.) Pers.			海南琼山	2004	2	野生资源
5998	041130023	灰毛豆属	灰毛豆	*Tephrosia purpurea* (L.) Pers.			海南昌江	2004	2	野生资源
5999	041104091	灰毛豆属	灰毛豆	*Tephrosia purpurea* (L.) Pers.			海南鹦哥岭	2004	2	野生资源
6000	050101017	灰毛豆属	灰毛豆	*Tephrosia purpurea* (L.) Pers.			海南万宁	2005	2	野生资源
6001	041104065	灰毛豆属	灰毛豆	*Tephrosia purpurea* (L.) Pers.			海南白沙	2004	2	野生资源
6002	041104095	灰毛豆属	灰毛豆	*Tephrosia purpurea* (L.) Pers.			海南鹦哥岭	2004	2	野生资源
6003	041104002	灰毛豆属	灰毛豆	*Tephrosia purpurea* (L.) Pers.			海南昌江	2004	2	野生资源
6004	041104053	灰毛豆属	灰毛豆	*Tephrosia purpurea* (L.) Pers.			海南白沙	2004	2	野生资源
6005	041130291	灰毛豆属	灰毛豆	*Tephrosia purpurea* (L.) Pers.			海南文昌	2004	2	野生资源
6006	040822129	灰毛豆属	灰毛豆	*Tephrosia purpurea* (L.) Pers.			海南琼中	2004	2	野生资源
6007	041130018	灰毛豆属	灰毛豆	*Tephrosia purpurea* (L.) Pers.			海南昌江	2004	2	野生资源
6008	050106047	灰毛豆属	灰毛豆	*Tephrosia purpurea* (L.) Pers.			海南临高	2005	2	野生资源
6009	041130212	灰毛豆属	灰毛豆	*Tephrosia purpurea* (L.) Pers.			海南琼山	2004	2	野生资源
6010	051210053	灰毛豆属	灰毛豆	*Tephrosia purpurea* (L.) Pers.			海南五指山	2005	2	野生资源
6011	040822082	灰毛豆属	灰毛豆	*Tephrosia purpurea* (L.) Pers.			海南乐东	2004	2	野生资源
6012	041104066	灰毛豆属	灰毛豆	*Tephrosia purpurea* (L.) Pers.			海南白沙	2004	2	野生资源
6013	041130132	灰毛豆属	灰毛豆	*Tephrosia purpurea* (L.) Pers.			海南三亚	2004	2	野生资源
6014	041104092	灰毛豆属	灰毛豆	*Tephrosia purpurea* (L.) Pers.			海南鹦哥岭	2004	2	野生资源
6015	050101014	灰毛豆属	灰毛豆	*Tephrosia purpurea* (L.) Pers.			海南五指山	2005	2	野生资源
6016	051210046	灰毛豆属	灰毛豆	*Tephrosia purpurea* (L.) Pers.			海南五指山	2005	2	野生资源
6017	060428004	灰毛豆属	灰毛豆	*Tephrosia purpurea* (L.) Pers.			海南琼中	2006	2	野生资源
6018	051209016	灰毛豆属	灰毛豆	*Tephrosia purpurea* (L.) Pers.			海南琼山	2005	2	野生资源
6019	051210060	灰毛豆属	灰毛豆	*Tephrosia purpurea* (L.) Pers.			海南陵水	2005	2	野生资源

（续）

序号	送种单位编号	属　名	种　名	学　名	品种名（原文名）	材料来源	材料原产地	收种时间（年份）	保存地点	类型
6020	041104015	灰毛豆属	灰毛豆	*Tephrosia purpurea* (L.) Pers.			海南乐东	2004	2	野生资源
6021	041117011	灰毛豆属	灰毛豆	*Tephrosia purpurea* (L.) Pers.			海南三亚	2004	2	野生资源
6022	061126019	灰毛豆属	灰毛豆	*Tephrosia purpurea* (L.) Pers.			海南白沙	2006	2	野生资源
6023	061130004	灰毛豆属	灰毛豆	*Tephrosia purpurea* (L.) Pers.			海南亚龙湾	2006	2	野生资源
6024	041117012	灰毛豆属	灰毛豆	*Tephrosia purpurea* (L.) Pers.			海南三亚	2004	2	野生资源
6025	041130100	灰毛豆属	灰毛豆	*Tephrosia purpurea* (L.) Pers.			海南乐东	2004	2	野生资源
6026	040822100	灰毛豆属	灰毛豆	*Tephrosia purpurea* (L.) Pers.			海南乐东	2004	2	野生资源
6027	041117019	灰毛豆属	灰毛豆	*Tephrosia purpurea* (L.) Pers.			海南陵水提蒙	2004	2	野生资源
6028	041130067	灰毛豆属	灰毛豆	*Tephrosia purpurea* (L.) Pers.			海南东方	2004	2	野生资源
6029	060428003-2	灰毛豆属	灰毛豆	*Tephrosia purpurea* (L.) Pers.			海南琼中	2006	2	野生资源
6030	020301005	灰毛豆属	灰毛豆	*Tephrosia purpurea* (L.) Pers.			海南三亚红沙	2002	2	野生资源
6031	020301018	灰毛豆属	灰毛豆	*Tephrosia purpurea* (L.) Pers.			海南三亚梅山	2002	2	野生资源
6032	040212001	灰毛豆属	灰毛豆	*Tephrosia purpurea* (L.) Pers.			海南三亚	2004	2	野生资源
6033	071102002	灰毛豆属	灰毛豆	*Tephrosia purpurea* (L.) Pers.			海南尖峰天池	2007	2	野生资源
6034	040403001	灰毛豆属	灰毛豆	*Tephrosia purpurea* (L.) Pers.			海南万宁	2004	2	野生资源
6035	041104023	灰毛豆属	灰毛豆	*Tephrosia purpurea* (L.) Pers.			海南乐东	2004	2	野生资源
6036	041117009	灰毛豆属	灰毛豆	*Tephrosia purpurea* (L.) Pers.			海南三亚	2004	2	野生资源
6037	041117022	灰毛豆属	灰毛豆	*Tephrosia purpurea* (L.) Pers.			海南陵水提蒙	2004	2	野生资源
6038	041130031	灰毛豆属	灰毛豆	*Tephrosia purpurea* (L.) Pers.			海南昌江	2004	2	野生资源
6039	041130055	灰毛豆属	灰毛豆	*Tephrosia purpurea* (L.) Pers.			海南东方	2004	2	野生资源
6040	041130121-1	灰毛豆属	灰毛豆	*Tephrosia purpurea* (L.) Pers.			海南三亚崖城	2004	2	野生资源
6041	050319030	灰毛豆属	灰毛豆	*Tephrosia purpurea* (L.) Pers.			海南三亚田独	2005	2	野生资源
6042	051210034	灰毛豆属	灰毛豆	*Tephrosia purpurea* (L.) Pers.			海南琼中	2005	2	野生资源
6043	061115016	灰毛豆属	灰毛豆	*Tephrosia purpurea* (L.) Pers.			海南乐东	2006	2	野生资源
6044	061128001	灰毛豆属	灰毛豆	*Tephrosia purpurea* (L.) Pers.			海南东方	2006	2	野生资源

（续）

序号	送种单位编号	属名	种名	学名	品种名（原文名）	材料来源	材料原产地	收种时间（年份）	保存地点	类型
6045	061129027	灰毛豆属	灰毛豆	*Tephrosia purpurea* (L.) Pers.			海南乐东	2006	2	野生资源
6046	041130315	灰毛豆属	灰毛豆	*Tephrosia purpurea* (L.) Pers.			海南海口	2004	2	野生资源
6047	041130313	灰毛豆属	灰毛豆	*Tephrosia purpurea* (L.) Pers.			海南琼山	2004	2	野生资源
6048	060428025	灰毛豆属	灰毛豆	*Tephrosia purpurea* (L.) Pers.			海南琼中	2006	2	野生资源
6049	060428019	灰毛豆属	灰毛豆	*Tephrosia purpurea* (L.) Pers.			海南琼中	2006	2	野生资源
6050	060428022	灰毛豆属	灰毛豆	*Tephrosia purpurea* (L.) Pers.			海南琼中	2006	2	野生资源
6051	060428023	灰毛豆属	灰毛豆	*Tephrosia purpurea* (L.) Pers.			海南琼中	2006	2	野生资源
6052	060428021	灰毛豆属	灰毛豆	*Tephrosia purpurea* (L.) Pers.			海南琼中	2006	2	野生资源
6053	060428001	灰毛豆属	灰毛豆	*Tephrosia purpurea* (L.) Pers.			海南琼中	2006	2	野生资源
6054	060425003	灰毛豆属	灰毛豆	*Tephrosia purpurea* (L.) Pers.			海南琼中	2006	2	野生资源
6055	060428017	灰毛豆属	灰毛豆	*Tephrosia purpurea* (L.) Pers.			海南琼中	2006	2	野生资源
6056	060425008	灰毛豆属	灰毛豆	*Tephrosia purpurea* (L.) Pers.			海南琼中	2006	2	野生资源
6057	071102004	灰毛豆属	灰毛豆	*Tephrosia purpurea* (L.) Pers.			海南白沙	2007	2	野生资源
6058	060428008	灰毛豆属	灰毛豆	*Tephrosia purpurea* (L.) Pers.			海南乐东	2006	2	野生资源
6059	060428002	灰毛豆属	灰毛豆	*Tephrosia purpurea* (L.) Pers.			海南乐东	2006	2	野生资源
6060	140401084	灰毛豆属	灰毛豆	*Tephrosia purpurea* (L.) Pers.			广东湛江	2014	2	野生资源
6061	151014015	灰毛豆属	灰毛豆	*Tephrosia purpurea* (L.) Pers.			广东徐闻	2015	2	野生资源
6062	151020010	灰毛豆属	灰毛豆	*Tephrosia purpurea* (L.) Pers.			广东湛江南三镇	2015	2	野生资源
6063	041104011	灰毛豆属	灰毛豆	*Tephrosia purpurea* (L.) Pers.			海南乐东	2004	2	野生资源
6064	060428002-1	灰毛豆属	灰毛豆	*Tephrosia purpurea* (L.) Pers.			海南乐东	2006	2	野生资源
6065	071210014	灰毛豆属	灰毛豆	*Tephrosia purpurea* (L.) Pers.			海南海口	2007	2	野生资源
6066	070206001	灰毛豆属	灰毛豆	*Tephrosia purpurea* (L.) Pers.			云南丘北	2007	2	野生资源
6067	040822170	灰毛豆属	灰毛豆	*Tephrosia purpurea* (L.) Pers.			海南琼中	2004	2	野生资源
6068	060428020	灰毛豆属	灰毛豆	*Tephrosia purpurea* (L.) Pers.			海南琼中	2006	2	野生资源
6069	070320026	灰毛豆属	灰毛豆	*Tephrosia purpurea* (L.) Pers.			广西博白	2007	2	野生资源

（续）

序号	送种单位编号	属　名	种　名	学　　名	品种名（原文名）	材料来源	材料原产地	收种时间（年份）	保存地点	类型
6070	070301001	灰毛豆属	灰毛豆	*Tephrosia purpurea*（L.）Pers.			海南海口	2007	2	野生资源
6071	060401021	灰毛豆属	灰毛豆	*Tephrosia purpurea*（L.）Pers.			云南景洪	2006	2	野生资源
6072	070727001	灰毛豆属	灰毛豆	*Tephrosia purpurea*（L.）Pers.			非洲	2007	2	引进资源
6073	070120047	灰毛豆属	灰毛豆	*Tephrosia purpurea*（L.）Pers.			广东信宜	2007	2	野生资源
6074	070117099	灰毛豆属	灰毛豆	*Tephrosia purpurea*（L.）Pers.			广东龙川	2007	2	野生资源
6075	060302003	灰毛豆属	灰毛豆	*Tephrosia purpurea*（L.）Pers.			海南陵水	2006	2	野生资源
6076	060322001	灰毛豆属	灰毛豆	*Tephrosia purpurea*（L.）Pers.			广东湛江	2006	2	野生资源
6077	061130021	灰毛豆属	灰毛豆	*Tephrosia purpurea*（L.）Pers.			海南陵水	2006	2	野生资源
6078	051212099	灰毛豆属	灰毛豆	*Tephrosia purpurea*（L.）Pers.			海南东方	2005	2	野生资源
6079	070227054	灰毛豆属	灰毛豆	*Tephrosia purpurea*（L.）Pers.			云南安阳	2007	2	野生资源
6080	041130157	灰毛豆属	灰毛豆	*Tephrosia purpurea*（L.）Pers.			海南陵水文罗	2004	2	野生资源
6081	041130157	灰毛豆属	灰毛豆	*Tephrosia purpurea*（L.）Pers.			海南陵水文罗	2004	2	野生资源
6082	061220009	灰毛豆属	灰毛豆	*Tephrosia purpurea*（L.）Pers.			海南乐东	2006	2	野生资源
6083	HN435	灰毛豆属	灰毛豆	*Tephrosia purpurea*（L.）Pers.			海南乐东	2004	3	野生资源
6084	HN1395	灰毛豆属	灰毛豆	*Tephrosia purpurea*（L.）Pers.			海南东方	2010	3	野生资源
6085	HN1337	灰毛豆属	灰毛豆	*Tephrosia purpurea*（L.）Pers.			海南志仲	2010	3	野生资源
6086	HN1390	灰毛豆属	灰毛豆	*Tephrosia purpurea*（L.）Pers.			海南陵水英州	2010	3	野生资源
6087	HN1339	灰毛豆属	灰毛豆	*Tephrosia purpurea*（L.）Pers.			海南陵水英州	2010	3	野生资源
6088	HN1340	灰毛豆属	灰毛豆	*Tephrosia purpurea*（L.）Pers.			海南陵水	2010	3	野生资源
6089	HN1393	灰毛豆属	灰毛豆	*Tephrosia purpurea*（L.）Pers.			海南陵水本号	2010	3	野生资源
6090	HN1341	灰毛豆属	灰毛豆	*Tephrosia purpurea*（L.）Pers.			海南琼中	2010	3	野生资源
6091	HN1342	灰毛豆属	灰毛豆	*Tephrosia purpurea*（L.）Pers.			海南万宁	2010	3	野生资源
6092	HN1345	灰毛豆属	灰毛豆	*Tephrosia purpurea*（L.）Pers.			海南冯家湾	2010	3	野生资源
6093	HN1348	灰毛豆属	灰毛豆	*Tephrosia purpurea*（L.）Pers.			海南海口	2010	3	野生资源
6094	HN1334	灰毛豆属	灰毛豆	*Tephrosia purpurea*（L.）Pers.			海南昌江	2010	3	野生资源

（续）

序号	送种单位编号	属　名	种　名	学　名	品种名（原文名）	材料来源	材料原产地	收种时间（年份）	保存地点	类型
6095	HN1330	灰毛豆属	灰毛豆	*Tephrosia purpurea* (L.) Pers.			海南鹦哥岭	2010	3	野生资源
6096	HN1394	灰毛豆属	灰毛豆	*Tephrosia purpurea* (L.) Pers.			海南白沙	2010	3	野生资源
6097	HN1392	灰毛豆属	灰毛豆	*Tephrosia purpurea* (L.) Pers.			海南鹦哥岭	2010	3	野生资源
6098	HN1328	灰毛豆属	灰毛豆	*Tephrosia purpurea* (L.) Pers.			海南白沙	2010	3	野生资源
6099	HN1324	灰毛豆属	灰毛豆	*Tephrosia purpurea* (L.) Pers.			海南琼中	2010	3	野生资源
6100	HN1351	灰毛豆属	灰毛豆	*Tephrosia purpurea* (L.) Pers.			海南儋州	2010	3	野生资源
6101	HN1350	灰毛豆属	灰毛豆	*Tephrosia purpurea* (L.) Pers.			海南临高	2010	3	野生资源
6102	HN1063	灰毛豆属	灰毛豆	*Tephrosia purpurea* (L.) Pers.			海南五指山	2010	3	野生资源
6103	HN1329	灰毛豆属	灰毛豆	*Tephrosia purpurea* (L.) Pers.			海南白沙	2010	3	野生资源
6104	HN1338	灰毛豆属	灰毛豆	*Tephrosia purpurea* (L.) Pers.			海南三亚	2010	3	野生资源
6105	HN1389	灰毛豆属	灰毛豆	*Tephrosia purpurea* (L.) Pers.			海南鹦哥岭	2010	3	野生资源
6106	HN1349	灰毛豆属	灰毛豆	*Tephrosia purpurea* (L.) Pers.			海南五指山	2010	3	野生资源
6107	HN1142	灰毛豆属	灰毛豆	*Tephrosia purpurea* (L.) Pers.			海南五指山	2010	3	野生资源
6108	HN1380	灰毛豆属	灰毛豆	*Tephrosia purpurea* (L.) Pers.			海南琼中	2010	3	野生资源
6109	HN1356	灰毛豆属	灰毛豆	*Tephrosia purpurea* (L.) Pers.			海南陵水	2010	3	野生资源
6110	HN1326	灰毛豆属	灰毛豆	*Tephrosia purpurea* (L.) Pers.			海南乐东	2010	3	野生资源
6111	HN1383	灰毛豆属	灰毛豆	*Tephrosia purpurea* (L.) Pers.			海南白沙	2010	3	野生资源
6112	HN1225	灰毛豆属	灰毛豆	*Tephrosia purpurea* (L.) Pers.			海南亚龙湾	2010	3	野生资源
6113	HN1332	灰毛豆属	灰毛豆	*Tephrosia purpurea* (L.) Pers.			海南三亚	2010	3	野生资源
6114	HN1397	灰毛豆属	灰毛豆	*Tephrosia purpurea* (L.) Pers.			海南乐东	2010	3	野生资源
6115	HN1333	灰毛豆属	灰毛豆	*Tephrosia purpurea* (L.) Pers.			海南陵水提蒙	2010	3	野生资源
6116	HN1336	灰毛豆属	灰毛豆	*Tephrosia purpurea* (L.) Pers.			海南东方	2010	3	野生资源
6117	HN1391	灰毛豆属	灰毛豆	*Tephrosia purpurea* (L.) Pers.			海南琼中	2010	3	野生资源
6118	HN1377	灰毛豆属	灰毛豆	*Tephrosia purpurea* (L.) Pers.			海南儋州两院	2010	3	野生资源
6119	HN1382	灰毛豆属	灰毛豆	*Tephrosia purpurea* (L.) Pers.			海南三亚红沙	2010	3	野生资源

（续）

序号	送种单位编号	属　名	种　名	学　名	品种名（原文名）	材料来源	材料原产地	收种时间（年份）	保存地点	类型
6120	HN1368	灰毛豆属	灰毛豆	*Tephrosia purpurea* (L.) Pers.			海南尖峰天池	2010	3	野生资源
6121	HN1327	灰毛豆属	灰毛豆	*Tephrosia purpurea* (L.) Pers.			海南乐东	2010	3	野生资源
6122	HN1335	灰毛豆属	灰毛豆	*Tephrosia purpurea* (L.) Pers.			海南东方	2010	3	野生资源
6123	HN1376	灰毛豆属	灰毛豆	*Tephrosia purpurea* (L.) Pers.			海南东方镇	2010	3	野生资源
6124	HN1378	灰毛豆属	灰毛豆	*Tephrosia purpurea* (L.) Pers.			海南三亚崖城	2010	3	野生资源
6125	HN1353	灰毛豆属	灰毛豆	*Tephrosia purpurea* (L.) Pers.			海南三亚田独	2010	3	野生资源
6126	HN1379	灰毛豆属	灰毛豆	*Tephrosia purpurea* (L.) Pers.			海南宝安	2010	3	野生资源
6127	HN1354	灰毛豆属	灰毛豆	*Tephrosia purpurea* (L.) Pers.			海南琼中	2010	3	野生资源
6128	HN1365	灰毛豆属	灰毛豆	*Tephrosia purpurea* (L.) Pers.			海南乐东	2010	3	野生资源
6129	HN1381	灰毛豆属	灰毛豆	*Tephrosia purpurea* (L.) Pers.			海南琼中	2010	3	野生资源
6130	HN1366	灰毛豆属	灰毛豆	*Tephrosia purpurea* (L.) Pers.			海南乐东	2010	3	野生资源
6131	HN1347	灰毛豆属	灰毛豆	*Tephrosia purpurea* (L.) Pers.			海南海口	2010	3	野生资源
6132	HN1362	灰毛豆属	灰毛豆	*Tephrosia purpurea* (L.) Pers.			海南琼中	2006	3	野生资源
6133	HN1384	灰毛豆属	灰毛豆	*Tephrosia purpurea* (L.) Pers.			海南琼中	2006	3	野生资源
6134	HN1363	灰毛豆属	灰毛豆	*Tephrosia purpurea* (L.) Pers.			海南琼中	2006	3	野生资源
6135	HN1387	灰毛豆属	灰毛豆	*Tephrosia purpurea* (L.) Pers.			海南琼中	2006	3	野生资源
6136	HN1375	灰毛豆属	灰毛豆	*Tephrosia purpurea* (L.) Pers.			海南琼中	2006	3	野生资源
6137	HN1360	灰毛豆属	灰毛豆	*Tephrosia purpurea* (L.) Pers.			海南琼中	2006	3	野生资源
6138	HN1357	灰毛豆属	灰毛豆	*Tephrosia purpurea* (L.) Pers.			海南琼中	2006	3	野生资源
6139	HN1361	灰毛豆属	灰毛豆	*Tephrosia purpurea* (L.) Pers.			海南琼中	2006	3	野生资源
6140	HN1359	灰毛豆属	灰毛豆	*Tephrosia purpurea* (L.) Pers.			海南琼中	2006	3	野生资源
6141	HN1369	灰毛豆属	灰毛豆	*Tephrosia purpurea* (L.) Pers.			海南琼中	2006	3	野生资源
6142	灰叶豆	灰毛豆属	灰毛豆	*Tephrosia purpurea* (L.) Pers.		ICRISAT		2006	2	引进资源
6143	020301032	软荚豆属	软荚豆	*Teramnus labialis* (L. f.) Spreng.			海南三亚天涯海角	2002	2	野生资源
6144	061021024	软荚豆属	软荚豆	*Teramnus labialis* (L. f.) Spreng.			海南儋州	2006	2	野生资源

（续）

序号	送种单位编号	属　名	种　名	学　名	品种名（原文名）	材料来源	材料原产地	收种时间（年份）	保存地点	类型
6145	061129056	软荚豆属	软荚豆	*Teramnus labialis*（L. f.）Spreng.			海南三亚安游	2006	2	野生资源
6146	060220030	软荚豆属	软荚豆	*Teramnus labialis*（L. f.）Spreng.			海南昌江	2006	2	野生资源
6147	020401061	软荚豆属	软荚豆	*Teramnus labialis*（L. f.）Spreng.			海南三亚	2002	2	野生资源
6148	060130032	软荚豆属	软荚豆	*Teramnus labialis*（L. f.）Spreng.			海南三亚	2006	2	野生资源
6149	060131016	软荚豆属	软荚豆	*Teramnus labialis*（L. f.）Spreng.			海南三亚崖城	2006	2	野生资源
6150	ZXY06A--61	车轴草属	埃及三叶草	*Trifolium alexandrinum* L.		俄罗斯	伊拉克	2008	3	引进资源
6151	ZXY06A--63	车轴草属	埃及三叶草	*Trifolium alexandrinum* L.		俄罗斯	意大利	2008	3	引进资源
6152	ZXY06A--65	车轴草属	埃及三叶草	*Trifolium alexandrinum* L.		俄罗斯	意大利	2008	3	引进资源
6153	ZXY06A--81	车轴草属	埃及三叶草	*Trifolium alexandrinum* L.		俄罗斯	伊拉克	2008	3	引进资源
6154	ZXY06A--82	车轴草属	埃及三叶草	*Trifolium alexandrinum* L.		俄罗斯	伊拉克	2008	3	引进资源
6155	ZXY06A--85	车轴草属	埃及三叶草	*Trifolium alexandrinum* L.		俄罗斯	伊拉克	2008	3	引进资源
6156	ZXY06A--115	车轴草属	埃及三叶草	*Trifolium alexandrinum* L.		俄罗斯	乌兹别克斯坦	2008	3	引进资源
6157	ZXY03P-52	车轴草属	库拉三叶草	*Trifolium ambiguum* Bieb.			俄罗斯	2014	3	引进资源
6158	zxy04p-234	车轴草属	库拉三叶草	*Trifolium ambiguum* Bieb.		俄罗斯	俄罗斯斯塔夫罗波尔	2010	1	引进资源
6159	zxy04p-245	车轴草属	库拉三叶草	*Trifolium ambiguum* Bieb.		俄罗斯	俄罗斯斯塔夫罗波尔	2010	1	引进资源
6160	zxy04p-316	车轴草属	库拉三叶草	*Trifolium ambiguum* Bieb.		俄罗斯		2010	1	引进资源
6161	zxy04p-334	车轴草属	库拉三叶草	*Trifolium ambiguum* Bieb.		俄罗斯		2010	1	引进资源
6162	ZXY-157	车轴草属	库拉三叶草	*Trifolium ambiguum* Bieb.			俄罗斯	2005	3	引进资源
6163	ZXY-177	车轴草属	库拉三叶草	*Trifolium ambiguum* Bieb.			俄罗斯	2005	3	引进资源
6164	ZXY-194	车轴草属	库拉三叶草	*Trifolium ambiguum* Bieb.			俄罗斯	2005	3	引进资源
6165	ZXY-210	车轴草属	库拉三叶草	*Trifolium ambiguum* Bieb.			俄罗斯	2005	3	引进资源
6166	ZXY-248	车轴草属	库拉三叶草	*Trifolium ambiguum* Bieb.			俄罗斯	2005	3	引进资源
6167	ZXY-261	车轴草属	库拉三叶草	*Trifolium ambiguum* Bieb.			俄罗斯	2005	3	引进资源
6168	ZXY-283	车轴草属	库拉三叶草	*Trifolium ambiguum* Bieb.			俄罗斯	2005	3	引进资源
6169	ZXY-331	车轴草属	库拉三叶草	*Trifolium ambiguum* Bieb.			俄罗斯	2005	3	引进资源

（续）

序号	送种单位编号	属　名	种　名	学　名	品种名（原文名）	材料来源	材料原产地	收种时间（年份）	保存地点	类型
6170	ZXY04P--316	车轴草属	库拉三叶草	*Trifolium ambiguum* Bieb.		俄罗斯	乌克兰	2008	3	引进资源
6171	ZXY03P-285	车轴草属	草莓三叶草	*Trifolium fragiferum* L.		俄罗斯		2014	3	引进资源
6172	zxy2011-8445	车轴草属	杂三叶草	*Trifolium hybridum* L.			俄罗斯巴什科尔托斯坦	2015	3	引进资源
6173	zxy2011-8475	车轴草属	杂三叶草	*Trifolium hybridum* L.			俄罗斯巴什科尔托斯坦	2015	3	引进资源
6174	zxy2011-8562	车轴草属	杂三叶草	*Trifolium hybridum* L.			俄罗斯阿尔汉格尔斯克	2015	3	引进资源
6175	KLW056	车轴草属	杂三叶草	*Trifolium hybridum* L.		新西兰		2003	3	引进资源
6176	KLWA17	车轴草属	杂三叶草	*Trifolium hybridum* L.	香蜜	加拿大		2003	3	引进资源
6177	ZXY08P-4624	车轴草属	杂三叶草	*Trifolium hybridum* L.			澳大利亚	2014	3	引进资源
6178	ZXY08P-4674	车轴草属	杂三叶草	*Trifolium hybridum* L.			拉脱维亚	2014	3	引进资源
6179	ZXY08P-4725	车轴草属	杂三叶草	*Trifolium hybridum* L.			拉脱维亚	2014	3	引进资源
6180	ZXY08P-4775	车轴草属	杂三叶草	*Trifolium hybridum* L.			拉脱维亚	2014	3	引进资源
6181	ZXY2009P-5569	车轴草属	杂三叶草	*Trifolium hybridum* L.			俄罗斯	2014	3	引进资源
6182	ZXY2009P-5578	车轴草属	杂三叶草	*Trifolium hybridum* L.			俄罗斯	2014	3	引进资源
6183	ZXY2009P-5587	车轴草属	杂三叶草	*Trifolium hybridum* L.			俄罗斯	2014	3	引进资源
6184	ZXY2009P-5597	车轴草属	杂三叶草	*Trifolium hybridum* L.			俄罗斯	2014	3	引进资源
6185	ZXY2009P-5619	车轴草属	杂三叶草	*Trifolium hybridum* L.			俄罗斯	2014	3	引进资源
6186	ZXY2009P-5645	车轴草属	杂三叶草	*Trifolium hybridum* L.			俄罗斯	2014	3	引进资源
6187	ZXY2009P-5649	车轴草属	杂三叶草	*Trifolium hybridum* L.			俄罗斯	2014	3	引进资源
6188	ZXY2009P-5668	车轴草属	杂三叶草	*Trifolium hybridum* L.			俄罗斯	2014	3	引进资源
6189	ZXY2009P-5693	车轴草属	杂三叶草	*Trifolium hybridum* L.			俄罗斯	2014	3	引进资源
6190	ZXY2009P-5699	车轴草属	杂三叶草	*Trifolium hybridum* L.			俄罗斯	2014	3	引进资源
6191	ZXY2009P-5741	车轴草属	杂三叶草	*Trifolium hybridum* L.			俄罗斯	2014	3	引进资源

（续）

序号	送种单位编号	属　名	种　名	学　　名	品种名（原文名）	材料来源	材料原产地	收种时间（年份）	保存地点	类型
6192	ZXY2009P-5743	车轴草属	杂三叶草	*Trifolium hybridum* L.			俄罗斯	2014	3	引进资源
6193	ZXY2009P-5746	车轴草属	杂三叶草	*Trifolium hybridum* L.			俄罗斯	2014	3	引进资源
6194	ZXY2009P-5762	车轴草属	杂三叶草	*Trifolium hybridum* L.			俄罗斯	2014	3	引进资源
6195	ZXY2009P-5780	车轴草属	杂三叶草	*Trifolium hybridum* L.			俄罗斯	2014	3	引进资源
6196	ZXY2009P-5798	车轴草属	杂三叶草	*Trifolium hybridum* L.			俄罗斯	2014	3	引进资源
6197	ZXY2009P-5811	车轴草属	杂三叶草	*Trifolium hybridum* L.			俄罗斯	2014	3	引进资源
6198	ZXY2009P-5823	车轴草属	杂三叶草	*Trifolium hybridum* L.			俄罗斯	2014	3	引进资源
6199	ZXY2009P-5852	车轴草属	杂三叶草	*Trifolium hybridum* L.			俄罗斯	2014	3	引进资源
6200	ZXY2009P-5857	车轴草属	杂三叶草	*Trifolium hybridum* L.			俄罗斯	2014	3	引进资源
6201	ZXY2009P-5876	车轴草属	杂三叶草	*Trifolium hybridum* L.			澳大利亚	2014	3	引进资源
6202	ZXY2009P-5890	车轴草属	杂三叶草	*Trifolium hybridum* L.			澳大利亚	2014	3	引进资源
6203	ZXY2009P-5958	车轴草属	杂三叶草	*Trifolium hybridum* L.			匈牙利	2014	3	引进资源
6204	ZXY2009P-5963	车轴草属	杂三叶草	*Trifolium hybridum* L.			匈牙利	2014	3	引进资源
6205	ZXY2009P-5979	车轴草属	杂三叶草	*Trifolium hybridum* L.			俄罗斯	2014	3	引进资源
6206	ZXY2009P-5984	车轴草属	杂三叶草	*Trifolium hybridum* L.			俄罗斯	2014	3	引进资源
6207	ZXY2009P-5989	车轴草属	杂三叶草	*Trifolium hybridum* L.			俄罗斯	2014	3	引进资源
6208	ZXY2009P-6025	车轴草属	杂三叶草	*Trifolium hybridum* L.			俄罗斯	2014	3	引进资源
6209	ZXY2009P-6046	车轴草属	杂三叶草	*Trifolium hybridum* L.			俄罗斯	2014	3	引进资源
6210	ZXY2009P-6053	车轴草属	杂三叶草	*Trifolium hybridum* L.			俄罗斯	2014	3	引进资源
6211	ZXY2009P-6058	车轴草属	杂三叶草	*Trifolium hybridum* L.			俄罗斯	2014	3	引进资源
6212	ZXY2009P-6078	车轴草属	杂三叶草	*Trifolium hybridum* L.			俄罗斯	2014	3	引进资源
6213	ZXY2009P-6106	车轴草属	杂三叶草	*Trifolium hybridum* L.			加拿大	2014	3	引进资源
6214	ZXY2009P-6113	车轴草属	杂三叶草	*Trifolium hybridum* L.			加拿大	2014	3	引进资源
6215	ZXY2009P-6154	车轴草属	杂三叶草	*Trifolium hybridum* L.			俄罗斯	2014	3	引进资源
6216	ZXY2009P-6162	车轴草属	杂三叶草	*Trifolium hybridum* L.			俄罗斯	2014	3	引进资源

（续）

序号	送种单位编号	属　名	种　名	学　名	品种名（原文名）	材料来源	材料原产地	收种时间（年份）	保存地点	类型
6217	ZXY2009P-6181	车轴草属	杂三叶草	*Trifolium hybridum* L.			俄罗斯	2014	3	引进资源
6218	ZXY2009P-6216	车轴草属	杂三叶草	*Trifolium hybridum* L.			乌克兰	2014	3	引进资源
6219	ZXY2009P-6224	车轴草属	杂三叶草	*Trifolium hybridum* L.			乌克兰	2014	3	引进资源
6220	ZXY2009P-6298	车轴草属	杂三叶草	*Trifolium hybridum* L.			拉脱维亚	2014	3	引进资源
6221	ZXY2009P-6305	车轴草属	杂三叶草	*Trifolium hybridum* L.			拉脱维亚	2014	3	引进资源
6222	ZXY2009P-6344	车轴草属	杂三叶草	*Trifolium hybridum* L.			拉脱维亚	2014	3	引进资源
6223	ZXY2009P-6363	车轴草属	杂三叶草	*Trifolium hybridum* L.			拉脱维亚	2014	3	引进资源
6224	ZXY2009P-6371	车轴草属	杂三叶草	*Trifolium hybridum* L.			拉脱维亚	2014	3	引进资源
6225	ZXY2009P-6395	车轴草属	杂三叶草	*Trifolium hybridum* L.			拉脱维亚	2014	3	引进资源
6226	ZXY2009P-6399	车轴草属	杂三叶草	*Trifolium hybridum* L.			拉脱维亚	2014	3	引进资源
6227	ZXY2009P-6406	车轴草属	杂三叶草	*Trifolium hybridum* L.			拉脱维亚	2014	3	引进资源
6228	ZXY2009P-6450	车轴草属	杂三叶草	*Trifolium hybridum* L.			拉脱维亚	2014	3	引进资源
6229	ZXY2009P-6489	车轴草属	杂三叶草	*Trifolium hybridum* L.			拉脱维亚	2014	3	引进资源
6230	ZXY2009P-6498	车轴草属	杂三叶草	*Trifolium hybridum* L.			拉脱维亚	2014	3	引进资源
6231	ZXY2009P-6528	车轴草属	杂三叶草	*Trifolium hybridum* L.			立陶宛	2014	3	引进资源
6232	ZXY2009P-6534	车轴草属	杂三叶草	*Trifolium hybridum* L.			立陶宛	2014	3	引进资源
6233	ZXY2009P-6538	车轴草属	杂三叶草	*Trifolium hybridum* L.			立陶宛	2014	3	引进资源
6234	ZXY2009P-6552	车轴草属	杂三叶草	*Trifolium hybridum* L.			立陶宛	2014	3	引进资源
6235	ZXY08P-4516	车轴草属	杂三叶草	*Trifolium hybridum* L.			加拿大	2014	3	引进资源
6236	zxy2010-7410	车轴草属	杂三叶草	*Trifolium hybridum* L.			立陶宛	2014	3	引进资源
6237	三 86-03	车轴草属	杂三叶草	*Trifolium hybridum* L.				2004	1	引进资源
6238	云农 0681	车轴草属	杂三叶草	*Trifolium hybridum* L.	香蜜	美国		2010	1	引进资源
6239	zxy-673	车轴草属	杂三叶草	*Trifolium hybridum* L.		俄罗斯		2010	1	引进资源
6240	zxy-690	车轴草属	杂三叶草	*Trifolium hybridum* L.		俄罗斯		2010	1	引进资源
6241	zxy-702	车轴草属	杂三叶草	*Trifolium hybridum* L.		俄罗斯		2010	1	引进资源

（续）

序号	送种单位编号	属　名	种　名	学　名	品种名（原文名）	材料来源	材料原产地	收种时间（年份）	保存地点	类型
6242	zxy-726	车轴草属	杂三叶草	*Trifolium hybridum* L.		俄罗斯		2010	1	引进资源
6243	zxy-840	车轴草属	杂三叶草	*Trifolium hybridum* L.		俄罗斯	俄罗斯库页岛	2010	1	引进资源
6244	zxy-850	车轴草属	杂三叶草	*Trifolium hybridum* L.		俄罗斯	俄罗斯库页岛	2010	1	引进资源
6245	zxy-963	车轴草属	杂三叶草	*Trifolium hybridum* L.		俄罗斯		2010	1	引进资源
6246	ZXY-619	车轴草属	杂三叶草	*Trifolium hybridum* L.			拉脱维亚	2005	3	引进资源
6247	ZXY-649	车轴草属	杂三叶草	*Trifolium hybridum* L.			拉脱维亚	2005	3	引进资源
6248	ZXY-673	车轴草属	杂三叶草	*Trifolium hybridum* L.			立陶宛	2005	3	引进资源
6249	ZXY-690	车轴草属	杂三叶草	*Trifolium hybridum* L.			立陶宛	2005	3	引进资源
6250	ZXY-702	车轴草属	杂三叶草	*Trifolium hybridum* L.			立陶宛	2005	3	引进资源
6251	ZXY-726	车轴草属	杂三叶草	*Trifolium hybridum* L.			立陶宛	2005	3	引进资源
6252	ZXY-740	车轴草属	杂三叶草	*Trifolium hybridum* L.			立陶宛	2005	3	引进资源
6253	ZXY-751	车轴草属	杂三叶草	*Trifolium hybridum* L.			立陶宛	2005	3	引进资源
6254	ZXY-790	车轴草属	杂三叶草	*Trifolium hybridum* L.			乌克兰	2005	3	引进资源
6255	ZXY-886	车轴草属	杂三叶草	*Trifolium hybridum* L.			俄罗斯	2005	3	引进资源
6256	ZXY-897	车轴草属	杂三叶草	*Trifolium hybridum* L.			俄罗斯	2005	3	引进资源
6257	ZXY-919	车轴草属	杂三叶草	*Trifolium hybridum* L.			荷兰	2005	3	引进资源
6258	ZXY-1007	车轴草属	杂三叶草	*Trifolium hybridum* L.			格鲁吉亚	2005	3	引进资源
6259	ZXY-24	车轴草属	杂三叶草	*Trifolium hybridum* L.			俄罗斯	2005	3	引进资源
6260	ZXY-260	车轴草属	杂三叶草	*Trifolium hybridum* L.			俄罗斯	2005	3	引进资源
6261	ZXY-282	车轴草属	杂三叶草	*Trifolium hybridum* L.			俄罗斯	2005	3	引进资源
6262	ZXY-308	车轴草属	杂三叶草	*Trifolium hybridum* L.			俄罗斯	2005	3	引进资源
6263	ZXY-329	车轴草属	杂三叶草	*Trifolium hybridum* L.			俄罗斯	2005	3	引进资源
6264	ZXY-330	车轴草属	杂三叶草	*Trifolium hybridum* L.			俄罗斯	2005	3	引进资源
6265	ZXY-345	车轴草属	杂三叶草	*Trifolium hybridum* L.			俄罗斯	2005	3	引进资源
6266	ZXY-358	车轴草属	杂三叶草	*Trifolium hybridum* L.			乌克兰	2005	3	引进资源

（续）

序号	送种单位编号	属　名	种　名	学　名	品种名（原文名）	材料来源	材料原产地	收种时间（年份）	保存地点	类型
6267	ZXY-379	车轴草属	杂三叶草	*Trifolium hybridum* L.			乌克兰	2005	3	引进资源
6268	YN2006-064	车轴草属	杂三叶草	*Trifolium hybridum* L.		昆明		2006	3	栽培资源
6269	72-11	车轴草属	杂三叶草	*Trifolium hybridum* L.	奥饶如(Aurora)	北京	加拿大	2006	3	引进资源
6270	81-7	车轴草属	杂三叶草	*Trifolium hybridum* L.		北京	新西兰	2006	3	引进资源
6271	E862	车轴草属	杂三叶草	*Trifolium hybridum* L.	2-2-1	湖北武汉江夏		2006	3	栽培资源
6272	ZXY05P--611	车轴草属	杂三叶草	*Trifolium hybridum* L.		俄罗斯	俄罗斯	2008	3	引进资源
6273	ZXY05P--655	车轴草属	杂三叶草	*Trifolium hybridum* L.		俄罗斯	俄罗斯	2008	3	引进资源
6274	ZXY05P--676	车轴草属	杂三叶草	*Trifolium hybridum* L.		俄罗斯	俄罗斯	2008	3	引进资源
6275	ZXY05P--730	车轴草属	杂三叶草	*Trifolium hybridum* L.		俄罗斯	俄罗斯	2008	3	引进资源
6276	ZXY05P--769	车轴草属	杂三叶草	*Trifolium hybridum* L.		俄罗斯	俄罗斯	2008	3	引进资源
6277	ZXY05P--779	车轴草属	杂三叶草	*Trifolium hybridum* L.		俄罗斯	俄罗斯	2008	3	引进资源
6278	ZXY05P--787	车轴草属	杂三叶草	*Trifolium hybridum* L.		俄罗斯	俄罗斯	2008	3	引进资源
6279	ZXY05P--849	车轴草属	杂三叶草	*Trifolium hybridum* L.		俄罗斯	白俄罗斯	2008	3	引进资源
6280	ZXY05P--861	车轴草属	杂三叶草	*Trifolium hybridum* L.		俄罗斯	白俄罗斯	2008	3	引进资源
6281	ZXY05P--944	车轴草属	杂三叶草	*Trifolium hybridum* L.		俄罗斯	拉脱维亚	2008	3	引进资源
6282	ZXY05P--965	车轴草属	杂三叶草	*Trifolium hybridum* L.		俄罗斯	拉脱维亚	2008	3	引进资源
6283	ZXY05P--987	车轴草属	杂三叶草	*Trifolium hybridum* L.		俄罗斯	拉脱维亚	2008	3	引进资源
6284	ZXY05P--1056	车轴草属	杂三叶草	*Trifolium hybridum* L.		俄罗斯	拉脱维亚	2008	3	引进资源
6285	ZXY05P--1068	车轴草属	杂三叶草	*Trifolium hybridum* L.		俄罗斯	拉脱维亚	2008	3	引进资源
6286	ZXY05P--1175	车轴草属	杂三叶草	*Trifolium hybridum* L.		俄罗斯	立陶宛	2008	3	引进资源
6287	ZXY05P--1191	车轴草属	杂三叶草	*Trifolium hybridum* L.		俄罗斯	立陶宛	2008	3	引进资源
6288	ZXY05P--1221	车轴草属	杂三叶草	*Trifolium hybridum* L.		俄罗斯	加拿大	2008	3	引进资源
6289	ZXY05P--1244	车轴草属	杂三叶草	*Trifolium hybridum* L.		俄罗斯	加拿大	2008	3	引进资源
6290	ZXY05P--1253	车轴草属	杂三叶草	*Trifolium hybridum* L.		俄罗斯	澳大利亚	2008	3	引进资源
6291	ZXY05P--1261	车轴草属	杂三叶草	*Trifolium hybridum* L.		俄罗斯	澳大利亚	2008	3	引进资源

（续）

序号	送种单位编号	属　名	种　名	学　名	品种名（原文名）	材料来源	材料原产地	收种时间（年份）	保存地点	类型
6292	ZXY05P--1486	车轴草属	杂三叶草	*Trifolium hybridum* L.		俄罗斯	南斯拉夫	2008	3	引进资源
6293	1527	车轴草属	杂三叶草	*Trifolium hybridum* L.		北京	澳大利亚	2007	3	引进资源
6294	ZXY06P-1874	车轴草属	杂三叶草	*Trifolium hybridum* L.		俄罗斯		2007	3	引进资源
6295	ZXY06P-1890	车轴草属	杂三叶草	*Trifolium hybridum* L.		俄罗斯		2007	3	引进资源
6296	ZXY06P-1903	车轴草属	杂三叶草	*Trifolium hybridum* L.		俄罗斯		2007	3	引进资源
6297	ZXY06P-1943	车轴草属	杂三叶草	*Trifolium hybridum* L.		俄罗斯		2007	3	引进资源
6298	ZXY06P-1952	车轴草属	杂三叶草	*Trifolium hybridum* L.		俄罗斯		2007	3	引进资源
6299	ZXY06P-1964	车轴草属	杂三叶草	*Trifolium hybridum* L.		俄罗斯		2007	3	引进资源
6300	ZXY06P-2037	车轴草属	杂三叶草	*Trifolium hybridum* L.		俄罗斯	俄罗斯	2007	3	引进资源
6301	ZXY06P-2052	车轴草属	杂三叶草	*Trifolium hybridum* L.		俄罗斯	俄罗斯	2007	3	引进资源
6302	ZXY06P-2098	车轴草属	杂三叶草	*Trifolium hybridum* L.		俄罗斯		2007	3	引进资源
6303	ZXY06P-2412	车轴草属	杂三叶草	*Trifolium hybridum* L.		俄罗斯	俄罗斯	2007	3	引进资源
6304	ZXY06P-2433	车轴草属	杂三叶草	*Trifolium hybridum* L.		俄罗斯	俄罗斯	2007	3	引进资源
6305	ZXY06P-2464	车轴草属	杂三叶草	*Trifolium hybridum* L.		俄罗斯	俄罗斯	2007	3	引进资源
6306	ZXY06P-2500	车轴草属	杂三叶草	*Trifolium hybridum* L.		俄罗斯	俄罗斯	2007	3	引进资源
6307	ZXY06P-2512	车轴草属	杂三叶草	*Trifolium hybridum* L.		俄罗斯	俄罗斯	2007	3	引进资源
6308	ZXY06P-2524	车轴草属	杂三叶草	*Trifolium hybridum* L.		俄罗斯	俄罗斯	2007	3	引进资源
6309	ZXY06P-2566	车轴草属	杂三叶草	*Trifolium hybridum* L.		俄罗斯	俄罗斯	2007	3	引进资源
6310	ZXY06P-2594	车轴草属	杂三叶草	*Trifolium hybridum* L.		俄罗斯	俄罗斯	2007	3	引进资源
6311	ZXY06P-2625	车轴草属	杂三叶草	*Trifolium hybridum* L.		俄罗斯	俄罗斯	2007	3	引进资源
6312	ZXY07P-3015	车轴草属	杂三叶草	*Trifolium hybridum* L.			白俄罗斯	2010	3	引进资源
6313	ZXY07P-3026	车轴草属	杂三叶草	*Trifolium hybridum* L.			白俄罗斯	2010	3	引进资源
6314	ZXY07P-3190	车轴草属	杂三叶草	*Trifolium hybridum* L.			俄罗斯	2010	3	引进资源
6315	ZXY07P-3207	车轴草属	杂三叶草	*Trifolium hybridum* L.			俄罗斯	2010	3	引进资源
6316	ZXY07P-3270	车轴草属	杂三叶草	*Trifolium hybridum* L.			俄罗斯	2010	3	引进资源

（续）

序号	送种单位编号	属 名	种 名	学 名	品种名（原文名）	材料来源	材料原产地	收种时间（年份）	保存地点	类型
6317	ZXY07P-3295	车轴草属	杂三叶草	*Trifolium hybridum* L.			俄罗斯	2010	3	引进资源
6318	ZXY07P-3414	车轴草属	杂三叶草	*Trifolium hybridum* L.			加拿大	2010	3	引进资源
6319	ZXY07P-3495	车轴草属	杂三叶草	*Trifolium hybridum* L.			俄罗斯	2010	3	引进资源
6320	ZXY07P-3513	车轴草属	杂三叶草	*Trifolium hybridum* L.			拉脱维亚	2010	3	引进资源
6321	ZXY07P-3528	车轴草属	杂三叶草	*Trifolium hybridum* L.			拉脱维亚	2010	3	引进资源
6322	ZXY07P-3662	车轴草属	杂三叶草	*Trifolium hybridum* L.			俄罗斯	2010	3	引进资源
6323	ZXY07P-3721	车轴草属	杂三叶草	*Trifolium hybridum* L.			俄罗斯	2010	3	引进资源
6324	ZXY07P-3740	车轴草属	杂三叶草	*Trifolium hybridum* L.			俄罗斯	2010	3	引进资源
6325	ZXY07P-3771	车轴草属	杂三叶草	*Trifolium hybridum* L.			波兰	2010	3	引进资源
6326	ZXY07P-4024	车轴草属	杂三叶草	*Trifolium hybridum* L.			美国	2010	3	引进资源
6327	ZXY07P-4078	车轴草属	杂三叶草	*Trifolium hybridum* L.			乌克兰	2010	3	引进资源
6328	ZXY07P-4117	车轴草属	杂三叶草	*Trifolium hybridum* L.			乌克兰	2010	3	引进资源
6329	ZXY2005P-624	车轴草属	杂三叶草	*Trifolium hybridum* L.		俄罗斯		2010	3	引进资源
6330	ZXY2005P-666	车轴草属	杂三叶草	*Trifolium hybridum* L.		俄罗斯		2010	3	引进资源
6331	ZXY2005P-715	车轴草属	杂三叶草	*Trifolium hybridum* L.		俄罗斯		2010	3	引进资源
6332	ZXY2005P-722	车轴草属	杂三叶草	*Trifolium hybridum* L.		俄罗斯		2010	3	引进资源
6333	ZXY2005P-917	车轴草属	杂三叶草	*Trifolium hybridum* L.		俄罗斯		2010	3	引进资源
6334	ZXY2005P-977	车轴草属	杂三叶草	*Trifolium hybridum* L.		俄罗斯		2010	3	引进资源
6335	ZXY2005P-1019	车轴草属	杂三叶草	*Trifolium hybridum* L.		俄罗斯		2010	3	引进资源
6336	ZXY2005P-1062	车轴草属	杂三叶草	*Trifolium hybridum* L.		俄罗斯		2010	3	引进资源
6337	ZXY2005P-1081	车轴草属	杂三叶草	*Trifolium hybridum* L.		俄罗斯		2010	3	引进资源
6338	ZXY2005P-1155	车轴草属	杂三叶草	*Trifolium hybridum* L.		俄罗斯		2010	3	引进资源
6339	ZXY2005P-1209	车轴草属	杂三叶草	*Trifolium hybridum* L.		俄罗斯		2010	3	引进资源
6340	ZXY2005P-1234	车轴草属	杂三叶草	*Trifolium hybridum* L.		俄罗斯		2010	3	引进资源
6341	ZXY2005P-1302	车轴草属	杂三叶草	*Trifolium hybridum* L.		俄罗斯		2010	3	引进资源

（续）

序号	送种单位编号	属　名	种　名	学　名	品种名（原文名）	材料来源	材料原产地	收种时间（年份）	保存地点	类型
6342	ZXY2005P-1326	车轴草属	杂三叶草	*Trifolium hybridum* L.		俄罗斯		2010	3	引进资源
6343	ZXY2005P-1424	车轴草属	杂三叶草	*Trifolium hybridum* L.		俄罗斯		2010	3	引进资源
6344	ZXY2005P-1442	车轴草属	杂三叶草	*Trifolium hybridum* L.		俄罗斯		2010	3	引进资源
6345	ZXY2005P-1455	车轴草属	杂三叶草	*Trifolium hybridum* L.		俄罗斯		2010	3	引进资源
6346	ZXY2005P-1468	车轴草属	杂三叶草	*Trifolium hybridum* L.		俄罗斯		2010	3	引进资源
6347	ZXY2005P-1520	车轴草属	杂三叶草	*Trifolium hybridum* L.		俄罗斯		2010	3	引进资源
6348	ZXY03P-297	车轴草属	杂三叶草	*Trifolium hybridum* L.	41108	俄罗斯		2014	3	引进资源
6349	ZXY03P-51	车轴草属	杂三叶草	*Trifolium hybridum* L.	41532	匈牙利		2014	3	引进资源
6350	zxy06p-1811	车轴草属	杂三叶草	*Trifolium hybridum* L.		俄罗斯		2010	1	引进资源
6351	zxy06p-1835	车轴草属	杂三叶草	*Trifolium hybridum* L.		俄罗斯	俄罗斯叶卡捷琳堡	2010	1	引进资源
6352	zxy06p-1874	车轴草属	杂三叶草	*Trifolium hybridum* L.		俄罗斯	俄罗斯叶卡捷琳堡	2010	1	引进资源
6353	zxy06p-1903	车轴草属	杂三叶草	*Trifolium hybridum* L.		俄罗斯	俄罗斯叶卡捷琳堡	2010	1	引进资源
6354	zxy06p-1952	车轴草属	杂三叶草	*Trifolium hybridum* L.		俄罗斯	俄罗斯叶卡捷琳堡	2010	1	引进资源
6355	zxy06p-1964	车轴草属	杂三叶草	*Trifolium hybridum* L.		俄罗斯	俄罗斯叶卡捷琳堡	2010	1	引进资源
6356	zxy06p-2412	车轴草属	杂三叶草	*Trifolium hybridum* L.		俄罗斯		2010	1	引进资源
6357	zxy06p-2433	车轴草属	杂三叶草	*Trifolium hybridum* L.		俄罗斯		2010	1	引进资源
6358	zxy06p-2464	车轴草属	杂三叶草	*Trifolium hybridum* L.		俄罗斯		2010	1	引进资源
6359	zxy06p-2500	车轴草属	杂三叶草	*Trifolium hybridum* L.		俄罗斯		2010	1	引进资源
6360	zxy06p-1614	车轴草属	杂三叶草	*Trifolium hybridum* L.		俄罗斯	俄罗斯叶卡捷琳堡	2010	1	引进资源
6361	ZXY03P-284	车轴草属	绛三叶草	*Trifolium incarnatum* L.	34540 Fronitier		美国	2014	3	引进资源
6362	GS20005	车轴草属	野火球	*Trifolium lupinaster* L.			甘肃岷县	2000	3	栽培资源
6363	86-338	车轴草属	红三叶草	*Trifolium pratense* L.	布理塔(Britla)	瑞典	瑞典	1999	3	引进资源
6364	84-856	车轴草属	红三叶草	*Trifolium pratense* L.	雷奎因(Redguin)			1999	3	引进资源
6365	86-339	车轴草属	红三叶草	*Trifolium pratense* L.	萨拉(Sara)	瑞典	瑞典	1999	3	引进资源
6366	86-363	车轴草属	红三叶草	*Trifolium pratense* L.	库恩(Kuhn)	北京	英国	2007	3	引进资源

（续）

序号	送种单位编号	属　名	种　名	学　名	品种名（原文名）	材料来源	材料原产地	收种时间（年份）	保存地点	类型
6367	74-52	车轴草属	红三叶草	*Trifolium pratense* L.	阿林同（Anlington）	美国	美国	1999	3	引进资源
6368	84-812	车轴草属	红三叶草	*Trifolium pratense* L.	新西兰（NewZealand）	美国		1999	3	引进资源
6369	83-3	车轴草属	红三叶草	*Trifolium pratense* L.	哈米多利			1999	3	引进资源
6370	80-72	车轴草属	红三叶草	*Trifolium pratense* L.	帕伟拉（pawera）			1999	3	引进资源
6371	80-13	车轴草属	红三叶草	*Trifolium pratense* L.	太平洋（pacific）	加拿大		1999	3	引进资源
6372	79-207	车轴草属	红三叶草	*Trifolium pratense* L.	特垂（Tetri）	英国	英国	1999	3	引进资源
6373	75-12	车轴草属	红三叶草	*Trifolium pratense* L.	哈尔埃（hamua）		新西兰	1999	3	引进资源
6374	1415	车轴草属	红三叶草	*Trifolium pratense* L.	巴东	湖北巴东		1999	3	栽培资源
6375	E140	车轴草属	红三叶草	*Trifolium pratense* L.	巴东	武汉	湖北巴东	2003	3	栽培资源
6376	GS0003	车轴草属	红三叶草	*Trifolium pratense* L.	天水	甘肃兰州		1999	3	栽培资源
6377	GS20003	车轴草属	红三叶草	*Trifolium pratense* L.	岷山	甘肃岷县		2000	3	栽培资源
6378	2001-10	车轴草属	红三叶草	*Trifolium pratense* L.	普通	中畜所		2005	3	引进资源
6379	E868	车轴草属	红三叶草	*Trifolium pratense* L.	新西兰（Newsland）	湖北武汉江夏		2006	3	引进资源
6380	79-139	车轴草属	红三叶草	*Trifolium pratense* L.	雷德奎（REDQUIN）	北京		2006	3	引进资源
6381	ZXY-192	车轴草属	红三叶草	*Trifolium pratense* L.			匈牙利	2005	3	引进资源
6382	ZXY-281	车轴草属	红三叶草	*Trifolium pratense* L.			美国	2005	3	引进资源
6383	ZXY-296	车轴草属	红三叶草	*Trifolium pratense* L.			美国	2005	3	引进资源
6384	ZXY-638	车轴草属	红三叶草	*Trifolium pratense* L.			匈牙利	2005	3	引进资源
6385	ZXY-942	车轴草属	红三叶草	*Trifolium pratense* L.			罗马尼亚	2005	3	引进资源
6386	ZXY-1009	车轴草属	红三叶草	*Trifolium pratense* L.			美国	2005	3	引进资源
6387	ZXY06P-1708	车轴草属	红三叶草	*Trifolium pratense* L.		俄罗斯	俄罗斯	2008	3	引进资源
6388	ZXY06P-1829	车轴草属	红三叶草	*Trifolium pratense* L.		俄罗斯	俄罗斯	2008	3	引进资源

（续）

序号	送种单位编号	属　名	种　名	学　名	品种名（原文名）	材料来源	材料原产地	收种时间（年份）	保存地点	类型
6389	ZXY06P-1849	车轴草属	红三叶草	*Trifolium pratense* L.		俄罗斯	吉尔吉斯斯坦	2008	3	引进资源
6390	ZXY06P-1855	车轴草属	红三叶草	*Trifolium pratense* L.		俄罗斯	吉尔吉斯斯坦	2008	3	引进资源
6391	ZXY06P-1860	车轴草属	红三叶草	*Trifolium pratense* L.		俄罗斯	吉尔吉斯斯坦	2008	3	引进资源
6392	ZXY06P-1870	车轴草属	红三叶草	*Trifolium pratense* L.		俄罗斯	吉尔吉斯斯坦	2008	3	引进资源
6393	ZXY06P-1945a	车轴草属	红三叶草	*Trifolium pratense* L.		俄罗斯	奥地利	2008	3	引进资源
6394	ZXY06P-1996a	车轴草属	红三叶草	*Trifolium pratense* L.		俄罗斯	俄罗斯	2008	3	引进资源
6395	ZXY06P-2003	车轴草属	红三叶草	*Trifolium pratense* L.		俄罗斯	俄罗斯	2008	3	引进资源
6396	ZXY06P-2033	车轴草属	红三叶草	*Trifolium pratense* L.		俄罗斯	俄罗斯	2008	3	引进资源
6397	ZXY06P-2074	车轴草属	红三叶草	*Trifolium pratense* L.		俄罗斯	俄罗斯	2008	3	引进资源
6398	ZXY06P-2084	车轴草属	红三叶草	*Trifolium pratense* L.		俄罗斯	俄罗斯	2008	3	引进资源
6399	ZXY06P-2134	车轴草属	红三叶草	*Trifolium pratense* L.		俄罗斯	俄罗斯	2008	3	引进资源
6400	ZXY06P-2145	车轴草属	红三叶草	*Trifolium pratense* L.		俄罗斯	俄罗斯	2008	3	引进资源
6401	ZXY06P-2155	车轴草属	红三叶草	*Trifolium pratense* L.		俄罗斯	俄罗斯	2008	3	引进资源
6402	ZXY06P-2290	车轴草属	红三叶草	*Trifolium pratense* L.		俄罗斯	意大利	2008	3	引进资源
6403	ZXY06P-2308	车轴草属	红三叶草	*Trifolium pratense* L.		俄罗斯	意大利	2008	3	引进资源
6404	ZXY06P-2426	车轴草属	红三叶草	*Trifolium pratense* L.		俄罗斯	乌克兰	2008	3	引进资源
6405	ZXY06P-2479	车轴草属	红三叶草	*Trifolium pratense* L.		俄罗斯	匈牙利	2008	3	引进资源
6406	ZXY06P-2484	车轴草属	红三叶草	*Trifolium pratense* L.		俄罗斯	匈牙利	2008	3	引进资源
6407	ZXY06P-2516	车轴草属	红三叶草	*Trifolium pratense* L.		俄罗斯	俄罗斯	2008	3	引进资源
6408	ZXY06P-2544	车轴草属	红三叶草	*Trifolium pratense* L.		俄罗斯	俄罗斯鄂木斯克	2008	3	引进资源
6409	ZXY06P-2548	车轴草属	红三叶草	*Trifolium pratense* L.		俄罗斯	俄罗斯鄂木斯克	2008	3	引进资源
6410	ZXY06P-2602	车轴草属	红三叶草	*Trifolium pratense* L.		俄罗斯	俄罗斯鄂木斯克	2008	3	引进资源
6411	ZXY07P-3029	车轴草属	红三叶草	*Trifolium pratense* L.			澳大利亚	2008	3	引进资源
6412	ZXY07P-3049	车轴草属	红三叶草	*Trifolium pratense* L.			澳大利亚	2008	3	引进资源
6413	ZXY07P-3080	车轴草属	红三叶草	*Trifolium pratense* L.			俄罗斯	2008	3	引进资源

（续）

序号	送种单位编号	属　名	种　名	学　　名	品种名（原文名）	材料来源	材料原产地	收种时间（年份）	保存地点	类型
6414	ZXY07P-3083	车轴草属	红三叶草	*Trifolium pratense* L.			俄罗斯	2008	3	引进资源
6415	ZXY07P-3088	车轴草属	红三叶草	*Trifolium pratense* L.			俄罗斯	2008	3	引进资源
6416	ZXY07P-3182	车轴草属	红三叶草	*Trifolium pratense* L.			俄罗斯	2008	3	引进资源
6417	ZXY07P-3188	车轴草属	红三叶草	*Trifolium pratense* L.			俄罗斯	2008	3	引进资源
6418	ZXY07P-3200	车轴草属	红三叶草	*Trifolium pratense* L.			俄罗斯	2008	3	引进资源
6419	ZXY07P-3236	车轴草属	红三叶草	*Trifolium pratense* L.			俄罗斯	2008	3	引进资源
6420	ZXY07P-3238	车轴草属	红三叶草	*Trifolium pratense* L.			俄罗斯	2008	3	引进资源
6421	ZXY07P-3258	车轴草属	红三叶草	*Trifolium pratense* L.			俄罗斯	2008	3	引进资源
6422	ZXY07P-3339	车轴草属	红三叶草	*Trifolium pratense* L.			俄罗斯	2008	3	引进资源
6423	ZXY07P-3406	车轴草属	红三叶草	*Trifolium pratense* L.			乌克兰	2008	3	引进资源
6424	ZXY07P-3412	车轴草属	红三叶草	*Trifolium pratense* L.			白俄罗斯	2008	3	引进资源
6425	ZXY07P-3440	车轴草属	红三叶草	*Trifolium pratense* L.			白俄罗斯	2008	3	引进资源
6426	ZXY07P-3659	车轴草属	红三叶草	*Trifolium pratense* L.			丹麦	2008	3	引进资源
6427	ZXY07P-3666	车轴草属	红三叶草	*Trifolium pratense* L.			丹麦	2008	3	引进资源
6428	ZXY07P-3682	车轴草属	红三叶草	*Trifolium pratense* L.			丹麦	2008	3	引进资源
6429	ZXY07P-3714	车轴草属	红三叶草	*Trifolium pratense* L.			意大利	2008	3	引进资源
6430	ZXY07P-3736	车轴草属	红三叶草	*Trifolium pratense* L.			意大利	2008	3	引进资源
6431	ZXY-529	车轴草属	红三叶草	*Trifolium pratense* L.			吉尔吉斯斯坦	2008	3	引进资源
6432	ZXY-533	车轴草属	红三叶草	*Trifolium pratense* L.			吉尔吉斯斯坦	2008	3	引进资源
6433	ZXY-539	车轴草属	红三叶草	*Trifolium pratense* L.			吉尔吉斯斯坦	2008	3	引进资源
6434	ZXY-622	车轴草属	红三叶草	*Trifolium pratense* L.			美国	2008	3	引进资源
6435	ZXY-627	车轴草属	红三叶草	*Trifolium pratense* L.			美国	2008	3	引进资源
6436	ZXY-633	车轴草属	红三叶草	*Trifolium pratense* L.			美国	2008	3	引进资源
6437	ZXY-639	车轴草属	红三叶草	*Trifolium pratense* L.			秘鲁	2008	3	引进资源
6438	ZXY-651	车轴草属	红三叶草	*Trifolium pratense* L.			美国	2008	3	引进资源

（续）

序号	送种单位编号	属　名	种　名	学　名	品种名（原文名）	材料来源	材料原产地	收种时间（年份）	保存地点	类型
6439	ZXY-654	车轴草属	红三叶草	*Trifolium pratense* L.			葡萄牙	2008	3	引进资源
6440	ZXY-655	车轴草属	红三叶草	*Trifolium pratense* L.			葡萄牙	2008	3	引进资源
6441	ZXY-676	车轴草属	红三叶草	*Trifolium pratense* L.			葡萄牙	2008	3	引进资源
6442	ZXY-692	车轴草属	红三叶草	*Trifolium pratense* L.			葡萄牙	2008	3	引进资源
6443	ZXY-792	车轴草属	红三叶草	*Trifolium pratense* L.			罗马尼亚	2008	3	引进资源
6444	ZXY-802	车轴草属	红三叶草	*Trifolium pratense* L.			罗马尼亚	2008	3	引进资源
6445	ZXY-827	车轴草属	红三叶草	*Trifolium pratense* L.			罗马尼亚	2008	3	引进资源
6446	ZXY-922	车轴草属	红三叶草	*Trifolium pratense* L.			白俄罗斯	2010	3	引进资源
6447	ZXY06P-1656	车轴草属	红三叶草	*Trifolium pratense* L.			俄罗斯	2010	3	引进资源
6448	ZXY06P-1731	车轴草属	红三叶草	*Trifolium pratense* L.			俄罗斯	2010	3	引进资源
6449	ZXY06P-1977	车轴草属	红三叶草	*Trifolium pratense* L.			俄罗斯	2010	3	引进资源
6450	ZXY06P-2019	车轴草属	红三叶草	*Trifolium pratense* L.			俄罗斯	2010	3	引进资源
6451	ZXY2005P-984	车轴草属	红三叶草	*Trifolium pratense* L.			俄罗斯	2010	3	引进资源
6452	ZXY2005P-1069	车轴草属	红三叶草	*Trifolium pratense* L.			俄罗斯	2010	3	引进资源
6453	ZXY2005P-1131	车轴草属	红三叶草	*Trifolium pratense* L.			俄罗斯	2010	3	引进资源
6454	GS2367	车轴草属	红三叶草	*Trifolium pratense* L.			加拿大	2010	3	引进资源
6455	ZXY08P-4591	车轴草属	红三叶草	*Trifolium pratense* L.			格鲁吉亚	2014	3	引进资源
6456	ZXY08P-4718	车轴草属	红三叶草	*Trifolium pratense* L.			俄罗斯	2014	3	引进资源
6457	ZXY08P-4743	车轴草属	红三叶草	*Trifolium pratense* L.			俄罗斯	2014	3	引进资源
6458	ZXY08P-4750	车轴草属	红三叶草	*Trifolium pratense* L.			俄罗斯	2014	3	引进资源
6459	ZXY08P-4759	车轴草属	红三叶草	*Trifolium pratense* L.			俄罗斯	2014	3	引进资源
6460	ZXY08P-4800	车轴草属	红三叶草	*Trifolium pratense* L.			吉尔吉斯斯坦	2014	3	引进资源
6461	ZXY08P-4820	车轴草属	红三叶草	*Trifolium pratense* L.			俄罗斯	2014	3	引进资源
6462	ZXY08P-4836	车轴草属	红三叶草	*Trifolium pratense* L.			乌克兰	2014	3	引进资源
6463	ZXY08P-4847	车轴草属	红三叶草	*Trifolium pratense* L.			乌克兰	2014	3	引进资源

（续）

序号	送种单位编号	属　名	种　名	学　名	品种名（原文名）	材料来源	材料原产地	收种时间（年份）	保存地点	类型
6464	ZXY08P-4858	车轴草属	红三叶草	*Trifolium pratense* L.			乌克兰	2014	3	引进资源
6465	ZXY08P-4963	车轴草属	红三叶草	*Trifolium pratense* L.			美国	2014	3	引进资源
6466	ZXY08P-5004	车轴草属	红三叶草	*Trifolium pratense* L.			美国	2014	3	引进资源
6467	ZXY08P-5018	车轴草属	红三叶草	*Trifolium pratense* L.			俄罗斯	2014	3	引进资源
6468	ZXY08P-5044	车轴草属	红三叶草	*Trifolium pratense* L.			俄罗斯	2014	3	引进资源
6469	ZXY08P-5055	车轴草属	红三叶草	*Trifolium pratense* L.			俄罗斯	2014	3	引进资源
6470	ZXY08P-5079	车轴草属	红三叶草	*Trifolium pratense* L.			俄罗斯	2014	3	引进资源
6471	ZXY08P-5115	车轴草属	红三叶草	*Trifolium pratense* L.			白俄罗斯	2014	3	引进资源
6472	ZXY08P-5184	车轴草属	红三叶草	*Trifolium pratense* L.			俄罗斯	2014	3	引进资源
6473	ZXY08P-5204	车轴草属	红三叶草	*Trifolium pratense* L.			拉脱维亚	2014	3	引进资源
6474	ZXY08P-5268	车轴草属	红三叶草	*Trifolium pratense* L.			意大利	2014	3	引进资源
6475	ZXY08P-5295	车轴草属	红三叶草	*Trifolium pratense* L.			意大利	2014	3	引进资源
6476	ZXY08P-5313	车轴草属	红三叶草	*Trifolium pratense* L.			丹麦	2014	3	引进资源
6477	ZXY08P-5319	车轴草属	红三叶草	*Trifolium pratense* L.			丹麦	2014	3	引进资源
6478	ZXY08P-5411	车轴草属	红三叶草	*Trifolium pratense* L.			吉尔吉斯斯坦	2014	3	引进资源
6479	ZXY08P-5419	车轴草属	红三叶草	*Trifolium pratense* L.			吉尔吉斯斯坦	2014	3	引进资源
6480	ZXY08P-5422	车轴草属	红三叶草	*Trifolium pratense* L.			吉尔吉斯斯坦	2014	3	引进资源
6481	ZXY08P-5432	车轴草属	红三叶草	*Trifolium pratense* L.			吉尔吉斯斯坦	2014	3	引进资源
6482	ZXY2009P-5550	车轴草属	红三叶草	*Trifolium pratense* L.			格鲁吉亚	2014	3	引进资源
6483	ZXY2009P-5556	车轴草属	红三叶草	*Trifolium pratense* L.			格鲁吉亚	2014	3	引进资源
6484	ZXY2009P-5598	车轴草属	红三叶草	*Trifolium pratense* L.			格鲁吉亚	2014	3	引进资源
6485	ZXY2009P-5604	车轴草属	红三叶草	*Trifolium pratense* L.			格鲁吉亚	2014	3	引进资源
6486	ZXY2009P-5655	车轴草属	红三叶草	*Trifolium pratense* L.			俄罗斯	2014	3	引进资源
6487	ZXY2009P-5676	车轴草属	红三叶草	*Trifolium pratense* L.			俄罗斯	2014	3	引进资源
6488	ZXY2009P-5733	车轴草属	红三叶草	*Trifolium pratense* L.			英国	2014	3	引进资源

（续）

序号	送种单位编号	属　名	种　名	学　　名	品种名（原文名）	材料来源	材料原产地	收种时间（年份）	保存地点	类型
6489	ZXY2009P-5767	车轴草属	红三叶草	*Trifolium pratense* L.			俄罗斯	2014	3	引进资源
6490	ZXY2009P-5777	车轴草属	红三叶草	*Trifolium pratense* L.			俄罗斯	2014	3	引进资源
6491	ZXY2009P-5787	车轴草属	红三叶草	*Trifolium pratense* L.			俄罗斯	2014	3	引进资源
6492	ZXY2009P-5791	车轴草属	红三叶草	*Trifolium pratense* L.			俄罗斯	2014	3	引进资源
6493	ZXY2009P-5799	车轴草属	红三叶草	*Trifolium pratense* L.			俄罗斯	2014	3	引进资源
6494	ZXY2009P-5804	车轴草属	红三叶草	*Trifolium pratense* L.			俄罗斯	2014	3	引进资源
6495	ZXY2009P-5806	车轴草属	红三叶草	*Trifolium pratense* L.			俄罗斯	2014	3	引进资源
6496	ZXY2009P-5814	车轴草属	红三叶草	*Trifolium pratense* L.			俄罗斯	2014	3	引进资源
6497	ZXY2009P-5826	车轴草属	红三叶草	*Trifolium pratense* L.			俄罗斯	2014	3	引进资源
6498	ZXY2009P-5850	车轴草属	红三叶草	*Trifolium pratense* L.			俄罗斯	2014	3	引进资源
6499	ZXY2009P-6002	车轴草属	红三叶草	*Trifolium pratense* L.			匈牙利	2014	3	引进资源
6500	ZXY2009P-6008	车轴草属	红三叶草	*Trifolium pratense* L.			匈牙利	2014	3	引进资源
6501	ZXY2009P-6010	车轴草属	红三叶草	*Trifolium pratense* L.			匈牙利	2014	3	引进资源
6502	ZXY2009P-6133	车轴草属	红三叶草	*Trifolium pratense* L.			俄罗斯	2014	3	引进资源
6503	ZXY2009P-6140	车轴草属	红三叶草	*Trifolium pratense* L.			俄罗斯	2014	3	引进资源
6504	ZXY2009P-6146	车轴草属	红三叶草	*Trifolium pratense* L.			俄罗斯	2014	3	引进资源
6505	ZXY2009P-6152	车轴草属	红三叶草	*Trifolium pratense* L.			俄罗斯	2014	3	引进资源
6506	ZXY2009P-6185	车轴草属	红三叶草	*Trifolium pratense* L.			俄罗斯	2014	3	引进资源
6507	ZXY2009P-6192	车轴草属	红三叶草	*Trifolium pratense* L.			吉尔吉斯斯坦	2014	3	引进资源
6508	ZXY2009P-6328	车轴草属	红三叶草	*Trifolium pratense* L.			拉脱维亚	2014	3	引进资源
6509	ZXY2009P-6335	车轴草属	红三叶草	*Trifolium pratense* L.			拉脱维亚	2014	3	引进资源
6510	ZXY2009P-6345	车轴草属	红三叶草	*Trifolium pratense* L.			拉脱维亚	2014	3	引进资源
6511	ZXY2009P-6348	车轴草属	红三叶草	*Trifolium pratense* L.			拉脱维亚	2014	3	引进资源
6512	ZXY2009P-6370	车轴草属	红三叶草	*Trifolium pratense* L.			拉脱维亚	2014	3	引进资源
6513	ZXY2009P-6396	车轴草属	红三叶草	*Trifolium pratense* L.			拉脱维亚	2014	3	引进资源

（续）

序号	送种单位编号	属　名	种　名	学　名	品种名（原文名）	材料来源	材料原产地	收种时间（年份）	保存地点	类型
6514	ZXY2009P-6413	车轴草属	红三叶草	*Trifolium pratense* L.			美国	2014	3	引进资源
6515	ZXY2009P-6420	车轴草属	红三叶草	*Trifolium pratense* L.			美国	2014	3	引进资源
6516	ZXY2009P-6428	车轴草属	红三叶草	*Trifolium pratense* L.			美国	2014	3	引进资源
6517	ZXY2009P-6442	车轴草属	红三叶草	*Trifolium pratense* L.			俄罗斯	2014	3	引进资源
6518	ZXY2009P-6451	车轴草属	红三叶草	*Trifolium pratense* L.			俄罗斯	2014	3	引进资源
6519	ZXY2009P-6468	车轴草属	红三叶草	*Trifolium pratense* L.			俄罗斯	2014	3	引进资源
6520	ZXY2009P-6506	车轴草属	红三叶草	*Trifolium pratense* L.			美国	2014	3	引进资源
6521	ZXY2009P-6535	车轴草属	红三叶草	*Trifolium pratense* L.			美国	2014	3	引进资源
6522	zxy2010-7258	车轴草属	红三叶草	*Trifolium pratense* L.			俄罗斯楚瓦什	2014	3	引进资源
6523	zxy2010-7348	车轴草属	红三叶草	*Trifolium pratense* L.			美国	2014	3	引进资源
6524	zxy2010-7361	车轴草属	红三叶草	*Trifolium pratense* L.			美国	2014	3	引进资源
6525	zxy2010-7389	车轴草属	红三叶草	*Trifolium pratense* L.			美国	2014	3	引进资源
6526	zxy2010-7455	车轴草属	红三叶草	*Trifolium pratense* L.			неизвестно	2014	3	引进资源
6527	zxy2010-7558	车轴草属	红三叶草	*Trifolium pratense* L.			巴尔卡尔	2014	3	引进资源
6528	zxy2010-7624	车轴草属	红三叶草	*Trifolium pratense* L.			乌克兰	2014	3	引进资源
6529	zxy2010-7662	车轴草属	红三叶草	*Trifolium pratense* L.			乌克兰	2014	3	引进资源
6530	zxy2010-7767	车轴草属	红三叶草	*Trifolium pratense* L.			加拿大	2014	3	引进资源
6531	zxy2010-7780	车轴草属	红三叶草	*Trifolium pratense* L.			加拿大	2014	3	引进资源
6532	zxy2010-7807	车轴草属	红三叶草	*Trifolium pratense* L.			加拿大	2014	3	引进资源
6533	zxy2010-7815	车轴草属	红三叶草	*Trifolium pratense* L.			加拿大	2014	3	引进资源
6534	zxy2010-7828	车轴草属	红三叶草	*Trifolium pratense* L.			加拿大	2014	3	引进资源
6535	zxy2011-8039	车轴草属	红三叶草	*Trifolium pratense* L.			俄罗斯阿尔汉格尔斯克	2016	3	引进资源
6536	zxy2011-8163	车轴草属	红三叶草	*Trifolium pratense* L.			俄罗斯阿尔汉格尔斯克	2016	3	引进资源

（续）

序号	送种单位编号	属　名	种　名	学　名	品种名（原文名）	材料来源	材料原产地	收种时间（年份）	保存地点	类型
6537	zxy2011P-8507	车轴草属	红三叶草	*Trifolium pratense* L.			俄罗斯	2016	3	引进资源
6538	971	车轴草属	红三叶草	*Trifolium pratense* L.	巴东	湖北畜牧所	湖北	2004	1	栽培资源
6539	86-362	车轴草属	红三叶草	*Trifolium pratense* L.	默维奥特	中农院北京畜牧所	英国	2004	1	引进资源
6540	2550	车轴草属	红三叶草	*Trifolium pratense* L.	巩乃斯	中农院北京畜牧所	新疆	2004	1	栽培资源
6541	200702147	车轴草属	红三叶草	*Trifolium pratense* L.	加拿大	中国	加拿大温尼伯	2010	1	引进资源
6542	云农 0641	车轴草属	红三叶草	*Trifolium pratense* L.	多丽	云南农业大学	小亚细亚及东南欧	2010	1	引进资源
6543	云农 0642	车轴草属	红三叶草	*Trifolium pratense* L.	瑞德	美国	欧洲	2010	1	引进资源
6544	zxy-577	车轴草属	红三叶草	*Trifolium pratense* L.		俄罗斯		2010	1	引进资源
6545	zxy-592	车轴草属	红三叶草	*Trifolium pratense* L.		俄罗斯		2010	1	引进资源
6546	zxy-600	车轴草属	红三叶草	*Trifolium pratense* L.		俄罗斯		2010	1	引进资源
6547	zxy-921	车轴草属	红三叶草	*Trifolium pratense* L.		俄罗斯		2010	1	引进资源
6548	zxy-934	车轴草属	红三叶草	*Trifolium pratense* L.		俄罗斯		2010	1	引进资源
6549	zxy-965	车轴草属	红三叶草	*Trifolium pratense* L.		俄罗斯		2010	1	引进资源
6550	zxy-984	车轴草属	红三叶草	*Trifolium pratense* L.		俄罗斯		2010	1	引进资源
6551	zxy-1009	车轴草属	红三叶草	*Trifolium pratense* L.		俄罗斯		2010	1	引进资源
6552	zxy-1020	车轴草属	红三叶草	*Trifolium pratense* L.		俄罗斯		2010	1	引进资源
6553	zxy-1058	车轴草属	红三叶草	*Trifolium pratense* L.		俄罗斯		2010	1	引进资源
6554	zxy06p-1623	车轴草属	红三叶草	*Trifolium pratense* L.		俄罗斯	俄罗斯阿尔汉格尔斯克	2010	1	引进资源
6555	zxy06p-1782	车轴草属	红三叶草	*Trifolium pratense* L.		俄罗斯	南斯拉夫	2010	1	引进资源
6556	zxy06p-1793	车轴草属	红三叶草	*Trifolium pratense* L.		俄罗斯	南斯拉夫	2010	1	引进资源
6557	zxy06p-1802	车轴草属	红三叶草	*Trifolium pratense* L.		俄罗斯		2010	1	引进资源
6558	zxy06p-1815	车轴草属	红三叶草	*Trifolium pratense* L.		俄罗斯		2010	1	引进资源

（续）

序号	送种单位编号	属　名	种　名	学　名	品种名（原文名）	材料来源	材料原产地	收种时间（年份）	保存地点	类型
6559	zxy06p-1823	车轴草属	红三叶草	*Trifolium pratense* L.		俄罗斯		2010	1	引进资源
6560	zxy06p-1829	车轴草属	红三叶草	*Trifolium pratense* L.		俄罗斯		2010	1	引进资源
6561	zxy06p-1840	车轴草属	红三叶草	*Trifolium pratense* L.		俄罗斯		2010	1	引进资源
6562	zxy06p-1884	车轴草属	红三叶草	*Trifolium pratense* L.		俄罗斯		2010	1	引进资源
6563	zxy06p-1907	车轴草属	红三叶草	*Trifolium pratense* L.		俄罗斯		2010	1	引进资源
6564	zxy06p-1915	车轴草属	红三叶草	*Trifolium pratense* L.		俄罗斯		2010	1	引进资源
6565	zxy06p-1945a	车轴草属	红三叶草	*Trifolium pratense* L.		俄罗斯		2010	1	引进资源
6566	zxy06p-2012	车轴草属	红三叶草	*Trifolium pratense* L.		俄罗斯	俄罗斯克拉斯诺达尔	2010	1	引进资源
6567	zxy06p-2106	车轴草属	红三叶草	*Trifolium pratense* L.		俄罗斯	俄罗斯阿尔泰	2010	1	引进资源
6568	zxy06p-2171	车轴草属	红三叶草	*Trifolium pratense* L.		俄罗斯		2010	1	引进资源
6569	zxy06p-2184	车轴草属	红三叶草	*Trifolium pratense* L.		俄罗斯		2010	1	引进资源
6570	zxy06p-2195	车轴草属	红三叶草	*Trifolium pratense* L.		俄罗斯		2010	1	引进资源
6571	zxy06p-2210	车轴草属	红三叶草	*Trifolium pratense* L.		俄罗斯		2010	1	引进资源
6572	zxy06p-2229	车轴草属	红三叶草	*Trifolium pratense* L.		俄罗斯		2010	1	引进资源
6573	zxy06p-2241	车轴草属	红三叶草	*Trifolium pratense* L.		俄罗斯		2010	1	引进资源
6574	zxy06p-2260	车轴草属	红三叶草	*Trifolium pratense* L.		俄罗斯		2010	1	引进资源
6575	zxy06p-2281	车轴草属	红三叶草	*Trifolium pratense* L.		俄罗斯		2010	1	引进资源
6576	zxy06p-2382	车轴草属	红三叶草	*Trifolium pratense* L.		俄罗斯		2010	1	引进资源
6577	zxy06p-2400	车轴草属	红三叶草	*Trifolium pratense* L.		俄罗斯		2010	1	引进资源
6578	zxy06p-2570	车轴草属	红三叶草	*Trifolium pratense* L.		俄罗斯	俄罗斯卡巴尔达—巴尔卡尔	2010	1	引进资源
6579	zxy06p-2581	车轴草属	红三叶草	*Trifolium pratense* L.		俄罗斯	俄罗斯克拉斯诺达尔	2010	1	引进资源
6580	zxy06p-2586	车轴草属	红三叶草	*Trifolium pratense* L.		俄罗斯	俄罗斯克拉斯诺达尔	2010	1	引进资源
6581	86-338	车轴草属	红三叶草	*Trifolium pratense* L.	布里塔(Britta)		瑞典	2010	1	引进资源
6582	xj2013-48	车轴草属	红三叶草	*Trifolium pratense* L.		新疆	新疆南台子清水河	2012	3	栽培资源

（续）

序号	送种单位编号	属　名	种　名	学　　名	品种名（原文名）	材料来源	材料原产地	收种时间（年份）	保存地点	类型
6583	SC2010-030	车轴草属	白三叶草	*Trifolium repens* L.	拉丁努	四川洪雅	德国	2009	3	引进资源
6584	85-102	车轴草属	白三叶草	*Trifolium repens* L.	胡衣阿	北京		2007	3	引进资源
6585	GS1499	车轴草属	白三叶草	*Trifolium repens* L.	胡依阿	甘肃肃南红湾寺镇		2007	3	引进资源
6586	83-160	车轴草属	白三叶草	*Trifolium repens* L.		加拿大	加拿大	1999	3	引进资源
6587	E865	车轴草属	白三叶草	*Trifolium repens* L.	皮陶(Pitau)	湖北武汉江夏	新西兰	2005	3	引进资源
6588	81-87	车轴草属	白三叶草	*Trifolium repens* L.	克尔利卡(Cllilka)	丹麦		1999	3	引进资源
6589	80-67	车轴草属	白三叶草	*Trifolium repens* L.	米尔克(Milka)	北京		2007	3	引进资源
6590	81-175	车轴草属	白三叶草	*Trifolium repens* L.	雷托(Retor)	荷兰		1999	3	引进资源
6591	KLW067	车轴草属	白三叶草	*Trifolium repens* L.	爱丽丝	美国		2003	3	引进资源
6592	E143	车轴草属	白三叶草	*Trifolium repens* L.	路易斯安娜(Louisiana)	湖北草地站	美国	2001	3	引进资源
6593	CHQ03-249	车轴草属	白三叶草	*Trifolium repens* L.	海法(Haifa)	重庆奉节		2003	3	引进资源
6594	GS456	车轴草属	白三叶草	*Trifolium repens* L.	海法(Haifa)	宁夏盐池	澳大利亚	2004	3	引进资源
6595	GZH2004-3	车轴草属	白三叶草	*Trifolium repens* L.	海法(Haifa)	贵州独山		2003	3	引进资源
6596	JL07-99	车轴草属	白三叶草	*Trifolium repens* L.	海法(Haifa)	吉林长岭		2008	3	引进资源
6597	KLW059	车轴草属	白三叶草	*Trifolium repens* L.	海法(Haifa)	澳大利亚		2003	3	引进资源
6598	SCH2004-150	车轴草属	白三叶草	*Trifolium repens* L.	海法(Haifa)		澳大利亚	2003	3	引进资源
6599	E142	车轴草属	白三叶草	*Trifolium repens* L.	海法(Haifa)	湖北草地站	俄罗斯	2002	3	引进资源
6600	KLW060	车轴草属	白三叶草	*Trifolium repens* L.	铺地	美国	俄罗斯	2003	3	引进资源
6601	KLW062	车轴草属	白三叶草	*Trifolium repens* L.	那努克	荷兰		2003	3	引进资源
6602	2001-9	车轴草属	白三叶草	*Trifolium repens* L.	瑞文德	丹麦		2002	3	引进资源
6603	KLWA12	车轴草属	白三叶草	*Trifolium repens* L.	瑞文德	澳大利亚		2003	3	引进资源
6604	ZXY07P-3757	车轴草属	白三叶草	*Trifolium repens* L.			澳大利亚	2005	3	引进资源
6605	ZXY07P-3763	车轴草属	白三叶草	*Trifolium repens* L.			澳大利亚	2005	3	引进资源

（续）

序号	送种单位编号	属　名	种　名	学　　名	品种名（原文名）	材料来源	材料原产地	收种时间（年份）	保存地点	类型
6606	ZXY07P-3778	车轴草属	白三叶草	*Trifolium repens* L.			澳大利亚	2005	3	引进资源
6607	ZXY07P-3783	车轴草属	白三叶草	*Trifolium repens* L.			澳大利亚	2005	3	引进资源
6608	ZXY07P-3790	车轴草属	白三叶草	*Trifolium repens* L.			澳大利亚	2005	3	引进资源
6609	ZXY07P-3806	车轴草属	白三叶草	*Trifolium repens* L.			澳大利亚	2005	3	引进资源
6610	ZXY07P-3990	车轴草属	白三叶草	*Trifolium repens* L.			英国	2005	3	引进资源
6611	ZXY07P-4011	车轴草属	白三叶草	*Trifolium repens* L.			英国	2005	3	引进资源
6612	ZXY07P-4023	车轴草属	白三叶草	*Trifolium repens* L.			英国	2005	3	引进资源
6613	ZXY07P-4145	车轴草属	白三叶草	*Trifolium repens* L.			立陶宛	2005	3	引进资源
6614	ZXY-935	车轴草属	白三叶草	*Trifolium repens* L.			美国	2005	3	引进资源
6615	ZXY-943	车轴草属	白三叶草	*Trifolium repens* L.			美国	2005	3	引进资源
6616	ZXY-985	车轴草属	白三叶草	*Trifolium repens* L.			爱尔兰	2005	3	引进资源
6617	ZXY-1047	车轴草属	白三叶草	*Trifolium repens* L.			澳大利亚	2005	3	引进资源
6618	ZXY-19	车轴草属	白三叶草	*Trifolium repens* L.			澳大利亚	2005	3	引进资源
6619	ZXY-119	车轴草属	白三叶草	*Trifolium repens* L.			英国	2005	3	引进资源
6620	ZXY-170	车轴草属	白三叶草	*Trifolium repens* L.			英国	2005	3	引进资源
6621	ZXY-224	车轴草属	白三叶草	*Trifolium repens* L.			美国	2005	3	引进资源
6622	ZXY-276	车轴草属	白三叶草	*Trifolium repens* L.			美国	2005	3	引进资源
6623	ZXY-292	车轴草属	白三叶草	*Trifolium repens* L.			美国	2005	3	引进资源
6624	ZXY-373	车轴草属	白三叶草	*Trifolium repens* L.			英国	2005	3	引进资源
6625	92-252	车轴草属	白三叶草	*Trifolium repens* L.		北京	澳大利亚	2006	3	引进资源
6626	ZXY05P--899	车轴草属	白三叶草	*Trifolium repens* L.		俄罗斯	俄罗斯	2008	3	引进资源
6627	ZXY05P--1179	车轴草属	白三叶草	*Trifolium repens* L.		俄罗斯	俄罗斯	2008	3	引进资源
6628	ZXY05P--1193	车轴草属	白三叶草	*Trifolium repens* L.		俄罗斯	俄罗斯	2008	3	引进资源
6629	ZXY05P--1246	车轴草属	白三叶草	*Trifolium repens* L.		俄罗斯	澳大利亚	2008	3	引进资源
6630	ZXY05P--1270	车轴草属	白三叶草	*Trifolium repens* L.		俄罗斯	英国	2008	3	引进资源

（续）

序号	送种单位编号	属　名	种　名	学　名	品种名（原文名）	材料来源	材料原产地	收种时间（年份）	保存地点	类型
6631	ZXY05P--1308	车轴草属	白三叶草	*Trifolium repens* L.		俄罗斯	英国	2008	3	引进资源
6632	1212	车轴草属	白三叶草	*Trifolium repens* L.		北京	中国	2007	3	栽培资源
6633	1787	车轴草属	白三叶草	*Trifolium repens* L.		北京	中国	2007	3	栽培资源
6634	2583	车轴草属	白三叶草	*Trifolium repens* L.		北京	中国	2007	3	栽培资源
6635	2675	车轴草属	白三叶草	*Trifolium repens* L.		北京	中国	2007	3	栽培资源
6636	ZXY06P-1616	车轴草属	白三叶草	*Trifolium repens* L.		俄罗斯	澳大利亚	2008	3	引进资源
6637	ZXY06P-1624	车轴草属	白三叶草	*Trifolium repens* L.		俄罗斯	俄罗斯	2008	3	引进资源
6638	ZXY06P-1636	车轴草属	白三叶草	*Trifolium repens* L.		俄罗斯	俄罗斯	2008	3	引进资源
6639	ZXY06P-1649	车轴草属	白三叶草	*Trifolium repens* L.		俄罗斯	俄罗斯	2008	3	引进资源
6640	ZXY06P-1679	车轴草属	白三叶草	*Trifolium repens* L.		俄罗斯	俄罗斯	2008	3	引进资源
6641	ZXY06P-2051a	车轴草属	白三叶草	*Trifolium repens* L.		俄罗斯	俄罗斯	2008	3	引进资源
6642	ZXY06P-2101	车轴草属	白三叶草	*Trifolium repens* L.		俄罗斯	俄罗斯	2008	3	引进资源
6643	ZXY06P-2224	车轴草属	白三叶草	*Trifolium repens* L.		俄罗斯	俄罗斯	2008	3	引进资源
6644	ZXY06P-2233	车轴草属	白三叶草	*Trifolium repens* L.		俄罗斯	乌干达	2008	3	引进资源
6645	ZXY06P-2245	车轴草属	白三叶草	*Trifolium repens* L.		俄罗斯	俄罗斯	2008	3	引进资源
6646	ZXY06P-2286	车轴草属	白三叶草	*Trifolium repens* L.		俄罗斯	瑞典	2008	3	引进资源
6647	ZXY06P-2326	车轴草属	白三叶草	*Trifolium repens* L.		俄罗斯	意大利	2008	3	引进资源
6648	ZXY06P-2340	车轴草属	白三叶草	*Trifolium repens* L.		俄罗斯	意大利	2008	3	引进资源
6649	ZXY06P-2358a	车轴草属	白三叶草	*Trifolium repens* L.		俄罗斯	巴西	2008	3	引进资源
6650	ZXY06P-2360	车轴草属	白三叶草	*Trifolium repens* L.		俄罗斯	俄罗斯北奥塞梯	2008	3	引进资源
6651	ZXY06P-2387	车轴草属	白三叶草	*Trifolium repens* L.		俄罗斯	俄罗斯	2008	3	引进资源
6652	ZXY06P-2392	车轴草属	白三叶草	*Trifolium repens* L.		俄罗斯	俄罗斯	2008	3	引进资源
6653	ZXY06P-2405	车轴草属	白三叶草	*Trifolium repens* L.		俄罗斯	俄罗斯	2008	3	引进资源
6654	ZXY06P-2422	车轴草属	白三叶草	*Trifolium repens* L.		俄罗斯	俄罗斯	2008	3	引进资源
6655	ZXY06P-2431	车轴草属	白三叶草	*Trifolium repens* L.		俄罗斯	俄罗斯	2008	3	引进资源

（续）

序号	送种单位编号	属　名	种　名	学　　名	品种名（原文名）	材料来源	材料原产地	收种时间（年份）	保存地点	类型
6656	ZXY06P-2444	车轴草属	白三叶草	*Trifolium repens* L.		俄罗斯	俄罗斯	2008	3	引进资源
6657	ZXY06P-2451	车轴草属	白三叶草	*Trifolium repens* L.		俄罗斯	俄罗斯	2008	3	引进资源
6658	ZXY06P-2456	车轴草属	白三叶草	*Trifolium repens* L.		俄罗斯	俄罗斯	2008	3	引进资源
6659	ZXY06P-2508	车轴草属	白三叶草	*Trifolium repens* L.		俄罗斯	波兰	2008	3	引进资源
6660	ZXY06P-2528	车轴草属	白三叶草	*Trifolium repens* L.		俄罗斯	立陶宛	2008	3	引进资源
6661	ZXY06P-2532	车轴草属	白三叶草	*Trifolium repens* L.		俄罗斯	波兰	2008	3	引进资源
6662	ZXY06P-2552	车轴草属	白三叶草	*Trifolium repens* L.		俄罗斯	立陶宛	2008	3	引进资源
6663	ZXY06P-2557	车轴草属	白三叶草	*Trifolium repens* L.		俄罗斯	波兰	2008	3	引进资源
6664	ZXY06P-2576	车轴草属	白三叶草	*Trifolium repens* L.		俄罗斯	荷兰	2008	3	引进资源
6665	ZXY07P-3020	车轴草属	白三叶草	*Trifolium repens* L.			澳大利亚	2010	3	引进资源
6666	ZXY07P-3038	车轴草属	白三叶草	*Trifolium repens* L.			澳大利亚	2010	3	引进资源
6667	ZXY07P-3225	车轴草属	白三叶草	*Trifolium repens* L.			俄罗斯	2010	3	引进资源
6668	ZXY07P-3230	车轴草属	白三叶草	*Trifolium repens* L.			俄罗斯	2010	3	引进资源
6669	ZXY07P-3240	车轴草属	白三叶草	*Trifolium repens* L.			英国	2010	3	引进资源
6670	ZXY07P-3248	车轴草属	白三叶草	*Trifolium repens* L.			英国	2010	3	引进资源
6671	ZXY07P-3255	车轴草属	白三叶草	*Trifolium repens* L.			英国	2010	3	引进资源
6672	ZXY07P-3499	车轴草属	白三叶草	*Trifolium repens* L.			俄罗斯	2010	3	引进资源
6673	ZXY07P-3506	车轴草属	白三叶草	*Trifolium repens* L.			俄罗斯	2010	3	引进资源
6674	ZXY07P-3603	车轴草属	白三叶草	*Trifolium repens* L.			爱沙尼亚	2010	3	引进资源
6675	ZXY07P-3670	车轴草属	白三叶草	*Trifolium repens* L.			荷兰	2010	3	引进资源
6676	ZXY07P-3677	车轴草属	白三叶草	*Trifolium repens* L.			荷兰	2010	3	引进资源
6677	ZXY07P-3777	车轴草属	白三叶草	*Trifolium repens* L.			哈萨克斯坦	2010	3	引进资源
6678	ZXY07P-3791	车轴草属	白三叶草	*Trifolium repens* L.			哈萨克斯坦	2010	3	引进资源
6679	ZXY07P-4025	车轴草属	白三叶草	*Trifolium repens* L.			英国	2010	3	引进资源
6680	ZXY07P-4043	车轴草属	白三叶草	*Trifolium repens* L.			英国	2010	3	引进资源

（续）

序号	送种单位编号	属　名	种　名	学　　名	品种名（原文名）	材料来源	材料原产地	收种时间（年份）	保存地点	类型
6681	ZXY07P-4130	车轴草属	白三叶草	*Trifolium repens* L.			俄罗斯	2010	3	引进资源
6682	ZXY07P-4155	车轴草属	白三叶草	*Trifolium repens* L.			俄罗斯	2010	3	引进资源
6683	ZXY06P-2304	车轴草属	白三叶草	*Trifolium repens* L.			俄罗斯	2010	3	引进资源
6684	ZXY2005P-621	车轴草属	白三叶草	*Trifolium repens* L.			俄罗斯	2010	3	引进资源
6685	ZXY2005P-630	车轴草属	白三叶草	*Trifolium repens* L.			俄罗斯	2010	3	引进资源
6686	ZXY2005P-649	车轴草属	白三叶草	*Trifolium repens* L.			俄罗斯	2010	3	引进资源
6687	ZXY2005P-681	车轴草属	白三叶草	*Trifolium repens* L.			俄罗斯	2010	3	引进资源
6688	ZXY2005P-691	车轴草属	白三叶草	*Trifolium repens* L.			俄罗斯	2010	3	引进资源
6689	ZXY2005P-704	车轴草属	白三叶草	*Trifolium repens* L.			俄罗斯	2010	3	引进资源
6690	ZXY2005P-734	车轴草属	白三叶草	*Trifolium repens* L.			俄罗斯	2010	3	引进资源
6691	ZXY2005P-742	车轴草属	白三叶草	*Trifolium repens* L.			俄罗斯	2010	3	引进资源
6692	ZXY2005P-749	车轴草属	白三叶草	*Trifolium repens* L.			俄罗斯	2010	3	引进资源
6693	ZXY2005P-894	车轴草属	白三叶草	*Trifolium repens* L.			俄罗斯	2010	3	引进资源
6694	ZXY2005P-947	车轴草属	白三叶草	*Trifolium repens* L.			俄罗斯	2010	3	引进资源
6695	ZXY2005P-967	车轴草属	白三叶草	*Trifolium repens* L.			俄罗斯	2010	3	引进资源
6696	ZXY2005P-985	车轴草属	白三叶草	*Trifolium repens* L.			俄罗斯	2010	3	引进资源
6697	ZXY2005P-989	车轴草属	白三叶草	*Trifolium repens* L.			俄罗斯	2010	3	引进资源
6698	ZXY2005P-1002	车轴草属	白三叶草	*Trifolium repens* L.			俄罗斯	2010	3	引进资源
6699	ZXY2005P-1014	车轴草属	白三叶草	*Trifolium repens* L.			俄罗斯	2010	3	引进资源
6700	ZXY2005P-1020	车轴草属	白三叶草	*Trifolium repens* L.			俄罗斯	2010	3	引进资源
6701	ZXY2005P-1029	车轴草属	白三叶草	*Trifolium repens* L.			俄罗斯	2010	3	引进资源
6702	ZXY2005P-1034	车轴草属	白三叶草	*Trifolium repens* L.			俄罗斯	2010	3	引进资源
6703	ZXY2005P-1047	车轴草属	白三叶草	*Trifolium repens* L.			俄罗斯	2010	3	引进资源
6704	ZXY2005P-1058	车轴草属	白三叶草	*Trifolium repens* L.			俄罗斯	2010	3	引进资源
6705	ZXY2005P-1078	车轴草属	白三叶草	*Trifolium repens* L.			俄罗斯	2010	3	引进资源

（续）

序号	送种单位编号	属 名	种 名	学 名	品种名（原文名）	材料来源	材料原产地	收种时间（年份）	保存地点	类型
6706	ZXY2005P-1084	车轴草属	白三叶草	*Trifolium repens* L.			俄罗斯	2010	3	引进资源
6707	ZXY2005P-1098	车轴草属	白三叶草	*Trifolium repens* L.			俄罗斯	2010	3	引进资源
6708	ZXY2005P-1132	车轴草属	白三叶草	*Trifolium repens* L.			俄罗斯	2010	3	引进资源
6709	ZXY2005P-1146	车轴草属	白三叶草	*Trifolium repens* L.			俄罗斯	2010	3	引进资源
6710	ZXY2005P-1158	车轴草属	白三叶草	*Trifolium repens* L.			俄罗斯	2010	3	引进资源
6711	ZXY2005P-1263	车轴草属	白三叶草	*Trifolium repens* L.			俄罗斯	2010	3	引进资源
6712	ZXY2005P-1282	车轴草属	白三叶草	*Trifolium repens* L.			俄罗斯	2010	3	引进资源
6713	ZXY2005P-1295	车轴草属	白三叶草	*Trifolium repens* L.			俄罗斯	2010	3	引进资源
6714	ZXY2005P-1304	车轴草属	白三叶草	*Trifolium repens* L.			俄罗斯	2010	3	引进资源
6715	ZXY2005P-1316	车轴草属	白三叶草	*Trifolium repens* L.			俄罗斯	2010	3	引进资源
6716	ZXY2005P-1328	车轴草属	白三叶草	*Trifolium repens* L.			俄罗斯	2010	3	引进资源
6717	ZXY2005P-1341	车轴草属	白三叶草	*Trifolium repens* L.			俄罗斯	2010	3	引进资源
6718	ZXY2005P-1353	车轴草属	白三叶草	*Trifolium repens* L.			俄罗斯	2010	3	引进资源
6719	ZXY2005P-1360	车轴草属	白三叶草	*Trifolium repens* L.			俄罗斯	2010	3	引进资源
6720	ZXY2005P-1384	车轴草属	白三叶草	*Trifolium repens* L.			俄罗斯	2010	3	引进资源
6721	ZXY2005P-1388	车轴草属	白三叶草	*Trifolium repens* L.			俄罗斯	2010	3	引进资源
6722	ZXY2005P-1396	车轴草属	白三叶草	*Trifolium repens* L.			俄罗斯	2010	3	引进资源
6723	ZXY2005P-1415	车轴草属	白三叶草	*Trifolium repens* L.			俄罗斯	2010	3	引进资源
6724	ZXY2005P-1458	车轴草属	白三叶草	*Trifolium repens* L.			俄罗斯	2010	3	引进资源
6725	ZXY2005P-1501	车轴草属	白三叶草	*Trifolium repens* L.			俄罗斯	2010	3	引进资源
6726	ZXY2005P-1513	车轴草属	白三叶草	*Trifolium repens* L.			俄罗斯	2010	3	引进资源
6727	ZXY08P-4568	车轴草属	白三叶草	*Trifolium repens* L.			塔吉克斯坦	2010	3	引进资源
6728	ZXY08P-4573	车轴草属	白三叶草	*Trifolium repens* L.			塔吉克斯坦	2010	3	引进资源
6729	ZXY08P-4627	车轴草属	白三叶草	*Trifolium repens* L.			塔吉克斯坦	2010	3	引进资源
6730	ZXY08P-4631	车轴草属	白三叶草	*Trifolium repens* L.			塔吉克斯坦	2010	3	引进资源

（续）

序号	送种单位编号	属　名	种　名	学　　名	品种名（原文名）	材料来源	材料原产地	收种时间（年份）	保存地点	类型
6731	ZXY08P-4681	车轴草属	白三叶草	*Trifolium repens* L.			塔吉克斯坦	2010	3	引进资源
6732	ZXY08P-4777	车轴草属	白三叶草	*Trifolium repens* L.			英国	2010	3	引进资源
6733	ZXY08P-4825	车轴草属	白三叶草	*Trifolium repens* L.			英国	2010	3	引进资源
6734	ZXY08P-4849	车轴草属	白三叶草	*Trifolium repens* L.			英国	2010	3	引进资源
6735	ZXY08P-4929	车轴草属	白三叶草	*Trifolium repens* L.			吉尔吉斯斯坦	2010	3	引进资源
6736	ZXY08P-5102	车轴草属	白三叶草	*Trifolium repens* L.			俄罗斯	2010	3	引进资源
6737	ZXY08P-5240	车轴草属	白三叶草	*Trifolium repens* L.			乌克兰	2010	3	引进资源
6738	ZXY08P-5285	车轴草属	白三叶草	*Trifolium repens* L.			英国	2010	3	引进资源
6739	ZXY08P-5337	车轴草属	白三叶草	*Trifolium repens* L.			俄罗斯	2010	3	引进资源
6740	ZXY2009P-5754	车轴草属	白三叶草	*Trifolium repens* L.			格鲁吉亚	2010	3	引进资源
6741	ZXY2009P-5867	车轴草属	白三叶草	*Trifolium repens* L.			俄罗斯	2010	3	引进资源
6742	ZXY2009P-5939	车轴草属	白三叶草	*Trifolium repens* L.			俄罗斯	2010	3	引进资源
6743	ZXY2009P-5945	车轴草属	白三叶草	*Trifolium repens* L.			俄罗斯	2010	3	引进资源
6744	ZXY2009P-5978	车轴草属	白三叶草	*Trifolium repens* L.			俄罗斯	2010	3	引进资源
6745	ZXY2009P-6059	车轴草属	白三叶草	*Trifolium repens* L.			俄罗斯	2010	3	引进资源
6746	ZXY2009P-6067	车轴草属	白三叶草	*Trifolium repens* L.			俄罗斯	2010	3	引进资源
6747	ZXY2009P-6095	车轴草属	白三叶草	*Trifolium repens* L.			俄罗斯	2010	3	引进资源
6748	ZXY2009P-6102	车轴草属	白三叶草	*Trifolium repens* L.			俄罗斯	2010	3	引进资源
6749	ZXY2009P-6161	车轴草属	白三叶草	*Trifolium repens* L.			俄罗斯	2010	3	引进资源
6750	ZXY2009P-6183	车轴草属	白三叶草	*Trifolium repens* L.			俄罗斯	2010	3	引进资源
6751	ZXY2009P-6215	车轴草属	白三叶草	*Trifolium repens* L.			俄罗斯	2010	3	引进资源
6752	ZXY2009P-6223	车轴草属	白三叶草	*Trifolium repens* L.			俄罗斯	2010	3	引进资源
6753	ZXY2009P-6297	车轴草属	白三叶草	*Trifolium repens* L.			哈萨克斯坦	2010	3	引进资源
6754	ZXY2009P-6482	车轴草属	白三叶草	*Trifolium repens* L.			俄罗斯	2010	3	引进资源
6755	ZXY08P-5091	车轴草属	白三叶草	*Trifolium repens* L.			俄罗斯	2016	3	引进资源

（续）

序号	送种单位编号	属　名	种　名	学　名	品种名（原文名）	材料来源	材料原产地	收种时间（年份）	保存地点	类型
6756	zxy2010-7043	车轴草属	白三叶草	*Trifolium repens* L.			英国	2014	3	引进资源
6757	zxy2010-7513	车轴草属	白三叶草	*Trifolium repens* L.			乌克兰	2014	3	引进资源
6758	zxy2010-7523	车轴草属	白三叶草	*Trifolium repens* L.			乌克兰	2014	3	引进资源
6759	zxy2010-7572	车轴草属	白三叶草	*Trifolium repens* L.			乌克兰	2014	3	引进资源
6760	zxy2010-7579	车轴草属	白三叶草	*Trifolium repens* L.			俄罗斯	2014	3	引进资源
6761	zxy2010-7608	车轴草属	白三叶草	*Trifolium repens* L.			俄罗斯	2014	3	引进资源
6762	zxy2010-7636	车轴草属	白三叶草	*Trifolium repens* L.			吉尔吉斯斯坦	2014	3	引进资源
6763	zxy2010-7661	车轴草属	白三叶草	*Trifolium repens* L.			俄罗斯	2014	3	引进资源
6764	zxy2010-7813	车轴草属	白三叶草	*Trifolium repens* L.			俄罗斯坦波夫	2014	3	引进资源
6765	zxy2011-8022	车轴草属	白三叶草	*Trifolium repens* L.			乌克兰	2016	3	引进资源
6766	zxy2011-8329	车轴草属	白三叶草	*Trifolium repens* L.			爱沙尼亚	2016	3	引进资源
6767	zxy2011-8469	车轴草属	白三叶草	*Trifolium repens* L.			俄罗斯	2016	3	引进资源
6768	zxy2011-8632	车轴草属	白三叶草	*Trifolium repens* L.			俄罗斯	2016	3	引进资源
6769	zxy2011-8670	车轴草属	白三叶草	*Trifolium repens* L.			俄罗斯	2016	3	引进资源
6770	zxy2011-8701	车轴草属	白三叶草	*Trifolium repens* L.			俄罗斯	2016	3	引进资源
6771	zxy2011-8724	车轴草属	白三叶草	*Trifolium repens* L.			俄罗斯	2016	3	引进资源
6772	zxy2011-8739	车轴草属	白三叶草	*Trifolium repens* L.			俄罗斯	2016	3	引进资源
6773	zxy2011-8747	车轴草属	白三叶草	*Trifolium repens* L.			俄罗斯	2016	3	引进资源
6774	75-11	车轴草属	白三叶草	*Trifolium repens* L.	胡依阿		新西兰	2004	1	引进资源
6775	75-11	车轴草属	白三叶草	*Trifolium repens* L.			新西兰	2004	1	引进资源
6776	80-65	车轴草属	白三叶草	*Trifolium repens* L.	路易斯安娜 K57114		美国	2004	1	引进资源
6777	80-65	车轴草属	白三叶草	*Trifolium repens* L.	路易斯安娜 K57114		肯尼亚	2004	1	引进资源
6778	80-66	车轴草属	白三叶草	*Trifolium repens* L.			美国	2004	1	引进资源
6779	81-87	车轴草属	白三叶草	*Trifolium repens* L.	克尔村卡		丹麦	2004	1	引进资源
6780	84-837	车轴草属	白三叶草	*Trifolium repens* L.	塔玛			2004	1	引进资源

（续）

序号	送种单位编号	属　名	种　名	学　名	品种名（原文名）	材料来源	材料原产地	收种时间（年份）	保存地点	类型
6781	80-68	车轴草属	白三叶草	*Trifolium repens* L.	拉丁鲁		美国	2004	1	引进资源
6782	80-68	车轴草属	白三叶草	*Trifolium repens* L.	瑞加		美国	2004	1	引进资源
6783	80-65	车轴草属	白三叶草	*Trifolium repens* L.			新西兰	2004	1	引进资源
6784	ZND0057	车轴草属	白三叶草	*Trifolium repens* L.	海法(Haifa)	云南昆明		2010	1	引进资源
6785	S-3	车轴草属	白三叶草	*Trifolium repens* L.	爱丽斯(Alice)			2010	1	引进资源
6786	S-2	车轴草属	白三叶草	*Trifolium repens* L.	百霸(Barbian)			2010	1	引进资源
6787	S-1	车轴草属	白三叶草	*Trifolium repens* L.	铺地(Prop)			2010	1	引进资源
6788	S-5	车轴草属	白三叶草	*Trifolium repens* L.	海法(Haifa)			2010	1	引进资源
6789	云农 0643	车轴草属	白三叶草	*Trifolium repens* L.	海法(Haifa)	云南肉牛和牧草研究中心		2010	1	引进资源
6790	20050289	车轴草属	白三叶草	*Trifolium repens* L.	海法(Haifa)	澳大利亚 Seedmark 公司	澳洲	2010	1	引进资源
6791	200502120	车轴草属	白三叶草	*Trifolium repens* L.	那努克(Nanuk)	北京绿冠公司	南部	2010	1	引进资源
6792	200502121	车轴草属	白三叶草	*Trifolium repens* L.	胡依阿(Huia)		加拿大哈密尔顿西部	2010	1	引进资源
6793	bsy010	车轴草属	白三叶草	*Trifolium repens* L.	海法(Haifa)			2010	1	引进资源
6794	bsy016	车轴草属	白三叶草	*Trifolium repens* L.	瑞文德(Rivendel)			2010	1	引进资源
6795	bsy017	车轴草属	白三叶草	*Trifolium repens* L.	那努克(Nanouk)			2010	1	引进资源
6796	zxy-533	车轴草属	白三叶草	*Trifolium repens* L.		俄罗斯		2010	1	引进资源
6797	zxy-539	车轴草属	白三叶草	*Trifolium repens* L.		俄罗斯		2010	1	引进资源
6798	zxy-556	车轴草属	白三叶草	*Trifolium repens* L.		俄罗斯		2010	1	引进资源
6799	zxy-627	车轴草属	白三叶草	*Trifolium repens* L.		俄罗斯		2010	1	引进资源
6800	zxy-633	车轴草属	白三叶草	*Trifolium repens* L.		俄罗斯		2010	1	引进资源
6801	zxy-651	车轴草属	白三叶草	*Trifolium repens* L.		俄罗斯		2010	1	引进资源
6802	zxy-655	车轴草属	白三叶草	*Trifolium repens* L.		俄罗斯		2010	1	引进资源
6803	zxy-676	车轴草属	白三叶草	*Trifolium repens* L.		俄罗斯		2010	1	引进资源

（续）

序号	送种单位编号	属　名	种　名	学　名	品种名（原文名）	材料来源	材料原产地	收种时间（年份）	保存地点	类型
6804	zxy-692	车轴草属	白三叶草	*Trifolium repens* L.		俄罗斯		2010	1	引进资源
6805	zxy-776	车轴草属	白三叶草	*Trifolium repens* L.		俄罗斯		2010	1	引进资源
6806	zxy-802	车轴草属	白三叶草	*Trifolium repens* L.		俄罗斯		2010	1	引进资源
6807	zxy-827	车轴草属	白三叶草	*Trifolium repens* L.		俄罗斯		2010	1	引进资源
6808	zxy-852	车轴草属	白三叶草	*Trifolium repens* L.		俄罗斯		2010	1	引进资源
6809	zxy-888	车轴草属	白三叶草	*Trifolium repens* L.		俄罗斯	俄罗斯	2010	1	引进资源
6810	zxy-922	车轴草属	白三叶草	*Trifolium repens* L.		俄罗斯		2010	1	引进资源
6811	zxy-935	车轴草属	白三叶草	*Trifolium repens* L.		俄罗斯		2010	1	引进资源
6812	zxy-943	车轴草属	白三叶草	*Trifolium repens* L.		俄罗斯		2010	1	引进资源
6813	zxy-966	车轴草属	白三叶草	*Trifolium repens* L.		俄罗斯		2010	1	引进资源
6814	zxy-1047	车轴草属	白三叶草	*Trifolium repens* L.		俄罗斯		2010	1	引进资源
6815	zxy06p-1616	车轴草属	白三叶草	*Trifolium repens* L.		俄罗斯		2010	1	引进资源
6816	zxy06p-1624	车轴草属	白三叶草	*Trifolium repens* L.		俄罗斯	俄罗斯	2010	1	引进资源
6817	zxy06p-1636	车轴草属	白三叶草	*Trifolium repens* L.		俄罗斯	俄罗斯	2010	1	引进资源
6818	zxy06p-1649	车轴草属	白三叶草	*Trifolium repens* L.		俄罗斯	俄罗斯	2010	1	引进资源
6819	zxy06p-1679	车轴草属	白三叶草	*Trifolium repens* L.		俄罗斯	俄罗斯	2010	1	引进资源
6820	zxy06p-1735	车轴草属	白三叶草	*Trifolium repens* L.		俄罗斯	俄罗斯	2010	1	引进资源
6821	zxy06p-1744	车轴草属	白三叶草	*Trifolium repens* L.		俄罗斯	俄罗斯	2010	1	引进资源
6822	zxy06p-1754	车轴草属	白三叶草	*Trifolium repens* L.		俄罗斯	俄罗斯	2010	1	引进资源
6823	zxy06p-1806	车轴草属	白三叶草	*Trifolium repens* L.		俄罗斯		2010	1	引进资源
6824	zxy06p-1819	车轴草属	白三叶草	*Trifolium repens* L.		俄罗斯		2010	1	引进资源
6825	zxy06p-1827	车轴草属	白三叶草	*Trifolium repens* L.		俄罗斯		2010	1	引进资源
6826	zxy06p-1830a	车轴草属	白三叶草	*Trifolium repens* L.		俄罗斯		2010	1	引进资源
6827	zxy06p-1845	车轴草属	白三叶草	*Trifolium repens* L.		俄罗斯		2010	1	引进资源
6828	zxy06p-1864	车轴草属	白三叶草	*Trifolium repens* L.		俄罗斯		2010	1	引进资源

（续）

序号	送种单位编号	属　名	种　名	学　　名	品种名（原文名）	材料来源	材料原产地	收种时间（年份）	保存地点	类型
6829	zxy06p-1899	车轴草属	白三叶草	*Trifolium repens* L.		俄罗斯		2010	1	引进资源
6830	zxy06p-1918	车轴草属	白三叶草	*Trifolium repens* L.		俄罗斯		2010	1	引进资源
6831	zxy06p-1960	车轴草属	白三叶草	*Trifolium repens* L.		俄罗斯		2010	1	引进资源
6832	zxy06p-1972	车轴草属	白三叶草	*Trifolium repens* L.		俄罗斯		2010	1	引进资源
6833	zxy06p-1983	车轴草属	白三叶草	*Trifolium repens* L.		俄罗斯		2010	1	引进资源
6834	zxy06p-1990	车轴草属	白三叶草	*Trifolium repens* L.		俄罗斯		2010	1	引进资源
6835	zxy06p-2007	车轴草属	白三叶草	*Trifolium repens* L.		俄罗斯		2010	1	引进资源
6836	zxy06p-2063	车轴草属	白三叶草	*Trifolium repens* L.		俄罗斯		2010	1	引进资源
6837	zxy06p-2093	车轴草属	白三叶草	*Trifolium repens* L.		俄罗斯		2010	1	引进资源
6838	zxy06p-2123	车轴草属	白三叶草	*Trifolium repens* L.		俄罗斯		2010	1	引进资源
6839	zxy06p-2128	车轴草属	白三叶草	*Trifolium repens* L.		俄罗斯		2010	1	引进资源
6840	zxy06p-2148	车轴草属	白三叶草	*Trifolium repens* L.		俄罗斯		2010	1	引进资源
6841	zxy06p-2180	车轴草属	白三叶草	*Trifolium repens* L.		俄罗斯		2010	1	引进资源
6842	zxy06p-2188	车轴草属	白三叶草	*Trifolium repens* L.		俄罗斯		2010	1	引进资源
6843	zxy06p-2201	车轴草属	白三叶草	*Trifolium repens* L.		俄罗斯		2010	1	引进资源
6844	zxy06p-2206	车轴草属	白三叶草	*Trifolium repens* L.		俄罗斯		2010	1	引进资源
6845	zxy06p-2214	车轴草属	白三叶草	*Trifolium repens* L.		俄罗斯		2010	1	引进资源
6846	zxy06p-2224	车轴草属	白三叶草	*Trifolium repens* L.		俄罗斯		2010	1	引进资源
6847	zxy06p-2233	车轴草属	白三叶草	*Trifolium repens* L.		俄罗斯		2010	1	引进资源
6848	zxy06p-2245	车轴草属	白三叶草	*Trifolium repens* L.		俄罗斯		2010	1	引进资源
6849	zxy06p-2277	车轴草属	白三叶草	*Trifolium repens* L.		俄罗斯		2010	1	引进资源
6850	zxy06p-2326	车轴草属	白三叶草	*Trifolium repens* L.		俄罗斯		2010	1	引进资源
6851	zxy06p-2340	车轴草属	白三叶草	*Trifolium repens* L.		俄罗斯		2010	1	引进资源
6852	zxy06p-2344	车轴草属	白三叶草	*Trifolium repens* L.		俄罗斯		2010	1	引进资源
6853	zxy06p-2387	车轴草属	白三叶草	*Trifolium repens* L.		俄罗斯	俄罗斯	2010	1	引进资源

（续）

序号	送种单位编号	属 名	种 名	学 名	品种名（原文名）	材料来源	材料原产地	收种时间（年份）	保存地点	类型
6854	zxy06p-2392	车轴草属	白三叶草	*Trifolium repens* L.		俄罗斯	俄罗斯	2010	1	引进资源
6855	zxy06p-2444	车轴草属	白三叶草	*Trifolium repens* L.		俄罗斯	俄罗斯	2010	1	引进资源
6856	zxy06p-2451	车轴草属	白三叶草	*Trifolium repens* L.		俄罗斯	俄罗斯	2010	1	引进资源
6857	zxy06p-2496	车轴草属	白三叶草	*Trifolium repens* L.		俄罗斯	俄罗斯圣彼得堡	2010	1	引进资源
6858	zxy06p-2520	车轴草属	白三叶草	*Trifolium repens* L.		俄罗斯		2010	1	引进资源
6859	zxy06p-2528	车轴草属	白三叶草	*Trifolium repens* L.		俄罗斯		2010	1	引进资源
6860	zxy06p-2621	车轴草属	白三叶草	*Trifolium repens* L.		俄罗斯		2010	1	引进资源
6861	zxy06p-2654	车轴草属	白三叶草	*Trifolium repens* L.		俄罗斯		2010	1	引进资源
6862	zxy06p-2659	车轴草属	白三叶草	*Trifolium repens* L.		俄罗斯		2010	1	引进资源
6863	HN2010-1508	车轴草属	白三叶草	*Trifolium repens* L.	胡依阿		广西南宁	2010	3	引进资源
6864	10-6	车轴草属	白三叶草	*Trifolium repens* L.	铺地(Prop)			2016	3	引进资源
6865	ZXY06A--120	车轴草属	波斯三叶草	*Trifolium resupinatum* L.		俄罗斯	澳大利亚	2008	3	引进资源
6866	ZXY06A--121	车轴草属	波斯三叶草	*Trifolium resupinatum* L.		俄罗斯	阿塞拜疆	2008	3	引进资源
6867	ZXY06A--123	车轴草属	波斯三叶草	*Trifolium resupinatum* L.		俄罗斯	阿塞拜疆	2008	3	引进资源
6868	ZXY06A--129	车轴草属	波斯三叶草	*Trifolium resupinatum* L.		俄罗斯	阿塞拜疆	2008	3	引进资源
6869	ZXY06A--145	车轴草属	波斯三叶草	*Trifolium resupinatum* L.		俄罗斯	澳大利亚	2008	3	引进资源
6870	ZXY06A--161	车轴草属	波斯三叶草	*Trifolium resupinatum* L.		俄罗斯	阿富汗	2008	3	引进资源
6871	ZXY06A--162	车轴草属	波斯三叶草	*Trifolium resupinatum* L.		俄罗斯	阿富汗	2008	3	引进资源
6872	ZXY06A--163	车轴草属	波斯三叶草	*Trifolium resupinatum* L.		俄罗斯	阿富汗	2008	3	引进资源
6873	ZXY06A--164	车轴草属	波斯三叶草	*Trifolium resupinatum* L.		俄罗斯	阿富汗	2008	3	引进资源
6874	ZXY06A--165	车轴草属	波斯三叶草	*Trifolium resupinatum* L.		俄罗斯	阿富汗	2008	3	引进资源
6875	ZXY06A--172	车轴草属	波斯三叶草	*Trifolium resupinatum* L.		俄罗斯	阿塞拜疆	2008	3	引进资源
6876	ZXY06A--193	胡卢巴属	蓝胡卢巴	*Trigonella coerulea*（L.）Sering.		俄罗斯	捷克	2008	3	引进资源
6877	ZXY06A--195	胡卢巴属	蓝胡卢巴	*Trigonella coerulea*（L.）Sering.		俄罗斯	捷克	2008	3	引进资源
6878	ZXY06A--197	胡卢巴属	蓝胡卢巴	*Trigonella coerulea*（L.）Sering.		俄罗斯	瑞典	2008	3	引进资源

（续）

序号	送种单位编号	属　名	种　名	学　名	品种名（原文名）	材料来源	材料原产地	收种时间（年份）	保存地点	类型
6879	JS0093	胡卢巴属	胡卢巴	*Trigonella foenum-graecum* L.		江苏南京	江苏	2000	3	栽培资源
6880	GX12111802	狸尾豆属	猫尾射	*Uraria crinita* (L.) Desv. ex DC.			广西凌云	2012	2	野生资源
6881	140923011	狸尾豆属	猫尾射	*Uraria crinita* (L.) Desv. ex DC.			广东英德	2014	2	野生资源
6882	2011FJ002	狸尾豆属	猫尾射	*Uraria crinita* (L.) Desv. ex DC.			福建漳州	2011	2	野生资源
6883	121013003	狸尾豆属	猫尾射	*Uraria crinita* (L.) Desv. ex DC.			海南海口	2012	2	野生资源
6884	071220043	狸尾豆属	猫尾射	*Uraria crinita* (L.) Desv. ex DC.			福建漳州	2007	2	野生资源
6885	060201002	狸尾豆属	猫尾射	*Uraria crinita* (L.) Desv. ex DC.			海南陵水	2006	2	野生资源
6886	060930009	狸尾豆属	猫尾射	*Uraria crinita* (L.) Desv. ex DC.			海南什运	2006	2	野生资源
6887	140922022	狸尾豆属	猫尾射	*Uraria crinita* (L.) Desv. ex DC.			广东英德	2014	2	野生资源
6888	140922012	狸尾豆属	猫尾射	*Uraria crinita* (L.) Desv. ex DC.			广东阳山	2014	2	野生资源
6889	151121004	狸尾豆属	猫尾射	*Uraria crinita* (L.) Desv. ex DC.			贵州兴义	2015	2	野生资源
6890	101115027	狸尾豆属	猫尾射	*Uraria crinita* (L.) Desv. ex DC.			广西大新	2010	2	野生资源
6891	101110011	狸尾豆属	猫尾射	*Uraria crinita* (L.) Desv. ex DC.			广西明江	2010	2	野生资源
6892	101119034	狸尾豆属	猫尾射	*Uraria crinita* (L.) Desv. ex DC.			广西崇左	2010	2	野生资源
6893	101108010	狸尾豆属	猫尾射	*Uraria crinita* (L.) Desv. ex DC.			广西扶绥	2010	2	野生资源
6894	041130321	狸尾豆属	猫尾射	*Uraria crinita* (L.) Desv. ex DC.			海南海口	2004	2	野生资源
6895	070208001	狸尾豆属	猫尾射	*Uraria crinita* (L.) Desv. ex DC.			海南儋州	2007	2	野生资源
6896	060301012	狸尾豆属	猫尾射	*Uraria crinita* (L.) Desv. ex DC.			海南保显	2006	2	野生资源
6897	051210035	狸尾豆属	猫尾射	*Uraria crinita* (L.) Desv. ex DC.			海南琼中	2005	2	野生资源
6898	060211014	狸尾豆属	猫尾射	*Uraria crinita* (L.) Desv. ex DC.			海南海口	2006	2	野生资源
6899	060303026	狸尾豆属	猫尾射	*Uraria crinita* (L.) Desv. ex DC.			海南兰洋	2006	2	野生资源
6900	061129021	狸尾豆属	猫尾射	*Uraria crinita* (L.) Desv. ex DC.			海南乐东	2006	2	野生资源
6901	060201016	狸尾豆属	猫尾射	*Uraria crinita* (L.) Desv. ex DC.			海南陵水	2006	2	野生资源
6902	050308527	狸尾豆属	猫尾射	*Uraria crinita* (L.) Desv. ex DC.			广西靖西	2005	2	野生资源
6903	050309559	狸尾豆属	猫尾射	*Uraria crinita* (L.) Desv. ex DC.			广西崇左	2005	2	野生资源

（续）

序号	送种单位编号	属　名	种　名	学　名	品种名（原文名）	材料来源	材料原产地	收种时间（年份）	保存地点	类型
6904	050101008	狸尾豆属	猫尾射	*Uraria crinita* (L.) Desv. ex DC.			海南白沙	2005	2	野生资源
6905	050309551	狸尾豆属	猫尾射	*Uraria crinita* (L.) Desv. ex DC.			广西大新	2005	2	野生资源
6906	070314026	狸尾豆属	猫尾射	*Uraria crinita* (L.) Desv. ex DC.			广西巴马	2007	2	野生资源
6907	050301427	狸尾豆属	猫尾射	*Uraria crinita* (L.) Desv. ex DC.			海南海口	2005	2	野生资源
6908	061126008	狸尾豆属	猫尾射	*Uraria crinita* (L.) Desv. ex DC.			海南白沙	2006	2	野生资源
6909	050308518	狸尾豆属	猫尾射	*Uraria crinita* (L.) Desv. ex DC.			广西田林	2005	2	野生资源
6910	070313011	狸尾豆属	猫尾射	*Uraria crinita* (L.) Desv. ex DC.			广西田林	2007	2	野生资源
6911	南 01414	狸尾豆属	猫尾射	*Uraria crinita* (L.) Desv. ex DC.		海南南繁基地		2001	2	栽培资源
6912	050106007	狸尾豆属	猫尾射	*Uraria crinita* (L.) Desv. ex DC.			海南昌江	2005	2	野生资源
6913	041130091	狸尾豆属	猫尾射	*Uraria crinita* (L.) Desv. ex DC.			海南东方	2004	2	野生资源
6914	050309549	狸尾豆属	猫尾射	*Uraria crinita* (L.) Desv. ex DC.			广西大新	2005	2	野生资源
6915	041130330	狸尾豆属	猫尾射	*Uraria crinita* (L.) Desv. ex DC.			海南海口	2004	2	野生资源
6916	041130072	狸尾豆属	猫尾射	*Uraria crinita* (L.) Desv. ex DC.			海南大广坝	2004	2	野生资源
6917	041130116	狸尾豆属	猫尾射	*Uraria crinita* (L.) Desv. ex DC.			海南三亚崖城	2004	2	野生资源
6918	041130352	狸尾豆属	猫尾射	*Uraria crinita* (L.) Desv. ex DC.			海南澄迈白莲	2004	2	野生资源
6919	041104080	狸尾豆属	猫尾射	*Uraria crinita* (L.) Desv. ex DC.			海南白沙	2004	2	野生资源
6920	041130207	狸尾豆属	猫尾射	*Uraria crinita* (L.) Desv. ex DC.			海南万宁	2004	2	野生资源
6921	060309002	狸尾豆属	猫尾射	*Uraria crinita* (L.) Desv. ex DC.			海南五指山	2006	2	野生资源
6922	060119005	狸尾豆属	猫尾射	*Uraria crinita* (L.) Desv. ex DC.			海南老城高速	2006	2	野生资源
6923	050310561	狸尾豆属	猫尾射	*Uraria crinita* (L.) Desv. ex DC.			广西扶绥	2005	2	野生资源
6924	060309009	狸尾豆属	猫尾射	*Uraria crinita* (L.) Desv. ex DC.			海南乐东	2006	2	野生资源
6925	060218020	狸尾豆属	猫尾射	*Uraria crinita* (L.) Desv. ex DC.			海南白沙	2006	2	野生资源
6926	051209011	狸尾豆属	猫尾射	*Uraria crinita* (L.) Desv. ex DC.			广西东兰	2005	2	野生资源
6927	060306014	狸尾豆属	猫尾射	*Uraria crinita* (L.) Desv. ex DC.			海南白沙元	2006	2	野生资源
6928	121112013	狸尾豆属	狸尾豆	*Uraria lagopodioides* (L.) Desv. ex DC.			福建华安	2012	2	野生资源

（续）

序号	送种单位编号	属 名	种 名	学 名	品种名（原文名）	材料来源	材料原产地	收种时间（年份）	保存地点	类型
6929	HN2011-1832	狸尾豆属	狸尾豆	*Uraria lagopodioides* (L.) Desv. ex DC.			广西北海	2010	3	野生资源
6930	hn2182	狸尾豆属	狸尾豆	*Uraria lagopodioides* (L.) Desv. ex DC.			广西大新	2010	3	野生资源
6931	hn2260	狸尾豆属	狸尾豆	*Uraria lagopodioides* (L.) Desv. ex DC.			广西大新	2010	3	野生资源
6932	hn2815	狸尾豆属	狸尾豆	*Uraria lagopodioides* (L.) Desv. ex DC.			广西扶绥	2012	3	野生资源
6933	hn2816	狸尾豆属	狸尾豆	*Uraria lagopodioides* (L.) Desv. ex DC.			福建华安	2012	3	野生资源
6934	hn2817	狸尾豆属	狸尾豆	*Uraria lagopodioides* (L.) Desv. ex DC.			海南海口城西	2012	3	野生资源
6935	050307481	狸尾豆属	钩柄狸尾豆	*Uraria rufescens* (DC.) Schindl.			贵州册亨	2005	2	野生资源
6936	中畜-337	野豌豆属	山野豌豆	*Vicia amoena* Fisch. ex DC.			北京百花山	2000	1	野生资源
6937	蒙 99-7	野豌豆属	山野豌豆	*Vicia amoena* Fisch. ex DC.			内蒙古翁牛特旗	1998	3	野生资源
6938	GS397	野豌豆属	山野豌豆	*Vicia amoena* Fisch. ex DC.			甘肃夏河博拉梁	2004	3	野生资源
6939	中畜-541	野豌豆属	山野豌豆	*Vicia amoena* Fisch. ex DC.			山西大张家窑	2004	3	野生资源
6940	中畜-564	野豌豆属	山野豌豆	*Vicia amoena* Fisch. ex DC.			山西五台山	2004	3	野生资源
6941	中畜-460	野豌豆属	山野豌豆	*Vicia amoena* Fisch. ex DC.			北京灵山	2003	3	野生资源
6942	中畜-1327	野豌豆属	山野豌豆	*Vicia amoena* Fisch. ex DC.		北京	北京海淀	2007	3	野生资源
6943	SCH2004-471	野豌豆属	山野豌豆	*Vicia amoena* Fisch. ex DC.		四川天全天山	四川天全	2004	3	栽培资源
6944	E136	野豌豆属	广布野豌豆	*Vicia cracca* L.			湖北武汉	2002	3	野生资源
6945	JL06-038	野豌豆属	广布野豌豆	*Vicia cracca* L.			吉林长岭	2006	3	野生资源
6946	E810	野豌豆属	广布野豌豆	*Vicia cracca* L.			湖北神农架	2006	3	野生资源
6947	SCH02-124	野豌豆属	广布野豌豆	*Vicia cracca* L.			四川雅安荥经	2002	3	野生资源
6948	CHQ2004-253	野豌豆属	广布野豌豆	*Vicia cracca* L.			重庆云阳南口镇	2003	3	野生资源
6949	YN2007-128	野豌豆属	广布野豌豆	*Vicia cracca* L.			云南丽江	2008	3	野生资源
6950	YN2007-129	野豌豆属	广布野豌豆	*Vicia cracca* L.			云南寻甸	2008	3	野生资源
6951	E1289	野豌豆属	广布野豌豆	*Vicia cracca* L.			湖北神农架	2008	3	野生资源
6952	HB2009-134	野豌豆属	广布野豌豆	*Vicia cracca* L.			河南信阳	2010	3	野生资源

（续）

序号	送种单位编号	属　名	种　名	学　名	品种名（原文名）	材料来源	材料原产地	收种时间（年份）	保存地点	类型
6953	HB2009-135	野豌豆属	广布野豌豆	*Vicia cracca* L.			河南信阳	2010	3	野生资源
6954	HB2009-138	野豌豆属	广布野豌豆	*Vicia cracca* L.			河南信阳	2010	3	栽培资源
6955	HB2009-143	野豌豆属	广布野豌豆	*Vicia cracca* L.			河南信阳	2010	3	栽培资源
6956	SC2009-029	野豌豆属	广布野豌豆	*Vicia cracca* L.			四川眉山东坡	2008	3	栽培资源
6957	SC11-237	野豌豆属	广布野豌豆	*Vicia cracca* L.			云南文山	2008	3	野生资源
6958	HB2010-159	野豌豆属	广布野豌豆	*Vicia cracca* L.			湖北神农架	2014	3	野生资源
6959	xj2013-50	野豌豆属	广布野豌豆	*Vicia cracca* L.			新疆特克斯	2012	3	野生资源
6960	SC11-130	野豌豆属	广布野豌豆	*Vicia cracca* L.			四川德昌	2006	3	野生资源
6961	HB2012-514	野豌豆属	广布野豌豆	*Vicia cracca* L.			湖北红坪镇	2016	3	野生资源
6962	91-09	野豌豆属	广布野豌豆	*Vicia cracca* L.			新疆阿勒泰	1991	1	野生资源
6963	IA108	野豌豆属	广布野豌豆	*Vicia cracca* L.			贵州	1993	1	野生资源
6964	JL11-202	野豌豆属	广布野豌豆	*Vicia cracca* L.			吉林白城	2010	3	野生资源
6965	JS2005-9	野豌豆属	小巢菜	*Vicia hirsuta*（L.）S. F. Gray			江苏南京	2005	3	野生资源
6966	SC2008-261	野豌豆属	小巢菜	*Vicia hirsuta*（L.）S. F. Gray			四川广元	2010	3	野生资源
6967	HB2009-117	野豌豆属	小巢菜	*Vicia hirsuta*（L.）S. F. Gray			河南信阳	2010	3	野生资源
6968	HB2009-126	野豌豆属	小巢菜	*Vicia hirsuta*（L.）S. F. Gray			河南信阳	2010	3	野生资源
6969	HB2010-160	野豌豆属	小巢菜	*Vicia hirsuta*（L.）S. F. Gray			湖北神农架	2014	3	野生资源
6970	HB2010-016	野豌豆属	小巢菜	*Vicia hirsuta*（L.）S. F. Gray			河南光山	2010	3	野生资源
6971	JS0067	野豌豆属	救荒野豌豆	*Vicia sativa* L.	苏箭5号		江苏南京	1999	3	栽培资源
6972	KLW124	野豌豆属	救荒野豌豆	*Vicia sativa* L.			甘肃	2003	3	栽培资源
6973	SCH03-136	野豌豆属	救荒野豌豆	*Vicia sativa* L.			四川茂县	2003	3	栽培资源
6974	GS-325	野豌豆属	救荒野豌豆	*Vicia sativa* L.			甘肃平凉	2003	3	栽培资源
6975	CHQ2004-335	野豌豆属	救荒野豌豆	*Vicia sativa* L.			重庆江津	2003	3	栽培资源
6976	CHQ2005-197	野豌豆属	救荒野豌豆	*Vicia sativa* L.			重庆酉阳	2005	3	栽培资源

（续）

序号	送种单位编号	属　名	种　名	学　名	品种名（原文名）	材料来源	材料原产地	收种时间（年份）	保存地点	类型
6977	CHQ2005-211	野豌豆属	救荒野豌豆	*Vicia sativa* L.			重庆彭水	2005	3	栽培资源
6978	CHQ2005-214	野豌豆属	救荒野豌豆	*Vicia sativa* L.			重庆南川	2005	3	栽培资源
6979	CHQ2005-244	野豌豆属	救荒野豌豆	*Vicia sativa* L.			重庆武隆	2005	3	栽培资源
6980	GS1468	野豌豆属	救荒野豌豆	*Vicia sativa* L.			宁夏盐池	2007	3	栽培资源
6981	蒙 190	野豌豆属	救荒野豌豆	*Vicia sativa* L.			内蒙古克什克腾旗	2001	3	栽培资源
6982	GS881	野豌豆属	救荒野豌豆	*Vicia sativa* L.			甘肃肃南明花乡	2008	3	栽培资源
6983	SC2007-181	野豌豆属	救荒野豌豆	*Vicia sativa* L.			四川汶川	2008	3	栽培资源
6984	SC2007-186	野豌豆属	救荒野豌豆	*Vicia sativa* L.			四川屏山	2008	3	栽培资源
6985	SC2007-053	野豌豆属	救荒野豌豆	*Vicia sativa* L.			四川罗江	2008	3	栽培资源
6986	SC2007-054	野豌豆属	救荒野豌豆	*Vicia sativa* L.			安徽南溪镇	2008	3	栽培资源
6987	SC2007-060	野豌豆属	救荒野豌豆	*Vicia sativa* L.			四川三台	2008	3	栽培资源
6988	SC2007-048	野豌豆属	救荒野豌豆	*Vicia sativa* L.			四川江油	2008	3	栽培资源
6989	SC2007-049	野豌豆属	救荒野豌豆	*Vicia sativa* L.			四川平武	2008	3	栽培资源
6990	SC2008-006	野豌豆属	救荒野豌豆	*Vicia sativa* L.			四川青川板桥乡	2009	3	栽培资源
6991	SC2008-009	野豌豆属	救荒野豌豆	*Vicia sativa* L.			四川珙县珙泉镇	2009	3	栽培资源
6992	SC2008-010	野豌豆属	救荒野豌豆	*Vicia sativa* L.			四川泸县得胜镇	2009	3	栽培资源
6993	HB2009-116	野豌豆属	救荒野豌豆	*Vicia sativa* L.			河南信阳	2010	3	栽培资源
6994	HB2009-118	野豌豆属	救荒野豌豆	*Vicia sativa* L.			河南信阳	2010	3	栽培资源
6995	HB2009-121	野豌豆属	救荒野豌豆	*Vicia sativa* L.			河南许昌	2010	3	栽培资源
6996	HB2009-130	野豌豆属	救荒野豌豆	*Vicia sativa* L.			河南漯河	2010	3	栽培资源
6997	HB2009-137	野豌豆属	救荒野豌豆	*Vicia sativa* L.			河南信阳	2010	3	栽培资源
6998	E1261	野豌豆属	救荒野豌豆	*Vicia sativa* L.			湖北神农架	2010	3	栽培资源
6999	HB2009-388	野豌豆属	救荒野豌豆	*Vicia sativa* L.			湖南祁东	2010	3	栽培资源
7000	HB2009-282	野豌豆属	救荒野豌豆	*Vicia sativa* L.			湖北枣阳	2010	3	栽培资源

（续）

序号	送种单位编号	属　名	种　名	学　名	品种名（原文名）	材料来源	材料原产地	收种时间（年份）	保存地点	类型
7001	GS2943	野豌豆属	救荒野豌豆	*Vicia sativa* L.		陕西	陕西杨凌	2011	3	栽培资源
7002	GS3380	野豌豆属	救荒野豌豆	*Vicia sativa* L.		宁夏	宁夏盐池	2011	3	栽培资源
7003	HB2010-151	野豌豆属	救荒野豌豆	*Vicia sativa* L.		湖北	湖北神农架	2014	3	栽培资源
7004	YN11-026	野豌豆属	救荒野豌豆	*Vicia sativa* L.		云南	云南永仁	2010	3	栽培资源
7005	SC11-302	野豌豆属	救荒野豌豆	*Vicia sativa* L.		云南	云南昆明	2010	3	栽培资源
7006	SC11-232	野豌豆属	救荒野豌豆	*Vicia sativa* L.		江苏	江苏扬州	2007	3	栽培资源
7007	GS3748	野豌豆属	救荒野豌豆	*Vicia sativa* L.		陕西旬邑	陕西	2012	3	栽培资源
7008	GS3835	野豌豆属	救荒野豌豆	*Vicia sativa* L.		甘肃舟曲果耶	甘肃	2012	3	栽培资源
7009	HB2012-490	野豌豆属	救荒野豌豆	*Vicia sativa* L.			湖北红坪镇	2016	3	栽培资源
7010	SC13-063	野豌豆属	救荒野豌豆	*Vicia sativa* L.		四川普格普基镇	四川凉山	2011	3	栽培资源
7011	IA1022	野豌豆属	救荒野豌豆	*Vicia sativa* L.				1989	1	栽培资源
7012	333/A	野豌豆属	救荒野豌豆	*Vicia sativa* L.			甘肃	1991	1	栽培资源
7013	兰 333/A	野豌豆属	救荒野豌豆	*Vicia sativa* L.			甘肃	1987	1	栽培资源
7014	兰 061	野豌豆属	救荒野豌豆	*Vicia sativa* L.			江苏	1987	1	栽培资源
7015	兰 061	野豌豆属	救荒野豌豆	*Vicia sativa* L.			江苏	1992	1	栽培资源
7016	兰 879	野豌豆属	救荒野豌豆	*Vicia sativa* L.			苏联	1987	1	引进资源
7017	兰 211	野豌豆属	救荒野豌豆	*Vicia sativa* L.			江苏	1992	1	栽培资源
7018	81-269	野豌豆属	救荒野豌豆	*Vicia sativa* L.			江苏	1992	1	栽培资源
7019	罗 267	野豌豆属	救荒野豌豆	*Vicia sativa* L.			罗马尼亚	1993	1	引进资源
7020	罗 135	野豌豆属	救荒野豌豆	*Vicia sativa* L.			罗马尼亚	1993	1	引进资源
7021	乌 93-26	野豌豆属	救荒野豌豆	*Vicia sativa* L.		新疆八一农学院	日本	1993	1	引进资源
7022	乌 93-39	野豌豆属	救荒野豌豆	*Vicia sativa* L.		新疆八一农学院	苏联	1993	1	引进资源
7023	001462	野豌豆属	救荒野豌豆	*Vicia sativa* L.		新疆	苏联	1987	1	引进资源
7024	1741	野豌豆属	救荒野豌豆	*Vicia sativa* L.		西北所		1990	1	栽培资源

（续）

序号	送种单位编号	属 名	种 名	学 名	品种名（原文名）	材料来源	材料原产地	收种时间（年份）	保存地点	类型
7025	IA1029	野豌豆属	救荒野豌豆	*Vicia sativa* L.			西藏	1991	1	栽培资源
7026	兰 311	野豌豆属	救荒野豌豆	*Vicia sativa* L.	苏箭 5 号			1994	1	栽培资源
7027	中畜-014	野豌豆属	救荒野豌豆	*Vicia sativa* L.			甘肃古浪	2000	1	栽培资源
7028	中畜-047	野豌豆属	救荒野豌豆	*Vicia sativa* L.			甘肃民勤	2000	1	栽培资源
7029	LM-D711	野豌豆属	救荒野豌豆	*Vicia sativa* L.	西牧 333	甘肃兰州	甘肃兰州	2010	1	栽培资源
7030	LM-D713	野豌豆属	救荒野豌豆	*Vicia sativa* L.		甘肃兰州	甘肃兰州	2010	1	栽培资源
7031	7121166	野豌豆属	救荒野豌豆	*Vicia sativa* L.		陕西杨凌	陕西杨凌	2010	1	栽培资源
7032	7121167	野豌豆属	救荒野豌豆	*Vicia sativa* L.		陕西杨凌	陕西杨凌	2010	1	栽培资源
7033	Sau2003143	野豌豆属	救荒野豌豆	*Vicia sativa* L.			四川	2003	1	栽培资源
7034	HB2010-017	野豌豆属	救荒野豌豆	*Vicia sativa* L.		河南	河南信阳光山	2010	3	栽培资源
7035	CHQ2005-202	野豌豆属	野豌豆	*Vicia sepium* L.			重庆彭水	2005	3	野生资源
7036	SCH2006-037	野豌豆属	野豌豆	*Vicia sepium* L.			四川名山	2006	3	野生资源
7037	SCH2006-045	野豌豆属	野豌豆	*Vicia sepium* L.			四川乐至	2006	3	野生资源
7038	NM05-206	野豌豆属	野豌豆	*Vicia sepium* L.			内蒙古巴音郭楞哈太	2005	3	野生资源
7039	GS1207	野豌豆属	野豌豆	*Vicia sepium* L.			甘肃合作拉寨	2006	3	野生资源
7040	SC2007-169	野豌豆属	野豌豆	*Vicia sepium* L.			四川荥经	2008	3	野生资源
7041	JS2012-81	野豌豆属	野豌豆	*Vicia sepium* L.			江苏泰州	2016	3	野生资源
7042	JS2012-84	野豌豆属	野豌豆	*Vicia sepium* L.			江苏仪征	2016	3	野生资源
7043	XJL03-1-2	野豌豆属	野豌豆	*Vicia sepium* L.			新疆富蕴	2003	1	野生资源
7044	GS3110	野豌豆属	野豌豆	*Vicia sepium* L.			甘肃临潭石门	2011	3	野生资源
7045	中畜-044	野豌豆属	野豌豆	*Vicia sepium* L.			甘肃碌曲	2000	1	野生资源
7046	中畜-315	野豌豆属	歪头菜	*Vicia unijuga* A. Br.			甘肃碌曲	2000	1	野生资源
7047	SCH2005-045	野豌豆属	歪头菜	*Vicia unijuga* A. Br.			甘肃松潘	2004	3	野生资源
7048	中畜-438	野豌豆属	歪头菜	*Vicia unijuga* A. Br.			北京百花山	2003	3	野生资源

（续）

序号	送种单位编号	属　名	种　名	学　　名	品种名（原文名）	材料来源	材料原产地	收种时间（年份）	保存地点	类型
7049	GS1210	野豌豆属	歪头菜	*Vicia unijuga* A. Br.			甘肃合作	2006	3	野生资源
7050	GS1214	野豌豆属	歪头菜	*Vicia unijuga* A. Br.			甘肃合作	2006	3	野生资源
7051	JL09115	野豌豆属	歪头菜	*Vicia unijuga* A. Br.			吉林白山	2010	3	野生资源
7052	2807	野豌豆属	长柔毛野豌豆	*Vicia villosa* Roth			内蒙古	1999	3	栽培资源
7053	SCH27	野豌豆属	长柔毛野豌豆	*Vicia villosa* Roth			四川西昌	1999	3	栽培资源
7054	CHQ6	野豌豆属	长柔毛野豌豆	*Vicia villosa* Roth			重庆铜梁	2000	3	栽培资源
7055	SCH014	野豌豆属	长柔毛野豌豆	*Vicia villosa* Roth			四川绵竹	2000	3	栽培资源
7056	CHQ2005-204	野豌豆属	长柔毛野豌豆	*Vicia villosa* Roth			重庆丰都	2005	3	栽培资源
7057	SCH02-176	野豌豆属	长柔毛野豌豆	*Vicia villosa* Roth			四川古蔺	2003	3	栽培资源
7058	CHQ03-268	野豌豆属	长柔毛野豌豆	*Vicia villosa* Roth			重庆南川	2003	3	栽培资源
7059	SCH2003-404	野豌豆属	长柔毛野豌豆	*Vicia villosa* Roth			四川新都	2003	3	栽培资源
7060	CHQ2003-546	野豌豆属	长柔毛野豌豆	*Vicia villosa* Roth			四川西昌	2003	3	栽培资源
7061	NM05-114	野豌豆属	长柔毛野豌豆	*Vicia villosa* Roth			内蒙古克什克腾旗	2005	3	栽培资源
7062	GS3302	野豌豆属	长柔毛野豌豆	*Vicia villosa* Roth			甘肃会宁	2011	3	栽培资源
7063	GS2968	野豌豆属	长柔毛野豌豆	*Vicia villosa* Roth			陕西千阳	2011	3	栽培资源
7064	GS3002	野豌豆属	长柔毛野豌豆	*Vicia villosa* Roth			陕西礼泉	2011	3	栽培资源
7065	JS2012-77	野豌豆属	长柔毛野豌豆	*Vicia villosa* Roth			江苏青山	2016	3	栽培资源
7066	JS2012-78	野豌豆属	长柔毛野豌豆	*Vicia villosa* Roth			江苏六合	2016	3	栽培资源
7067	中畜-048	野豌豆属	长柔毛野豌豆	*Vicia villosa* Roth			甘肃民勤	2000	1	栽培资源
7068	Sau2003141	野豌豆属	长柔毛野豌豆	*Vicia villosa* Roth			四川青神	2003	1	栽培资源
7069	GS3744	野豌豆属	长柔毛野豌豆	*Vicia villosa* Roth		陕西旬邑	陕西	2012	3	栽培资源
7070	GS3856	野豌豆属	长柔毛野豌豆	*Vicia villosa* Roth		甘肃会宁太平店	甘肃	2012	3	栽培资源
7071	HB2012-124	豇豆属	野豇豆	*Vigna vexillata*（L.）Rich.			河南信阳	2016	3	栽培资源
7072	HB2010-058	豇豆属	野豇豆	*Vigna vexillata*（L.）Rich.		河南	河南信阳	2010	3	栽培资源

（续）

序号	送种单位编号	属　名	种　名	学　名	品种名（原文名）	材料来源	材料原产地	收种时间（年份）	保存地点	类型
7073	HB2010-062	豇豆属	野豇豆	*Vigna vexillata*（L.）Rich.		长沙	河南信阳	2010	3	栽培资源
7074	HB2012-494	豇豆属	赤豆	*Vigna angularis*（Willd.）Ohwi et Ohashi			湖北阳日镇	2016	3	栽培资源
7075	JS2012-89	豇豆属	赤豆	*Vigna angularis*（Willd.）Ohwi et Ohashi			江苏射阳	2016	3	栽培资源
7076	JS159	豇豆属	赤豆	*Vigna angularis*（Willd.）Ohwi et Ohashi		江苏南京	江苏泗洪	2000	3	栽培资源
7077	JS160	豇豆属	赤豆	*Vigna angularis*（Willd.）Ohwi et Ohashi		江苏南京	江苏沭阳	2000	3	栽培资源
7078	JS161	豇豆属	赤豆	*Vigna angularis*（Willd.）Ohwi et Ohashi		江苏南京	江苏	2000	3	栽培资源
7079	JS162	豇豆属	赤豆	*Vigna angularis*（Willd.）Ohwi et Ohashi		江苏南京	江苏	2000	3	栽培资源
7080	JS163	豇豆属	赤豆	*Vigna angularis*（Willd.）Ohwi et Ohashi		江苏南京	江苏	2000	3	栽培资源
7081	JS165	豇豆属	赤豆	*Vigna angularis*（Willd.）Ohwi et Ohashi		江苏南京	江苏	2000	3	栽培资源
7082	JS166	豇豆属	赤豆	*Vigna angularis*（Willd.）Ohwi et Ohashi		江苏南京	江苏	2000	3	栽培资源
7083	JS167	豇豆属	赤豆	*Vigna angularis*（Willd.）Ohwi et Ohashi		江苏南京	江苏	2000	3	栽培资源
7084	E548	豇豆属	赤豆	*Vigna angularis*（Willd.）Ohwi et Ohashi		湖北武汉江夏	湖北神农架木鱼	2004	3	栽培资源
7085	E549	豇豆属	赤豆	*Vigna angularis*（Willd.）Ohwi et Ohashi		湖北武汉江夏	湖北武汉江夏	2004	3	栽培资源
7086	JS2006-45	豇豆属	赤豆	*Vigna angularis*（Willd.）Ohwi et Ohashi		江苏滨海滨淮		2008	3	栽培资源
7087	JS2006-56	豇豆属	赤豆	*Vigna angularis*（Willd.）Ohwi et Ohashi		江苏泗阳赵庄		2008	3	栽培资源
7088	JS2006-57	豇豆属	赤豆	*Vigna angularis*（Willd.）Ohwi et Ohashi		江苏泗阳史老庄		2008	3	栽培资源
7089	JS2006-58	豇豆属	赤豆	*Vigna angularis*（Willd.）Ohwi et Ohashi		江苏滨海八滩		2008	3	栽培资源
7090	JS2006-60	豇豆属	赤豆	*Vigna angularis*（Willd.）Ohwi et Ohashi		江苏泗洪		2008	3	栽培资源
7091	JS2006-61	豇豆属	赤豆	*Vigna angularis*（Willd.）Ohwi et Ohashi		江苏海门吕泗		2008	3	栽培资源
7092	JS2006-63	豇豆属	赤豆	*Vigna angularis*（Willd.）Ohwi et Ohashi		江苏启东江心沙		2008	3	栽培资源
7093	JS2006-64	豇豆属	赤豆	*Vigna angularis*（Willd.）Ohwi et Ohashi		江苏启东小海		2008	3	栽培资源
7094	JS2006-68	豇豆属	赤豆	*Vigna angularis*（Willd.）Ohwi et Ohashi		江苏启东近海		2008	3	栽培资源
7095	JS2006-70	豇豆属	赤豆	*Vigna angularis*（Willd.）Ohwi et Ohashi		江苏如东掘港		2008	3	栽培资源
7096	JS2006-75	豇豆属	赤豆	*Vigna angularis*（Willd.）Ohwi et Ohashi		江苏邳州运河		2008	3	栽培资源
7097	JS2006-77	豇豆属	赤豆	*Vigna angularis*（Willd.）Ohwi et Ohashi		江苏沛县微山湖		2008	3	栽培资源

（续）

序号	送种单位编号	属　名	种　名	学　名	品种名（原文名）	材料来源	材料原产地	收种时间（年份）	保存地点	类型
7098	JS2006-80	豇豆属	赤豆	*Vigna angularis*（Willd.）Ohwi et Ohashi		江苏连云港花果山		2008	3	栽培资源
7099	JS2006-82	豇豆属	赤豆	*Vigna angularis*（Willd.）Ohwi et Ohashi		江苏灌南灌河口		2008	3	栽培资源
7100	JS2006-84	豇豆属	赤豆	*Vigna angularis*（Willd.）Ohwi et Ohashi		江苏大丰保护区		2008	3	栽培资源
7101	JS2006-88	豇豆属	赤豆	*Vigna angularis*（Willd.）Ohwi et Ohashi		江苏东台头灶		2008	3	栽培资源
7102	E733	豇豆属	赤豆	*Vigna angularis*（Willd.）Ohwi et Ohashi		河南郑州	河南汝南	2006	3	栽培资源
7103	E734	豇豆属	赤豆	*Vigna angularis*（Willd.）Ohwi et Ohashi		河南郑州	河南禹县	2006	3	栽培资源
7104	E735	豇豆属	赤豆	*Vigna angularis*（Willd.）Ohwi et Ohashi		河南郑州	河南方城	2006	3	栽培资源
7105	E736	豇豆属	赤豆	*Vigna angularis*（Willd.）Ohwi et Ohashi		河南郑州	河南太康	2006	3	栽培资源
7106	E737	豇豆属	赤豆	*Vigna angularis*（Willd.）Ohwi et Ohashi		河南郑州	河南商丘	2006	3	栽培资源
7107	E738	豇豆属	赤豆	*Vigna angularis*（Willd.）Ohwi et Ohashi		河南郑州	河南宁陵	2006	3	栽培资源
7108	E739	豇豆属	赤豆	*Vigna angularis*（Willd.）Ohwi et Ohashi		河南郑州	河南民权	2006	3	栽培资源
7109	E741	豇豆属	赤豆	*Vigna angularis*（Willd.）Ohwi et Ohashi		河南郑州	河南平舆	2006	3	栽培资源
7110	E742	豇豆属	赤豆	*Vigna angularis*（Willd.）Ohwi et Ohashi		河南郑州	河南正阳	2006	3	栽培资源
7111	E743	豇豆属	赤豆	*Vigna angularis*（Willd.）Ohwi et Ohashi		河南郑州	河南泌阳	2006	3	栽培资源
7112	E744	豇豆属	赤豆	*Vigna angularis*（Willd.）Ohwi et Ohashi		河南郑州	河南叶县	2006	3	栽培资源
7113	E746	豇豆属	赤豆	*Vigna angularis*（Willd.）Ohwi et Ohashi		河南郑州	河南南阳	2006	3	栽培资源
7114	E747	豇豆属	赤豆	*Vigna angularis*（Willd.）Ohwi et Ohashi		河南郑州	河南永城	2006	3	栽培资源
7115	E748	豇豆属	赤豆	*Vigna angularis*（Willd.）Ohwi et Ohashi		河南郑州	河南内乡	2006	3	栽培资源
7116	E749	豇豆属	赤豆	*Vigna angularis*（Willd.）Ohwi et Ohashi		河南郑州	河南桐柏	2006	3	栽培资源
7117	E750	豇豆属	赤豆	*Vigna angularis*（Willd.）Ohwi et Ohashi		河南郑州	河南南召	2006	3	栽培资源
7118	E751	豇豆属	赤豆	*Vigna angularis*（Willd.）Ohwi et Ohashi		河南郑州	河南沈丘	2006	3	栽培资源
7119	E754	豇豆属	赤豆	*Vigna angularis*（Willd.）Ohwi et Ohashi		河南郑州	河南登封	2006	3	栽培资源
7120	E757	豇豆属	赤豆	*Vigna angularis*（Willd.）Ohwi et Ohashi		河南郑州	河南尉氏	2006	3	栽培资源

（续）

序号	送种单位编号	属　名	种　名	学　名	品种名（原文名）	材料来源	材料原产地	收种时间（年份）	保存地点	类型
7121	E758	豇豆属	赤豆	*Vigna angularis* (Willd.) Ohwi et Ohashi		河南郑州	河南陈留	2006	3	栽培资源
7122	E759	豇豆属	赤豆	*Vigna angularis* (Willd.) Ohwi et Ohashi		河南郑州	河南新郑	2006	3	栽培资源
7123	E760	豇豆属	赤豆	*Vigna angularis* (Willd.) Ohwi et Ohashi		河南郑州	河南郑州	2006	3	栽培资源
7124	E761	豇豆属	赤豆	*Vigna angularis* (Willd.) Ohwi et Ohashi		河南郑州	河南嵩县	2006	3	栽培资源
7125	E762	豇豆属	赤豆	*Vigna angularis* (Willd.) Ohwi et Ohashi		河南郑州	河南卢氏	2006	3	栽培资源
7126	E763	豇豆属	赤豆	*Vigna angularis* (Willd.) Ohwi et Ohashi		河南郑州	河南博爱	2006	3	栽培资源
7127	E764	豇豆属	赤豆	*Vigna angularis* (Willd.) Ohwi et Ohashi		河南郑州	河南固始	2006	3	栽培资源
7128	E765	豇豆属	赤豆	*Vigna angularis* (Willd.) Ohwi et Ohashi		河南郑州		2006	3	栽培资源
7129	E766	豇豆属	赤豆	*Vigna angularis* (Willd.) Ohwi et Ohashi		河南郑州	河南沈丘	2006	3	栽培资源
7130	E767	豇豆属	赤豆	*Vigna angularis* (Willd.) Ohwi et Ohashi		河南郑州	河南商丘	2006	3	栽培资源
7131	E768	豇豆属	赤豆	*Vigna angularis* (Willd.) Ohwi et Ohashi		河南郑州	河南孟津	2006	3	栽培资源
7132	E769	豇豆属	赤豆	*Vigna angularis* (Willd.) Ohwi et Ohashi		河南郑州	河南汝阳	2006	3	栽培资源
7133	E849	豇豆属	赤豆	*Vigna angularis* (Willd.) Ohwi et Ohashi		河南郑州	河南伊川	2006	3	栽培资源
7134	E1022	豇豆属	赤豆	*Vigna angularis* (Willd.) Ohwi et Ohashi		湖北武汉	河南新安	2007	3	栽培资源
7135	E755	豇豆属	赤豆	*Vigna angularis* (Willd.) Ohwi et Ohashi		湖北武汉	河南巩县	2007	3	栽培资源
7136	E1077	豇豆属	赤豆	*Vigna angularis* (Willd.) Ohwi et Ohashi		河南郑州	河南鲁山	2007	3	栽培资源
7137	E1079	豇豆属	赤豆	*Vigna angularis* (Willd.) Ohwi et Ohashi		河南郑州	河南柘城	2007	3	栽培资源
7138	E1080	豇豆属	赤豆	*Vigna angularis* (Willd.) Ohwi et Ohashi		河南郑州	河南永城	2007	3	栽培资源
7139	E1084	豇豆属	赤豆	*Vigna angularis* (Willd.) Ohwi et Ohashi		河南郑州	河南杞县	2007	3	栽培资源
7140	E1087	豇豆属	赤豆	*Vigna angularis* (Willd.) Ohwi et Ohashi		河南郑州	河南卢氏	2007	3	栽培资源
7141	E1092	豇豆属	赤豆	*Vigna angularis* (Willd.) Ohwi et Ohashi		河南郑州	河南沁阳	2007	3	栽培资源
7142	E1093	豇豆属	赤豆	*Vigna angularis* (Willd.) Ohwi et Ohashi		河南郑州	河南尉氏	2007	3	栽培资源
7143	E1095	豇豆属	赤豆	*Vigna angularis* (Willd.) Ohwi et Ohashi		河南郑州	河南栾川	2007	3	栽培资源
7144	E1096	豇豆属	赤豆	*Vigna angularis* (Willd.) Ohwi et Ohashi		河南郑州	河南宝丰	2007	3	栽培资源

（续）

序号	送种单位编号	属　名	种　名	学　名	品种名（原文名）	材料来源	材料原产地	收种时间（年份）	保存地点	类型
7145	E1097	豇豆属	赤豆	*Vigna angularis* (Willd.) Ohwi et Ohashi		河南郑州	河南西峡	2007	3	栽培资源
7146	E1099	豇豆属	赤豆	*Vigna angularis* (Willd.) Ohwi et Ohashi		河南郑州	河南桐柏	2007	3	栽培资源
7147	E1100	豇豆属	赤豆	*Vigna angularis* (Willd.) Ohwi et Ohashi		河南郑州	河南郸城	2007	3	栽培资源
7148	E1101	豇豆属	赤豆	*Vigna angularis* (Willd.) Ohwi et Ohashi		河南郑州	河南嵩县	2007	3	栽培资源
7149	E1102	豇豆属	赤豆	*Vigna angularis* (Willd.) Ohwi et Ohashi		河南郑州	河南洛阳	2007	3	栽培资源
7150	E1104	豇豆属	赤豆	*Vigna angularis* (Willd.) Ohwi et Ohashi		河南郑州	河南陕县	2007	3	栽培资源
7151	E1105	豇豆属	赤豆	*Vigna angularis* (Willd.) Ohwi et Ohashi		河南郑州	河南渑池	2007	3	栽培资源
7152	E1106	豇豆属	赤豆	*Vigna angularis* (Willd.) Ohwi et Ohashi		河南郑州	河南巩县	2007	3	栽培资源
7153	E1107	豇豆属	赤豆	*Vigna angularis* (Willd.) Ohwi et Ohashi		河南郑州	河南伊阳	2007	3	栽培资源
7154	E1108	豇豆属	赤豆	*Vigna angularis* (Willd.) Ohwi et Ohashi		河南郑州	河南卢氏	2007	3	栽培资源
7155	E1110	豇豆属	赤豆	*Vigna angularis* (Willd.) Ohwi et Ohashi		河南郑州	河南汝州	2007	3	栽培资源
7156	E1116	豇豆属	赤豆	*Vigna angularis* (Willd.) Ohwi et Ohashi		河南郑州	河南嵩县	2007	3	栽培资源
7157	E1117	豇豆属	赤豆	*Vigna angularis* (Willd.) Ohwi et Ohashi		河南郑州	河南洛宁	2007	3	栽培资源
7158	E1118	豇豆属	赤豆	*Vigna angularis* (Willd.) Ohwi et Ohashi		河南郑州	河南临颍	2007	3	栽培资源
7159	E1119	豇豆属	赤豆	*Vigna angularis* (Willd.) Ohwi et Ohashi		河南郑州	河南灵宝	2007	3	栽培资源
7160	E1124	豇豆属	赤豆	*Vigna angularis* (Willd.) Ohwi et Ohashi		河南郑州	河南唐河	2007	3	栽培资源
7161	E1127	豇豆属	赤豆	*Vigna angularis* (Willd.) Ohwi et Ohashi		河南郑州	河南宜阳	2007	3	栽培资源
7162	E1128	豇豆属	赤豆	*Vigna angularis* (Willd.) Ohwi et Ohashi		河南郑州	河南范县	2007	3	栽培资源
7163	E1129	豇豆属	赤豆	*Vigna angularis* (Willd.) Ohwi et Ohashi		河南郑州	河南虞城	2007	3	栽培资源
7164	E1132	豇豆属	赤豆	*Vigna angularis* (Willd.) Ohwi et Ohashi		河南郑州	河南汲县	2007	3	栽培资源
7165	E1134	豇豆属	赤豆	*Vigna angularis* (Willd.) Ohwi et Ohashi		河南郑州	河南密县	2007	3	栽培资源
7166	E1136	豇豆属	赤豆	*Vigna angularis* (Willd.) Ohwi et Ohashi		河南郑州	河南巩县	2007	3	栽培资源
7167	E1137	豇豆属	赤豆	*Vigna angularis* (Willd.) Ohwi et Ohashi		河南郑州	河南平舆	2007	3	栽培资源
7168	E1138	豇豆属	赤豆	*Vigna angularis* (Willd.) Ohwi et Ohashi		河南郑州	河南新蔡	2007	3	栽培资源

（续）

序号	送种单位编号	属 名	种 名	学 名	品种名（原文名）	材料来源	材料原产地	收种时间（年份）	保存地点	类型
7169	E740	豇豆属	赤豆	*Vigna angularis* (Willd.) Ohwi et Ohashi		河南郑州	河南永城	2007	3	栽培资源
7170	E745	豇豆属	赤豆	*Vigna angularis* (Willd.) Ohwi et Ohashi		河南郑州	河南鲁山	2007	3	栽培资源
7171	E1078	豇豆属	赤豆	*Vigna angularis* (Willd.) Ohwi et Ohashi		河南郑州	河南沈丘	2007	3	栽培资源
7172	E1090	豇豆属	赤豆	*Vigna angularis* (Willd.) Ohwi et Ohashi		河南郑州	河南汝阳	2007	3	栽培资源
7173	E1098	豇豆属	赤豆	*Vigna angularis* (Willd.) Ohwi et Ohashi		河南郑州	河南桐柏	2007	3	栽培资源
7174	E1111	豇豆属	赤豆	*Vigna angularis* (Willd.) Ohwi et Ohashi		河南郑州	河南新安	2007	3	栽培资源
7175	E1133	豇豆属	赤豆	*Vigna angularis* (Willd.) Ohwi et Ohashi		河南郑州	河南内黄	2008	3	栽培资源
7176	E1182	豇豆属	赤豆	*Vigna angularis* (Willd.) Ohwi et Ohashi			湖北汉川	2009	3	栽培资源
7177	E1184	豇豆属	赤豆	*Vigna angularis* (Willd.) Ohwi et Ohashi			湖北崇阳	2009	3	栽培资源
7178	E1185	豇豆属	赤豆	*Vigna angularis* (Willd.) Ohwi et Ohashi			湖北五峰	2009	3	栽培资源
7179	E1186	豇豆属	赤豆	*Vigna angularis* (Willd.) Ohwi et Ohashi			湖北建始	2009	3	栽培资源
7180	E1188	豇豆属	赤豆	*Vigna angularis* (Willd.) Ohwi et Ohashi			湖北武汉	2009	3	栽培资源
7181	E1189	豇豆属	赤豆	*Vigna angularis* (Willd.) Ohwi et Ohashi			湖北神农架	2009	3	栽培资源
7182	061023012	豇豆属	赤豆	*Vigna angularis* (Willd.) Ohwi et Ohashi			哥斯达黎加	2006	2	引进资源
7183	151231001	豇豆属	赤小豆	*Vigna umbellata* (Thunb.) Ohwi et Ohashi			江西建阳	2015	2	野生资源
7184	hn2479	豇豆属	赤小豆	*Vigna umbellata* (Thunb.) Ohwi et Ohashi			广西蒙山	2012	3	野生资源
7185	131108002	豇豆属	赤小豆	*Vigna umbellata* (Thunb.) Ohwi et Ohashi			江西都昌	2013	2	野生资源
7186	121031006	豇豆属	赤小豆	*Vigna umbellata* (Thunb.) Ohwi et Ohashi			广西蒙山	2012	2	野生资源
7187	141016009	豇豆属	赤小豆	*Vigna umbellata* (Thunb.) Ohwi et Ohashi			江西芦溪	2014	2	野生资源
7188	131120006	豇豆属	赤小豆	*Vigna umbellata* (Thunb.) Ohwi et Ohashi			福建武夷山	2013	2	野生资源
7189	131203002	豇豆属	赤小豆	*Vigna umbellata* (Thunb.) Ohwi et Ohashi			福建闽清	2013	2	野生资源
7190	JS186	豇豆属	赤小豆	*Vigna umbellata* (Thunb.) Ohwi et Ohashi		江苏南京	江苏	2000	3	栽培资源
7191	CHQ03-82	豇豆属	赤小豆	*Vigna umbellata* (Thunb.) Ohwi et Ohashi		重庆城口		2003	3	栽培资源
7192	CHQ03-113	豇豆属	赤小豆	*Vigna umbellata* (Thunb.) Ohwi et Ohashi		重庆綦江		2003	3	栽培资源

（续）

序号	送种单位编号	属　名	种　名	学　名	品种名（原文名）	材料来源	材料原产地	收种时间（年份）	保存地点	类型
7193	E404	豇豆属	赤小豆	*Vigna umbellata* (Thunb.) Ohwi et Ohashi			湖北神农架	2003	3	栽培资源
7194	E405	豇豆属	赤小豆	*Vigna umbellata* (Thunb.) Ohwi et Ohashi			湖北房县	2003	3	栽培资源
7195	E406	豇豆属	赤小豆	*Vigna umbellata* (Thunb.) Ohwi et Ohashi			湖北竹山	2003	3	栽培资源
7196	E407	豇豆属	赤小豆	*Vigna umbellata* (Thunb.) Ohwi et Ohashi			湖北利川	2003	3	栽培资源
7197	E408	豇豆属	赤小豆	*Vigna umbellata* (Thunb.) Ohwi et Ohashi			湖北神农架	2003	3	栽培资源
7198	E409	豇豆属	赤小豆	*Vigna umbellata* (Thunb.) Ohwi et Ohashi			湖北房县	2003	3	栽培资源
7199	E410	豇豆属	赤小豆	*Vigna umbellata* (Thunb.) Ohwi et Ohashi			湖北嘉鱼	2003	3	栽培资源
7200	E411	豇豆属	赤小豆	*Vigna umbellata* (Thunb.) Ohwi et Ohashi			湖北崇阳	2003	3	栽培资源
7201	E412	豇豆属	赤小豆	*Vigna umbellata* (Thunb.) Ohwi et Ohashi			湖北通山	2003	3	栽培资源
7202	E415	豇豆属	赤小豆	*Vigna umbellata* (Thunb.) Ohwi et Ohashi			湖北阳新	2003	3	栽培资源
7203	E418	豇豆属	赤小豆	*Vigna umbellata* (Thunb.) Ohwi et Ohashi			湖北当阳	2003	3	栽培资源
7204	E419	豇豆属	赤小豆	*Vigna umbellata* (Thunb.) Ohwi et Ohashi			湖北五峰	2003	3	栽培资源
7205	E420	豇豆属	赤小豆	*Vigna umbellata* (Thunb.) Ohwi et Ohashi			湖北巴东	2003	3	栽培资源
7206	E421	豇豆属	赤小豆	*Vigna umbellata* (Thunb.) Ohwi et Ohashi			湖北大冶	2003	3	栽培资源
7207	E422	豇豆属	赤小豆	*Vigna umbellata* (Thunb.) Ohwi et Ohashi			湖北郧阳	2003	3	栽培资源
7208	E423	豇豆属	赤小豆	*Vigna umbellata* (Thunb.) Ohwi et Ohashi			湖北麻城	2003	3	栽培资源
7209	E424	豇豆属	赤小豆	*Vigna umbellata* (Thunb.) Ohwi et Ohashi			湖北汉川	2003	3	栽培资源
7210	E425	豇豆属	赤小豆	*Vigna umbellata* (Thunb.) Ohwi et Ohashi			湖北通山	2003	3	栽培资源
7211	E426	豇豆属	赤小豆	*Vigna umbellata* (Thunb.) Ohwi et Ohashi			湖北洪湖	2003	3	栽培资源
7212	E427	豇豆属	赤小豆	*Vigna umbellata* (Thunb.) Ohwi et Ohashi			湖北宜昌	2003	3	栽培资源
7213	E428	豇豆属	赤小豆	*Vigna umbellata* (Thunb.) Ohwi et Ohashi			湖北当阳	2003	3	栽培资源
7214	E429	豇豆属	赤小豆	*Vigna umbellata* (Thunb.) Ohwi et Ohashi			湖北秭归	2003	3	栽培资源
7215	E430	豇豆属	赤小豆	*Vigna umbellata* (Thunb.) Ohwi et Ohashi			湖北长阳	2003	3	栽培资源
7216	E431	豇豆属	赤小豆	*Vigna umbellata* (Thunb.) Ohwi et Ohashi			湖北巴东	2003	3	栽培资源

（续）

序号	送种单位编号	属 名	种 名	学 名	品种名（原文名）	材料来源	材料原产地	收种时间（年份）	保存地点	类型
7217	E432	豇豆属	赤小豆	*Vigna umbellata*（Thunb.）Ohwi et Ohashi			湖北远安	2003	3	栽培资源
7218	E433	豇豆属	赤小豆	*Vigna umbellata*（Thunb.）Ohwi et Ohashi			湖北竹山	2003	3	栽培资源
7219	E434	豇豆属	赤小豆	*Vigna umbellata*（Thunb.）Ohwi et Ohashi			湖北枝城	2003	3	栽培资源
7220	E435	豇豆属	赤小豆	*Vigna umbellata*（Thunb.）Ohwi et Ohashi			湖北秭归	2003	3	栽培资源
7221	E438	豇豆属	赤小豆	*Vigna umbellata*（Thunb.）Ohwi et Ohashi			湖北建始	2003	3	栽培资源
7222	SCH2004-162	豇豆属	赤小豆	*Vigna umbellata*（Thunb.）Ohwi et Ohashi				2003	3	栽培资源
7223	HB2009-360	豇豆属	赤小豆	*Vigna umbellata*（Thunb.）Ohwi et Ohashi			湖北神农架	2010	3	野生资源
7224	JS0368	豇豆属	赤小豆	*Vigna umbellata*（Thunb.）Ohwi et Ohashi		广西		2002	3	栽培资源
7225	JS2004-17	豇豆属	赤小豆	*Vigna umbellata*（Thunb.）Ohwi et Ohashi		江苏大丰		2003	3	栽培资源
7226	JS2006-47	豇豆属	赤小豆	*Vigna umbellata*（Thunb.）Ohwi et Ohashi		江苏泗阳穿城		2008	3	栽培资源
7227	JS2006-49	豇豆属	赤小豆	*Vigna umbellata*（Thunb.）Ohwi et Ohashi		江苏泗阳孙李庄		2008	3	栽培资源
7228	JS2006-50	豇豆属	赤小豆	*Vigna umbellata*（Thunb.）Ohwi et Ohashi		江苏泗阳穿城		2008	3	野生资源
7229	HB2009-255	豇豆属	赤小豆	*Vigna umbellata*（Thunb.）Ohwi et Ohashi			河南信阳	2010	3	野生资源
7230	HB2009-256	豇豆属	赤小豆	*Vigna umbellata*（Thunb.）Ohwi et Ohashi			河南罗山	2010	3	野生资源
7231	E805	豇豆属	野豇豆	*Vigna vexillata*（L.）Rich.			湖北神农架	2006	3	栽培资源
7232	060425004	任豆属	任豆	*Zenia insignis* Chun			海南琼中	2006	2	野生资源